教育部高等学校管理科学与
工程类学科专业教学指导委员会推荐教材

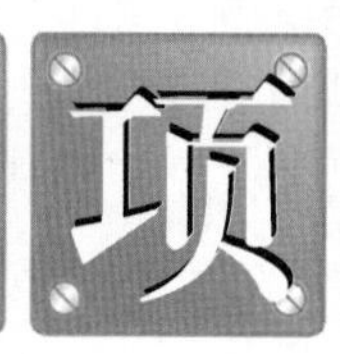

建筑施工项目管理

第2版

主　编　李　明　韩同银
副主编　刘新社　项志芬　周　颖
参　编　雷书华　刘　芳　邓　海
　　　　李前进　王淑雨　王　岩

机械工业出版社

本书在系统整理了现有建筑施工项目管理研究成果的基础上，比较全面地阐述了建筑施工项目管理的基本概念、基本理论和基本方法。同时，为达到培养学生的实践动手能力这一最终目的，本书还在对项目管理知识实践经验总结的基础上，从施工企业和项目经理部的角度出发，用了相当的篇幅讲解建筑施工项目管理实务，部分章节还配有相应的工程实际案例。本书具体内容包括：建筑施工项目管理概述、建筑施工项目管理系统分析、工程流水施工组织、工程网络计划技术、建筑施工项目施工准备、施工组织设计、建筑施工项目进度控制、建筑施工项目现场管理、建筑施工项目生产要素管理、建筑施工项目信息管理、建筑施工项目沟通管理、建筑施工项目风险管理。

本书内容丰富，实用性强，可作为工程管理专业的主干教材，也可作为土建类其他专业学习建筑施工项目管理知识的教材，还可作为建造师、工程项目经理、工程技术人员和管理人员学习建筑施工项目管理知识、进行建筑施工项目管理工作的参考书。

图书在版编目(CIP)数据

建筑施工项目管理/李明，韩同银主编. —2 版. —北京：机械工业出版社，2016.10（2019.8 重印）
教育部高等学校管理科学与工程类学科专业教学指导委员会推荐教材
ISBN 978-7-111-55277-2

Ⅰ. ①建… Ⅱ. ①李…②韩… Ⅲ. ①建筑工程—工程施工—项目管理—高等学校—教材 Ⅳ. ①TU71

中国版本图书馆 CIP 数据核字(2016)第 257584 号

机械工业出版社（北京市百万庄大街 22 号 邮政编码 100037）
策划编辑：裴 泱 责任编辑：裴 泱 朱琳琳 商红云
责任校对：张 薇 封面设计：张 静
责任印制：张 博
北京铭成印刷有限公司印刷
2019 年 8 月第 2 版第 2 次印刷
184mm×260mm · 18.25 印张 · 437 千字
标准书号：ISBN 978-7-111-55277-2
定价：39.90 元

凡购本书，如有缺页、倒页、脱页，由本社发行部调换

电话服务
服务咨询热线：010-88379833
读者购书热线：010-88379649

网络服务
机 工 官 网：www.cmpbook.com
机 工 官 博：weibo.com/cmp1952
教育服务网：www.cmpedu.com
金 书 网：www.golden-book.com

教育部高等学校管理科学与工程类学科专业
教学指导委员会推荐教材

编 审 委 员 会

序

当前，我国已成为全球第二大经济体，且经济仍维持着较高的增速。如何在发展经济的同时，建设资源节约型、环境友好型的和谐社会；如何走从资源消耗型、劳动密集型的粗放型发展模式，转变为“科技进步，劳动者素质提高，管理创新”型的低成本、高效率、高质量、注重环保的精益发展模式，就成为摆在我们面前的一个亟待解决的课题。应用现代科学方法与科技成就来阐明和揭示管理活动的规律，以提高管理的效率为特征的管理科学与工程类学科，无疑是破解这个难题的一个重要手段和工具。因此，尽快培养一大批精于管理科学与工程理论和方法，并能将其灵活运用于实践的高层次人才，就显得尤为迫切。

为了提升人才育成质量，近年来教育部等相关部委出台了一系列指导意见，如《高等学校本科教学质量与教学改革工程的意见》等，以此来进一步深化高等学校的教学改革，提高人才培养的能力和水平，更好地满足经济社会发展对高素质创新型人才的需要。教育部高等学校管理科学与工程类学科专业教学指导委员会（以下简称教指委）也积极采取措施，组织专家编写出版了“工业工程”“工程管理”“信息管理与信息系统”“管理科学与工程”等专业的系列教材，如由机械工业出版社出版的“21世纪工业工程专业规划教材”就是其中的成功典范。这些教材的出版，初步满足了高等学校管理科学与工程学科教学的需要。

但是，随着我国国民经济的高速发展和国际地位的不断提高，国家和社会对管理学科的发展提出了更高的要求，对相关人才的需求也越来越广泛。在此背景下，教指委在深入调研的基础上，决定全面、系统、高质量地建设一批适合高等学校本科教学要求和教学改革方向的管理科学与工程类学科系列教材，以推动管理科学与工程类学科教学和教材建设工作的健康、有序发展。为此，在“十一五”后期，教指委联合机械工业出版社采用招标的方式开展了面向全国的优秀教材遴选工作，先后共收到投标立项申请书300多份，经教指委组织专家严格评审、筛选，有60余部教材纳入了规划（其中，有20多种教材是国家级或省级精品课配套教材）。2010年1月9日，“全国高等学校管理科学与工程类学科系列规划教材启动会”在北京召开，来自全国50多所著名大学和普通院校的80多名专家学者参加了会议，并对该套教材的定位、特色、出版进度等进行了深入、细致的分析、研讨和规划。

本套教材在充分吸收先前教材成果的基础上，坚持全面、系统、高质量的建设原则，从完善学科体系的高度出发，进行了全方位的规划，既包括学科核心课和专业主干课教材，也涵盖了特色专业课教材，以及主干课程案例教材等。同时，为了保证整套教材的规范性、系统性、原创性和实用性，还从结构、内容等方面详细制定了本套教材的“编写指引”，如在内容组织上，要求工具、手段、方法明确，定量分析清楚，适当增加文献综述、趋势展望，以及实用性、可操作性强的案例等内容。此外，为了方便教学，每本教材都配有课件。

本套教材的编写单位既包括了清华大学、北京大学、西安交通大学、天津大学、南开大学、北京航空航天大学、南京大学、上海交通大学、复旦大学等国内的重点大学，也吸纳了安徽工业大学、内蒙古科技大学、中国计量大学、石家庄铁道大学等普通高校；既保证了本套教材的较高的学术水平，也兼顾了普适性和代表性。本套教材以管理科学与工程类各专业本科生及研究生为主要读者对象，也可供相关企业从业人员学习参考。

尽管我们不遗余力，以满足时代和读者的需要为最高出发点和最终落脚点，但可以肯定的是，本套教材仍会存在这样或那样不尽如人意之处，诚恳地希望读者和同行专家提出宝贵的意见，给予批评指正。在此，我谨代表教指委、出版者和各位作者表示衷心的感谢！

于天津

第2版前言

当前，我们正处在一个快速发展的时代，各种新技术层出不穷，各种新的管理理念也日新月异。尽管建筑行业是一个传统行业，但是在不断改革和创新的时代背景下，各种新的管理理论、技术和方法也都被应用到建筑施工项目的管理中来，整个行业的发展也呈现出新的生机。

本书此次修订吸收了建筑施工项目管理领域近些年来的一些最新研究成果，在内容上的更新主要有以下几方面：

1. 在第1章中增加了对精益建造理论的介绍。从精益建造的起源、精益建造的基本原则和方法等方面对国际上近些年来流行的精益建造管理理论进行系统说明。

2. 在第4章中增加了关键链项目管理的相关内容。关键链技术被认为是项目管理领域自CPM方法以来的又一大突破，对该技术的学习可以使项目管理者认识到传统网络计划的不足，实施更加切实可行的进度管理。

3. 在第10章中增加了对建筑信息模型相关知识的介绍，并且更新了Oracle P6和Project项目管理软件的有关内容。

4. 对书中所涉及的施工现场环境保护、场容管理等有关法规和标准的内容进行了更新，全部按照现行有效的法规要求进行编写。

此次修订由李明、韩同银担任主编。其中，第1、6、7、8、9章由李明修订；第3、4、5章由刘新社修订；第2、10章由项志芬修订；第11、12章由周颖修订；韩同银教授对全书的修订内容进行了统一校审；雷书华、刘芳、邓海、李前进、王淑雨和王岩等同志给予了文字校核和习题复核验算等方面的支持。此外，在本书编写过程中，得到了石家庄铁道大学经济管理学院的大力支持，北京普为海通软件技术有限公司总经理李海增提供了Oracle P6软件技术的指导和帮助，在此表示衷心的感谢！

由于编者的水平和实践经验有限，书中有些章节内容还不够充实，不足之处在所难免，敬请有关专家、同行和读者批评指正。

编　者

第1版前言

本书是“教育部高等学校管理科学与工程类学科专业教学指导委员会推荐教材”之一，是在河北省精品课程“建筑施工项目管理”教学大纲的基础上，结合多年的建筑施工项目管理教学经验编写而成。

本书在编写过程中，吸收了国内外建筑施工项目管理科学的传统内容和最新成果，紧密结合建筑施工项目生产实际，以培养学生实践动手能力为最终目标，强调了建筑施工项目管理实务与项目管理理论的结合。在内容安排上，本书可分为两大模块：一块是建筑施工项目管理的基本概念、基本理论和基本方法，包括建筑施工项目管理概述、建筑施工项目管理系统分析、流水施工方法和工程网络计划技术；另一块是建筑施工项目管理实务部分，主要包括施工准备工作、施工组织设计、建筑施工项目进度控制、建筑施工项目现场管理、建筑施工项目生产要素管理、建筑施工项目信息管理、建筑施工项目沟通管理和建筑施工项目风险管理。为避免与工程项目管理其他专业课程在内容上冲突与重复，本书中未包括质量管理、合同管理、安全管理、成本管理等内容。

本书由石家庄铁道大学韩同银、李明主编。其中，第1、4章由韩同银执笔；第2、10章由项志芬执笔；第3、6、7由刘新社执笔；第5、8、9由李明执笔；第11、12章由王淑雨执笔。同时，雷书华、刘芳、邓海、李前进和王岩等同志给予了案例提供、文字校核和习题复核验算等方面的支持。在本书编写过程中，得到了石家庄铁道大学经济管理学院的大力支持，北京普为海通软件技术有限公司总经理李海增对第10章P6软件介绍部分的内容进行了修改，石家庄铁道大学张岭、王宁、方真兵为本书的资料整理做了大量的工作，在此一并表示感谢。

由于编者的水平和实践经验有限，书中有些章节内容还不够充实，不足之处在所难免，敬请有关专家、同行和读者批评指正。

编　者

目　录

第1章 建筑施工项目管理概述

本章导读

现代建筑施工项目往往结构复杂，体量巨大，且投资额高，在建设过程中会消耗大量的人力、财力和物力，如果没有现代项目管理理论和方法指导，项目管理者很难在有限的时间和资源约束条件下，完成项目管理目标。

例如，某铁路建设项目，建设工期为46个月，设计速度为350km/h。全线正线长度为1 318km，其中，正线桥梁长度占全长的80.4%，路基占18.3%，隧道占1.2%；预制箱梁31 013孔，T梁2 587孔，各种特殊结构371处；无砟轨道双线铺轨1 299km，占正线铺轨总长的99.2%，全线设24个车站。为完成类似大型复杂项目的建设任务，项目管理者必须运用现代项目管理理论和方法，对项目进行系统策划和控制，否则很可能产生成本超支、工期延长、质量不合格等情况。

本章系统介绍了建筑施工项目的概念、特征、分类、组成及其生命周期，项目管理的概念、类型和管理目标，项目经理和建造师制度以及精益建造的基本知识和相关理论。这些内容都是本课程的一些基础知识，准确理解这些知识对后续章节内容的学习非常重要。

1.1 项目与建筑施工项目

1.1.1 项目及其特征

项目的定义有很多，其中引用较多的有国际标准化组织《质量管理体系 项目质量管理指南》（GB/T 19016—2005 idt ISO 10006：2003）中给出的定义：“由一组有起止日期的、相互协调的受控活动组成的独特过程，该过程要达到符合包括时间、成本和资源的约束条件在内的规定要求的目标。”

项目具有如下特征：

1）由过程和活动组成的阶段是唯一的且不重复。

2）有一定程度的风险和不确定性。

3）可以期望在预先确定的参数内，如与质量有关的参数，提交规定（最小）的定量结果。

4）有计划好的开始和完成日期，明确规定的成本和资源约束条件。

5）在项目的持续时间内，可以临时指定人员参与到项目组织中。

6）项目周期可能很长，且会随时间推移而受内、外部变化的影响。

1.1.2 建筑施工项目及其特征

建筑施工项目是指需要一定量的投资，经过策划、设计和施工等一系列过程，在一定的约束条件下，为完成既定项目管理目标而实施的一系列活动过程及其结果。建筑施工项目是社会经济生活中最常见的一种项目类型，都江堰、金字塔、人民大会堂等都是建筑施工项目的成果典范。

1. 建筑施工项目产品特征

从最终的建筑施工项目产品形态来看，建筑施工项目通常具有以下基本特征：

（1）唯一性　任何一个工程项目都是独一无二的，为了某种特定的目的在特定的地点建设，其实施过程和最终成果均不可重复。例如，两个建筑的外观和结构看起来完全相同，但在具体方位、建造成本和质量等方面不可避免地会存在差异，因而不能视为两个相同的项目。

（2）固定性　建筑施工产品通常固着在大地上不可移动，所以建筑施工项目的生产活动不可能像其他许多工业产品的生产那样在工厂进行，而是哪里需要就在哪里建设。

（3）体量大、造价高、工期长　建筑施工项目普遍具有规模大、技术复杂、投资额巨大的特点，因而建设工期也非常长。例如，京津城际铁路项目，全长120公里，造价约为200亿元人民币，建设工期37个月。

2. 建筑施工项目过程特征

从项目的实施过程来看，建筑施工项目通常具有以下特征：

（1）一次性　工程项目产品的唯一性决定了工程项目实施过程的一次性。每个项目的实施过程都是独一无二的，项目管理者应当根据项目的实际情况，针对每个项目的特点单独地计划、组织与控制，灵活地运用项目管理理论和方法，不能固守成规，简单地依据以往的项目管理经验照猫画虎、生搬硬套。

（2）目标明确性　工程项目的目标有成果性目标和约束性目标。成果性目标是指项目所形成的特定的使用功能，如一座钢厂的炼钢能力；约束性目标是指实现成果性目标的限制条件，如工期、成本、质量等。明确清晰的项目目标是建筑施工项目任务范围确定的重要依据。

（3）约束性　任何建筑施工项目的实施都是在一系列约束条件下进行的，这些约束条件包括时间、资源、环境、法律等。其中来自时间的约束条件最为普遍，绝大多数的建筑施工项目，客观上都要求迅速建成。巨额的投资使业主总是希望尽快实现项目目标，发挥项目的效用，有时，建筑施工项目的作用、功能、价值只有在一定的时间范围内才能体现出来。例如，某种产品的生产线建设项目，只有尽快建成投产才能及时占领市场，该项目才有价值；否则，因时间拖延，市场上同种产品的生产能力已经供大于求，那么这个项目就失去了它的价值。

（4）不确定性　由于建筑施工项目产品自身的一些特点，项目建设周期往往比较长，而且实施的过程中会不断受到来自外部环境因素的影响，如现场实际地质条件与设计不一致、业主需求的改变、新法律法规的颁布、市场价格的变动等。这些大量的不确定因素的存在，使得项目管理者很难事先做出全面详细的计划。项目管理者应当充分认识项目的不确定性，加强对风险的管理和变更的控制，以期实现既定的项目目标。

（5）阶段性　工程项目的实施过程具有明显的阶段特征。例如，房屋建筑工程项目的施工通常可分为基础施工、主体施工和装饰装修等阶段，在各个不同的阶段，施工内容不同，对管理工作的要求以及施工控制的复杂程度也不同，这要求项目管理者不断调整施工计划和组织方式以适应施工活动的需要。

1.1.3 建筑施工项目类型

根据项目管理的需要，建筑施工项目有不同的分类方法，常见的划分方法有以下几种：

1. 按建设性质划分

（1）新建项目 新建项目是指从无到有，新开始建设的项目。有的建设项目原有基础很小，经扩大建设规模后，其新增加的固定资产价值超过原有固定资产价值（原值）三倍以上的也算新建项目。

（2）扩建项目 扩建项目是指原有企业、事业单位，为扩大原有产品生产能力（或效益）或增加新的产品生产能力，而新建主要车间或工程的项目。

（3）改建项目 改建项目是指原有企业为提高生产率，改进产品质量或改变产品方向，对原有设备或工程进行改造的项目。有的企业为了平衡生产能力，增建一些附属、辅助车间或非生产性工程，也算改建项目。

（4）迁建项目 迁建项目是指原有企业、事业单位，由于各种原因经上级批准搬迁到另地建设的项目。迁建项目中符合新建、扩建、改建条件的，应分别作为新建、扩建或改建项目。迁建项目不包括留在原址的部分。

（5）恢复项目 恢复项目是指企业、事业单位因自然灾害、战争等原因使原有固定资产全部或部分报废，以后又投资按原有规模重新恢复起来的项目。在恢复的同时进行扩建的，应作为扩建项目。

2. 按项目在国民经济中的作用划分

（1）生产性项目 生产性项目是指直接用于物质生产或直接为物质生产服务的项目，主要包括工业项目（含矿业）、建筑业、地质资源勘探及农林水有关的生产项目、运输邮电项目、商业和物资供应项目等。

（2）非生产性项目 非生产性项目是指直接用于满足人民物质和文化生活需要的项目，主要包括文教卫生、科学研究、社会福利、公用事业建设、行政机关和团体办公用房建设等项目。

3. 按建设过程划分

（1）筹建项目 筹建项目是指尚未开工，正在进行选址、规划、设计等施工前各项准备工作的建设项目。

（2）施工项目 施工项目是指报告期内实际施工的建设项目，包括报告期内新开工的项目、上期跨入报告期续建的项目、以前停建而在本期复工的项目、报告期施工并在报告期建成投产或停建的项目。

（3）投产项目 投产项目是指报告期内按设计规定的内容，形成设计规定的生产能力（或效益）并投入使用的建设项目，包括部分投产项目和全部投产项目。

（4）收尾项目 收尾项目是指已经建成投产和已经组织验收，设计能力已全部建成，但还遗留少量尾工需继续进行扫尾的建设项目。

（5）停缓建项目 停缓建项目是指根据现有人力、财力、物力和国民经济调整的要求，在计划期内停止或暂缓建设的项目。

4. 按建设规模大小划分

基本建设项目可分为大型项目、中型项目、小型项目。基本建设大中小型项目是按项目的建设总规模或总投资来确定的。习惯上将大型和中型项目合称为大中型项目。新建项目按项目的全部设计规模（能力）或所需投资（总概算）计算；扩建项目按扩建新增的设计能力或扩建所需投资（扩建总概算）计算，不包括扩建以前原有的生产能力。基本建设项目大中小型划分标准是国家规定的，不同类型的项目适用的标准不同。例如，新能源基本建设项目的经济规模为风力发电装机 3 000kW 及其以上、太阳能发电装机 1 000kW 及其以上、地热发电装机 1 500kW 及其以上、潮汐发电装机 2 000kW 及其以上、垃圾发电装机 1 000kW 及其以上、沼气工程日产气 5 000m^3 及其以上及投资 3 000 万元以上的其他新能源项目。达到经济规模的为大中型新能源基本建设项目，达不到的为小型项目。

1.1.4 建筑施工项目的组成

建筑施工项目按产品对象范围从大到小，一般可分为建设项目、单项工程、单位工程、分部工程、分项工程五个级别。

（1）建设项目　建设项目又称基本建设项目，是指按照项目任务书和批准的总体设计要求，遵循国家基建程序的要求实施建造，建成后可独立地形成生产能力或使用价值的建设工程。一个建设项目通常在经济上实行独立核算并且在行政上具有独立的组织形式。如工业建设中的一座工厂、一个矿山，民用建设中的一个居民区、一幢住宅、一所学校等均为一个建设项目。

凡属于一个总体设计范围内分期分批进行建设的主体工程和附属配套工程、综合利用工程、环境保护工程、供水供电工程等，均应作为一个建设项目；凡不属于一个总体设计，经济上分别核算，工艺流程上没有直接联系的几个独立工程，应分别列为几个建设项目。

（2）单项工程　单项工程是建设项目的组成部分，通常具有独立的设计文件，建成后可以独立发挥生产能力或效益的一组配套齐全的项目单元。如一所学校的教学楼，一个工厂中的某个车间等。一个建设项目可以只包含一个单项工程，也可以包含多个单项工程。

（3）单位工程　单位工程是单项工程的组成部分，通常具有独立的设计文件，可以独立组织施工和单项核算，但不能独立发挥生产能力和使用效益。单位工程不具有独立存在的意义，必须和其他单位工程协同作用才能发挥整体的使用功能。如车间的厂房建筑单位工程，车间的设备安装单位工程，此外还有电器照明工程、工业管道工程等。

（4）分部工程　分部工程是单位工程的组成部分，是指按工程的部位、结构形式的不同等划分的项目单元。例如，房屋建筑单位工程可划分为基础工程、墙体工程、屋面工程等；也可以按工种划分，如土石方工程、钢筋混凝土工程、装饰工程等。

（5）分项工程　分项工程是分部工程的组成部分，分项工程是根据工种、构件类别、使用材料划分的项目单元。一个分部工程由多个分项工程构成，如混凝土及钢筋混凝土分部工程可包括带形基础、独立基础和设备基础等多个分项工程。

1.1.5 建筑施工项目的生命周期

建筑施工项目的一次性决定了项目的生命周期特性，任何一个建筑施工项目都会经历一个从产生到消亡的过程。一般可将建筑施工项目的生命周期划分为四个阶段，如图 1-1

所示。

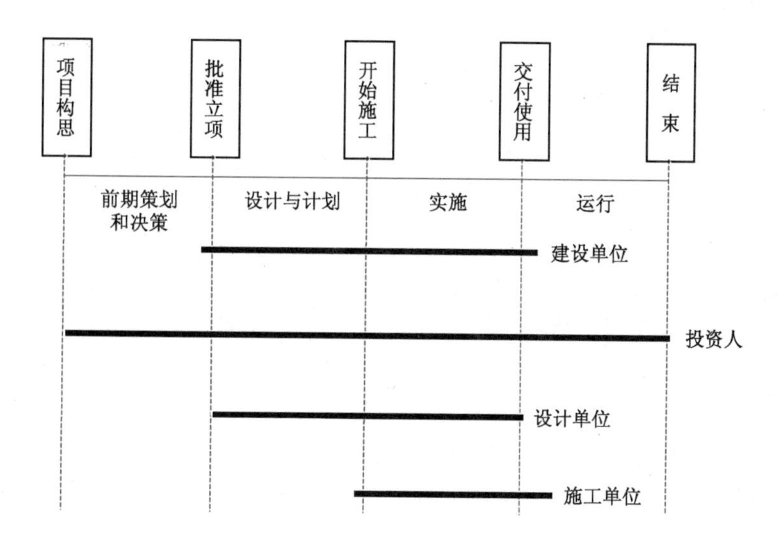

图1-1 建筑施工项目的生命周期

（1）前期策划和决策阶段 这个阶段工作的重点是对项目的目标进行研究、论证、决策。其工作内容包括项目的构思、目标设计、可行性研究和批准立项。

（2）设计与计划阶段 这个阶段的工作主要包括设计、计划、招标、投标和各种施工前的准备工作。

（3）实施阶段 这个阶段从现场开工直到工程建成交付使用为止。

（4）使用阶段（运行阶段） 从项目正式启用到报废为止。

在同一个项目中，有众多的参与方，如建设单位、投资人、设计单位、施工单位等。不同的参与方承担的工作任务不同。这些工作任务属于整个建筑施工项目的不同阶段，但又都符合项目的定义，也都可以独立的作为一个项目，因此就出现了从各参与方角度出发的不同的项目管理，如业主方的项目管理、设计方的项目管理、施工方的项目管理等。

1.2 项目管理与建筑施工项目管理

1.2.1 成功的项目

人们实施项目管理，无一例外是希望取得项目成功。那么什么样的项目可以称为成功的项目呢？通常情况下，一个成功的项目至少应当满足以下条件：

1）在预定的时间内完成项目的建设，按时交付或投入使用。

2）在预算的费用范围内完成项目，不出现超支的情况。

3）满足预期的使用功能要求，能够按照预定的生产能力或使用效果，经济、安全、高效地运行。

4）项目实施能够按计划、有序、高效地进行，对时间和资源的浪费较少。

事实上，对项目成功与否从来都没有统一的判断标准，也不可能有。对不同的项目类型，从不同的角度，在不同的时点，对项目成功会有不同的认识和标准。例如，对承包商来讲，通过项目的实施取得了超额利润可能被认为是成功的，但是对业主来讲，可能意味着投资控制不力而被认为是失败的。

1.2.2 项目管理

建筑施工项目自古就有，有建筑施工项目就必然有建筑施工项目管理活动。但由于科学技术水平和人们认识能力的限制，历史上的项目管理大都是经验性的、不系统的管理，不是现代意义上的项目管理。

现代项目管理理论认为，项目管理是通过项目经理和项目组织的努力，运用系统理论和方法对项目及其资源进行计划、组织、协调和控制，旨在实现项目的特定目标的管理方法体系。现代项目管理知识体系可分为三个层次：

（1）技术方法层　技术方法层的知识是项目管理知识体系中最基础层面的知识，主要是一些相对独立的技术和方法，如工作分解采用的 WBS（工作分解结构）技术、进度管理中采用的网络计划技术、成本管理中采用的挣值法、质量管理中的控制图法等。

（2）系统方法层　系统方法层的知识是项目管理知识体系中较高层面的知识，强调的是一种综合集成型的方法和技术的有机集合，如项目质量管理中采用的全面质量管理体系方法、项目管理信息系统的应用等。

（3）哲理层　哲理层的知识是项目管理知识体系中最高层面的知识，是整个项目管理知识体系的灵魂，如系统思想、动态平衡观念等。

1.2.3 建筑施工项目管理类型

建筑施工项目管理是项目管理中的一类，其管理对象为建筑施工项目。每个建筑施工项目都可以看作是存在于整个社会经济系统下的一个相对独立的、动态开放的小系统。在建筑施工项目建设过程中，存在着众多参与主体，各参与主体的建设活动不仅会对项目自身的结果产生影响，也会作用于周围社会环境；反之，受项目建设过程和成果影响的相关组织和个人也会对项目有些要求，整个项目的建设过程都渗透着社会经济、政治、技术、文化、道德和伦理观念的影响和作用。因此，从不同的角度可将项目管理分为不同的类型，如图 1-2 所示。

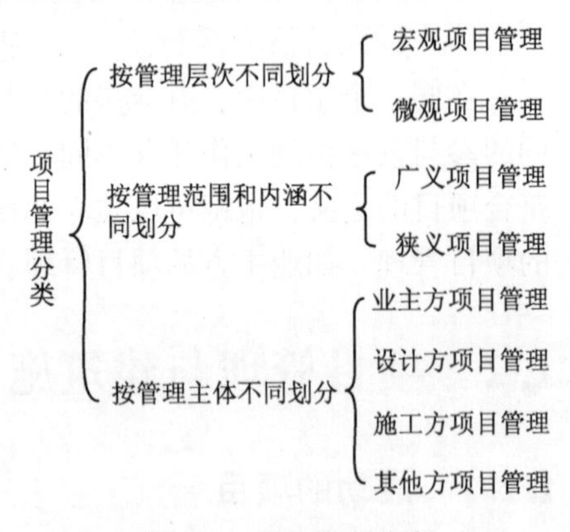

图 1-2　项目管理分类

1. 按管理层次不同划分

项目管理按管理层次不同划分，可分为宏观项目管理和微观项目管理。

宏观项目管理是指政府（中央政府和地方政府）作为主体对项目活动进行的管理。宏观项目管理的对象是某一类或某一地区的项目，而不是某一个具体的项目。宏观项目管理的目的是追求国家或地区的整体综合效益，而不是某个具体项目的微观效益。宏观项目管理的手段包括利用行政手段、法律手段和经济手段，如制定与贯彻相关的法规、政策，调控项目资源要素市场，制定与贯彻项目实施程序、规范和标准，监督项目实施过程和结果等。

微观项目管理是指项目的主要参与方为了各自的利益而以某一具体项目为对象进行的管

理，包括业主方对建设项目的管理、承包商对承包项目的管理、设计方对设计项目的管理等。一般意义上的项目管理均指的是微观项目管理。

微观项目管理的对象是某一管理主体所承担的具体的项目任务。微观项目管理的目的是项目管理主体自身利益的实现。微观项目管理的手段通常为具体的经济、技术、合同和组织等手段。

2. 按管理范围和内涵不同划分

项目管理按管理范围和内涵不同划分，可分为广义项目管理和狭义项目管理。

广义项目管理包括从项目投资意向、项目建议书、可行性研究、建设准备、设计、施工、竣工验收、项目运行使用直至项目报废拆除所进行的全生命周期的管理。广义项目管理的主体是业主，其管理追求的是项目全生命周期最优，而不是局部或阶段的最优。

狭义项目管理指从项目正式立项开始（即从项目可行性研究报告获得批准）到项目通过竣工验收开始使用为止这一阶段所进行的管理。本书中的项目管理多指的是狭义项目管理。

3. 按管理主体不同划分

一项工程的建设，涉及众多的管理主体，如项目业主、项目使用者、科研单位、设计单位、施工单位、生产厂商、监理单位等。不同的管理主体在项目管理各阶段的任务、目的和内容各不相同，因而形成不同主体的项目管理，主要包括：

（1）业主方项目管理　业主方项目管理是指由项目业主或委托人对建筑施工项目建设全过程所进行的管理，是业主为实现其预期目标，运用所有者的权力组织或委托有关单位对建筑施工项目进行策划和实施计划、组织、协调、控制等管理职能的过程。

业主方项目管理的主体是业主或代表业主利益的咨询方。项目业主泛指项目的所有出资人，包括资金、技术和其他资产入股等。但项目业主实质上是指项目在法律意义上的所有人，是指各投资主体依照一定的法律关系所组成的法人形式。目前我国所实施的项目法人责任制中的项目法人就是业主方项目管理的主体之一。按项目法人责任制的规定，新上项目的项目建议书被批准后，由投资方派代表，组建项目法人筹备组，具体负责项目法人的筹建工作，待项目可行性研究报告批准后，正式成立项目法人，由项目法人对项目的策划、资金筹措、建设实施、生产经营、债务偿还、资产的增值保值，实行全过程负责，依照国家有关规定对建设项目的建设资金、建设工期、工程质量、生产安全等进行严格管理。

业主是建筑施工项目实施过程的总集成者——人力资源、物资资源和知识等，他在项目目标的决策、项目实施过程的安排、项目其他参与方的选择等问题上均起决定性作用。因此，业主方项目管理是各方建筑施工项目管理的核心。

（2）设计方项目管理　设计方项目管理是指设计方受业主委托，承担建筑施工项目的设计任务，以设计合同所界定的工作目标及其责任义务作为其管理的对象、内容和条件所进行的管理活动，通常简称设计项目管理。设计方项目管理大多数情况下是在项目的设计阶段，但业主根据自身的需要可以将建筑施工设计项目的范围往前或往后延伸，如向前延伸到前期的可行性研究阶段或向后延续到施工阶段，甚至竣工、交付使用阶段。一般来说，设计方项目管理包括以下工作：设计投标、签订设计合同、开展设计、施工阶段的设计协调等。设计方项目管理同样要进行质量控制、进度控制和费用控制，按合同的要求完成设计任务，并获得相应的报酬。设计方项目管理是建筑施工设计阶段项目管理的工作重点，设计方必须与业主充分沟通，贯彻业主的建设意图，并实施严格的投资、质量和进度控制。

（3）施工方项目管理　施工方项目管理是指站在施工方的立场，按照建筑施工承包合同所确定的任务范围，通过有效的计划、组织、协调和控制，使所承包的项目在满足合同所规定的时间、费用和质量要求的条件下完成，并实现预期的建筑施工承包利润的过程。在大多数情况下，施工方项目管理的范围包括建筑施工投标、签订建筑施工承包合同、施工与竣工、交付使用等过程。但在项目管理实践中，根据业主选择的发包方式不同，施工方项目管理的范围还有可能是包含设计与设备采购的建设总承包，也有可能是只承担部分施工任务的专业分包或劳务分包。业主方项目管理、设计方项目管理、施工方项目管理的主要区别，见表1-1。

表1-1　不同主体建筑施工项目管理间的比较

管理主体	在项目管理中的地位	管理目标	管理范围内容	管理手段
业主方	项目的所有者，在整个项目管理中起决定性作用	实现预期的投资收益和使用功能	从项目建议书到投产使用全过程	间接管理方式，合同管理手段
设计方	提供设计服务，设计质量对项目的功能及经济性影响巨大	在满足业主要求的条件下，实现设计产品的价值最大化	从设计投标到竣工验收	直接具体管理方式，主要手段是经济措施、组织措施和技术措施等
施工方	项目实体的建造者，对工程实体质量起决定性作用	生产出符合合同要求的建筑安装产品，取得利润	从施工投标到竣工验收	直接具体管理方式，主要手段是经济措施、组织措施和技术措施等

（4）其他方项目管理　在建筑施工项目管理中，除了以上三个管理主体外，还有许多的其他参与方，如监理方、材料和设备的供应方、咨询方等，这些参与方也都有着各自的项目管理任务，通过自身的项目管理工作，实现项目管理目标，并取得合理的利润。尽管他们各自的任务不同，工作内容不同，但在项目管理方法和技术的使用上是相同的。

1.2.4　建筑施工项目管理的基本目标

争取项目成功是建筑施工项目管理的最终目标。但是对以工程建设为根本任务的建筑施工项目管理，判断其是否成功的主要标准就是建筑施工项目建设目标完成的程度如何。在评价建筑施工项目管理绩效的目标体系中至少包括以下五个方面：

（1）安全　安全是指安全地建造。这是所有的项目管理目标中最基本的目标，没有什么东西比人的生命和健康更重要，任何施工生产活动成果的取得都不应当以牺牲建筑工人的健康和生命为代价。

（2）质量　质量是指满足事先所确定的对项目的各种需求，使其具备相应的功能。质量目标是建筑施工项目管理的核心目标，如果项目产品质量不能得到保证，项目无法实现预期的使用价值，则任何其他目标的实现都是毫无意义的。

（3）工期　工期是指在施工合同要求的时间内完成项目施工任务。工期目标往往是业主强调最多的目标，因为项目及早建成投入使用，可以为业主尽快地带来投资回报，反之，工期的拖延很可能会使项目失去最佳的市场盈利机会。因此，所有项目管理计划的安排，都必须以保证工期为前提，如果工期目标难以保证，则再经济合理的方案也无法获得业主的认可。

(4) 成本　成本是指为完成项目任务而支付的价值牺牲。对项目施工成本的有效管理是项目盈利的关键，而对利润的追逐是任何企业的本性。因此，在项目管理中，对任何活动的决策都应当考虑其成本支出的必要性和合理性。

(5) 环境保护　环境保护是指保证施工过程中不对环境造成破坏和污染。环境是人类生存和发展的基本前提，对环境的保护是人类可持续发展的必然要求。在施工项目生产活动中，应当尽可能全面地识别其存在的环境因素，采取措施，把施工生产活动对环境的破坏降至最低。

以上五个方面共同构成了建筑施工项目管理的目标体系，如图1-3所示。

在这些目标中，质量、工期和成本是传统的三大项目管理目标，这些目标反映了为完成项目任务而对项目管理工作自身的基本要求。

环境保护目标和安全目标为外部施加于项目的目标。环境保护目标体现了整个社会可持续发展的要求，安全目标体现了对人权的尊重与要求，这两个目标均体现了相关法规对建筑业企业承担社会责任的要求。

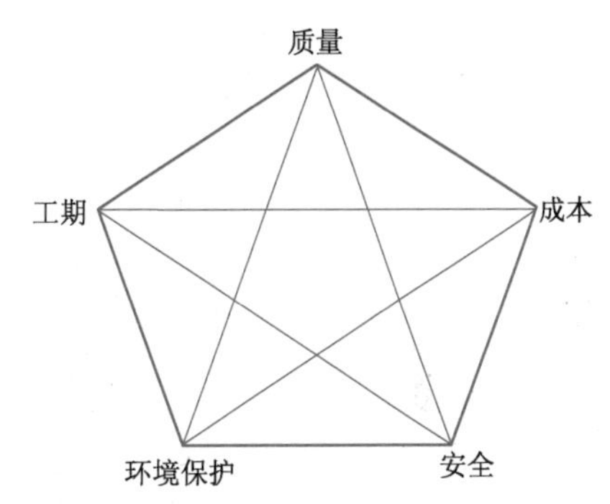

图1-3　建筑施工项目管理目标体系

五个项目管理目标之间既相互矛盾，又相互统一。一方面，采取赶工措施会使工期缩短，但是需要额外支付赶工费用，使成本增加；采取环境保护措施和安全措施，会导致工作量增加，致使工期延长，成本上升，这些都是矛盾的表现。另一方面，安全的施工环境会提高劳动生产率，降低成本；良好的质量会降低返工返修成本，这些都是统一的表现。在建筑施工项目管理中，必须保证各项目管理目标之间的均衡性和合理性，任何片面强调工期、成本或质量的做法都是不可取的。

[案例]　　某铁路工程项目管理目标

(1) 质量目标

1）确保工程质量达到国家、行业现行的工程质量验收标准，工程一次验收合格率达到100%。

2）确保创部级优质工程，争创国家优质工程（中国建设工程鲁班奖）。

(2) 安全目标　坚持“安全第一，预防为主”的安全方针，坚持“以人为本”的指导思想，建立健全安全管理组织机构，完善安全生产保证体系，落实安全生产责任制，创建安全生产标准工地，消灭一切安全责任事故，确保人民生命财产不受损害，创建安全生产的文明工地。

(3) 工期目标　工程开工日期为2015年××月××日，于2020年××月××日完工，计划施工工期为54个月。

(4) 成本目标　严格执行项目成本管理制度，落实岗位责任成本，在批准的责任成本范围内完成施工任务。

(5) 环境保护目标　坚持做到“少破坏、多保护，少扰动、多防护，少污染、多防治”，使环境保护和水土保持监控项目与监控结果达到设计文件及有关规定的要求，监测合格率100%。

1.2.5 建筑施工项目管理的工作内容

项目管理目标是通过项目管理工作活动实现的，由于工程项目的复杂性，要想实现项目管理目标就必须对项目进行全过程多方面的管理。从不同的角度，对项目管理的工作内容可有不同的描述：

1. 从管理职能角度

按照法约尔（Fayol）对管理职能的定义，项目管理工作就是对项目进行计划、组织、指挥、协调和控制，使项目参与者在项目组织中高效率地完成既定项目任务。

2. 从项目管理过程角度

在建筑施工项目实施的不同阶段，项目管理工作的内容各有不同：

（1）发起过程　获得批准或许可，正式开始一个项目或项目某一阶段的工作。

（2）规划过程　明确项目工作范围，优化管理目标，并为实现目标制订一系列管理计划，包括项目总体计划、工期计划、成本（投资）计划、资源计划等。

（3）实施过程　完成项目管理计划的工作以实现项目管理目标。

（4）收尾过程　完结所有过程活动，以正式结束项目或项目工作阶段。

3. 从管理任务范围角度

按照项目管理任务范围，项目管理工作可分为以下几个方面：

（1）成本（投资）管理　具体的管理活动包括：工程估价，即工程的估算、概算、预算；成本（投资）计划；支付计划；成本（投资）控制，包括审查监督成本支出、成本核算、成本跟踪和诊断；工程款结算和审核等。

（2）工期管理　工期管理的工作是在工程量计算、实施方案选择、施工准备等工作基础上进行的。具体的管理活动包括：工期计划编制、资源供应计划和控制以及进度控制。

（3）质量管理　质量管理的工作主要包括：制定质量目标、质量策划、质量控制、质量保证和质量改进。

（4）安全管理　安全管理的工作主要包括：制定安全目标、危险源辨识与评价、安全管理方案制订、安全控制、应急预案编制等。

（5）环境管理　环境管理的工作主要包括：制定环境管理目标、环境因素识别与评价、环境管理方案制定、运行控制、应急预案编制等。

（6）合同管理　合同管理有如下具体管理活动：招投标管理、合同策划、合同实施控制、合同变更管理、索赔管理等。

（7）组织和信息管理　组织和信息管理包括如下具体管理活动：建立项目组织机构和安排人事，选择项目管理班子；制定项目管理工作流程，落实各方面责权利关系，制定项目管理规范；处理内部与外部关系，沟通、协调各方关系，解决争执；确定组织成员（部门）之间的信息流，确定信息的形式、内容、传递方式、时间和存档，进行信息处理过程的控制等。

（8）风险管理　由于项目实施过程的不确定性，项目管理必然会涉及风险管理，它包括风险识别、风险计划和控制等。

（9）现场管理　现场管理的内容包括：合理规划施工用地、科学进行施工现场平面布置、现场防火、文明施工等。

1.3　项目经理与建造师

1.3.1　项目经理

1. 项目经理的概念

项目经理是组织的法定代表人在项目上的一次性授权管理者和责任主体。项目经理通过实行项目经理责任制履行岗位职责，在授权范围内行使权力，并接受组织的监督考核。项目经理的聘用决定，是一种行业规范化管理的组织行为。

2. 项目经理责任制

项目经理责任制是组织制定的以项目经理为责任主体，确保项目管理目标实现的责任制度。

项目管理工作的核心是实施项目经理责任制。项目经理责任制是项目管理工作的保证，是项目管理目标实现的具体保障和基本条件，是项目经理的工作原则，也是评价项目经理管理绩效的依据和基础，同时还是项目管理区别于其他管理模式的显著特点。

项目经理与项目经理部在项目管理工作中应严格实行项目经理责任制，确保项目目标顺利实现。

项目经理责任制通过项目经理和项目经理部履行项目管理目标责任书，层层落实目标的责任权限、利益，从而实现项目管理责任目标。

项目经理责任制的特点主要有以下几方面：

（1）对象终一性　不管项目经理属于哪一类别，项目经理都以项目为对象，实行对项目产品形成过程的一次性全面负责，具有对象终一性的特点。

（2）主体直接性　项目经理是项目的责任主体、权利主体、利益主体，是项目管理的直接组织实施者，具有主体直接性的特点。

（3）内容全面性　只要在企业法人授权范围内，项目经理将对项目全面负责，具有内容全面性的特点。

（4）责任风险性　项目经理是项目的第一责任人，项目实施成功与否的风险将由项目经理承担，具有责任风险性的特点。

3. 项目经理的地位和作用

项目经理是根据组织的法定代表人授权的范围、时间和内容，对项目实施全过程、全面的管理，是组织的法定代表人在该项目上的全权委托代理人。项目经理是项目管理的直接组织实施者，是建筑施工项目管理的核心和灵魂，在项目管理中起决定性的作用。实践证明，项目管理的成败，与项目经理关系极大。一个好的建筑施工项目背后，必定有一个好的项目经理，只有好的项目经理才能取得理想的项目管理绩效。

（1）合同履约的负责人　项目合同规定承、发包双方的责、权、利，是具有法律约束力的契约文件，是处理双方关系的主要依据，也是市场经济条件下规范双方行为的准则。项目经理是公司在合同项目上的全权委托代理人，代表公司处理执行合同中的一切重大事宜，包括执行合同条款，变更合同内容，处理合同纠纷且对合同负主要责任。

(2) 项目计划制订和执行的监督人　为了做好项目工作并达到预定的目标，项目经理需要事前制订周全而且符合实际情况的计划，包括工作的目标、原则、程序和方法，使项目组全体成员围绕共同的目标、执行统一的原则、遵循规范的程序、按照科学的方法协调一致地工作，取得最好的效果。项目经理还应在计划实施过程中进行监督。

(3) 项目组织的指挥员　项目管理涉及众多的项目相关方，是一项庞大的系统工程。为了提高项目管理的工作效率并节省项目的管理费用，要进行良好的组织和分工。项目经理要确定项目的组织原则和形式，为项目组人员提出明确的目标和要求，充分发挥每个成员的作用。

(4) 项目协调工作的纽带　项目建设的成功不仅依靠项目相关方的协作配合，还需要政府及社会各方面的指导与支持。项目经理处在上下各方的核心地位，是负责沟通、协调、解决各种矛盾、冲突、纠纷的关键人物，应该充分考虑各方面的合理的潜在的利益，建立良好的关系。因此，项目经理是协调各方面关系，使之相互紧密协作配合的桥梁与纽带。

(5) 项目信息的集散中心　自上、自下、自外而来的信息，通过各种渠道汇集给项目经理，项目经理又通过报告、指令、计划和协议等形式，对上反馈信息，对下、对外发布信息，通过信息的集散达到控制的目的，使项目管理取得成功。

4. 项目经理的素质和能力

项目经理的知识结构、素质和能力是有效地行使职责、胜任项目经理工作所应具备的主观条件。

(1) 知识结构　项目经理的知识结构主要包括专业知识和实践经验两方面。

1) 专业知识。项目经理应接受过良好的专业教育，必须具有专业技术知识，且受过项目管理的专门培训或再教育，掌握项目管理的知识，同时具有综合和广阔的知识面，能够对所从事的项目迅速设计出解决问题的方法、程序，能抓住问题的关键，把握技术和实施过程逻辑上的联系，具有工程的系统知识。

2) 实践经验。项目管理过程中存在大量的不确定性因素以及可能遇到的各种实际、复杂问题，要求项目经理必须具有丰富的阅历和解决实际问题的技能，既是管理专家又是专业技术上的内行，能正确处理各方利益关系。

(2) 素质　项目经理的基本素质应包括品德素质和身体素质两个基本方面。

1) 品德素质。项目经理应当遵守国家的法律法规，服从企业的领导和监督；具有高度的事业心和责任感，坚韧不拔，开拓进取；具有良好的道德品质和团队意识，诚实信用，公道正直，以身作则。

2) 身体素质。繁重的管理任务、艰苦的工作与生活条件，要求项目经理必须具有健康的身体、充沛的精力、宽阔的心胸、坚强的意志。

(3) 能力　项目经理的基本能力包括创新能力、决策能力、组织能力、领导能力、自我控制能力和协调能力。

1) 创新能力。项目管理是创新性的工作，富有挑战性，所以项目经理在项目管理活动中，应具有创新的精神、务实的态度，有强烈的管理信心和愿望，勇于挑战，勇于决策，勇于承担责任和风险，并努力追求工作的完美，追求高的目标，不安于现状。

2) 决策能力。决策能力是项目经理根据外部经营条件和内部经营实力，构建多种建设管理方案并选择合理方案的能力，是项目组织生命机制旺盛的主要因素，也是检验其领导水平的一个重要标志。

3）组织能力。项目经理为了实现项目目标，运用组织理论指导项目建设活动，有效、合理地组织各个要素的能力。组织能力主要包括：组织分析能力、组织设计能力和组织变革能力。

4）领导能力。项目经理下达命令的单一性和指导的多样性的统一，是项目经理领导能力的基本内容。

5）自我控制能力。自我控制能力是指项目经理通过检查自己的工作，发现差异并能进行自我调整的能力。

6）协调能力。协调能力是指项目经理解决各方面的矛盾，使各个部门以及全体职工，为实现项目目标密切配合、统一行动的能力。现代大型建筑施工项目的管理，除了需要依靠科学的管理方法、严密的管理制度之外，很大程度上要依靠项目经理的协调能力。协调能力具体表现在：解决矛盾的能力、沟通的能力、鼓动和说服的能力。

5. 项目经理的职责

项目经理的职责，因项目管理目标而异。一般应包括以下几方面：

1）项目管理目标责任书规定的职责。

2）主持编制项目管理实施规划，并对项目目标进行系统管理。

3）对资源进行动态管理。

4）建立各种专业管理体系并组织实施。

5）进行授权范围内的利益分配。

6）收集工程资料，准备结算资料，参与工程竣工验收。

7）接受审计，处理项目经理部解体后的善后工作。

8）协助组织进行项目的检查、鉴定和评奖申报工作。

6. 项目经理的权力

授权既是项目经理履行职责的前提，又是项目取得成功的保证。为了确保项目经理完成所担负的任务，必须授予相应的权力。一般来讲，项目经理应当有以下权力：

1）参与项目投标和合同签订。为了建筑施工项目的顺利实施，项目经理有权参与项目的投标和合同的签订过程。

2）参与组建项目经理部。项目经理在企业的领导和支持下组建项目经理部，并把项目经理部成员组织起来共同实现项目目标，项目经理应创造条件使项目经理部成员经常沟通交流，营造和谐融洽的工作氛围。

3）主持项目经理部工作。项目经理有权对项目经理部的组成人员进行选择、分配任务、考核、聘任和解聘，有权根据项目需要对项目经理部成员进行调配、指挥，并且有权根据项目经理部成员在项目过程中的表现进行奖励和惩罚。

4）决定授权范围内资金的投入和使用。在财务制度允许的范围内，项目经理根据工作需要和计划安排，有权对项目预算内的款项进行安排和支配，决定项目资金的投入和使用。

5）制定内部计酬办法。项目经理是项目管理的直接组织实施者，有权制定内部的计酬方式、分配方法、分配原则，进行合理的经济分配。

6）参与选择并使用具有相应资质的分包人。项目经理参与选择分包人是配合企业进行的工作，使用分包人则是自主进行的。

7）参与选择物资供应单位。

8）在授权范围内协调与项目有关的内外部关系。

9）其他权力。组织的法定代表人授予项目经理的其他权力。

1.3.2 建造师执业资格制度

建造师执业资格制度起源于英国，迄今已有150余年的历史。世界上许多发达国家已经建立了该项制度。2002年12月5日，人事部、建设部联合印发了《建造师执业资格制度暂行规定》（人发［2002］111号），这标志着我国建造师执业资格制度的正式建立。

1. 建造师的执业范围

《建造师执业资格制度暂行规定》明确规定，我国的建造师是指从事建设工程项目总承包和施工管理关键岗位的专业技术人员。具体执业范围如下：

1）担任建设工程项目施工的项目经理。

2）从事其他施工活动的管理工作。

3）法律、行政法规或国务院建设行政主管部门规定的其他业务。

2. 建造师的级别和专业

建造师分一级建造师和二级建造师。一级建造师可以担任《建筑业企业资质等级标准》中规定的必须由特级、一级建筑业企业承建的建设工程项目施工的项目经理；二级建造师只可担任二级及以下建筑业企业承建的建设工程项目施工的项目经理。

不同类型、不同性质的建设工程项目，有着各自的专业性和技术特点，对项目经理的专业要求有很大的不同。建造师实行分专业管理，就是为了适应各类工程项目对建造师专业技术的不同要求，并与现行建设工程管理体制相衔接，充分发挥各有关专业部门的作用。

一级建造师的专业目前分为建筑工程、公路工程、铁路工程、民航机场工程、港口与航道工程、水利水电工程、市政公用工程、通信与广电工程、矿业工程、机电工程10个。

二级建造师的专业分为建筑工程、公路工程、水利水电工程、市政公用工程、矿业工程和机电工程6个。

3. 建造师的执业技术能力

《建造师执业资格制度暂行规定》中分别对一级建造师和二级建造师的执业技术能力提出了不同的要求。

一级建造师的执业技术能力：

1）具有一定的工程技术、工程管理理论和相关经济理论水平，并具有丰富的施工管理专业知识。

2）能够熟练掌握和运用与施工管理业务相关的法律、法规、工程建设强制性标准和行业管理的各项规定。

3）具有丰富的施工管理实践经验和资历，有较强的施工组织能力，能保证工程质量和安全生产。

4）有一定的外语水平。

二级建造师的执业技术能力：

1）了解工程建设的法律、法规、工程建设强制性标准及有关行业管理的规定。

2）具有一定的施工管理专业知识。

3）具有一定的施工管理实践经验和资历，有一定的施工组织能力，能保证工程质量和安全生产。

4. 建造师和项目经理的关系

建造师与项目经理的定位不同，但所从事的都是建设工程项目管理工作。

建造师是一种专业执业资格，由相关从业者通过统一考试后注册取得。建造师的执业覆盖面较大，可涉及工程建设项目管理的许多方面，担任项目经理只是建造师执业范围中的一项，而且建造师选择工作的权利相对自主，可在社会市场上有序流动，有较大的活动空间。

项目经理是一种工作岗位，是由企业法定代表人授权或聘用的、一次性的工程项目施工管理者。项目经理岗位是企业设定的，选聘谁来担任项目经理，由企业决定，是企业行为。

建造师执业资格制度建立以后，大中型工程项目的项目经理必须由取得建造师执业资格的建造师担任，是国家的强制性要求。

1.3.3 国际项目管理组织及其认证简介

1. PMI与PMP认证

美国项目管理学会（Project Management Institute，PMI）成立于1969年，是全球最大的非营利性项目管理专业国际权威机构，致力于全球范围内的项目管理研究、标准制定和出版、价值倡导、职业认证和学位课程认证，提供有价值的信息、资源和专业人士交流平台。目前在全世界185个国家有70多万个会员和认证人士。PMI制定和出版的《项目管理知识体系指南》（PMBOK® Guide）是目前国际上最具影响力的项目管理标准之一。

目前，PMI的认证体系包括项目管理专业人士认证、助理项目管理专业人士认证、项目集管理专业人士认证、PMI进度管理专业人士认证、PMI风险管理专业人士认证等多项认证内容。

其中，项目管理专业人士（Project Management Professional，PMP）认证是全球最受认可的专业认证，PMP认证表明持证人士具备知识和技能，在进度、预算和资源约束下，能够领导和指导项目团队交付成果。

助理项目管理专业人士（Certified Associate in Project Management，CAPM）认证面向初级项目经理和合格的大学生，以认可他们在项目团队工作中的价值。CAPM认证表明持证人士了解《项目管理知识体系指南》（PMBOK® Guide）中定义的基础知识、过程和术语。这是有效执行项目管理所需的。

项目集管理专业人士（Program Management Professional，PgMP）认证面向领导多个项目管理，是确保项目集最终成功的专业人士。PgMP认证是PMI专为拥有项目集与项目管理技能的人士开发的认证，表明持证人士具备管理符合组织战略的多个相关项目的经验、技能和执行力。

PMI进度管理专业人士（PMI Scheduling Professional，PMI-SP）认证表明持证人士在编制和维护项目进度的专业领域具备知识和技能。

PMI风险管理专业人士（PMI Risk Management Professional，PMI-RMP）认证表明持证人士在评估和识别项目风险的专业领域具备知识和技能，并能够使用计划来减少威胁或利用机会。

2. IPMA 与 IPMP 认证

国际项目管理协会（International Project Management Association，IPMA）创建于 1965 年，总部设在瑞士洛桑，是国际上成立最早的项目管理专业组织。IPMA 的宗旨是在全球范围内积极推进项目管理在企业和组织中的应用；通过对项目管理人员认证、奖励成功的项目团队、研究并提供项目管理出版物等方式来增进人们对项目管理专业的认识；推广国际项目管理专业知识体系，促进国际间项目管理的交流，为国际项目管理领域的项目经理之间提供一个交流经验的平台，使来自不同国家有着不同文化背景的项目管理者可以形成网络，分享知识和经验，共同推进项目管理向前发展。目前，IPMA 的会员组织已有 50 多个，成员遍布欧洲、南美洲、北美洲、亚洲、非洲和大洋洲，是代表全球项目管理专业发展的权威机构之一。

IPMA 在 1999 年正式推出了国际项目管理专业能力基准（IPMA Competence Baseline，ICB），在这个能力基准中 IPMA 把项目管理人员的个人能力划分为 42 个要素，其中有 28 个核心要素和 14 个附加要素，除此之外，还有关于个人素质的 8 大特征及总体印象的 10 大方面等内容。

国际项目管理专业人员资质（International Project Management Professional，IPMP）认证是 IPMA 在全球推行的四级项目管理专业人员资质认证体系的总称。IPMP 认证是对项目管理人员知识、经验和能力水平的综合评估证明。IPMA 依据 ICB 的要求，针对项目管理人员专业水平的不同，将国际项目管理专业人员资质认证划分为四个等级，即 A 级、B 级、C 级、D 级，每个等级分别授予不同级别的证书。

A 级（Level A）证书是国际特级项目经理（Certified Projects Director）。获得这一级别认证的项目经理有能力指导一个企业或组织内的诸多复杂项目的管理，或者管理一项国际合作的复杂项目。其适用于跨国企业或国内大型建筑企业集团的决策层、经理层中董事长、总经理及其管理团队中高层管理人员。

B 级（Level B）证书是国际高级项目经理（Certified Senior Project Manager）。获得这一级别认证的项目经理可以管理大型复杂项目，或者管理一项国际合作项目。其适用于跨国企业或国内大型建筑企业集团的中高层管理骨干及其分（子）公司领导层、大型国际工程项目经理、国内工程总承包项目的项目经理。

C 级（Level C）证书是国际项目经理（Certified Project Manager）。获得这一级别认证的项目经理能够管理一般复杂项目，也可以在所在项目中辅助高一级别的项目经理进行管理。C 级认证是应用最广泛的国际项目经理人员认证，适用于所有企业的项目经理，包括工程总承包、施工总承包、专业承包及其分项管理的项目管理人员等。

D 级（Level D）证书是国际助理项目经理（Certified Project Management Associate）。获得这一级别认证的人员具备项目经理从业的基本知识，并可以将它们应用于项目管理领域，是项目管理人员的基础认证，适用于所有有志于从事项目管理的专业人员。

由于各国项目管理发展情况不同，IPMA 允许各成员国的项目管理专业组织结合本国特点，参照 ICB，制定在本国认证国际项目管理专业人员资质的国家标准（National Competence Baseline，NCB）。

3. CIOB 与 Chartered Builder

CIOB（The Chartered Institute Of Building）是英国皇家特许建造师学会的简称。CIOB 成

立于1834年，已有170多年的历史，是一个主要由从事建筑管理的专业人员组织起来的、涉及建设全过程管理的专业学会，目前在全球110多个国家中拥有43 000多名会员。作为专业学会，CIOB的职能包括：制定并维护建筑管理专业标准；建筑管理领域专业人士的代表；不断提高CIOB会员的标准和声誉；提升整个建筑行业的标准。具体说来，这些职能涵盖：对政府机构提出政策建议、有关建筑管理标准的制定和维护、会员专业资格认证、评估高等学校学位课程并提供专业服务和科研项目、发行各种报告和出版物、信息交流以及组织研讨会等活动。

CIOB的目标是通过教育来提高建筑业的标准以及建筑业专业经理人的水平，着重点在对管理者管理能力的培养。CIOB会员分五个等级，分别是：学生会员（Student）、助理会员（ACIOB）、副会员（ICIOB）、正式会员（MCIOB）、资深会员（FCIOB）。其中层次最高的两类会员是资深会员和正式会员，被称为皇家特许建造师（Chartered Builder）。目前，英国皇家特许建造师已成为欧盟、美国、澳大利亚、非洲、东南亚、中东等国家和地区最为权威的执业资格之一，并成为建筑管理专业人士的标志。

1.4 精益生产与精益建造

1.4.1 精益生产

1. 精益生产的起源

20世纪80年代，日本汽车工业迅速崛起，继美国和欧洲之后，成为新的汽车工业中心。这种现象引起了麻省理工学院一个研究小组的注意，他们开始研究和分析日本汽车工业的生产实践，尤其是丰田和尼桑。最终，该项研究成果以《改变世界的机器》（The Machine that Changed the World，Womack et al. 1990）一书的形式问世。在书中，研究者向世人揭示了丰田生产系统（Toyota Production System，TPS）。

TPS以顾客需求为导向，并以尽可能高效和经济的方式组织生产和服务，力求识别和消除生产中的一切“浪费”。TPS中包含了管理哲学、生产和物流、与供应商和顾客的交互作用，以及一整套特别的工作程序和技术。现在，TPS被公认为是精益生产的代表，并且被全世界的汽车生产商所使用。但有意思的是，丰田公司从来不用精益（Lean）来描述其生产系统，而是使用“Just In Time”。

2. 传统的机械化大生产方式

传统的机械化大生产是一种基于过程方法和系统分解思想的生产组织方式，福特T型车流水线是这种生产组织方式的典型代表，其生产组织原理如图1-4所示。

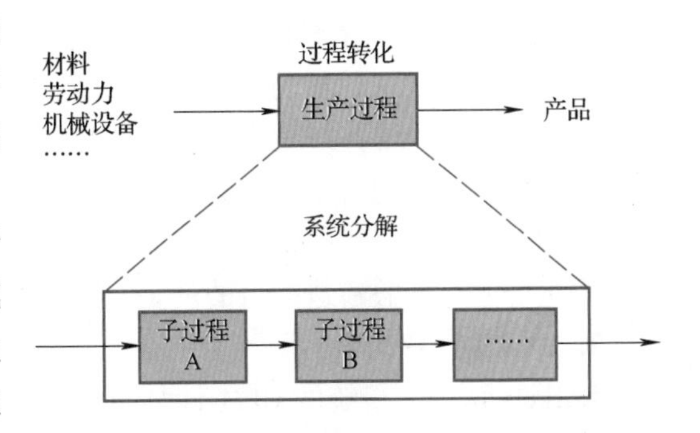

图1-4 基于过程方法和系统分解的生产组织原理

整个生产过程可分解为若干相对独立的子过程，当各子过程、部门、工作站的成本缩减时，总成本也会相应减少。基于这种认识，生产组织被不断的细化分工，专业化的流水线生产方式应运而生，这种生产组织方式极大地提高了劳动生产率，并且降低了生产成本，因此迅速地成为现代化大生产的主流生产组织方式。但是，随着这种生产方式的普及，人们也逐渐认识到了它的缺点：为保持各工作站的高利用率，在每个流水站点都需要保持一定的缓冲库存，以确保整个流水线连续生产，从而导致在制品库存巨大；此外，传统的机械化大生产组织方式还存在生产刚性大、柔性差、转换生产成本高等缺陷。

3. 精益生产的基本思想和原则

精益生产的基本思想就是去除不好的状态，即消除浪费，并使好的生产过程更富有效率，从而达到降低成本、缩短生产周期和改善质量的目的，其核心出发点在于创造价值。

按照丰田公司的界定方式，生产过程可划分为两类：好的过程和不好的过程。好的过程指的是能够产生价值的过程，如各种加工处理过程；不好的过程指不能产生价值的过程，如等待、返工、检查等。不产生价值的过程在某种程度上可以看作是一种“浪费”。为了更好地识别并且消除“浪费”，丰田公司将生产过程中的浪费现象归纳为七种类型，称之为“七种浪费”，如图 1-5 所示。

过量生产（Overproduction） 生产错误（Correction） 不必要的材料移动（Material movement） 非增值的处理工艺（Processing） 库存（Inventory）	物料流动过程中的浪费
不必要的等待（Waiting） 不必要的动作（Motion）	人员活动过程中的浪费

图 1-5　“七种浪费”

除消除“浪费”的基本思想外，精益生产还总结了一系列的管理原则，具体如下：

（1）价值观　为每项生产和服务设定顾客期望的价值。产品的价值需由最终的用户来确定，价值只有满足特定的用户需求才有存在的意义。

（2）价值流　价值流是指从原材料到成品所有必需的特定活动。是否创造价值为判断活动必要性的主要依据，应按照最终用户的立场寻求全过程的整体最佳配合。

（3）价值流动　精益生产要求各项创造价值的活动流动起来，使各生产单元之间能够无缝对接，连续运转。

（4）顾客拉动　顾客拉动即按用户需求拉动生产，避免过量生产和在制品库存的浪费。

（5）持续改进　不断寻找价值流动过程中的困难和障碍并加以克服和改进，为顾客提供尽善尽美的价值。

1.4.2　精益建造

1. 精益建造理论的提出

精益建造是由英国索尔福德大学（University of Salford）的 Lauri Koskela 教授于 20 世纪 90 年代提出的一种建造管理理论。该理论将工业生产组织中的精益生产思想引入到建筑施工行业，从而形成一种新的建造管理理论。Koskela 认为建筑施工生产活动可以被看作是一系列过程的集合，这些过程由于设计和控制要求不同而各不相同，生产就是从原材料到最终产品的材料和信息的流动。作为流的一部分，材料被处理、检查和移动，或者保持为等待的状态，如图 1-6 所示。在整个生产流程中，只有处理过程是产生价值的过程，而其他的过程均不产生价值。精益建造的目的就是消除浪费、降低成本、减少工期、为开发者增加价值。

2. 施工生产中的浪费

Koskela 认为，传统的 CPM 计划方法中的接力机制在实际的生产控制中存在问题，因为，在网络计划中，一项任务的诸多紧前任务的完成并不表示该项任务可以开始，除了紧前任务完成外，还应存在其他诸多的先决条件，如图1-7所示。在任务先决条件准备不充分的情况下仓促开工是目前施工生产中存在的主要问题，它会引起人员、材料和设备的窝工与等待，从而致使生产周期延长，成本增加。

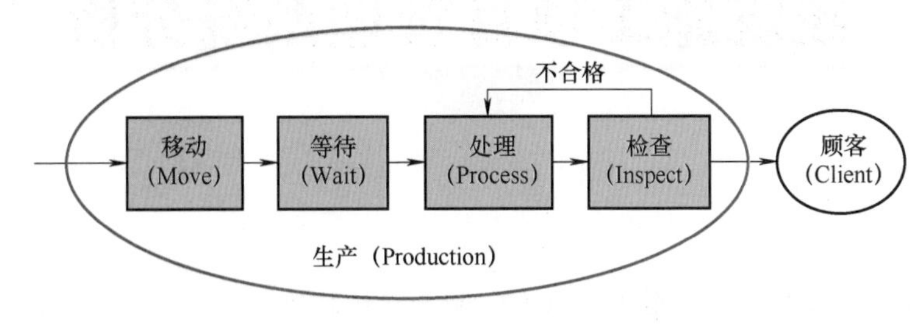

图1-6 施工生产过程流

此外，在建筑行业中，较低的设计成本和投机取巧的设计工作也会导致更多的费用损失；层层分包、合同管理代替生产管理使得施工生产得不到应有的控制；竞争性招标采购一定程度上占用了预先制造的时间，等等。这些现象均会导致任务输入条件的不确定性增加，进而产生建筑施工生产中的浪费。

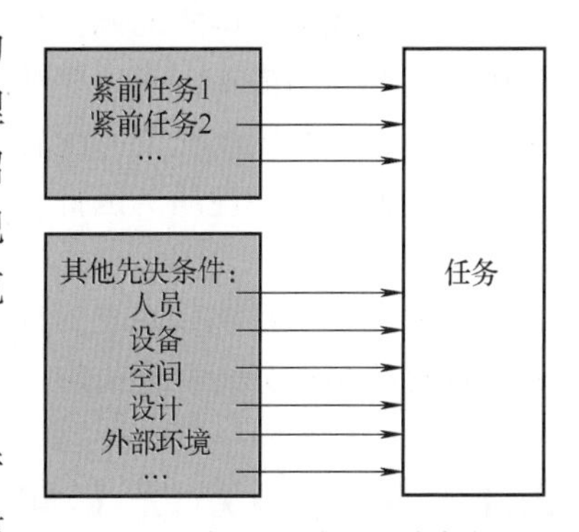

图1-7 任务开始的先决条件

3. 精益建造的概念和应用

中国精益建造技术中心把精益建造定义为：综合生产管理理论、建筑管理理论以及建筑生产的特殊性，面向建筑产品的全生命周期，持续地减少和消除浪费，最大限度地满足顾客要求的系统性的方法。与传统的建筑管理理论相比，精益建造更强调面向建筑产品的全生命周期，持续地减少和消除浪费，把完全满足客户需求作为终极目标。

自从精益建造理论提出后，世界上许多学者、机构和建筑公司纷纷投入这一领域的研究，其中，IGLC（International Group for Lean Construction）和LCI（Lean Construction Institute）是目前精益建造研究的两个重要组织。到目前为止，精益建造的思想与技术已经在英国、美国、芬兰、丹麦、新加坡、韩国、澳大利亚、巴西、智利、秘鲁等国得到广泛的实践与研究。

思考与练习题

1. 什么是建筑施工项目？
2. 什么是建筑施工项目管理？
3. 建筑施工项目管理的主要特征是什么？
4. 比较业主、设计单位和施工单位项目管理的异同。
5. 建筑施工项目管理的基本目标有哪些？
6. 建筑施工项目管理的工作内容有哪些？
7. 什么是项目经理责任制？
8. 项目经理应当具备哪些能力和素质？
9. 简述建造师和项目经理之间的基本关系。
10. 简述精益建造的基本概念。

第2章 建筑施工项目管理系统分析

本章导读

任何建筑施工项目都是一个系统，具有鲜明的系统特性。建筑施工项目的管理者和参与者必须确立基本的系统观念。

例如，我国的南水北调工程，它是从南方水量丰沛的长江流域向干旱缺水的西北、华北地区补充水源的措施。其主要功能是改变水资源在时空上的自然分布，使之适应社会生产和生活需要，是我国优化资源配置的重要国民经济基础性措施。该工程具有跨流域、跨省市、长距离、大流量的性质。因此，南水北调工程可谓是一项规模庞大、社会关系复杂的系统工程。

本章主要从系统和系统工程的基本概念入手，系统地介绍建筑施工项目的系统性、建筑施工项目的结构分析、建筑施工项目的界面分析等方面的基本知识。

2.1 系统与系统工程

2.1.1 系统的定义

系统的概念来自于人类长期的社会实践及工程实践。中外学者从不同角度对系统的定义做出了描述。《中国大百科全书·自动控制与系统工程》中的解释是，“系统是由相互制约、相互作用的一些部分组成的具有某种功能的有机整体”。在日本工业标准（JIS）中，系统被界定为“许多组成要素保持有机的秩序，向同一目的行动的集合体”。一般系统论的创始人奥地利生物学家L. V. 贝塔朗菲（L. V. Bertalanffy）把系统定义为“相互作用的诸要素的综合体”。美国著名学者R. L. 阿柯夫（R. L. Ackoff）则认为，“系统是由两个或两个以上相互联系的任何种类的要素构成的集合”。我国的钱学森院士将系统定义为“由相互作用和相互依赖的若干组成部分合成的具有特定功能的有机整体”，并指出，“这个系统本身又是它所从属的一个更大系统的组成部分”。

虽然这些系统定义的表述不同，所涉及的学科领域不同，但其本质是相同的。因此，系统是由两个以上有机联系、相互作用的要素所组成，具有特定结构、环境和功能的整体。

该定义有四个要点：

（1）系统及其要素　系统是由两个以上要素组成的整体，构成这个整体的各个要素可以是单个事物（元素），也可以是一群事物组成的分系统、子系统等。例如，一套多媒体教学系统是由计算机、投影仪、屏幕、音箱等要素组合而成的。

（2）系统和环境　任何一个系统都是它所从属的一个更大系统（环境或超系统）的组成部分，并与其相互作用，保持较为密切的输入输出关系。系统连同其环境或超系统一起形成系统总体。系统与环境也是两个相对的概念，例如，一辆汽车或一架飞机的发动机、一个企业的生产线、一所大学的某个学院都分别是一个子系统；而一辆汽车对于一个车队、一架飞机对于一个航空公司、一所高校对于全国或地区的高教系统来说，分别只是其中的一个组成部分或一个子系统。

（3）系统的结构　在构成系统的诸要素之间存在着一定的有机联系，这样在系统的内部形成一定的结构和秩序。结构即组成系统的诸要素之间相互关联的方式。

（4）系统的功能　任何系统都应有其存在的作用与价值，有其运作的具体目的，也即都有其特定的功能。系统的功能受到其环境和结构的影响。

2.1.2　系统的特性

从系统的定义可以看出，系统具有以下特性：

（1）整体性　系统是作为一个整体出现的，是作为一个整体存在于环境之中、与环境发生相互作用的，系统的任何组成要素或者局部都不能离开整体去研究。

系统的局部问题必须放在系统之中才能有效地解决，系统的全局问题必须放在系统的环境之中才能有效地解决。整体性是系统最核心的特性。

（2）关联性　从系统的定义可以看出，系统内部的各要素都是相互联系、相互影响、相互制约的，所以系统还具有关联性。关联性表明这些联系或关系的特性以及这些关系的演变规律，并且形成了系统结构问题的基础。构成系统的要素是相互联系、相互作用的；同时，所有要素均隶属于系统整体，并具有互动关系。如果不存在相关性，则众多的要素就如同一盘散沙，构不成一个系统。

（3）环境适应性　系统的开放性及环境影响的重要性是当今系统问题的新特征，日益引起人们的关注。任何一个系统都存在于一定的环境之中，并与环境之间产生物质、能量和信息的交流。环境的变化必然会引起系统功能及结构的变化。系统必须首先适应环境的变化，并在此基础上使环境得到持续改善。只有经常与外界环境保持适应状态的系统，才能不断发展，并最终生存下来。管理系统的环境适应性要求更高，通常应区分不同的环境类（技术环境、经济环境、社会环境等）和不同的环境域（外部环境、内部环境等）。

除以上三个基本特性之外，很多系统还具有目的性、层次性等特征。

2.1.3　系统的类型

认识系统的类型，有助于在实际工作中对系统工程对象系统的性质做进一步的了解和分析。

（1）自然系统与人造系统　自然系统是主要由自然物（动物、植物、矿物、水资源等）所自然形成的系统，如海洋系统、矿藏系统等；人造系统是根据特定的目标，通过人的主观努力所建成的系统，如生产系统、管理系统等。实际上，大多数系统是自然系统与人造系统的复合系统。

（2）实体系统与概念系统　凡是以矿物、生物、机械和人群等实体为基本要素所组成的系统称为实体系统；凡是由概念、原理、原则、方法、制度、程序等概念性的非物质要素所构成的系统称为概念系统。在实际生活中，实体系统和概念系统在多数情况下是结合的，实体系统是概念系统的物质基础，而概念系统往往是实体系统的中枢神经，指导实体系统的行动或为之服务。系统工程通常研究的是这两类系统的复合系统。

(3) 封闭系统与开放系统　封闭系统是指该系统与环境之间没有物质、能量和信息的交换，因而呈现一种封闭状态的系统；开放系统是指系统与环境之间具有物质、能量与信息的交换的系统。开放系统通过系统内部各子系统的不断调整，来适应环境变化，以保持相对稳定的状态，并谋求发展。这类系统一般具有自适应和自调节的功能。系统工程研究的是有特定输入、输出的相对开放的系统。

2.1.4　系统工程的概念

我国著名科学家钱学森曾指出：“系统工程是组织管理系统的规划、研究、设计、制造、试验和使用的科学方法，是一种对所有系统都具有普遍意义的科学方法。”简言之，“系统工程就是组织管理系统的技术。”

日本学者三浦武雄指出：“系统工程与其他工程学的不同之处在于它是跨越许多学科的科学，而且是填补这些学科边界空白的边缘科学。因为系统工程的目的是研究系统，而系统不仅涉及工程学的领域，还涉及社会、经济和政治等领域。为了圆满解决这些交叉领域的问题，除了需要某些纵向的专门技术以外，还要有一种技术从横的方向把它们组织起来。这种横向技术就是系统工程，也就是研究系统所需的思想、技术、方法和理论等体系化的总称。”

中国系统工程学会前理事长、中国工程院院士许国志教授认为：系统工程是一大类工程技术的总称，它有别于经典的工程技术；它强调方法论，亦即一项工程由概念到实体的具体过程，包括规范的确立，方案的产生与优化、实现、运行和反馈；因为优化理论成为系统工程的主要内容之一，规划运行中的问题不少是离散的，所以组合优化又显得至关重要。

综上所述，系统工程是从总体出发，合理开发、运行和革新一个大规模复杂系统所需的思想、理论、方法与技术的总称，属于一门综合性的工程技术。

2.2　建筑施工项目的系统性

任何建筑施工项目都是一个系统，具有鲜明的系统特性。作为项目的管理者，在实施建筑施工项目管理时，必须有意识地培养自己的系统观，用系统的思想、原理和方法，研究分析项目的系统构成以及与这个系统有关的一切内外环境，全面、动态、统筹兼顾地分析处理问题，寻求建筑施工项目系统目标的总体优化以及与外部环境的协调发展。

2.2.1　建筑施工项目系统描述

建筑施工项目是一个复杂的系统，有其自身的结构和特点，要想对一个建筑施工项目有全面的认识，需要从多个角度对其进行描述和观察。以下是几种重要的建筑施工项目系统描述：

1. 目标系统

建筑施工项目的目标系统即对建筑施工项目所要达到的最终结果状态进行描述的系统。建筑施工项目通常具有明确的系统目标，各层次的项目目标是项目管理的一条主线，人们通常会首先通过项目目标来了解和认识一个项目。建筑施工项目目标系统有如下特点：

（1）项目目标系统有自身的结构　任何系统目标都可以逐层分解为若干个子目标，子目标又可分解为若干个可操作的目标。例如，建筑施工项目施工环境保护目标是建筑施工项目管理目标的一个子目标，这一子目标又可分为大气污染防治目标、水污染防治目标、噪声污染防治目标、危险废物处置目标等。

（2）完整性　项目通常是由多目标构成的一个完整的系统，项目目标应完整地反映上层系统对项目的要求，特别是来自法律、法规的强制性目标因素。目标系统的缺陷会导致工程技术系统的缺陷、计划的失误和实施控制的困难。

（3）均衡性　目标系统应是一个稳定的均衡的目标体系。片面地、过分地强调某一个目标（子目标），而牺牲或损害另一些目标，会造成项目的缺陷，如过分地强调进度可能会导致成本上升、质量下降、安全业绩降低等情况。项目管理者应当不断平衡进度、质量、成本、安全等目标之间的相互关系，才能维持项目作为一个整体的稳定性。建筑施工项目目标的均衡性除包含同一层次的多个目标之间的均衡外，还包括项目总体目标及其子目标之间的均衡、项目目标与组织总体战略目标之间的均衡等。

（4）动态性　目标系统有一个动态的发展过程。它是在项目目标设计、可行性研究、技术设计和计划中逐渐建立起来的，并形成了一个完整的目标保证体系。由于环境不断变化，上层系统对项目的要求也会变化，项目的目标系统在实施中也会产生变更。例如，目标因素的增加、减少，指标水平的调整，会导致设计方案的变化、合同的变更和实施方案的调整。

对目标系统的定义存在于项目章程、项目任务书、合同文件、施工组织设计或项目管理大纲等项目管理文件中。

2. 对象系统

建筑施工项目是要完成一定功能、规模和质量要求的工程，这个工程是项目的行动对象。建筑施工项目是由许多分部分项工程和许多功能区间组合起来的综合体，有自身的系统结构形式。例如，一个学校由各个教学楼、办公楼、实验室、学生宿舍等构成，其中教学楼又可分解为建筑、结构、水电、机械、技术、通信等专业要素。它们之间互相联系、互相影响、互相依赖，共同构成项目的工程系统。建筑施工项目的对象系统通常表现为实体系统形式，可以进行实体的分解，得到工程结构。

建筑施工项目的对象系统决定着项目的类型和性质，决定着项目的基本形象和本质特征，决定着项目实施和项目管理的各个方面。例如，具有同样使用功能的钢结构工业厂房和现浇钢筋混凝土结构的工业厂房，钢结构施工生产活动的主要内容是结构构件的预制和吊装，而现浇钢筋混凝土结构施工生产活动的主要内容则是模板安装、钢筋绑扎、混凝土浇筑。

建筑施工项目的对象系统是由项目的设计任务书、技术设计文件（如实物模型、图样、规范、工程量表）等定义的，并通过项目实施完成。

3. 行为系统

建筑施工项目的行为系统即实现项目目标、完成项目任务的所有必需的过程活动的集合。这些活动之间存在着各种各样的逻辑关系，构成一个有序、动态的工作过程。各种项目管理计划编制的主要内容通常就是对项目实施行为进行系统安排。

项目行为系统的基本要求如下：

1）包括实现项目目标系统所必需的所有工作，并将它们纳入计划和控制过程中。

2）保证项目实施过程程序化、合理化，均衡地利用资源（如劳动力、材料、设备），降低不均衡性，保持现场秩序。根据各项活动之间的逻辑关系，制定有序的工作流程。

3）保证各分部实施和各专业之间有利的合理的协调。通过项目管理，使上千个、上万个工程活动成为一个有序、高效、经济的实施过程。

项目的行为系统也是抽象系统，由项目结构图、网络计划、实施计划、资源计划等表示。

4. 组织系统

项目的组织系统是由项目的行为主体构成的系统。由于社会化大生产和专业化分工，一个项目的参加单位（或部门）可能有几个、几十个甚至成百上千个，常见的有业主、承包商、设计单位、监理单位、分包商、供应商。它们之间通过行政的或合同的关系连接形成一个庞大的组织体系，为了实现共同的项目目标承担着各自的项目任务。项目组织是一个目标明确开放的、动态的、自我形成的组织系统。

上述几个系统之间又存在着错综复杂的内在联系，它们从各个方面决定着项目的形象。

2.2.2 建筑施工项目的系统特点

从前面的分析可见，项目是一个复杂的社会技术系统。按照系统理论，建筑施工项目具有如下系统特点：

（1）综合性　任何建筑施工项目系统都是由许多要素组合起来的。不管从哪个角度分析项目系统，如组织系统、行为系统、对象系统、目标系统等，都可以按结构分解方法进行多级、多层次分解，得到子单元（或要素），并可以对子单元进行描述和定义。这是项目管理方法使用的前提。

（2）相关性　建筑施工项目各个子单元之间互相联系，互相影响，共同作用，构成一个严密的、有机的整体。项目的各个系统单元之间、项目各系统与大环境系统之间都存在复杂的联系与界面。

（3）目的性　建筑施工项目有明确的目标，这个目标贯穿于项目的整个过程和项目实施的各个方面。由于项目目标因素的多样性，它属于多目标系统。目标系统是建筑施工项目系统的核心。

（4）开放性　任何建筑施工项目都是在一定的社会历史阶段、一定的时间和空间中存在的。在它的发展和实施过程中一直是作为环境系统的一个子系统，与环境系统的其他方面有着各种联系，有直接的信息、材料、能源、资金的交换。

（5）动态性　建筑施工项目的各个系统在项目过程中都显示出动态特性。例如，整个项目是一个动态的、渐进的过程；在项目实施过程中，由于业主要求和环境的变化，必须相应地修改目标，修改技术设计，调整实施过程，修改项目结构；项目组织成员随相关项目任务的开始和结束，进入和退出项目。

（6）不确定性　现代建筑施工项目都包含着许多风险，由于外界经济、政治、法律及自然等因素的变化造成对项目的外部干扰，使项目的目标、项目的成果、项目的实施过程有很大的不确定性。

2.3　建筑施工项目的结构分析

2.3.1　建筑施工项目结构分析的概念

建筑施工项目是由许多互相联系、互相影响、互相依赖的工程活动组成的行为系统，它具有系统的层次性、集合性、相关性、整体性特点。按系统工作程序，在具体的项目工作，如设计、计划和实施之前必须对这个系统做分析，确定它的构成及它的系统单元之间的内在联系。

建筑施工项目结构分析工作包括如下几方面内容：

1）对项目的系统总目标和总任务进行全面研究，以划定整个项目的系统范围，包括工程产品范围和项目实施责任范围。

例如，对于承包商，分析的对象是招标文件（包括合同文件、规范、图样、工程量表）。通过分析可以确定承包商的工程范围和应承担的总体的合同责任。

2）建筑施工项目的结构分解。即按系统分析方法将由总目标和总任务所定义的项目分解开来，得到不同层次的项目单元（工程活动），或者将项目总任务或总目标分解为各种形式的工程活动。建筑施工项目结构分解可以按照一定的规则由粗到细、由总体到局部、由上而下地进行。结构分解是项目系统分析最重要的工作。

3）项目单元的定义。将项目目标和任务分解落实到具体的项目单元上，从各个方面（质量、技术要求、实施活动的负责人、费用限制、工期、前提条件等）对它们做详细的说明和定义。这个工作应与相应的技术设计、计划、组织安排等工作同步进行。

4）项目单元之间界面的分析，包括界限的划分与定义、逻辑关系的分析、实施顺序的安排等。通过项目结构分析，将一个完整的项目分解成各个相对独立的项目单元，再通过项目单元之间的界面分析，将全部项目单元还原成一个有机的项目整体。

项目结构分析是项目管理的基础工作，又是项目管理最得力的工具。实践表明，对于一个大的复杂项目，没有科学的系统结构分析，或是项目结构分析的结果得不到很好的利用，则不可能有高水平的项目管理，因为项目的设计、计划和控制不可能仅以整个笼统的项目为对象，而必须考虑各个部分、各个细节，考虑具体的工程活动。

项目结构分析是一个渐进的过程，它随着项目目标设计、规划、详细设计和计划工作的进展逐渐细化。

在项目的设计和计划阶段，人们常常难以把所有的工作（工程）都考虑周全，也很难透彻地分析各子系统的内部联系，所以容易遗忘或疏忽一些项目所必需的工作（工程）。这会导致项目设计和计划的失误、项目实施过程中频繁的变更、实施计划被打乱、项目功能不全和质量缺陷、激烈的合同争执，甚至可能导致整个项目的失败。而在项目设计和计划阶段的结构分析能使项目构思更有条理地转化为明确的项目目标体系，在项目实施阶段的结构分析将为各种复杂的项目管理问题打下基础。

因此，有必要在项目的总目标和总任务定义后进行详细的、周密的项目结构分析，系统地剖析整个项目，以避免上述情况发生。在国外项目结构分析又被称为“计划前的计划”或“设计前的设计”。项目越大、越复杂，这项工作越重要。

2.3.2 项目管理中常用的系统分解方法

系统分解方法是将复杂的管理对象进行结构分解，以观察内部结构和联系。它是项目管理最基本的方法之一。在项目管理中常用的系统分解方法有：

1. 结构化分解方法

任何项目系统都有它的结构，都可以进行结构分解。例如，工程的技术系统可以按照一定的规则分解成子系统、功能区间和专业要素；项目的目标系统可以分解成系统目标、子目标、可执行目标；项目的总成本可以分解成各成本要素。

此外，组织系统、管理信息系统也都可以进行结构分解。

2. 过程化分解方法

项目由许多活动组成，是活动的有机组合形成过程。该过程可以分为许多互相依赖的子过程或阶段。在项目管理中，可以从如下几个角度进行过程分解：

（1）项目实施过程　根据系统生命周期原理，把建筑施工项目科学地分为若干发展阶段，每一个阶段还可以进一步分解成若干工作过程。例如，北大西洋公约组织将武器研制项目分为七大阶段：任务需求评估、初步可行性研究、可行性研究、项目决策、计划与研制、生产以及使用等阶段。每两个阶段之间有一个决策点和正式评审程序，每个阶段又可分解为许多工作过程。

（2）管理工作过程　例如，整个项目管理过程，或某一种职能管理（如成本管理、合同管理、质量管理等）过程都可以分解成许多管理活动，如预测、决策、计划、实施控制、反馈等。

（3）行政工作过程　例如，在项目实施过程中有各种申报和批准的过程、招标投标过程等。

（4）专业工作的实施过程　从专业的角度对项目实施过程进行分解对工作包内工序（或更细的工程活动）的安排和构造工作包的子网络十分重要。例如，基础工程施工可以分解为打桩、挖土、做垫层、扎钢筋、支模板、浇混凝土、回填土等工程活动。

在这些过程中，项目实施过程和管理工作过程对项目管理者来说是最重要的过程，他必须十分熟悉这些过程。项目管理实质上就是对这些过程的管理。

2.3.3 建筑施工项目工作结构分解

1. 建筑施工项目工作结构分解的概念

项目工作结构分解是将项目行为系统分解成相互独立、相互影响、互相联系的工程活动。在具体的项目工作，如设计、计划和施工之前，必须对系统进行分解，将项目范围内的全部工作分解为较小的、便于管理的独立活动。通过定义这些活动的费用、进度和质量以及它们之间的内在联系，将完成这些活动的责任赋予相应的单位和个人，建立明确的责任体系，达到控制整个项目的目的。在国外的项目管理中，人们将这项工作的结果称为工作分解结构，即 WBS（Work Breakdown Structure）。

2. 建筑施工项目工作结构分解的结果

建筑施工项目工作结构分解的结果常用以下形式表示：

（1）树形结构图　常见的建筑施工项目树形结构如图 2-1 所示。

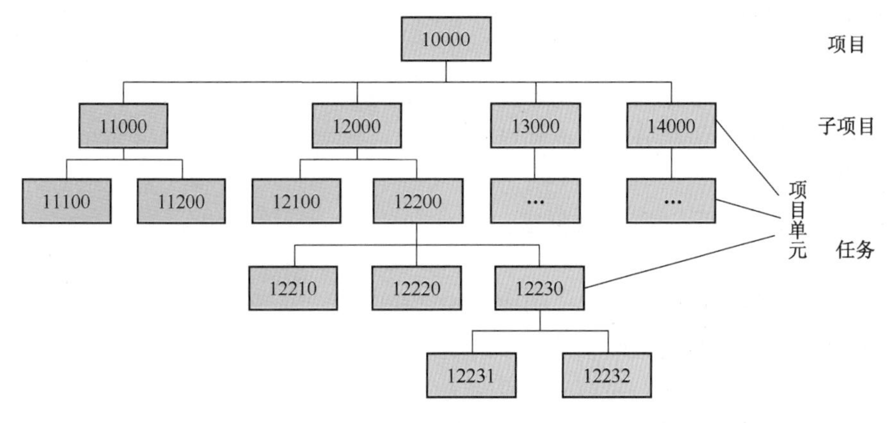

图 2-1 建筑施工项目树形结构图

其中每一个单元（不分层次，无论在总项目的结构图中还是在子项目的结构图中）又统一被称为项目单元。项目结构图表达了项目总体的结构框架。

（2）项目结构分析表 将项目结构图用表来表示则为项目结构分析表，它的结构类似于计算机中文件的目录路径。例如，图 2-1 的分解结果可以用项目结构分析表来表示，见表 2-1。

表 2-1 项目结构分析表

编码	名称	负责人	成本	…
10000				
11000 11100 11200				
12000 12100 12200 12210 12220 12230 12231 12232				
13000 ⋮				
14000 ⋮				

项目结构分析表中包含了这些工作的编码、名称、负责人、工作范围和可交付成果的描述、开始完成日期、必要的资源、合同信息、质量要求等信息。

3. 建筑施工项目工作结构分解过程

对于不同种类、性质、规模的建筑施工项目，从不同的角度，其工作结构分解的方法和思路有很大的差别，但分解过程却很相近，其基本思路是：以项目目标体系为主导，以工程技术系统范围和项目的总任务为依据，由上而下，由粗到细地进行。一般经过如下几个步骤：

1）将项目分解成单个定义的且任务范围明确的子部分（子项目）。

2）研究并确定每个子部分的特点和结构规则，它的实施结果以及完成它所需的活动，以做进一步的分解。

3）将各层次结构单元（直到最低层的工作包）收集于检查表上，评价各层次的分解结果。

4）用系统规则将项目单元分组，构成系统结构图（包括子结构图）。

5）分析并讨论分解的完整性。

6）由决策者决定结构图，并形成相应的文件。

7）建立项目的编码规则，对分解结果进行编码。

目前项目结构分解工作主要由管理人员承担，常常作为一项办公室的工作。但是任何项目单元都是由实施者完成的，所以在项目结构分解过程中，甚至在整个项目的系统分析过程中，应尽可能让相关部门的专家、将来项目相关任务的承担者参加，并听取他们的意见，这样才能保证分解的科学性和实用性，进而保证整个计划的科学性。

4. 建筑施工项目工作结构分解方法

建筑施工项目工作结构分解是项目计划编制前一项十分困难的工作，目前尚没有统一认可的分解方法、规则和技术术语。它的科学性和实用性基本上依靠项目管理者的经验和技能。分解结果的优劣也很难评价，只能在项目设计、计划和实施控制过程中体现出来。

项目结构图层次的命名（技术术语）也各不相同，许多文献中常用“项目”“子项目”“任务”“子任务”“工作包”等表示不同的层次。

常见的建筑施工项目工作结构分解包括如下两大类：

（1）对技术系统的结构分解　对技术系统的结构分解一般从功能区间和专业要素角度进行。

1）按功能区间进行分解。功能是工程建成后应具有的作用，它与工程的用途有关，常常是在一定的平面和空间上起作用的，所以有时又被称为“功能面”。实质上，建筑施工项目的运行是工程所属的各个功能的综合作用的结果。对功能的分析、分解、综合、说明是项目的策划、技术设计、计划的重要工作。通常在项目技术设计前将项目的总功能目标逐步分解成各个部分的局部功能目标，再做功能面目录，详细地说明该功能的特征，如面积的、技术的（如建筑、结构、装备）、物理的（如采光、通风）要求等。对一个复杂的工程，功能还可以分为子功能。

常见的工业建筑施工项目的功能分解可以分为如下几个层次：

① 以产品结构进行分解。如果项目的目标是建设一个工厂，则可以将它按生产体系、按生产（或提供加工）的一定产品（包括中间产品或服务）分解成各子项目（分厂或生产体系）。例如，新建一个汽车制造厂，则可将整个项目分解成发动机、轮胎、壳体、底盘、组装、油漆、办公区、库房（或停车场）等几个大区或分厂。在这一层次分解时要注意产品流动方向和产品生产过程的系列组合。

② 按平面或空间位置进行分解。一个项目、子项目（分厂或大区）可以按几何形体分解。例如，一个分厂中有几个建筑物（车间、仓库、办公室），建筑物之间有过桥、过道，

每个建筑物有室外和室内之分。

③ 按功能面分解。一个车间、一栋建筑物还可以分解为多个功能面（或子功能面），但这里的功能是在局部被定义的。例如，一个工业厂房可能要划分为生产和服务的功能，如油漆、冲压、装配、运输、办公、供应等；一栋办公楼则可分为办公室、展览厅、会议厅、交通公用区间等。

④ 对在整个工程中起作用的，或属于多功能面上的要素常常可以作为独立的功能对待，如控制系统、通信系统、通风系统、闭路电视系统等。

2）按专业要素进行分解。一个功能面又可以分为各个专业要素。要素一般不能独立存在，它们必须通过有机组合构成功能。例如，一个车间的结构可分为厂房结构、起重机设施、设备基础和框架等；供排设施可以分为给水排水、供暖、通风等。这些专业要素具有鲜明的专业特征。

有些要素还可以进一步分解为子要素。例如，厂房结构可分解为基础、柱、墙体、屋顶及饰面等；而电气设施又可分为供电系统和照明系统等。

上述仅是对工程的硬件系统分解。在现代建筑施工中软件工程越来越重要，如工程中的自动控制系统、智能化的人工智能系统、工程的运行管理系统。在系统分析中，软件工程也是工程技术系统的一个重要的组成部分。

由于工程技术系统是十分复杂的，它的结构分解是项目结构分解中最困难、最重要的工作。它对进一步的技术设计、项目实施总体计划，以及各阶段的项目实施计划的编制都有决定意义。

（2）按实施过程分解　整个工程、每一个功能或要素作为一个相对独立的部分，必然经过项目实施的全过程，通过项目的实施活动逐渐由概念形成工程实体，因此可以按照过程化的方法进行分解。

WBS的实际工程应用表明，对大型的工程建设项目一般在项目的早期就应进行工作结构分解，它是一个渐进的过程。首先按照设计任务书或方案设计文件进行工程技术系统的结构分解，它是对工程项目做进一步设计和计划的依据。在按照实施过程做进一步的分解时，必须考虑项目实施、项目管理及各阶段的工作策略，并不能将工程技术系统的结构作为阶段工作单元的下层子结构。

按照实施过程分解得到的结果受项目任务范围的影响，常见的建设工程项目按具体的实施过程可以分解为如下内容：

1）设计和计划。在对设计和计划进一步分解时，必须在技术系统的基础上考虑设计的策略，包括设计工作阶段的划分、设计工作的管理模式或设计分标。

① 按设计阶段划分：初步设计、技术设计、施工图设计、实施计划等。

② 按设计工作的管理模式划分：设计监理和设计审查。

③ 对大型和特大型过程项目，如城市地铁，可能还要分为总体设计和不同区段的设计。

2）招标/投标。在对招标/投标工作进一步分解时，必须在技术系统的基础上考虑整个工程的分标策略，包括设计、采购、施工、咨询（包括监理）的分标，以及招标工作总安排。

3）实施准备。对实施准备工作的进一步分解，必须在技术系统的基础上考虑整个工程现场准备、技术准备工作安排和设备材料的供应和采购策略，如业主供应的范围与责任。

4）施工。施工阶段进一步分解的子结构与工程技术系统的结构有很大的相似性，即在图2-2中“施工”单元下的分解基本上就是工程技术系统的分解。有时要考虑工程施工的分标方式是采用（EPC）总承包，还是采用分阶段分专业平行承包；是按工程计划分阶段实施，还是一次性全面实施；有时还要考虑按照专业工作的内容分解，如将基础工程的施工分为打桩、挖土、基础混凝土工程、回填土等工程活动。

5）试生产/验收。试生产/验收的进一步分解通常考虑两个方面：一是试生产的准备工作安排，如生产的原材料准备、操作人员培训、管理人员培训、运行管理系统建立等；二是工程验收的模式和验收工作的划分，如是否分阶段、分专业验收。

6）项目管理。项目管理是建设项目的工作任务之一，在WBS中必须有“项目管理”工作单元。项目管理工作包括项目的咨询工作、监理工作等。在WBS中可以按不同阶段的项目管理，或不同职能的项目管理进行划分。

按实施过程进行分解并非在项目结构图的最低层上，通常在第二层或第三层。某项目的建设过程结构如图2-2所示。

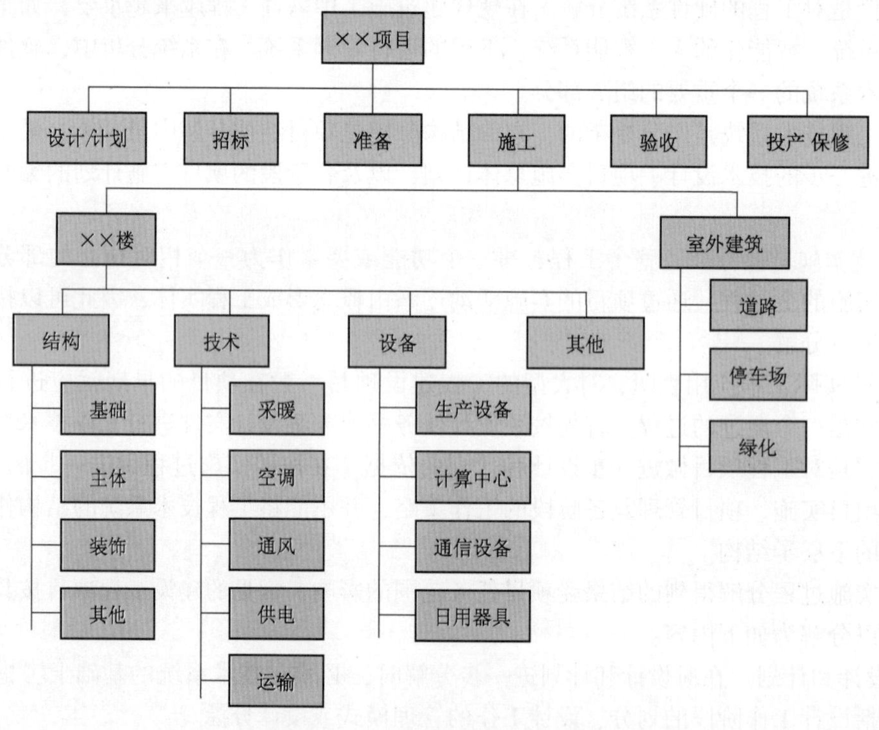

图2-2　某项目的建设过程结构

5. 建筑施工项目工作分解结构编码设计

对每个项目单元进行编码是现代化信息处理的要求。为了计算机数据处理的方便，在项目初期，项目管理者应进行编码设计，建立整个项目统一的编码体系，确定编码规则和方法，并在整个项目中使用。这是项目管理规范化的基本要求，也是项目管理系统集成的前提条件。

通过编码给项目单元以标识，使它们互相区别。编码能够标识项目单元的特征，使人们以及计算机可以方便地“读出”这个项目单元的信息，如属于哪个项目、子项目、实施阶段、功能和要素等。在项目管理过程中，网络分析，成本管理和数据的储存、分析、统计等都靠编码识别。编码设计是保证整个项目的计划、控制工作和管理系统运行效率的关键。

项目的编码一般按照结构图，采用“父码+子码”的方法编制。例如，在图2-1中，项目编码为1，则属于本项目的次层子项目的编码为在项目的编码后加子项目的标识码，即为11、12、13、14，如此等等，而子项目11的分解单元分别用111、112、113等表示。从一个编码中可“读”出它所代表的信息，如12231表示项目1的第2个子项目，第2个任务，第3个子任务，第1个工作包。图2-3所示是某水电站的项目工作结构分解及编码示意图。

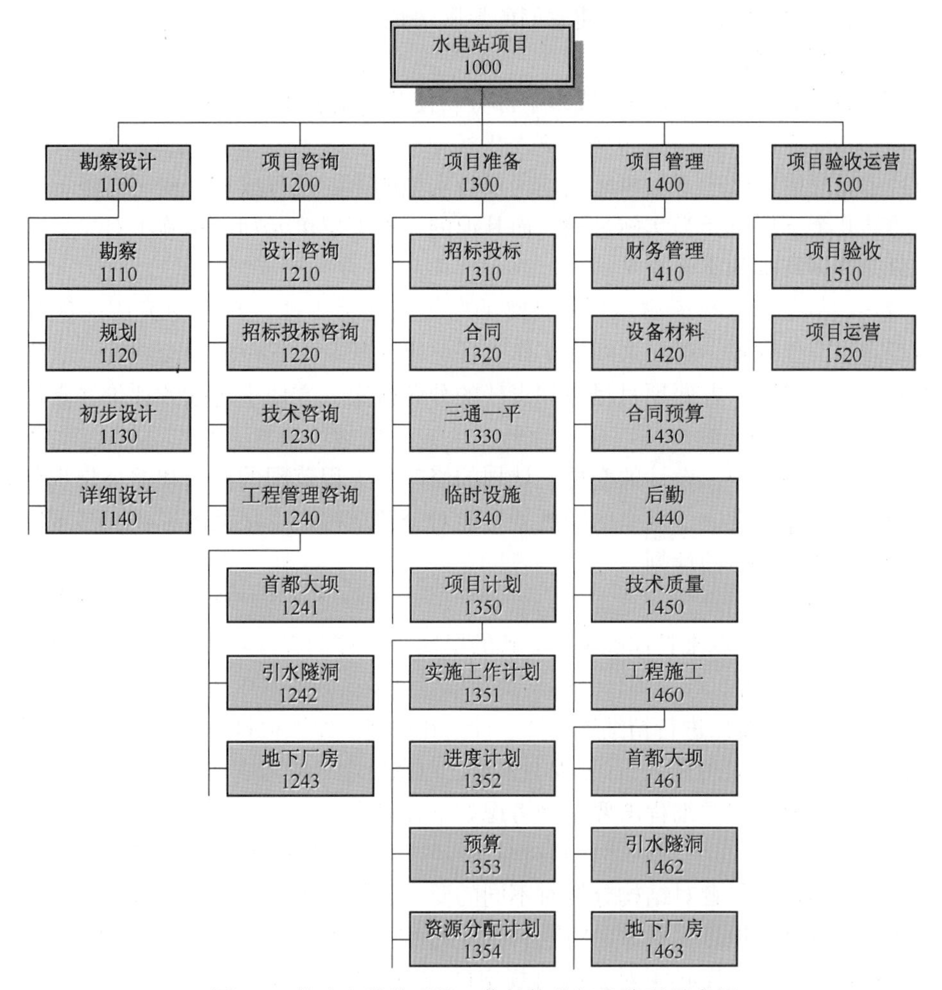

图2-3　某水电站的项目工作结构分解及编码示意图

6. 项目工作结构分解的基本原则

项目工作结构分解工作非常重要，这一工作的有效性和合理性会直接影响未来项目管理工作的有效性和效率。目前，项目结构分解尚无统一的方法和规则，需要根据实际工作经验和系统工作方法，结合工程本身的特点，从项目实施和后续管理工作的需要出发，进行分解。

一般在项目工作结构分解过程中应遵循下列基本原则：

（1）应在各层次上保持项目内容的完整性和工作范围的一致性　既不能遗漏任何必要

的组成部分，也不能添加额外的不必要工作。任何工作分解的缺失都会导致计划的缺陷，而增加额外的不必要工作又会导致项目范围的蔓延和成本失控。在进行结构分解时，应确保任何一个项目单元 J 与其分解得到的若干下层工作单元 j_1，j_2，…，j_n 在工作范围上保持一致，在工作内容上，完成了低一层次单元的工作 j_1，j_2，…，j_n，即完成了 J，下层工作单元 j_1，j_2，…，j_n 的成本之和等于 J 的总成本。

（2）一个项目单元只能从属于某一个上层单元，不能同时交叉属于两个或多个上层单元 如果存在一个项目单元同时从属于两个以上上层单元的情况，则可通过如下办法解决：

1）重新定义上层单元的范围，使它们的界限清楚。

2）将相关上层单元合并。

3）将下层项目单元分解成两个或多个部分，使其分别属于不同上层单元。

（3）由一个上层单元 J 分解得到的几个下层单元 j_1，j_2，…，j_n 应有相同的性质 例如，对某一项目单元分解得到的下层单元应均为项目实施的不同过程或均为施工对象，不能出现同一单元的某几个下层单元为实施过程，而其他的一些下层单元却表示施工对象，这会导致下层工作单元之间范围的重叠交叉。

（4）分解得到的项目单元应当具有较高的整体性和独立性 项目单元应能区分不同的责任者和不同的工作内容，单元之间的工作责任、界面联系应尽可能少而明确，这样更易于划分各单元之间的界限，方便项目目标和责任的分解落实，方便进行绩效评价和责任分析。

（5）项目工作结构分解应有一定的弹性，应能方便地扩展项目的范围、内容和变更项目的结构 在项目实施中，设计的变更、计划的修改、工程范围的扩大和缩小是难免的，如果分解结构没有弹性，则一个微小的变更就可能对分解结构产生很大的影响，甚至导致一个新的分解的版本或一套新的计划。

（6）项目工作结构分解的详细程度应适当 对一个项目进行结构分解的详细程度，需要根据项目的规模和复杂程度来具体确定，分解的层次一般控制在4～6层为宜，项目分解层次和单元过多或过少均不好。如果项目分解层次和单元过少，则项目单元上的任务和信息容量太大，成本高，工期长，难以进行精细地设计、计划和控制；如果项目分解得过细，层次与单元太多，则会造成项目结构刚性大、计划编制困难、信息处理量成倍增加等一系列问题。

通常确定结构分解的详细程度要综合考虑如下几方面因素：

1）项目承担者的角色。项目工作结构分解与项目管理者所处的层次和所负责的工作范围有关。不同的项目参与者对结构分解有不同的要求，如业主要求按项目任务书进行总体的全面的分解，即以整个项目为对象，将项目的全过程、全部空间、所有专业纳入分解范围，但常常比较粗略，而承包商必须对合同所规定的或自己所承包的工作（工程）进行详细的分解。一个承包商所完成的项目任务（合同），在业主的总项目分解中，可能仅作为一个子项目、一个任务。

2）工程的规模和复杂程度。大的、复杂的项目分解的层次和单元较多；反之，小的、简单的项目分解的层次和单元数量则可相对少些。

3）风险程度。对风险程度较大的项目或项目单元（如子项目、任务等）通常分解得较细，这样就能详细周密地计划，可以透彻地分析风险；对于风险较小的、常规性的、技术上已经成熟的项目则可以分解得相对粗些。

4）承（分）包商或工程小组的数量。项目单元要区分不同的实施者，特别是在最低层次的工作包上。如果专业化分工较细，承（分）包商数量较多，则项目单元也应分得较细，所以承包方式对项目结构有很大的影响。

5）项目实施的不同阶段。在项目实施的不同阶段对工作结构分解会有不同的要求，一般在可行性研究时开始考虑项目工作结构分解，以后随着项目规划、设计和计划工作的进展逐渐由粗到细，由上而下，不断细化，但各阶段的分解内容之间应前后连贯，保持稳定性。

6）管理者的要求。管理者的要求是指各层次管理者（特别是上层管理者）对项目计划和实施状况报告的结构、详细程度和深度的要求。如果项目成本、工期、质量报告要求详细则项目结构应分解得较细。

（7）其他 除了以上的结构分解原则之外，在实际的分解工作中，还应考虑以下事项：

1）能方便地应用工期、质量、成本、合同、信息等管理方法和手段，符合计划、项目目标跟踪和控制的要求。

2）应注意物流、工作流、资金流及信息流的过程、效率和质量。

3）注意功能之间的有机组合和实施工作任务的合理归属。

4）最低层次的项目单元（工作包）上的单位成本不要太大，工期不要太长。如果一个最低层次的单元的持续时间跨几个控制期或结算期，则它的可控性通常会比较差。

此外，项目工作结构分解没有定型的模式，它常常受到管理者的工作经验和管理水平的影响和制约。高层管理者切莫在计划初期就试图将项目分解得很细，或仅按自己的主观意图进行分解，应吸收责任承担者、实际操作人员或下层机构的人员参与结构分析，利用他们的经验并使他们能够理解和接受分解结果。

2.4 建筑施工项目系统界面分析

2.4.1 界面的概念

界面首先出现在工程技术领域。它主要是用来描述各种仪器、设备、部件及其他组件之间的接口，也就是说，当各类组件结合在一起时，它们之间的结合部分就称为界面。因为界面的概念较好地反映了两种物体之间的结合状态，能够用于说明要素与要素之间的连接关系，因此人们将其引入了管理活动当中。从管理的角度来理解的话，界面的内涵和外延都得到了拓展：它不仅指不同职能部门之间的联系状况，也可以反映不同工序、流程之间的衔接状态，甚至还可以描述人与物之间的关系，如人机交互界面等。从内涵来看，管理界面已经超出了工程领域所指的物体结合部位的意义。

在工程技术领域，界面多表现为有形体，但在管理界面中大多数均是无形的，也就是说，管理活动中所涉及的界面问题，大多是看不见摸不着的。例如，人机界面表示人与计算机之间的交互关系，它只是一种相互作用的状态关系。界面的这种无形性给人们的管理工作带来了相当大的难度，人们往往难以认识把握界面的根源及实质，从而给解决界面中存在的问题造成了阻碍。

综上所述，管理中的界面可定义为：为完成某一任务或解决某一问题，所涉及的企业之间、各组织部门之间、各有关成员之间或各种机械设备、硬件软件、工序流程之间在信息、物资、资金等要素交流与联系方面的交互作用状况。

通过项目结构分解工作可将一个项目分解成若干各自独立的项目单元，通过结构图对项目进行静态描述，这有助于项目的实施与安排，但是，仅仅进行分解工作是不够的。项目是一个有机的整体，系统的功能常常是通过系统单元之间的互相作用、互相联系、互相影响实现的，只有按照各单元之间的联系规律，有机地整合在一起，项目才能更好地实现既定功能。各类项目单元之间存在着复杂的关系，即它们之间存在着界面。系统单元之间界面的划分和联系是项目系统分析的内容。

在建设项目中不同特性的部分可能是实体物质、工作内容或活动过程等。从系统的角度来看，人类的建设过程或建设结果都是开放系统，一个系统由若干子系统或要素组成，不同的子系统对系统的作用有所不同，因此，广义地讲，建设项目各子系统之间以及项目系统与外部环境的衔接部位就是建筑施工项目的界面。如果把建设项目看作轮动装置，各子系统是不同的轮轴，则要让这个轮动装置正常地工作，除了各轮轴的正常同向运转外，还需要轮轴之间不能有过大的摩擦力，而解决这个问题的通常做法是传动带或润滑剂。界面管理正是要起到传动带或润滑剂的作用，即减少各子系统之间的摩擦，减少内耗，协调各子系统的关系，确保有限资源的有效配置，以顺利实现建设项目总目标。

2.4.2　界面管理

在项目管理中，界面是十分重要的，大量的矛盾、争执、损失都发生在界面上。在现代项目管理中，界面管理具有十分重要的地位，是当前项目管理研究的热点之一。对于大型的复杂的项目，界面必须经过精心组织和设计，并纳入整个项目管理的范围。

在进行界面管理时，应注意以下几点：

1）界面管理首先要保证系统界面之间的相容性，使项目系统单元之间有良好的接口和相同的规格。这种良好的接口是项目经济、安全、稳定、高效运行的基本保证。

2）保证系统的完备性，不丢失任何工作、设备、数据等，防止发生工作内容、成本和质量责任归属的争执。在实际工程中人们特别容易忘记界面上的工作。项目参与者常常推卸界面上的工作任务，引起组织之间的争执。

3）对界面进行定义，并形成文件，在项目的实施中保持界面清楚，当工程发生变更时应特别注意变更对界面的影响。

4）界面通常位于专业的接口处，项目生命期的阶段连接处。项目控制必须在界面处设置检查验收点和控制点，大量的管理工作（如检查、分析和决策）都集中在界面上，应采用系统方法从组织、管理、技术、经济、合同各个方面主动地进行界面管理。

5）在项目的设计、计划和施工中，必须注意界面之间的联系和制约，解决界面之间的不协调、障碍和争执，主动地、积极地管理系统界面的关系，对相互影响的因素进行协调。

随着项目管理的集成化和综合化，界面管理越来越重要。

由于界面具有非常广泛的意义，所以一个建筑施工项目的界面不胜枚举，数量极大。一般仅对重要的界面进行设计、计划、说明和控制。

2.4.3　建筑施工项目管理界面

1. 建筑施工项目管理界面的类型

在建筑施工项目管理中，界面具有十分广泛的意义，项目的各子系统之间，各系统的组成单元之间，以及系统与外部环境之间都存在界面。

1）目标系统的界面。目标因素之间在性质上、范围上互相区别，但它们之间又互相影响。有的相互依存，如建筑施工项目的工作量和费用；而有的目标因素之间则存在冲突，如建筑施工项目的质量标准的提高会导致项目费用的增加。尤其是在建筑施工项目的工期、质量和费用三大目标之间既有依存，又有矛盾。

2）技术系统的界面。项目单元在技术上的联系最明显的是专业上的依赖和制约关系。例如，土建和建筑之间，土建、建筑和工艺、设备、水、电、暖、通风各个专业之间。此外，工程技术系统是在一定的空间上存在并起作用的，完成这些任务的活动也必然存在空间上的联系。各个功能面之间、各个车间之间以及生产区域（分厂）之间都存在技术上的区别与复杂的联系，它们共同构成一个有序的工程技术系统。例如，按照生产流程安排各车间、仓库、办公楼等的位置，使项目运行有序、效率高、费用少。

技术系统界面的划分对建筑施工项目工作结构分解和合理分标的影响很大，常常会涉及合同的界面划分及界面附近工作的责任归属。

3）行为系统的界面。行为系统的界面最主要的是工程活动之间的逻辑关系，通过对项目单元之间联系的分析，将项目还原成一个整体，这样才能将静态的项目结构转化成一个动态的实施过程。

对逻辑关系的安排实质上是对项目实施流程的设计和定义，最终以网络的形式描述项目流程。这将在后面章节中再做详细讨论。

在行为系统中里程碑事件都位于界面处。在项目阶段的界面上（如由可行性研究到设计、由设计到招标、由招标到施工以及由施工到运行的过渡），各种管理工作，如计划、组织、指挥及控制最为活跃，也最重要。

4）组织系统的界面。组织系统界面的涉及面很广，项目组织划分为不同的单位和部门，它们各自有不同的任务、责任和权利，项目组织责任的分配、项目管理信息系统的设计、组织的协调主要就是解决组织系统的界面问题。

不同的组织有不同的目标、组织行为和处理问题的风格。

它们之间有复杂的工作交往（工作流）、信息交往和资源（如材料、设备和服务等）的交往。

项目经理与协助本项目的职能经理之间、与业主之间以及与企业经理之间的界面是最重要的组织界面。

组织责任的互相制衡是通过组织系统界面实现的。

签订合同实际上是一种关键性的界面活动。

5）项目的各类系统（包括系统单元）与外界环境系统之间存在着复杂的界面。

从总体上来看，项目所需要的资源、信息、资金、技术等都是通过界面输入的；项目向外界提供产品、服务、信息等也是通过界面输出的。

为了取得项目的成功，项目组织必须疏通与环境组织，如外部团体、上层系统组织、顾客、承包商、供应商的关系，特别要获得上层系统的授权与支持，把来自环境的外部干扰减至最少。

项目能否顺利达到预期的目标就在于项目与环境系统界面的啮合程度。

2. 建筑施工项目管理界面的定义文件

建筑施工项目管理界面的定义文件应能够综合地表达界面的信息，如界面的位置；组织责任的划分；技术界面，如界面工作的界限和归属；工期界面，如活动关系、资源、信息、能量的交换时间安排；成本界面等。常用表2-2所示的界面说明来表示。

表2-2 界面说明

项　目： 子项目：		
界面号：		
部　门：	部　门	
技术界面	已清楚	尚未清楚
工期界面	已清楚	尚未清楚
成本界面	已清楚	尚未清楚

在项目结构分析时，应注意对界面的定义，在项目实施过程中可通过图样、规范、计划等进一步详细描述界面。在项目实施过程中，目标、工程设计、实施方案、组织责任的任何变更都可能引起界面上一些工作内容的变更，此时，界面文件必须随着工程的变更而全面更新。

在大型复杂的建筑施工项目中，界面文件特别重要，常关系到项目的成败。

思考与练习题

1. 举例说明什么是系统？系统具有哪些特性？
2. 按照系统存在的形态和性质，举例说明系统有哪些类型。
3. 举例说明系统工程的应用。
4. 以自己工作的办公楼或上课的教学楼的建设为例进行项目工作结构分解。角色为业主的项目经理，建设过程包括设计、准备、施工（土建、安装、装饰）、验收、交付。

（1）对项目的建筑、结构、设备和设施等做简单描述。

（2）对项目的实施组织策划和实施过程做出说明。

（3）在上述基础上画出项目结构图。

5. 什么是项目对象系统、项目目标系统、项目行为系统、项目组织系统？它们之间有什么联系？
6. 为什么说项目工作结构分解并非越细越好？
7. 什么是建筑施工项目系统的开放性？它对项目管理有什么影响？
8. 什么是建筑施工项目系统的动态性？它对项目管理有什么影响？
9. 针对所熟悉的或所管理的建筑施工项目，简述该类项目工作结构分解的基本原则。
10. 试讨论在每门课程的学习中，是否可以利用项目工作结构分解的方法将整个课程的知识点进行系统整理。

第3章 工程流水施工组织

本章导读

在大工业生产领域中，流水作业是一种科学、有效的组织产品生产的方法，它能使生产过程连续、均衡并有节奏地进行，因而在国民经济各个生产领域得到广泛应用。建筑施工项目的“流水施工”来源于工业生产中的流水作业。但是，由于建筑施工项目产品的单件性特点，以及施工内容繁杂、各施工过程相互间的干扰严重，这就要求有较高的流水施工组织水平。实践证明：流水施工对缩短建造工期、降低工程造价、提高工程质量和经济效益有显著的作用。本章主要讨论流水施工的基本概念、基本参数和组织方法，为以后在施工中灵活运用打下基础。

3.1 流水施工概述

3.1.1 建筑施工的基本组织方式

建筑施工项目的实施过程包含了许多施工过程，而每一个施工过程可以组织一个或多个施工队伍进行施工。如何组织各施工队伍的先后顺序或平行搭接施工，是组织施工中的一个基本问题。通常组织施工时有顺序施工、平行施工和流水施工三种方式，现将这三种方式的特点和效果进行如下分析。

【例3-1】 现有三栋结构和尺寸完全相同的房屋基础，每个基础（即每个施工段）必须经过挖基坑、砌基础、回填土三个施工过程，假定每个施工过程所需时间均为3天，各施工过程所需劳动力分别为5人、10人和20人。现以该基础工程为例，说明三种施工组织方式。

1. 顺序施工组织方式

顺序施工又叫依次施工，是将拟建工程项目的整个建造过程分解成若干个施工过程，按照一定的施工顺序，前一道施工过程完成后，后一个施工过程才开始施工；或前一个工程完成后，后一个工程才开始施工。它是一种最基本、最原始的施工组织方式。这种方式的施工进度安排、总工期及劳动力需求曲线如图3-1中（1）顺序施工栏所示。

由图3-1（1）可以看出，顺序施工组织方式具有以下特点：

1）未能充分利用工作面进行施工，导致工期过长。

2）采用专业施工队施工时，各专业施工队不能连续施工，造成窝工现象，使劳动力和施工机具等资源均不能充分利用。

3）若采用一个施工队完成全部施工任务，则不能实现专业化生产，不利于提高劳动生产率和施工质量。

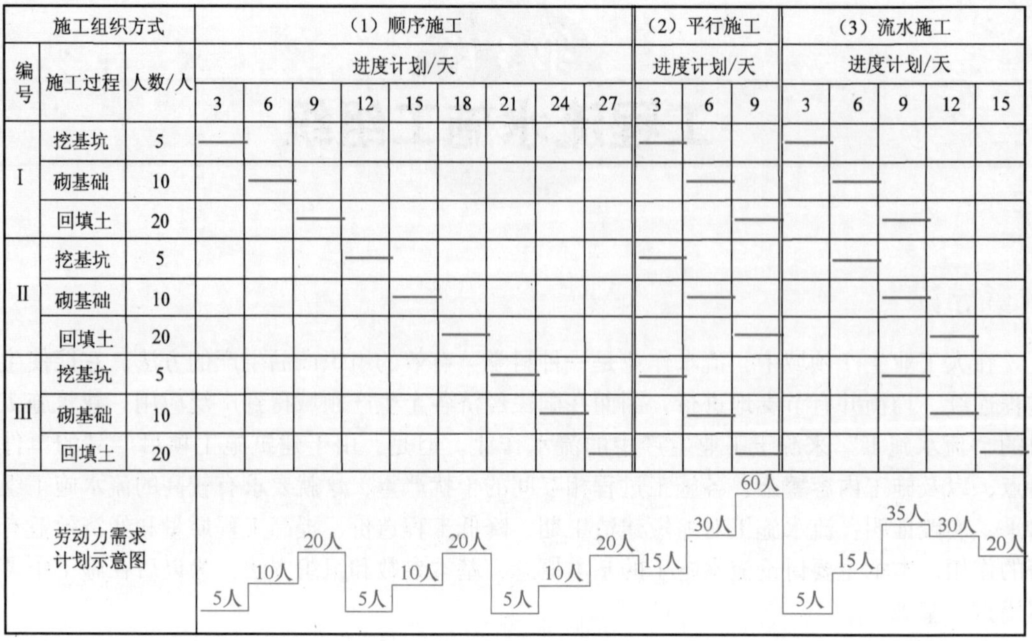

施工组织方式			(1)顺序施工									(2)平行施工			(3)流水施工				
编号	施工过程	人数/人	进度计划/天									进度计划/天			进度计划/天				
			3	6	9	12	15	18	21	24	27	3	6	9	3	6	9	12	15
I	挖基坑	5																	
	砌基础	10																	
	回填土	20																	
II	挖基坑	5																	
	砌基础	10																	
	回填土	20																	
III	挖基坑	5																	
	砌基础	10																	
	回填土	20																	
劳动力需求计划示意图			5人 10人 20人 5人 10人 20人 5人 10人 20人									15人 30人 60人			5人 15人 35人 30人 20人				

图 3-1 施工组织方式比较图

4）单位时间内投入的施工资源数量较少，有利于资源供应的组织工作。

5）施工现场的组织、管理工作比较简单。

因此，顺序施工方式仅适用于施工场地狭小、资源供应不足、工期要求不紧的情况下，组织由所需各个专业工种构成的混合施工队施工。

2. 平行施工组织方式

平行施工是指在有若干个相同的施工任务时，组织几个相同的专业工作队，在同一时间、不同的空间上同时开工且平行生产的一种施工组织方式。这种方式的施工进度安排、总工期及劳动力需求曲线如图 3-1 中（2）平行施工栏所示。

由图 3-1（2）可以看出，平行施工组织方式具有以下特点：

1）充分利用了工作面，争取了施工时间，从而大大缩短了工期。

2）组织专业队施工时，劳动力的需求量极大，且无连续作业的可能，材料、机具等资源也无法均衡利用。

3）若采用混合队施工，则不能实现专业化生产，不利于提高施工质量和劳动生产率。

4）单位时间内投入的资源数量成倍地增加，不利于资源供应的组织工作，且造成临时设施大量增加，费用高，场地紧张。

5）施工现场的组织、管理工作复杂。

这种组织方式只适用于工期十分紧迫、资源供应充足、工作面及工作场地较为宽裕、不过多计较代价的抢工工程。

3. 流水施工组织方式

将拟建工程项目的整个建造过程分解为若干个施工过程，并按照施工过程成立相应的专业工作队，然后由各专业工作队按照一定的时间间隔依次进场完成各个施工对象的施工任务，从而形成一种各施工过程衔接紧密且各专业工作队能够连续、均衡和有节奏地进行施工的一种作业组织方式，即为流水施工组织方式。

仍以上述基础工程施工为例，流水施工组织方式的施工进度安排如图3-1中（3）所示。

流水施工是一种比较先进的作业方法，它以施工专业化为基础，将不同工程对象的同一施工过程交给专业施工队（组）执行，各专业队（组）在统一计划安排下，依次在各个作业面上完成指定的操作。各专业队按大致相同的时间（流水节拍）和速度（流水速度），协调而紧凑地相继完成全部施工任务。

由图3-1（3）可以看出，与顺序施工和平行施工相比，流水施工具有以下特点：

1）科学地利用了工作面进行施工，使得工期较短。

2）各施工队实现了专业化施工，有利于提高施工质量和劳动生产率。

3）各专业施工队能够连续施工，避免了窝工现象。

4）单位时间需要投入施工的资源量较为均衡，有利于资源供应的组织工作。

5）为现场文明施工和科学管理创造了有利条件。

从上面的例子可以看出，三种施工组织方式各具特点，对于同一项工程的施工，采用顺序施工组织方式需要27个工作日，工期较长，劳动力需要量较少。采用平行施工组织方式时，施工总工期缩短为9个工作日，但劳动力、设备等资源的用量成倍增加，现场临时设施用量增加，施工成本增加，现场管理难度加大。采用流水施工组织方式时，总工期比平行施工组织方式有所延长，但劳动力得到了充分合理的利用，在整个施工期内资源需要量较均衡；如果再考虑机具和材料的供应与使用、附属企业生产的稳定等因素，则流水施工组织方式的综合经济效益更为突出。因而得到了广泛的应用。

3.1.2　流水施工的技术经济效果分析

通过上述的比较可以看出，流水施工在工艺划分、时间安排和空间布置上都体现出了科学性、先进性和合理性。因此它具有显著的技术经济效果，主要体现在以下几点：

1）施工队及工人实现了专业化生产，有利于提高技术水平，有利于技术革新，从而有利于保证施工质量，减少返工浪费和维修费用。

2）工人实现了连续性单一作业，便于改善劳动组织、操作技术和施工机具，增加熟练技巧，有利于提高劳动生产率（一般可提高30%～50%），加快施工进度。

3）由于资源消耗均衡，避免了高峰现象，有利于资源的供应与充分利用，减少现场暂设工程，从而可有效地降低工程成本（一般可降低6%～12%）。

4）施工具有节奏性、均衡性和连续性，减少了施工间歇，从而可缩短工期（比顺序施工工期缩短30%～50%），可以尽早发挥工程项目的投资效益。

5）施工机械、设备和劳动力可以得到合理、充分的利用，减少了浪费，有利于提高承包单位的经济效益。

6）由于工期短、效率高、用人少、资源消耗均衡，可减少现场管理费和物资消耗，实现合理储存与供应，从而有利于提高综合经济效益。

3.1.3　流水施工的表达方式

流水施工的表达方式主要包括水平图表、垂直图表和网络图三种形式。

1. 水平图表

水平图表又称横道图，是表达流水施工最常用的方法。它的左半部分是按照施工的先后顺序排列的施工对象或施工过程；右半部分是施工进度，用水平线段表示工作的连续时间，线段上标注工作内容或施工对象。如某工程有 A、B、C、D 四个基础施工，其流水施工的横道图表达形式如图 3-2 所示。

施工过程	施工进度/天														
	1	2	3	4	5	6	7	8	9	10	11	12	13	14	15
挖基坑	A		B		C		D								
砌基础				A			B			C			D		
回填土												A	B	C	D

图 3-2　横道图（进度线上标注施工对象）

2. 垂直图表

垂直图表也称垂直图，如图 3-3 所示。横坐标表示流水施工的持续时间，纵坐标表示施工对象或施工段的编号。每条斜线段表示一个施工过程或专业队的施工进度，其斜率不同表达了进展速度的差异。垂直图表一般只用于表达各项工作连续作业状况的施工进度计划。

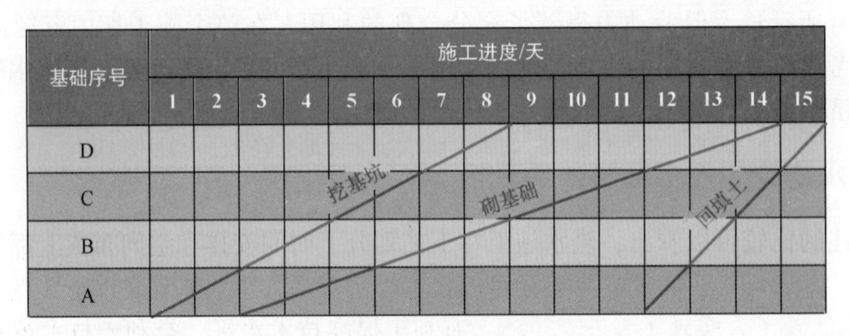

图 3-3　垂直图

3. 网络图

网络图的表达形式详见第 4 章。

3.1.4　流水施工的分级

根据流水施工组织的范围，流水施工通常分为分项工程流水施工、分部工程流水施工、单位工程流水施工和群体工程流水施工。

1. 分项工程流水施工

分项工程流水施工又称细部流水施工。它是在一个专业工种内部组织起来的流水施工。在工程项目施工进度计划表上，它以一条标有施工段或施工班组编号的水平进度指示线段表示。例如，钢筋安装的施工班组依次连续地在各个施工段，完成钢筋安装的工作。

2. 分部工程流水施工

分部工程流水施工又称专业流水施工。它是在一个分部工程内部、各分项工程之间组织起来的流水施工。在工程项目施工进度计划表上，它用一组标有施工段或施工班组编号的水平进度指示线段来表示。例如，某办公楼的主体工程是由模板工程、钢筋工程、混凝土工程三个在工艺上密切联系的分项工程组成的分部工程。施工时，将该办公楼的主体在平面上划分为几个施工段，然后组织三个施工班组依次连续地在各个施工段中完成各自的专业施工过程，即为分部工程流水施工。

3. 单位工程流水施工

单位工程流水施工又称综合流水施工。它是在一个单位工程内部，各分部工程之间组织起来的流水施工。在施工进度计划表上，它是若干组分部工程的进度直线段，并由此构成一张单位工程施工进度计划图。

4. 群体工程流水施工

群体工程流水施工又称大流水施工。它是在若干单位工程之间组织起来的流水施工，反映在施工进度计划表上，是一张施工总进度计划图。

3.1.5　施工组织方式的综合运用

顺序施工、平行施工、流水施工在生产过程中不仅可以单独使用，而且可以根据具体条件，将三种基本施工组织方式加以综合运用，从而形成平行流水作业、平行顺序作业以及立体交叉平行流水作业。这些施工过程时间组织的综合形式，一般均能取得较明显的经济效果。

1. 平行流水作业

在平行施工的基础上，按照流水施工的原理组织施工，以达到适当缩短工期，而又使劳动力、材料、机械设备需要量保持均衡的目的。

【例3-2】 某桥共有五个工程量相等的墩台钻孔灌注桩基础工程，经计算：准备工作需5人工作2天，钻孔需10人工作4天，灌注水下混凝土需15人工作1天，清理现场需5人工作2天。按平行施工、流水施工及平行流水作业绘制的施工进度图如图3-4所示。

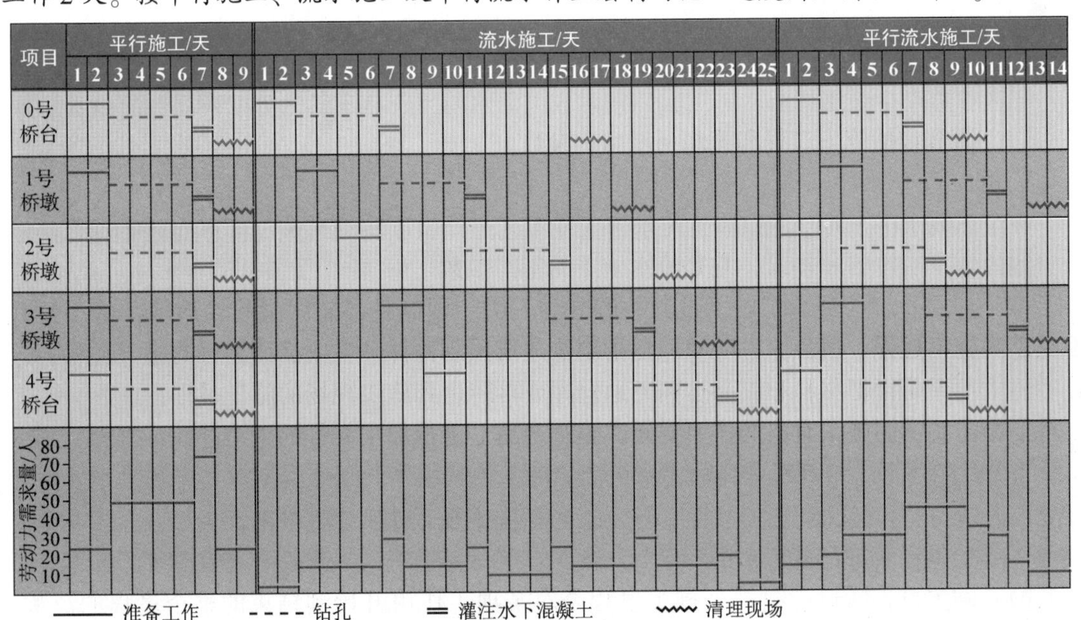

图3-4　平行施工、流水施工及平行流水作业施工进度图

从图 3-4 可以看出：

1）平行施工，总工期虽最短，但资源的需要量集中，劳动力需求出现高峰，钻孔和灌注水下混凝土施工机具需要五套。

2）流水施工，劳动力需要量的峰值最低，钻孔和灌注水下混凝土施工机具只需一套，但工期相对较长，劳动力需要量曲线均衡性不够理想。

3）平行流水施工，系按三组平行流水作业组织的，其中 0 号桥台和 1 号桥墩为第一组，2 号桥墩和 3 号桥墩为第二组，4 号桥台自成一组作为第三组，本方法总工期及劳动力需要量峰值介于前两种方法之间。劳动力需要量曲线及材料供应在三种方法中最理想。钻孔机械需三套，为减少混凝土灌注机具的需要量，2 号桥墩的钻孔工作晚开工一天，这样只需一套混凝土灌注机具即可。第三组 4 号桥台的开工时间较机动，它既不缩短也不延长总工期，可以通过合理安排起到平衡资源的作用。

2. 平行顺序作业

这种方法的实质是用增加施工力量的方法来达到缩短工期的目的，它使顺序施工和平行施工的优点更加突出，通常适用于突击性施工的情况。

3. 立体交叉平行流水作业

它是在平行流水作业的原则上，采用上、下、左、右全面施工的方法。它可以充分利用工作面和有效地缩短工期，一般适用于施工过程繁多、工程量大而又集中的大型构造物的施工，如大桥、群体建筑、隧道等工程的施工。

3.2 流水施工的主要参数

在组织流水施工时，用来表达流水施工在施工工艺、空间布置和时间排列方面开展状态的参数，称为流水参数。流水施工参数主要包括工艺参数、空间参数和时间参数三大类。

3.2.1 工艺参数

工艺参数是指在组织流水施工时，用以表达流水施工在施工工艺方面开展顺序及其特征的参数，通常包括施工过程和流水强度两个参数。

1. 施工过程（n）

在组织流水施工时，用以表达流水施工在工艺上开展层次的有关过程称为施工过程，施工过程的数目一般用 n 表示，它是流水施工的基本参数之一。

（1）施工过程的分类　施工过程一般分为三类：即制备类施工过程、运输类施工过程和建造类施工过程。制备类施工过程是指制造建筑预制构件、半成品而进行的施工过程；运输类施工过程是指把材料和制品运到工地仓库或再转运到施工现场的施工过程；建造类施工过程是指需要占用施工对象的作业空间在建筑产品上进行加工制作的施工过程。

由于建造类施工过程要占用施工对象的空间，影响工期，因此必须列入流水作业的进度计划。而制备类和运输类施工过程主要为砌筑安装类施工过程创造作业条件，不占用施工对象的空间，一般不列入进度计划。

（2）施工过程数目的确定　施工过程是对某项工作由开始到结束的整个过程的泛称，其内容有繁有简，应以结构特点、施工计划的性质、施工方案的确定、劳动组织和劳动内容为依据，以主导施工过程为主，以能指导施工为原则。施工过程划分的数目多少、粗细程度一般与下列因素有关。

1）施工计划的性质和作用。对于长期计划、建筑群体、规模大、结构复杂和工期长的控制性进度计划，其施工过程划分可粗些、综合性大些；对中小型单位工程及工期不长的实施性计划，其施工过程划分可细些、具体些，一般划分至分项工程；对月度作业性计划，有些施工过程还可分解至工序，如安装模板、绑扎钢筋等。

2）施工方案及工程结构。如钢筋混凝土结构的现场浇筑与预制吊装施工，两者划分施工过程的差异是很大的。又如工业厂房的柱基础与设备基础挖土，如同时施工，可合并为一个施工过程；如先后施工，可分为两个施工过程。

3）施工班组、施工习惯及劳动量大小。施工过程的划分与施工班组及施工习惯有关，如安装玻璃、油漆施工可合也可分，因为有混合班组，也有单一工种的班组。劳动量小的施工内容，可与其他施工过程合并，如垫层劳动量较小时可与挖土合并为一个施工过程，这样可以使各个施工过程的劳动量大致相等，便于组织流水施工。

4）劳动内容和范围。施工过程的划分与其劳动内容和范围有关。例如，直接在施工现场与工程对象上进行的劳动内容，可以划入流水施工过程，而场外劳动内容（如预制加工、运输等）可以不划入流水施工过程。

施工过程所包括的范围可以是分项工程、分部工程，也可以是单项工程、单位工程，随流水作业的等级而异。施工过程数要根据构造物的复杂程度和施工方法来确定，太多给计算增添麻烦，在施工进度计划上也会带来主次不分的缺点；太少则会使计划过于笼统，而失去指导施工的作用。

（3）施工过程与专业队数（n_1）　划分施工过程后要组织相应的专业施工队。通常一个施工过程由一个专业队独立完成，此时施工过程数和专业队数相等；当几个专业队负责完成一个施工过程或由一个专业队完成几个施工过程时，其施工过程数与专业队数不相等。如安装玻璃、油漆施工可合也可分，因为有混合班组，也有单一工种班组。

2. 流水强度（V）

流水强度是指参与流水施工的某施工过程在单位时间内所完成的工程量。如挖土方施工过程的流水强度是指每个施工队需要开挖的土方量。流水强度越大，专业队应配备的机械、需用的人工及材料也越多，工作面相应增大，施工工期将会缩短。计算公式为

$$V = \sum_{i=1}^{x} R_i S_i \tag{3-1}$$

式中　V——某施工过程（队）的流水强度；

R_i——投入该施工过程的第 i 种资源量（施工机械台数或工人数）；

S_i——投入该施工过程的第 i 种资源的产量定额；

x——投入该施工过程的资源种类数。

3.2.2　空间参数

空间参数是指在组织流水施工时，用以表达流水施工在空间布置上开展状态的参数。主要有工作面、施工段和施工层。

1. 工作面（A）

工作面是指供某专业工种的工人或某种机械进行施工时的活动空间。工作面的大小可表

明施工对象上能容纳的工人和机械数量，也就是反映施工生产要素在空间上布置的可能性。

最小工作面是指某工种施工时为保证安全施工和有效操作所必须具备的活动空间。它的大小应根据该工种的产量定额、操作规程和安全施工技术规程的要求来确定。

利用最小工作面的概念可以计算各施工段上容纳的工人数或机械台数，其计算公式为

施工段上可容纳的工人数 = 最小施工段上的工作面/每个工人(或机械)所需的最小工作面

2. 施工层（r）

在组织流水施工时，为了满足结构构造及专业工种对操作高度和施工工艺的要求，需将拟建项目在竖向上划分为若干个操作层，这些操作层就称为施工层。施工层的划分，要按施工工艺的具体要求及建筑物的高度、楼层和脚手架的高度来确定。如一般房屋的结构施工、室内抹灰等，可将每一楼层作为一个施工层；对单层厂房的围护墙砌筑、外墙抹灰、外墙面砖等，可将每步架或每个水平分格作为一个施工层。

3. 施工段（m）

在组织流水施工时，通常把施工对象在平面上划分成劳动量大致相等的若干个区段，这些区段称为施工段或流水段。施工段的段数是流水施工的基本参数之一。施工段可以是固定的，也可以对不同的阶段或不同的施工过程采用不同的分段位置和段数。

（1）划分施工段的目的　划分施工段是流水施工的基础。一般情况下，一个施工段内只安排一个施工过程的专业施工队进行施工。只有前一个施工过程的施工队完成了在该段的工作，后一个施工过程的施工队才能进入该段进行作业。由此可见，划分施工段的目的就是要保证各个专业施工队有自己的工作空间，避免工作中的相互干扰，使得各个专业施工队能够在同一时间、不同的空间上进行平行作业，进而达到缩短工期和充分利用资源的目的。

对于竖向分层、平面分段的工程进行流水施工组织时，其总施工段数 = 施工层数 × 每层分段数。例如，一幢22层全现浇剪力墙结构住宅楼，其结构层数就是施工层数，每层若分为4个施工段，则总的施工段数为88段。

（2）划分施工段的原则　划分施工段的数目要适当，太多会使每段的工作面过小，影响工作效率或不能充分利用人员和设备而影响工期；过少则资源供应集中，不利于组织流水施工，容易造成窝工。因此，为了使分段科学合理，应遵循以下原则：

1）专业队组在各个施工段上的劳动量应大致相等，相差不宜超过15%。

2）分段要以主导施工过程为主，段数不宜过多，以免延长工期。

3）为充分发挥主导机械和工人的效率，每个施工段要有足够的工作面，使其容纳的劳动力人数或机械台数能满足劳动组织的要求。

4）分段位置应有利于结构的整体性和装饰装修的外观效果，应尽可能与结构的自然界线相一致。尽量以沉降缝、伸缩缝、防震缝等作为分段界线；或者以混凝土施工缝、后浇带，砌体结构的门窗洞口以及装饰的分格、阴角等作为分段界线，以减少留搓，便于连接和修复。

5）当施工有层间关系，分段又分层时，各层应有相同的段数和上下垂直对应的分界线，以保证专业队在施工层、段之间进行有节奏、均衡、连续的流水施工。且每层段数（m）应大于或等于施工过程数（n）及施工队数（n_1）。

【例3-3】　*某二层砖混结构房屋的主体工程，在组织流水施工时，将主体工程划分为砌筑砖墙和安装楼板两个施工过程（即 $n=2$），在工作面及材料供应充足，人员和机械不变的情况下，三种不同分段流水的组织方案如图3-5所示。*

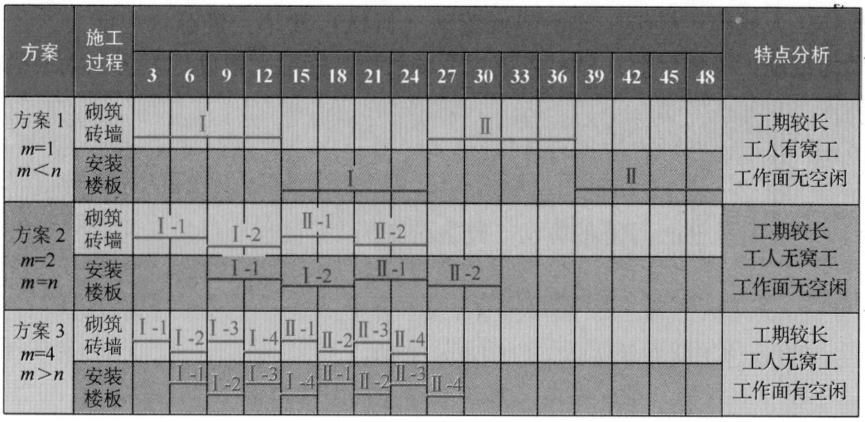

方案	施工过程	3	6	9	12	15	18	21	24	27	30	33	36	39	42	45	48	特点分析
方案1 m=1 m<n	砌筑砖墙	Ⅰ								Ⅱ								工期较长 工人有窝工 工作面无空闲
	安装楼板					Ⅰ								Ⅱ				
方案2 m=2 m=n	砌筑砖墙	Ⅰ-1		Ⅰ-2		Ⅱ-1		Ⅱ-2										工期较长 工人无窝工 工作面无空闲
	安装楼板			Ⅰ-1		Ⅰ-2		Ⅱ-1		Ⅱ-2								
方案3 m=4 m>n	砌筑砖墙	Ⅰ-1	Ⅰ-2	Ⅰ-3	Ⅰ-4	Ⅱ-1	Ⅱ-2	Ⅱ-3	Ⅱ-4									工期较长 工人无窝工 工作面有空闲
	安装楼板		Ⅰ-1	Ⅰ-2	Ⅰ-3	Ⅰ-4	Ⅱ-1	Ⅱ-2	Ⅱ-3	Ⅱ-4								

注：图中Ⅰ、Ⅱ表示楼层；1、2、3、4表示施工段。

图3-5　不同分段方案的流水施工组织

方案1由于不分段（即每个楼层为一段），在砌筑砖墙完成一层砌墙后不能马上进行第二层的砌筑砖墙，砌墙施工队产生窝工，安装楼板亦是如此。两个施工队均无法保持连续施工，轮流出现窝工现象。这在工程项目施工上一般是不允许的。

方案2是将每层分为两个流水段，使得 $m=n$。在一层2段砌筑砖墙完成后，安装施工队也已经完成一层1段的楼板安装，砌墙施工队可随即到二层1段砌墙。在工艺允许的情况下，既保证了每个专业施工队连续工作，又使得工作面不出现空闲，大大缩短了工期。可见这是一个较为理想的方案。

方案3是将每个楼层分为四个施工段，施工队的作业是连续的。但在第一层每段楼板安装后，都因为人员问题未能及时进行上一层相应施工段的作业，即每段都出现了施工层之间的工作面空闲。这种工作面的空闲一般不会造成费用增加，而且在某些施工过程中可起到满足技术要求、保证施工质量、利于成品保护的作用。因此，这种间歇不但是允许的，而且有时是必要的。如采用的是现浇混凝土楼板，就必须经过足够的间歇时间后，再进行上层墙体作业。

综上可见，只有 $m \geqslant n$ 时，才能保证每个作业队在各层各段都能连续作业。但应注意，m 的值也不能过大，否则会因每段工作面过小，造成材料、人员、机具过于集中，影响效率和效益，且易发生安全事故。

3.2.3　时间参数

在组织流水施工时，用以表达流水施工在时间安排上所处状态的参数，称为时间参数。主要包括流水节拍、流水步距、搭接时间、间歇时间和流水工期等。

1. 流水节拍（t）

流水节拍是指在组织流水施工时，各专业施工队在各施工段上施工作业的持续时间，它是流水施工的基本参数之一。流水节拍的大小，关系到劳动力、材料和机具等资源投入的强度，决定了流水施工的速度、节奏感的强弱和工期的长短。节拍大时工期长，速度慢，资源供应强度小；节拍小则反之。同时流水节拍值的特征将决定流水施工的组织方式。当节拍值相等或有倍数关系时，可以组织有节奏的流水施工；否则，只能组织无节奏的流水施工。

确定流水节拍应考虑的因素：工期，能有效保证或缩短计划工期；工作面，既能安置足够数量的操作工人或施工机械，又不降低劳动（机械）效率；资源供应能力，各施工段能投入的劳动力或施工机械台数、材料供应；劳动效率，能最大限度地发挥工人或机械的劳动（机械）效率。

流水节拍可按以下几种方法进行计算：

（1）定额计算法　定额计算法是根据各施工段的工程量、能够投入的资源量（工人数、机械台数和材料量等）进行计算的方法。计算公式为

$$t_i = \frac{Q_i}{S_i R_i N_i} = \frac{P_i}{R_i N_i} \tag{3-2}$$

式中　t_i——某专业施工队在第 i 施工段的流水节拍；

Q_i——某专业施工队在第 i 个施工段上要完成的工程量；

S_i——投入第 i 个施工段的单位资源产量定额（或每工日、每台班的实际产量）；

P_i——某施工段所需的劳动量或机械台班量；

R_i——某专业施工队的人数或机械台数；

N_i——工作班次，即单班、双班或三班。

式（3-2）中的 S_i 应采用能够反映项目经理部实际水平的定额。

（2）经验估算法　对于采用新结构、新工艺、新方法和新材料等没有定额可循的建筑施工项目，可根据以往的施工经验进行估算。为了提高准确程度，往往先估算出该流水节拍的最长、最短和最可能三种时间，然后采用加权平均的方法求出较为可行的流水节拍值。本法也称为三种时间估算法。计算公式为

$$t = \frac{a + 4c + b}{6} \tag{3-3}$$

式中　t——某施工过程在某施工段上的流水节拍；

a——某施工过程在某施工段上的最短估算时间；

b——某施工过程在某施工段上的最长估算时间；

c——某施工过程在某施工段上的可能估算时间。

（3）工期倒排法　对于规定工期内必须完成的工程项目，往往采用工期倒排法。具体步骤为：①根据规定的项目工期，确定单位工程工期 T；②由单位工程工期，确定各分部工程、分项工程工期 T_1；③由分项工程工期，确定施工过程的工作时间 T_i；④确定某施工过程在各施工段上的流水节拍，即 $t_i = T_i/m$（m 为施工段数）；⑤复核每班人数及机械台数，看是否满足施工工作面的要求。

（4）最小流水节拍的确定　当施工段数确定后，流水节拍越大，工期就越长。从理论上讲，流水节拍越小越好，但受工作面的限制，无法容纳足够的人员和设备，过小的流水节拍无法实现。因此，无论哪种方法确定流水节拍，都必须大于最小流水节拍，如不满足，可通过调整施工段数目和专业队人数，再综合考虑其他因素后重新确定。每一施工过程在各施工段上的最小流水节拍，可按下式计算

$$t_{\min} = \frac{Q_i}{SR_{\max} N_{\max}} = \frac{Q_i}{S \dfrac{A_i}{A_{\min}} N_{\max}} = \frac{A_{\min} Q_i}{SA_i N_{\max}} \tag{3-4}$$

式中　$t_{\min}$——最小流水节拍；

Q_i——某施工段上第 i 个施工过程的工程量；

S——产量定额或每工日、每台班的实际产量；

R_{max}——每班投入的最多人数或机械台数；

N_{max}——每日最多工作班次；

A_i——某施工过程所在施工段上的实际工作面；

A_{min}——技工或机械所需最小工作面，可参考有关资料和施工技术规范来确定。

（5）确定流水节拍时应注意的问题

1）确定专业队人数时，应符合劳动组合要求，即满足进行正常施工所必需的最低限度的班组人数及其合理组合，如班组中技工和普工的合理比例及最少人数。

2）确定机械数量时，应考虑机械设备的供应情况和工作效率及其对场地的要求。

3）受技术操作或安全质量等方面限制的施工过程（如砌墙受施工高度的限制），在确定流水节拍时，应当满足作业时间长度、间歇性或连续性等限制的要求。

4）必须考虑材料和构配件供应能力和储存条件对施工进度的影响和限制。

5）根据工期的要求，选取恰当的工作班制。

6）为便于组织施工、避免施工队转移时浪费工时，流水节拍值最好是半天的整数倍。

2. 流水步距（K）

流水步距是指在组织流水施工时，相邻两个专业施工队在保证施工顺序，满足连续施工，不发生工作面冲突的条件下，相继投入施工的最小时间间隔。通常以 $K_{j,j+1}$ 表示（j 表示前一个施工过程，$j+1$ 表示后一个施工过程）。流水步距的大小直接影响着工期，步距越大则工期越长，反之则工期越短。

（1）确定流水步距的原则　流水步距的大小取决于相邻两个施工过程（或专业工作队）在各施工段上的流水节拍及流水施工的组织方式。确定流水步距时应遵守以下原则：

1）相邻两个专业工作队按各自的流水速度施工，要始终保持施工工艺的先后顺序。

2）各专业工作队投入施工后应尽可能保持连续作业。

3）相邻两个专业工作队在满足连续施工的条件下，能最大限度地实现合理搭接。

4）要保证工程质量，满足安全生产。例如，钻孔灌注桩工程，其钻孔和浇筑混凝土两道施工过程在时间上必须紧密衔接（防止塌孔）。

（2）流水步距的计算

1）等节拍流水步距的确定。在流水施工中，同一施工过程在各施工段上的流水节拍都相等时，各相邻施工过程之间的流水步距的计算如下：

$$K_{j,j+1}=\begin{cases}t_j & t_j\leqslant t_{j+1}\\ mt_j-(m-1)t_{j+1} & t_j>t_{j+1}\end{cases} \tag{3-5}$$

式中　t_j——第 j 个施工过程的流水节拍；

t_{j+1}——第 $j+1$ 个施工过程的流水节拍；

m——施工段数。

2）非等节拍流水步距的确定。在流水施工中，同一施工过程在各施工段上的流水节拍不全相等时，相邻施工过程之间的流水步距可采用潘特考夫斯基法进行计算。具体计算步骤可概括为“累加数列、错位相减、取最大差”，具体含义如下：

① 根据各专业施工队在各施工段上的流水节拍，求累加数列。

② 根据施工顺序，分别将相邻两个施工过程的流水节拍累加数列错位相减，即将后一施工过程的累加数列向后移动一位，再上下相减。

③ 相减结果中的最大数值，即为这两个专业施工队之间的流水步距。

【例 3-4】 某项目两个施工过程 A、B 的流水节拍分别为 2、4、5、2 和 3、4、3、4，试确定 A、B 两个施工队之间的流水步距。

【解】 A 的累加数列　2　6　11　13

B 的累加数列　-　3　7　10　14

差值　2　3　4　3　-14

取最大差值，即 $K_{A,B} = \max\{2,3,4,3,-14\}$ 天 $=4$ 天

3. 搭接时间（C）

在组织流水施工时，有时为了缩短工期，在前一个施工过程的专业队还未撤出某一施工段时，就允许后一个施工过程的专业队提前进入该段施工，两者在同一施工段上同时施工的时间称为搭接时间。如主体结构施工时，梁板支模完成一部分后可以提前进行钢筋绑扎工作。

4. 间歇时间

组织流水施工时，除要考虑相邻专业施工队之间的流水步距外，有时还需要根据技术要求或组织安排，相邻两个施工过程在时间上不能衔接施工而留出必要的等待时间，这个“等待时间”即称为间歇时间。间歇时间按其性质不同可分为技术间歇和组织间歇，按其位置不同又可分为施工过程间歇和层间间歇。

（1）技术间歇时间（S） 由于材料性质或施工工艺的要求所需等待的时间称为技术间歇。如楼板混凝土浇筑后，需养护一定时间才能进行后道工序作业；屋面水泥砂浆找平层施工后，需经养护、干燥后方可进行防水卷材的施工等。

（2）组织间歇时间（G） 由于施工组织、管理方面的原因，要求的等待时间称为组织间歇。如人员及机械的转移、砌筑墙身前的弹线、钢筋隐蔽工程验收等。

（3）施工过程间歇时间（Z_1） 在同一个施工层内，相邻两个施工过程之间的技术间歇或组织间歇统称为施工过程间歇时间。

（4）层间间歇时间（Z_2） 在相邻两个施工层之间，前一施工层的最后一个施工过程与后一个施工层相应施工段上的第一个施工过程之间的技术间歇或组织间歇统称为层间间歇。如现浇钢筋混凝土框架结构施工中，当前层某流水段的楼面混凝土浇筑完毕后，需养护一定时间后才能进行上一层同一流水段的柱钢筋绑扎施工。

需要注意的是，在组织流水施工时必须分清该技术间歇或组织间歇是属于施工过程间歇还是属于层间间歇。在划分流水段时，施工过程间歇和层间间歇均需考虑；而在计算工期时，则只需考虑施工过程间歇。

5. 流水工期（T）

流水工期是指从第一个专业队投入流水施工开始，到最后一个专业队完成流水施工为止的整个持续时间。由于一项工程往往由许多流水组构成，因此流水工期并非整个工程的总工期。

3.3 流水施工的组织类型

流水施工的基本形式包括等节拍流水、成倍节拍流水和无节奏流水三种，前两种都属于

有节奏流水。

3.3.1 全等节拍流水施工

全等节拍流水也称固定节拍流水，是指同一施工过程在各施工段上的流水节拍都相等，而且不同施工过程之间的流水节拍也相等的一种流水施工方式，即各施工过程的流水节拍等于常数。

1. 全等节拍流水施工的特点

1）流水节拍全部彼此相等，为一常数。

2）流水步距彼此相等，且等于流水节拍，即 $K_{12}=K_{23}=\cdots=K_{n-1,n}=K=t$（常数）。

3）专业施工队总数（n_1）等于施工过程数（n）。

4）各专业施工队都能够连续施工。

5）若没有间歇要求，可保证各工作面均没有空闲。

2. 全等节拍流水施工的组织步骤与方法

（1）划分施工过程，组织专业施工队组（n） 划分施工过程时，应以主导施工过程为主，力求简捷，且对每个施工过程均应组织相应的专业施工队。

（2）确定施工段数（m） 划分施工段应根据工程的具体情况并遵循划分原则进行。对于只有一个施工层或上下层的施工过程之间不存在相互干扰或依赖，即没有层间关系时，只要保证总的层段数等于或多于同时施工的施工队数即可。相反，当有层间关系时，则每层的施工段数应分下面两种情况确定：

1）当无工艺与组织间歇要求时，取 $m=n$，即可保证各队均能连续施工。

2）当有工艺与组织间歇要求时，既要保证各专业施工队都有工作面而能连续施工，又要留出间歇的工作面，故应取 $m>n$。此时每层有 $m-n$ 个施工段空闲，由于流水节拍为 t，则每层的空闲时间为$(m-n)t=(m-n)K$。令一个楼层（或施工层）内各施工过程的工艺、组织间歇时间之和为$\sum Z_1$，楼层（或施工层）之间的工艺、组织间歇时间为 Z_2；当专业施工队之间允许搭接时，可以减少工作面数量，如每层内各施工过程之间的搭接时间总和为$\sum C$，则：$(m-n)K=\sum Z_1+Z_2-\sum C$。

所以，每层的施工段数 m 的最小值可按下式确定

$$m=n+\frac{\sum Z_1}{K}+\frac{Z_2}{K}-\frac{\sum C}{K} \tag{3-6}$$

为了便于流水安排并满足间歇或搭接对工作面的需求，当计算结果有小数时，应只入不舍取整数；当每层的$\sum Z_1$、Z_2或$\sum C$不完全相等时，应取各层中最大的$\sum Z_1$、Z_2和最小的$\sum C$进行计算。

（3）确定流水节拍（t） 流水节拍可按前述方法与要求确定。但为了保证各施工过程的流水节拍全部相等，必须先确定出一个最主要施工过程（工程量大、劳动量大或资源供应紧张）的流水节拍 t_i，然后令其他施工过程的流水节拍与其相等并配备合理的资源，以符合固定节拍流水的条件。

（4）确定流水步距（K） 全等节拍流水施工采用的是等节奏等步距施工，故取 $K=t$。

（5）计算流水工期（T） 全等节拍流水施工的工期为

$$T=(n-1)K+rmt+\sum Z_1^1-\sum C^1 \tag{3-7}$$

而 $K=t$，所以

$$T=(rm+n-1)K+\sum Z_1^1-\sum C^1 \tag{3-8}$$

式中　T——流水施工总工期；

r——施工层数；

m——施工段数；

n——施工过程数；

K——流水步距；

$\sum Z_1^1$——第一个施工层各相邻施工过程间的间歇时间之和；

$\sum C^1$——第一个施工层各相邻施工过程间的平行搭接时间。

（6）绘制流水施工进度计划表。

3. 应用举例

【例 3-5】 某项目由 A、B、C、D 四个施工过程组成，划分两个施工层组织流水施工，施工过程 B 完成后需养护 1 天下一个施工过程才能施工，且层间技术间歇为 1 天，流水节拍均为 1 天。为了保证施工队连续作业，试确定施工段数，计算工期，绘制流水施工进度表。

【解】 由题知：流水节拍 $t=1$ 天，施工层数 $r=2$ 层，施工过程数 $m=4$ 个，层内施工过程间歇时间总和 $\sum Z_1=1$ 天，层间间歇时间 $Z_2=1$ 天，层内各施工过程之间无搭接时间（$\sum C=0$）。

（1）确定流水步距 K　取 $K=t=1$ 天

（2）确定每个施工层的施工段数 m

$$m=n+\frac{\sum Z_1}{K}+\frac{Z_2}{K}-\frac{\sum C}{K}$$

$$=(4+1/1+1/1-0)\text{段}=6\text{段}$$

（3）计算工期 T

$$T=(rm+n-1)K+\sum Z_1^1-\sum C^1$$

$$=[(6\times2+4-1)\times1+1-0]\text{天}=16\text{天}$$

（4）绘制流水施工进度计划图　施工进度图如图 3-6 所示。

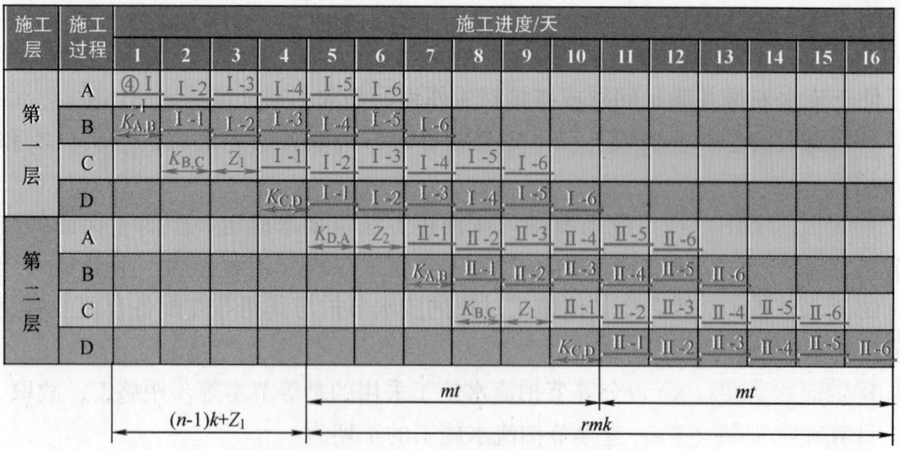

施工层	施工过程	施工进度/天															
		1	2	3	4	5	6	7	8	9	10	11	12	13	14	15	16
第一层	A	④ Ⅰ-1	Ⅰ-2	Ⅰ-3	Ⅰ-4	Ⅰ-5	Ⅰ-6										
	B	$K_{A,B}$	Ⅰ-1	Ⅰ-2	Ⅰ-3	Ⅰ-4	Ⅰ-5	Ⅰ-6									
	C		$K_{B,C}$	Z_1	Ⅰ-1	Ⅰ-2	Ⅰ-3	Ⅰ-4	Ⅰ-5	Ⅰ-6							
	D				$K_{C,D}$	Ⅰ-1	Ⅰ-2	Ⅰ-3	Ⅰ-4	Ⅰ-5	Ⅰ-6						
第二层	A					$K_{D,A}$	Z_2	Ⅱ-1	Ⅱ-2	Ⅱ-3	Ⅱ-4	Ⅱ-5	Ⅱ-6				
	B							$K_{A,B}$	Ⅱ-1	Ⅱ-2	Ⅱ-3	Ⅱ-4	Ⅱ-5	Ⅱ-6			
	C								$K_{B,C}$	Z_1	Ⅱ-1	Ⅱ-2	Ⅱ-3	Ⅱ-4	Ⅱ-5	Ⅱ-6	
	D										$K_{C,D}$	Ⅱ-1	Ⅱ-2	Ⅱ-3	Ⅱ-4	Ⅱ-5	Ⅱ-6

mt　mt

$(n-1)k+Z_1$　rmk

图 3-6　全等节拍流水施工进度图

3.3.2 成倍节拍流水施工

在进行流水施工设计时，保持同一施工过程的流水节拍相等可能不难实现。但不同施工过程在进行安排时，可能会遇到下列问题：某些施工过程所需要的人数或机械台数超出了工作面允许容纳量；人数不符合最小劳动组合要求；施工过程的工艺对流水节拍有限制等。这时，只能按其要求和限制来调整这些施工过程的流水节拍。这就出现了同一个施工过程的流水节拍全都相等，而各施工过程之间的节拍虽然不等，但同为某一常数的倍数的情况，从而构成了组织成倍节拍流水施工的条件。

1. 成倍节拍流水施工的特点

1）同一施工过程的流水节拍彼此相等，不同施工过程的流水节拍不尽相同，但同为某一常数的倍数。

2）流水步距彼此相等，且等于各施工过程流水节拍的最大公约数。

3）专业施工队数（n_1）大于施工过程数（n）。

4）各专业施工队都能够连续施工。

5）若没有间歇要求，可保证各工作面不空闲。

2. 成倍节拍流水施工的组织步骤与方法

1）划分施工过程，组织专业施工队，使流水节拍满足要求。

2）计算流水步距K。

$$K = \text{最大公约数}\{t_1, t_2, \cdots, t_n\}$$

3）计算各施工过程需配备的队数（b_i）和总施工队数（n_1）。用流水步距K去除各施工过程的节拍t_i，可得到各个专业施工过程所需的施工队数，然后将各专业所需队数累加，即

$$b_i = \frac{t_i}{K} \qquad n_1 = \sum b_i \tag{3-9}$$

式中 b_i——施工过程i所需的施工队数；

t_i——施工过程i的流水节拍；

n_1——施工队组总数。

4）确定每层施工段数（m）。没有层间关系时，应根据工程具体情况遵循施工段划分原则进行分段。有层间关系时，每层的最少施工段数应根据下面两种情况分别确定：

① 无工艺与组织间歇要求或搭接要求时，可取$m = n_1 = \sum b_i$，以保证各队组均有自己的工作面。

② 有工艺与组织间歇要求或搭接要求时

$$m = n_1 + \frac{\sum Z_1}{K} + \frac{Z_2}{K} - \frac{\sum C}{K} \tag{3-10}$$

式中 n_1——专业施工队组总数；

K——成倍节拍流水的流水步距；

Z_1——相邻两施工过程间的间歇时间（包括技术的和组织的）；

Z_2——层间的间歇时间（包括技术的和组织的）；

C——相邻两施工过程间的搭接时间。

当计算出的流水段数有小数时，应只入不舍取整数，以保证足够的间歇时间；当各施工层间的$\sum Z_1$或Z_2不完全相等时，应取各层中的最大值进行计算。

5）计算计划工期（T）。

$$T = (mr + n_1 - 1)K + \sum Z_1^1 - \sum C^1 \tag{3-11}$$

式中符号含义同前。

6）绘制成倍节拍流水施工进度计划图。

3. 应用举例

【例 3-6】 某两层现浇钢筋混凝土工程，施工过程分为安装模板、绑扎钢筋和浇筑混凝土。各施工过程的流水节拍分别为：$t_{模}=2$天，$t_{筋}=2$天，$t_{混}=1$天。底层混凝土需要养护1天后才能进行第二层的施工。在保证各施工队连续施工的条件下，求每层最少的施工段数，并编制流水施工方案。

【解】 由题知：安装模板、绑扎钢筋、浇筑混凝土的流水节拍分别为：$t_{模}=2$天，$t_{筋}=2$天，$t_{混}=1$天；施工层数$r=2$层，层间技术间歇时间$Z_2=1$天，无施工过程间歇时间（$Z_1=0$），层内各施工过程之间无搭接时间（$\sum C=0$）。

1）确定流水步距（K）。

$$K = 最大公约数\{2,2,1\}天 = 1天$$

2）确定各施工过程的施工队组数（b_i）和施工队总数（n_1）。

支模板 $b_{模} = \frac{t_{模}}{K} = \frac{2}{1}个 = 2个$　　绑扎钢筋：$b_{筋} = \frac{t_{筋}}{K} = \frac{2}{1}个 = 2个$

浇筑混凝土 $b_{混} = \frac{t_{混}}{K} = \frac{1}{1}个 = 1个$

专业施工队总数 $n_1 = \sum b_i = 2 + 2 + 1 = 5个$

3）确定每层的施工段数（m）。

$$m = n_1 + \frac{\sum Z_1}{K} + \frac{Z_2}{K} - \frac{\sum C}{K}$$

$$= (5 + 0 + 1/1 - 0)段 = 6段$$

4）计算流水工期T。

$$T = (mr + n_1 - 1)K + \sum Z_1^1 - \sum C^1$$

$$= [(6 \times 2 + 5 - 1) \times 1 + 0]天 = 16天$$

5）绘制成倍节拍流水施工进度计划图，如图3-7所示。

4. 需注意的问题

理论上只要各施工过程的流水节拍具有倍数关系，均可采用这种成倍节拍流水组织方法。但如果其倍数差异较大，往往难以配备足够的施工队，或者难以满足各个队的工作面及资源要求，则这种组织方法就不可能实际应用。

3.3.3 无节奏流水施工

在工程实际施工中，受客观条件的影响，大多数施工过程在各施工段上的工程量并不相等，各专业施工队的生产率也相差悬殊，导致多数流水节拍彼此不相等，难以组织全等节拍或成倍节拍流水。这时只能按施工顺序要求，使相邻两专业队的开工时间最大限度搭接起来，组织各专业队都能连续施工的无节奏流水施工，亦称“分别流水”，它是流水施工的普遍形式。

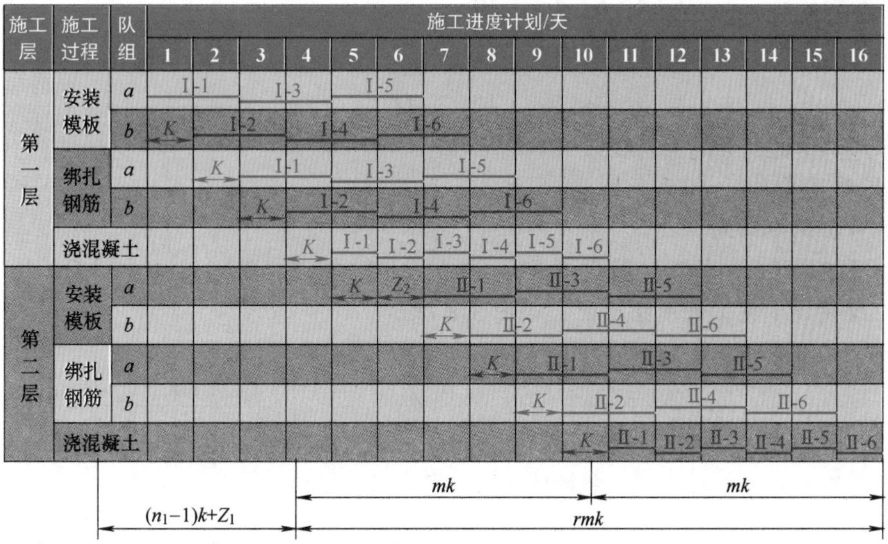

图 3-7　成倍节拍流水施工进度图

1. 无节奏流水施工的特点

1）各施工过程在各施工段上的流水节拍不全相等。

2）流水步距不尽相等。

3）专业施工队数（n_1）等于施工过程数（n）。

4）在一个施工层内各专业施工队能够连续施工。

5）施工段可能有空闲时间。

2. 无节奏流水施工的组织步骤与方法

1）分解施工过程，组织相应的专业施工队。

2）划分施工段，确定施工段数。

3）计算每个施工过程在各个施工段上的流水节拍。

4）确定各相邻施工队之间的流水步距，一般采用潘特考夫斯基法计算。

5）计算流水施工的计划工期。

$$T = \sum K + \sum t_i^{zh} + \sum Z_1 - \sum C \tag{3-12}$$

式中　$\sum t_i^{zh}$——最后投入施工的施工队组总的工作持续时间；

式中其他符号含义同前。

6）绘制流水施工进度表。

3. 应用举例

【例 3-7】　某工程施工划分为 A、B、C、D 四个施工过程，平面上划分为五个施工段。各施工过程在施工段上的流水节拍见表 3-1，试组织流水施工，并绘制出流水施工进度计划图。

表3-1　流水节拍值/天

施工过程	①	②	③	④	⑤
A	2	2	2	1	3
B	1	2	2	4	2
C	3	3	2	3	1
D	2	1	2	2	3

【解】　根据题意，该工程只能采用无节奏流水施工。

(1) 确定流水步距

1) 求 $K_{A,B}$。

A 的累加数列　　2　4　6　7　　10

B 的累加数列　–　　1　3　5　　9　　11

差值　　　　　　2　3　3　2　　1　　–11

取最大差值，即 $K_{A,B}=3$ 天。

2) 同理可得 $K_{B,C}=1$ 天；$K_{C,D}=6$ 天。

(2) 计算流水工期

$$T=\sum K+\sum t_i^{zh}+\sum Z_1-\sum C=[(3+1+6)+(2+1+2+2+3)+0-0]\text{天}=20\text{天}$$

(3) 绘制流水施工进度指示图　如图 3-8 所示。

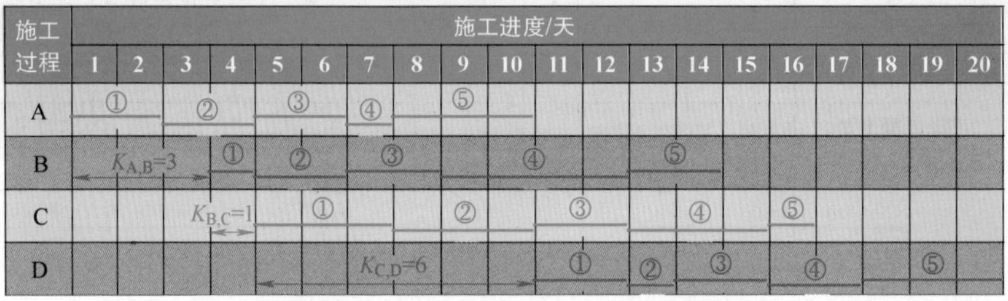

图 3-8　某工程流水施工进度计划

3.4　流水施工组织示例

本例为某一现浇钢筋混凝土框架主体结构工程的流水施工组织。

3.4.1　工程概况及施工条件

某三层工业厂房，其主体结构为现浇钢筋混凝土框架。框架全部由 6m×6m 的单元构成。横向为 3 个单元，纵向为 21 个单元，划分为 3 个温度区段。其平面及剖面简图如图 3-9 所示。

施工工期为63 天。施工时平均气温为15℃。劳动力：木工不得超过20 人，混凝土工与钢筋工可根据计划要求配备。机械设备：J1-400 混凝土搅拌机两台，混凝土振捣器和卷扬机可根据计划要求配备。

3.4.2　施工方案

模板采用定型钢模板；混凝土为半干硬性，坍落度为 1～3cm；采用 J1-400 混凝土搅拌机搅拌，振捣器捣固；双轮车水平运输；垂直运输采用钢管井架；楼梯与框架同时施工。

3.4.3　流水施工方案设计

1. 计算工程量与劳动量

本工程每层每个温度区段的模板、钢筋、混凝土的工程量根据施工图计算；定额根据劳动定额手册和工人实际生产率确定；劳动量按工程量和定额计算。工程量、定额、劳动量汇总列于表 3-2 中。

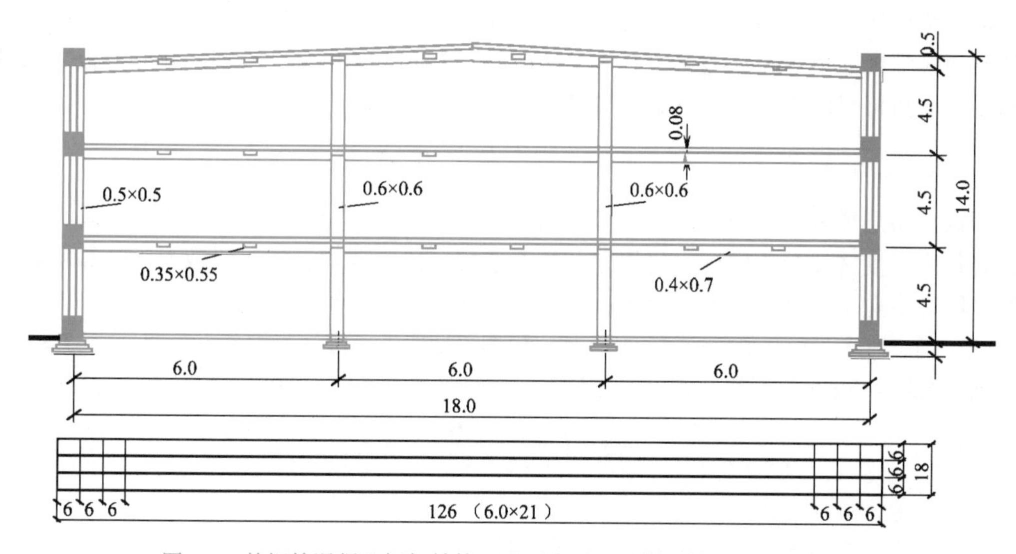

图 3-9　某钢筋混凝土框架结构工业厂房平面及剖面简图（单位：m）

表 3-2　某厂房钢筋混凝土框架工程量及劳动量

结构部位	分项工程名称		单　位	时间定额 工日/单位产品	每层每个温度区段的工程量与劳动量：工　程　量 一层	工程量 二层	工程量 三层	劳动量/工日 一层	劳动量/工日 二层	劳动量/工日 三层
框架	支模板	柱梁板	m^2	0. 0833	332	331	311	27. 7	25. 9	25. 9
			m^2	0. 08	698	698	720	55. 8	55. 8	57. 6
			m^2	0. 04	554	554	523	22. 2	22. 2	21. 1
	绑扎钢筋	柱梁板	t	2. 38	10. 9	10. 3	10. 3	26. 0	24. 5	24. 5
			t	2. 86	9. 80	9. 80	10. 1	28. 0	28. 0	28. 9
			t	4. 00	6. 40	6. 40	6. 73	25. 6	25. 6	26. 9
	浇筑混凝土	柱梁、板	m^3	1. 47	46. 1	43. 1	42. 1	67. 8	63. 4	63. 4
			m^3	0. 784	156. 2	156. 2	156. 2	122. 5	122. 5	122. 5
楼梯	支模板绑扎钢筋浇筑混凝土		m^2	0. 16	34. 8	34. 8	—	5. 7	5. 7	—
			t	5. 56	0. 45	0. 45	—	2. 5	2. 5	—
			m^3	2. 21	6. 6	6. 6	—	14. 6	14. 6	—

2. 划分施工过程

本工程框架部分采用以下施工顺序：绑扎柱钢筋→支柱模板→支主梁模板→支次梁模板→支板模板→绑扎梁钢筋→绑扎板钢筋→浇筑柱混凝土→浇筑梁、板混凝土。

根据施工顺序和劳动组织，划分为以下四个施工过程：绑扎柱钢筋；支模板；绑扎梁、板钢筋；浇筑混凝土。各施工过程中均包括楼梯间部分。

3. 划分施工段、确定流水节拍及绘制流水指示图表

由于本工程3个温度区段大小一致，各层构造基本相同，各施工过程工程量相差均小于15%。所以首先考虑组织全等或成倍节拍流水。

（1）划分施工段。考虑结构的整体性，利用温度缝作为分界线，最理想的是每层划分为3个施工段。为了保证各专业工作队能连续施工，按全等节拍组织流水施工，每层最少施

工段数可按公式（3-6）进行计算。式中 $n=4$ 个；$K=t$；$Z_2=1.5$ 天（根据气温条件，混凝土达到初凝强度需要36h）；$\sum Z_1=0$ 天；$\sum C=0.33t$（只考虑绑扎柱钢筋和支模板之间可搭接施工，取搭接时间为 $0.33t$）。代入公式（3-6），得

$$m=4+\frac{0}{t}+\frac{1.5}{t}-0.33$$

所以，每层如划分3个施工段则不能保证专业工作队连续工作。根据该工程的结构特征，将每个温度区段分为两段，每层划分为6个施工段。这样，施工段数大于计算所需要的段数，则各专业工作队可以连续工作，各施工层间增加了间歇时间。这是可取的。

（2）确定流水节拍和各专业工作队人数。根据工期要求，按等节拍流水工期公式[$T=(rm+n-1)K+\sum Z_1-\sum C$]，初算流水节拍。因 $K=t$，$\sum Z_1=0$ 天，$\sum C=0.33t$，$T=63$ 天，有：

$$t=\frac{T}{rm+n-1-0.33}=\left(\frac{63}{3\times6+4-1-0.33}\right)\text{天}=3.05\text{天}$$

故流水节拍选用3天。

将各施工过程每层每个施工段需要的劳动量汇总于表3-3中。

表3-3　各施工过程每层每个施工段需要的劳动量

施工过程	需要劳动量/工日			附　注
	一　层	二　层	三　层	
绑扎柱钢筋	13	12.3	12.3	
支模板	55.7	54.8	52.3	包括楼梯
绑扎梁、板钢筋	28.1	28.1	27.9	包括楼梯
浇筑混凝土	102.4	100.3	93	包括楼梯

1）确定绑扎柱钢筋的流水节拍和施工队人数。由表3-3可知绑扎柱钢筋所需劳动量为13个工日。由劳动定额可知，绑扎柱钢筋工人小组至少需要5人。则流水节拍等于13/5＝2.6天，取3天。

2）确定支模板的流水节拍和施工队人数。框架结构支柱、梁、板模板，根据经验一般需2～3天。流水节拍采用3天。所需工人数为55.7/3＝18.6人。由劳动定额可知，支模板要求工人小组一般为5～6人。本方案木工工作队采用18人，分3个小组施工。木工人数满足规定的人数条件。

3）确定绑扎梁、板钢筋的流水节拍和工作人数。流水节拍采用3天。所需工人数为28.1/3＝9.4人。由劳动定额可知，绑扎梁、板钢筋要求工人小组一般为3～4人。本方案的钢筋工作队采用9人，分3个小组施工。

4）确定浇筑混凝土的流水节拍和施工队人数。根据表3-2，浇筑混凝土工程量最多的施工段的工程量为（46.1　+156.2 +6.6）$m^3/2=104.5m^3$。每台J1-400混凝土搅拌机搅拌半干硬性混凝土的生产率为 $36m^3$/台班。故需要台班数为104.5/36＝2.9台班。选用一台混凝土搅拌机，流水节拍采用3天，则所需工人数为102.4/3＝34.1人。根据劳动定额可知，浇筑混凝土要求工人小组一般为20人左右。本方案的混凝土工作队采用34人，分2个小组施工。

（3）绘制流水施工进度指示图表。所需工期 $T=(jm+n-1)K+\sum Z_1-\sum C=[(3\times6+4-1)\times3+0-1]$ 天＝62天。

绘制流水施工进度指示图表如图3-10所示。

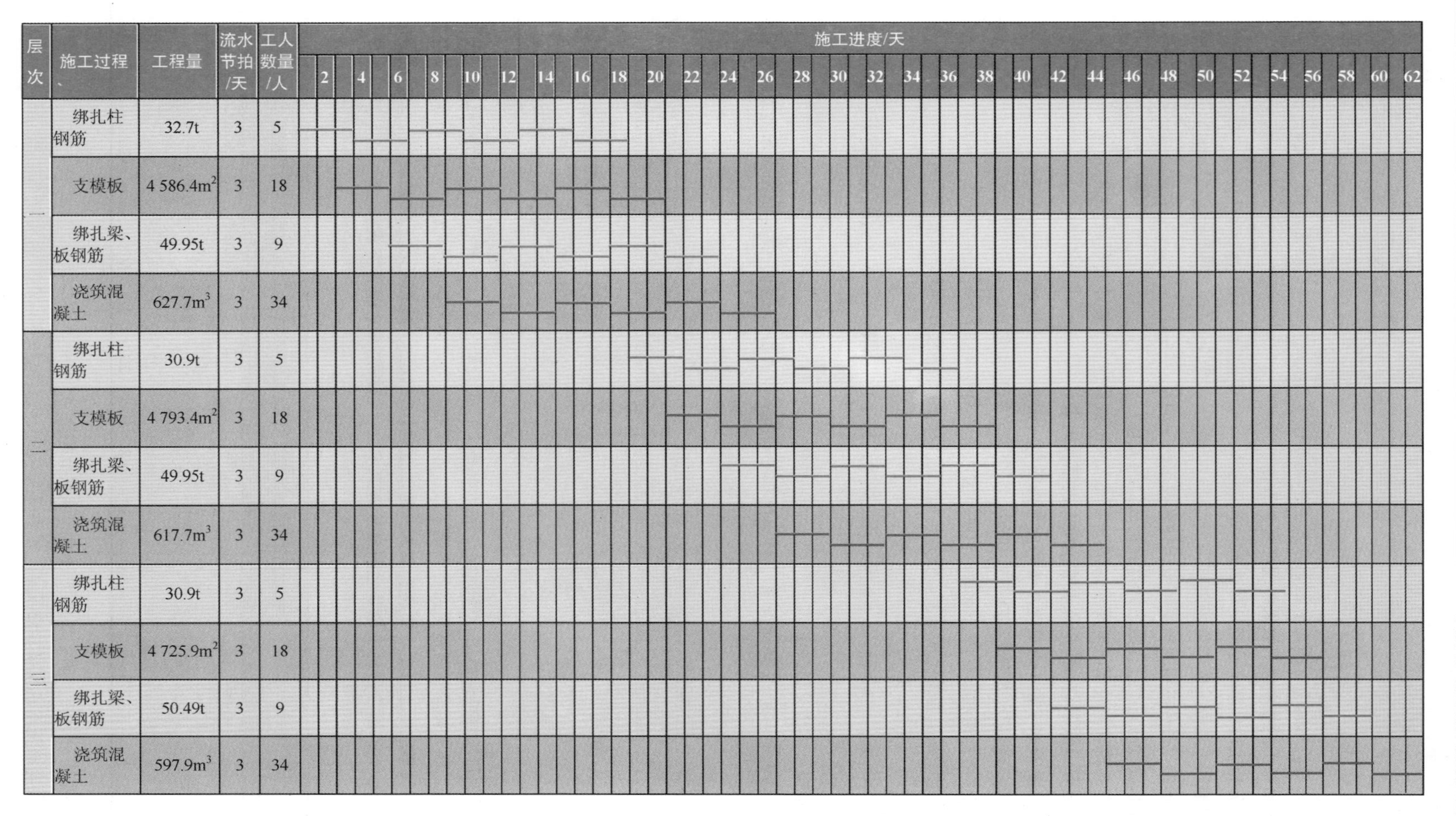

层次	施工过程	工程量	流水节拍/天	工人数量/人
一	绑扎柱钢筋	32.7t	3	5
	支模板	4 586.4m^2	3	18
	绑扎梁、板钢筋	49.95t	3	9
	浇筑混凝土	627.7m^3	3	34
二	绑扎柱钢筋	30.9t	3	5
	支模板	4 793.4m^2	3	18
	绑扎梁、板钢筋	49.95t	3	9
	浇筑混凝土	617.7m^3	3	34
三	绑扎柱钢筋	30.9t	3	5
	支模板	4 725.9m^2	3	18
	绑扎梁、板钢筋	50.49t	3	9
	浇筑混凝土	597.9m^3	3	34

图 3-10 流水施工进度指示图表

思考与练习题

1. 什么是流水施工？用流水施工方式组织施工有什么优点？
2. 流水施工的技术经济效果体现在哪些方面？
3. 划分施工段的基本原则是什么？
4. 分解施工过程的依据是什么？
5. 分解施工过程的粗细程度是根据什么要求决定的？
6. 流水段数与施工过程数之间存在什么样的关系？
7. 为什么说在有技术间歇要求的情况下流水段的数目应大于施工过程数？
8. 什么是流水节拍？确定流水节拍应考虑哪些因素？
9. 什么是流水步距？确定流水步距应考虑哪些因素？
10. 全等节拍流水具有什么特征？如何组织全等节拍流水施工？
11. 成倍节拍流水具有什么特征？如何组织成倍节拍流水施工？
12. 试组织某工程的流水施工。已知各施工过程的最小流水节拍为：

（1）$t_1=t_2=t_3=4$ 天。

（2）$t_1=1$ 天，$t_2=2$ 天，$t_3=1$ 天。且已知第三施工过程需待第二施工过程完成两天后才能开始进行。

（3）$t_1=2$ 天，$t_2=1$ 天，$t_3=3$ 天。共两个施工层。

分别根据上述情况组织施工。

13. 根据表 3-4 所给的流水节拍，计算出相应的流水步距和总工期，并绘制出流水施工进度指示图表。

表 3-4　流水节拍　（单位：天）

施工过程	流水段				
	Ⅰ	Ⅱ	Ⅲ	Ⅳ	Ⅴ
A	5	4	6	2	6
B	3	2	3	4	5
C	4	4	5	4	3
D	2	2	7	2	4

14. 某项目经理部拟承建一项工程，该工程有Ⅰ、Ⅱ、Ⅲ、Ⅳ、Ⅴ五个施工过程。施工时在平面上划分成四个施工段，每个施工过程在各个施工段上的工程量、定额与队组人数如表 3-5 所示。规定施工过程Ⅱ完成后，其相应施工段至少要养护 2 天，施工过程Ⅳ完成后，其相应施工段要留有 1 天的准备时间。为了早日完工，允许施工过程Ⅰ与Ⅱ之间搭接施工 1 天，试编制流水施工方案。

表 3-5　某工程资料表

施工过程	劳动定额	各施工段的工程量					专业工作队人数/人
		单位	第一段	第二段	第三段	第四段	
Ⅰ	$8m^2$/工日	m^2	238	160	164	315	10
Ⅱ	$1.5m^3$/工日	m^3	23	68	118	66	15
Ⅲ	0.4t/工日	t	6.5	3.3	9.5	16.1	8
Ⅳ	$1.3m^3$/工日	m^3	51	27	40	38	10
Ⅴ	$5m^3$/工日	m^3	148	203	97	53	10

15. 根据下列条件，确定各施工过程的流水节拍。

（1）限定该流水工期 $T=42$ 天。

（2）各施工过程在各流水段上的有关数据如表3-6所示。

表3-6 某工程资料表

施工过程	劳动定额	各流水段的工程量						专业工作队组成限制	
		单位	Ⅰ	Ⅱ	Ⅲ	Ⅳ	Ⅴ	最低人数/人	最高人数/人
A	8 m^2/工日	m^2	325	330	330	334	320	6	20
B	1.5 m^2/工日	m^2	230	240	240	245	235	5	30
C	0.4t/工日	t	23	25	25	27	22	3	15
D	1.3 m^2/工日	m^2	106	110	110	120	114	5	20
E	5 m^2/工日	m^2	85	91	90	96	92	6	20

16. 根据表3-7中的数据资料，回答问题。

表3-7 某工程资料表

施工过程	总工程量		产量定额	班组人数		流水段数/段
	单位	数量		最低/人	最高/人	
A	m^2	600	5 m^2/工日	10	15	4
B	m^2	1000	5 m^2/工日	13	22	4
C	m^2	1500	5 m^2/工日	20	40	4

（1）根据最高和最低班组人数，分别计算每个施工过程的流水节拍。

（2）根据上述计算，分别绘出流水进度表及劳动力动态变化曲线。

（3）流水工期为多少天？

（4）若工期要求为22天，则各施工过程人数应为多少？流水节拍分别为多少天？给出其流水进度表和劳动力动态变化曲线。

17. 某展销大楼，其主体结构为现浇钢筋混凝土框架。框架全部由6m×6m的单元构成，并分为3个温度区段。其标准平面图如图3-11所示。试组织钢筋混凝土框架分部工程的流水施工。

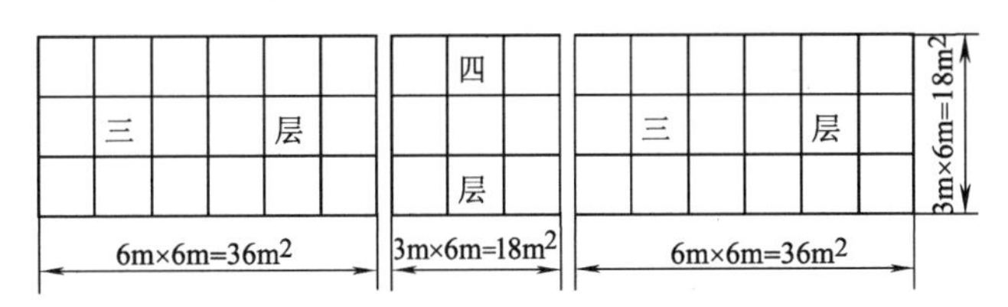

图3-11 标准平面图

（1）要求

① 划分施工段，并计算各工作在各施工段的劳动量。

② 确定各工作在各段的作业时间。

③ 画流水进度图。

（2）数据

① 工程量。每层楼一个单元（6m×6m）的平均工程量为：

绑扎柱钢筋 0.26t

支柱、梁、板模板 74.3m^2

绑扎梁、板钢筋 0.84t

浇筑混凝土 9.36m^3

② 时间定额：

绑扎柱钢筋　　2.38 工日/t

支柱、梁、板模板　　0.675 工日/m^2

绑扎梁、板钢筋　　3.36 工日/t

浇筑混凝土　　0.95 工日/m^3

③ 工期：不超过 45 个工作日。

④ 资源限制为：400L 搅拌机 2 台；木工不超过 25 人；其他不限。

⑤ 技术要求：为保证结构的整体性，一个施工段内的混凝土希望连续浇筑，尽量不留施工缝；混凝土浇筑完后停歇一天，强度达到 12MPa（12kg/cm^2），方允许在其上进行工作。

第4章 工程网络计划技术

本章导读

20世纪初，甘特（H. L. Gantt）创造了横道图法，也就是将各项生产或工作任务按其起讫时刻用一条粗线表示在有时间坐标的图表上。因为横道图能清楚地表明各项生产或施工任务的进展安排，对提高管理水平作用明显，并且易于编制、阅读和理解，所以很快得到了推广和应用。然而，随着科学技术的迅速发展，生产规模越来越大，生产技术和工艺日益复杂，横道图法的一些缺点也就暴露出来，主要是不能显示各工作之间的内在联系和逻辑关系，不能清晰地显示影响整个工程的生产或施工的关键因素，这就使得该方法在安排组织大型工程的生产或施工中难以发挥令人满意的作用，由此促使人们去探索更科学的组织管理方法。网络计划技术于是应运而生，它是20世纪50年代后期最早出现于美国的一种科学的计划管理方法，从20世纪60年代开始在我国得到推广和应用。目前网络计划方法已广泛地应用于各个领域。特别是工程建设部门，无论是在项目的招、投标，还是在项目的规划、实施与控制等各个阶段，都发挥着重要作用，逐渐成为项目管理的核心技术及重要组成部分。

4.1 网络计划技术概述

4.1.1 网络图与网络计划技术

网络图是由箭线和节点组成的，用来表示工作流程的有向、有序网状图形。网络图分为双代号网络图和单代号网络图两种形式，以箭线或其两端节点的编号表示工作的网络图称为双代号网络图；而以节点或该节点编号表示工作的网络图称为单代号网络图，如图4-1所示。

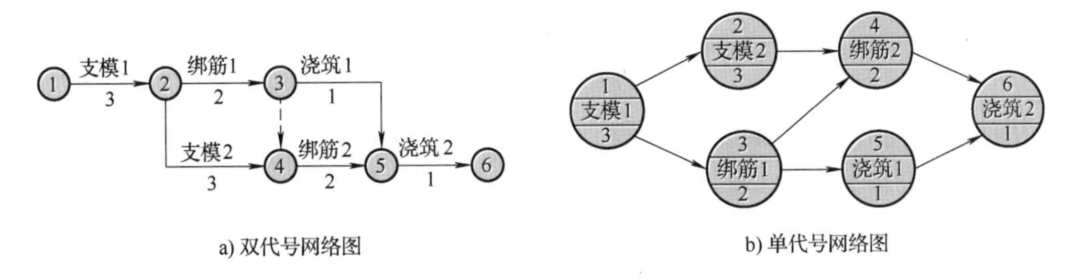

图4-1　网络图的形式

在网络图中加注工作的时间参数等而形成的进度计划就是网络计划。工程建设中常用的网络计划有：双代号网络计划、单代号网络计划、双代号时标网络计划和单代号搭接网络计划等。用网络计划对任务的工作进度进行安排和控制，以保证实现预定目标的计划管理技术称为网络计划技术。

4.1.2 网络计划技术的基本原理

网络计划技术的基本原理可以归纳为：

1）把一项工程的全部建造过程分解为若干项工作，并按其开展顺序和相互制约、相互依赖的关系，绘制出网络图。

2）经过时间参数计算，找出关键工作和关键线路。

3）按照一定目标，利用网络计划最优化原理，不断完善和改进，寻求最优网络计划方案。

4）在计划执行过程中，进行有效的控制和调整，力求以较小的消耗获得最佳的经济效益。

4.1.3 网络计划技术的特点

网络计划技术的优点：

1）网络计划技术把工程项目中的各有关工作组成了一个有机的整体，能全面而明确地反映各项工作之间的相互制约和相互依赖关系。

2）可以进行各种时间参数的计算，能在工作繁多、错综复杂的计划中找出影响工期的关键工作和关键线路，便于管理人员抓住主要矛盾，集中精力确保工期，避免盲目抢工。

3）通过对各项工作机动时间的计算，可以更好地运用和调配人员与设备，节约人力和物力，达到降低成本的目的。

4）在计划执行过程中，当某一项工作因故提前或拖后时，能从网络计划中预见到它对其后续工作及总工期的影响程度，便于采取措施。

5）计划的编制、计算、优化和调整都可以利用计算机来完成。

网络计划的缺点是流水作业表达不够清晰，且对一般的网络计划，不能利用叠加法计算各种资源的需要量。

总之，网络计划技术可以为施工管理提供多种信息，有助于管理人员合理地组织生产，知道管理的重点应放在何处，怎样缩短工期，在哪里有潜力，如何降低成本等，从而有利于加强工程管理。可见，它既是一种有效的计划表达方法，又是一种科学的工程管理方法。

4.2 双代号网络计划

双代号网络计划在我国应用较为普遍，它易于绘制成带有时间坐标的网络计划，便于优化和使用。但其逻辑关系表达较复杂，常需使用较多的虚工作。

4.2.1 双代号网络图的构成

双代号网络图主要由工作、节点、线路三个基本要素构成。

1. 工作（Activity）

工作也称工序、活动，是指计划任务按需要粗细程度划分而成的一个耗用时间也耗用资源的子项目或子任务。在双代号网络图中，工作用一条箭线或其两端的节点表示。如图 4-2

所示，i 为箭尾节点，表示工作的开始；j 为箭头节点，表示工作的结束。工作名称写在箭线的上方，工作持续时间写在箭线的下方，如图 4-2a 所示；若箭线垂直画时，工作名称写在箭线的左侧，工作持续时间写在箭线的右侧，如图 4-2b 所示。

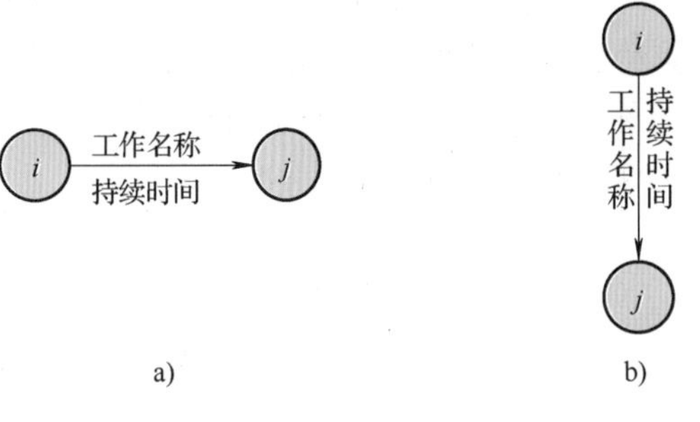

图 4-2　双代号网络图中的工作表达

工作所包括的工作范围可大可小，工作内容可多可少，视情况而定，可以是一道工序、一个分项工程、一个分部工程或一个单位工程。

工作按是否需要消耗时间或资源通常可分为：需要消耗时间和资源的工作（如浇筑基础混凝土）；只消耗时间而不消耗资源的工作（如混凝土的养护）；既不消耗资源也不消耗时间的工作。前两种工作是实际存在的，称为实工作，用实箭线表示；后一种是为了表达逻辑关系的需要而人为虚设的工作，称为虚工作，用虚箭线表示，如图 4-3 所示。虚工作可起到联系、区分和断路的作用，是正确表达逻辑关系的必要手段。

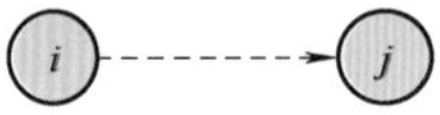

图 4-3　虚工作

在无时标的网络图中，箭线的长度并不反映该工作占用时间的长短，箭线优先选用水平走向。

按照网络图中工作之间的相互关系，可将工作分为紧前工作、紧后工作、平行工作、起始工作、结束工作、先行工作和后续工作，各种工作关系的定义如图 4-4 所示。

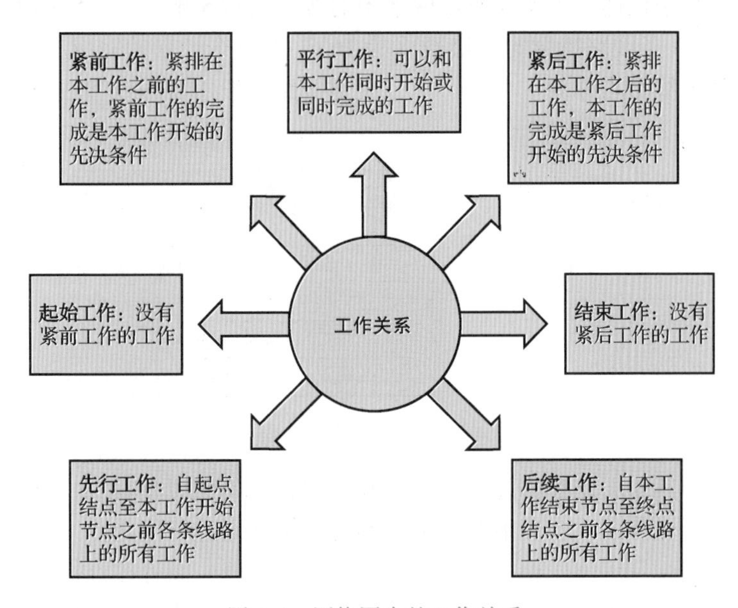

图 4-4　网络图中的工作关系

2. 节点（Node）

在网络图中箭线的端部的圆圈或其他形状的封闭图形，用以标志其前面一项或若干项工作的结束和后面一项或若干项工作的开始（也称为事件）。

在双代号网络图中，节点不同于工作，它只标志工作的结束和开始时刻，具有承上启下的衔接作用，不需要消耗时间或资源。

箭线出发的节点称为开始节点，箭线进入的节点称为完成节点。表示整个计划开始的节点称为网络计划的起点节点，表示整个计划最终完成的节点称为网络计划的终点节点，其余的称为中间节点。所有的中间节点都具有双重的含义，既是前项工作的完成节点，又是后项工作的开始节点，如图 4-5 所示。

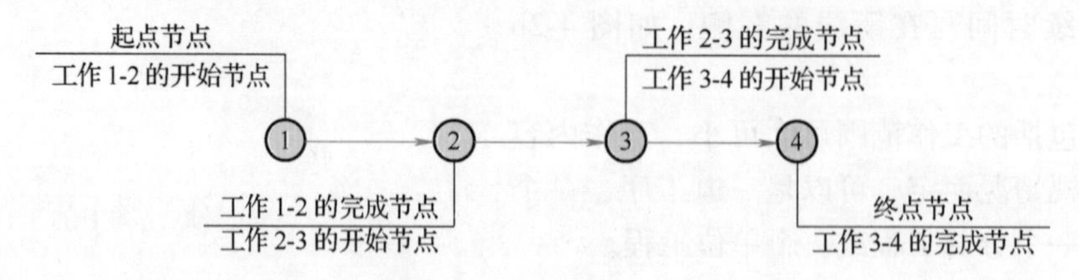

图 4-5　节点关系示意图

节点编号的基本规则：网络图的每个节点都应编号；编号使用数字，但不使用数字 0；节点编号应自左向右、由小到大；节点编号可不连续，但不应重复；箭尾节点的编号要小于箭头节点的编号。

3. 线路（Path）

网络图中从起点节点开始，沿箭线方向连续通过一系列箭线与节点，最后到达终点节点的通路，称为线路。线路上的全部工作持续时间的总和就是该线路的持续时间，它表示完成该线路上的所有工作需花费的时间。线路可依次用该通路上的节点编号来记述，也可依次用该通路上的工作名称来记述。图 4-6 所示网络图的线路共有 5 条，各条线路的路径和线路长见表 4-1，其中，第 3 条线路持续时间最长（为 16），对整个计划的完成起着决定性的作用，称为关键线路，其余线路均称为非关键线路，关键线路一般用特殊线型或色彩标识。

图 4-6　双代号网络图

表 4-1　网络计划线路和线路长

序　号	线　路	线　路　长
1	①→②→④→⑥	8
2	①→②→④→⑤→⑥	6
3	①→③→④→⑥	16
4	①→③→④→⑤→⑥	14
5	①→③→⑤→⑥	13

位于关键线路上的工作称为关键工作，关键工作完成的快慢直接影响整个计划工期的实现。除关键工作外的其他工作都称为非关键工作，它们都有机动时间（即时差），利用非关键工作的机动时间可以科学、合理地调配资源和对网络计划进行优化。

应当注意的是，一个网络图中的关键线路可能不止一条；而且在计划实施过程中，关键线路也不是一成不变的，在一定的条件下，关键线路和非关键线路可以相互转化。例如，当采用了一定的技术组织措施，缩短了关键线路上工作的持续时间就有可能使关键线路发生转移，使原来的关键线路变成非关键线路，而原来的非关键线路却变成了关键线路。

4.2.2　双代号网络图的绘制

1. 逻辑关系分析及表示方法

逻辑关系是指工作之间的相互制约或相互依赖的关系。逻辑关系分为工艺关系和组织关系。

(1) 工艺关系　生产性工作之间由施工工艺决定的、非生产性工作之间由工作程序决定的先后顺序关系称为工艺关系。如图4-1中，支模1→绑筋1→浇筑1为工艺关系。工艺关系是受客观规律支配的，一般不可改变。当一个工程的施工方法确定之后，工艺关系也就随之被确定下来。

(2) 组织关系　工作之间由组织安排需要或资源（劳动力、材料、机械设备和资金等）调配需要而规定的先后顺序关系称为组织关系。如图4-1中，支模1→支模2，绑筋1→绑筋2均为组织关系。组织关系一般不是固定的，会随现场情况或资源状况的不同而改变。

各工作间逻辑关系表示得是否正确，是网络图能否反映工程实际情况的关键，一旦逻辑关系搞错，图中各项工作参数的计算及关键线路和工程工期都将随之发生错误。常见逻辑关系的表示方法见表4-2。

表4-2　网络图中逻辑关系表示方法

序号	工作关系描述	双代号表示方法	逻辑关系	
			工作名称	紧前工作
1	A完成后进行B，B完成后进行C	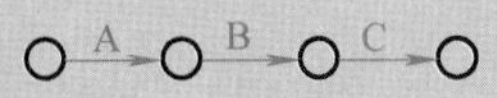	B C	A B
2	A完成后同时进行B和C	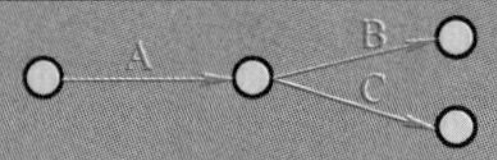	B C	A A
3	A、B都完成后进行C	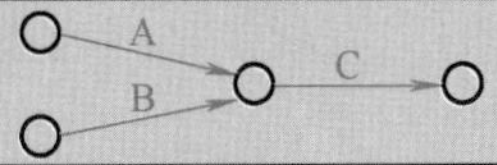	C	A，B
4	A完成后进行B、C，B和C完成后进行D	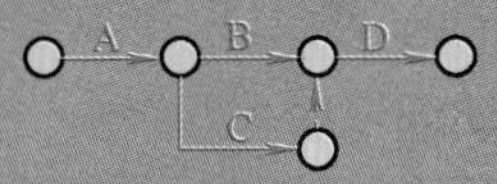	B C D	A A B，C
5	A、B都完成后进行C、D	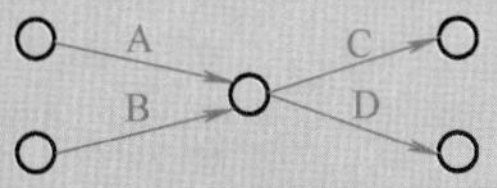	C D	A，B A，B
6	A完成后进行C，A和B都完成后进行D	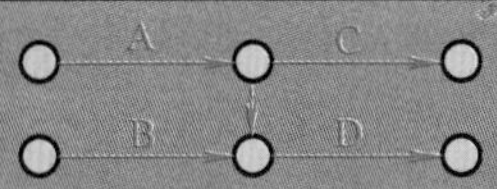	C D	A A，B
7	A、B都完成后进行D，B、C都完成后进行E	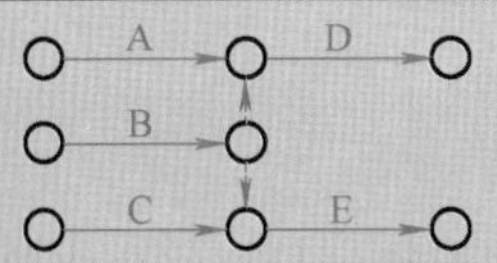	D E	A，B B，C
8	A完成后进行C、D，B完成后进行D、E	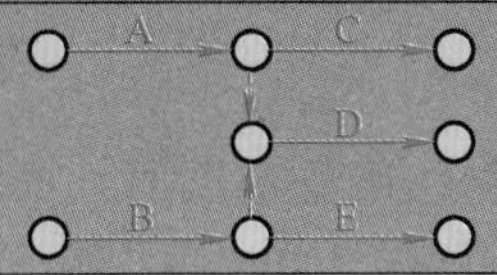	C D E	A A，B B
9	A、B两项工作分成三个施工段组织流水施工：A_1完成后进行A_2、B_1，A_2完成后进行A_3、B_2，A_2、B_1完成后进行B_2，A_3、B_2完成后进行B_3	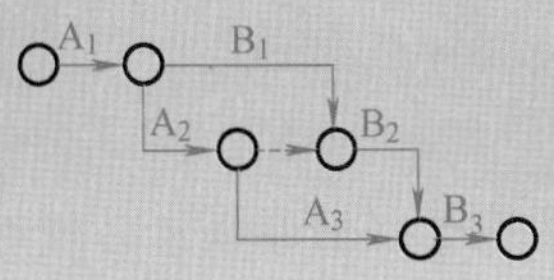	A_2 A_3 B_1 B_2 B_3	A_1 A_2 A_1 A_2，B_1 A_3，B_2

2. 双代号网络图中虚工作的应用

虚箭线不是一项正式的工作，而是在绘制网络图时根据逻辑关系的需要而增设的。其作用主要是帮助正确表达各工作间的关系，避免逻辑错误。虚箭线的用途主要有以下几种：

（1）虚箭线在工作区分中的应用　在双代号网络图中，工作是由箭线或其两端的节点来表示的，两个节点之间只能定义一项工作。如果两项或两项以上的工作同时开始和同时完成时，必须引入虚箭线，以免造成混乱。如图 4-7a 中，A、B 两项工作的箭线共用①、③两个节点，1-3 代号既表示 A 工作又可表示 B 工作，代号不清，就会在工作中造成混乱；而在图 4-7b 中，引进了虚箭线，即图中的 2-3，这样 1-2 表示 A 工作，1-3 表示 B 工作，消除了两项工作共用一对节点的错误现象。

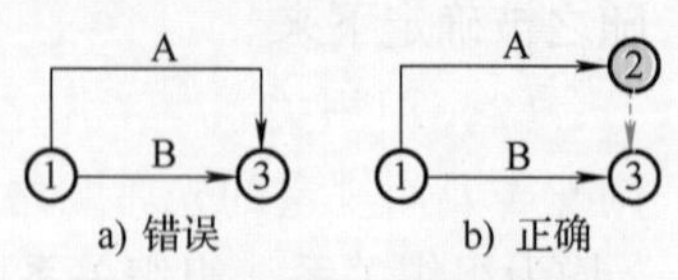

图 4-7　虚箭线的区分作用

（2）虚箭线在逻辑“断路”方面的应用　绘制双代号网络图时，最容易产生的错误是把本来没有逻辑关系的工作联系起来了，使网络图发生逻辑上的错误。这时就必须采用虚工作在图上加以处理，以隔断不应有的工作联系。用虚箭线隔断网络图中无逻辑关系的各项工作的方法就是断路法。一般来说，产生逻辑关系错误的地方总是在同时有多条内向和外向箭线的节点处，画图时应特别注意。

例如，某工程由支模板、绑钢筋、浇混凝土三项工作组成，分为三段施工，如绘制成图 4-8a 的形式，就出现了表达错误。因为第 3 段的支模板与第 1 段的绑钢筋之间没有逻辑关系，同样第 3 段的绑钢筋和第 1 段的浇混凝土之间也不存在逻辑上的关系；而图 4-8a 中却都存在关系。

为避免上述情况，必须运用断路法，增加虚箭线来加以分隔，使支模板 3 的紧前工作只有支模板 2，而与绑钢筋 1 断路；使绑钢筋 3 的紧前工作只有支模板 3 和绑钢筋 2，而与浇混凝土 1 断路。正确的网络图如图 4-8b 所示。

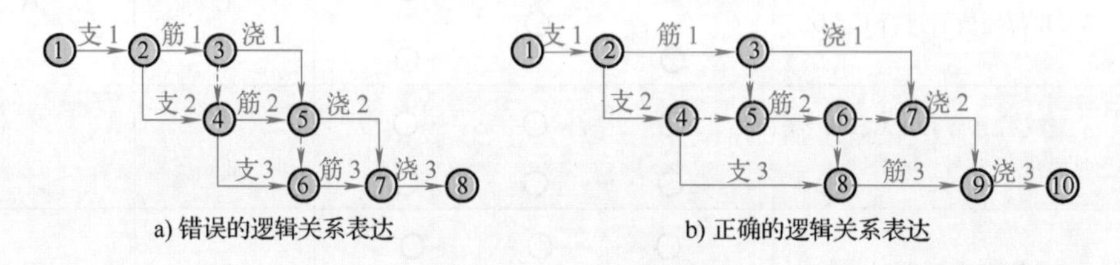

图 4-8　断路法示意图

（3）虚箭线的联系作用　不同工程项目之间，当施工过程中的某些工作之间有联系时，也可用虚箭线来表示它们的相互关系。如图 4-9 所示，甲工程的工作 B 需待工作 A 和乙工程的工作 E 完成后才能开始；乙工程的工作 G 需待工作 F 和甲工程的工作 B 完成后才能开始。这种联系往往是由于劳动力或机械设备在不同项目中转移而发生的，在建筑群施工中，这种现象经常出现。

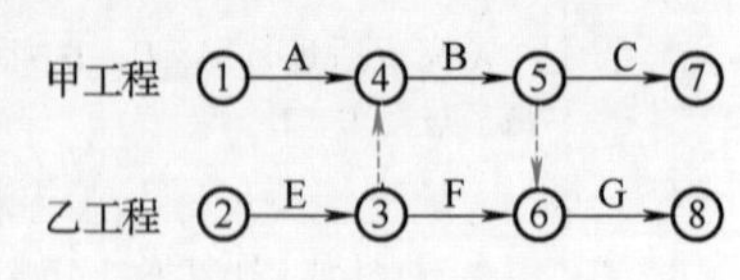

图 4-9　虚箭线的联系作用

3. 网络图绘制的基本规则

绘制双代号网络图时一般必须遵循以下原则：

1）应按工作的逻辑关系画图，使其简便、易读和易于处理。网络图的主方向是从起点节点到终点节点的方向，在绘制网络图时应优先选择由左到右的水平走向。箭线方向优先选择与主方向相应的走向，或者选择与主方向垂直的走向。根据工作的逻辑关系逐步把代表各项工作的箭线连接起来，绘制成网络图。

2）网络图应含有能够表明基本信息的明确标识，包括文字、字母、数字的标注和重要特征的标识（标识含义可另外附表详尽说明），双代号网络图标识示例如图4-10所示。代表工作或事件的字母代号或数字编号，在同一任务网络图中不允许重复出现。

图4-10　双代号网络图标识示例

3）网络图一般只允许有一个起点节点和一个终点节点（表示任务分期完成的网络计划除外）。除起点节点和终点节点外，其他所有节点的前后都应有箭线。如图4-11a所示的网络图中有两个起点节点①、②，两个终点节点⑦、⑧。正确画法应如图4-11b所示，即将节点①、②合并为一个节点，将节点⑦、⑧合并为一个节点。

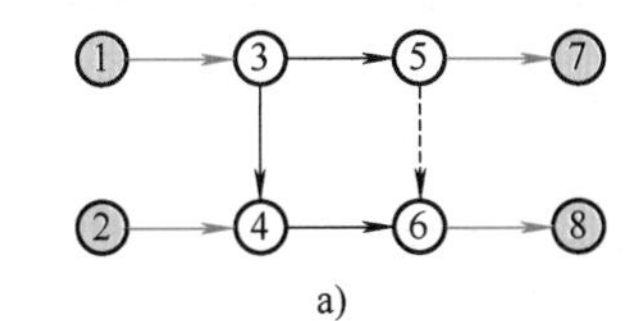

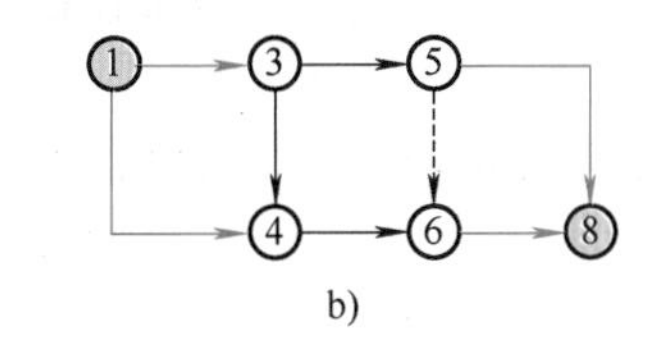

图4-11　起点节点和终点节点

4）在网络图中不允许出现循环回路。在网络图中，如果从一个节点出发顺着某一条线路又能回到原出发节点，这种线路就称为循环回路。如图4-12中的②→③→④→②，就是循环回路。它表示的网络图在逻辑关系上是错误的，在工艺顺序上是相互矛盾的。

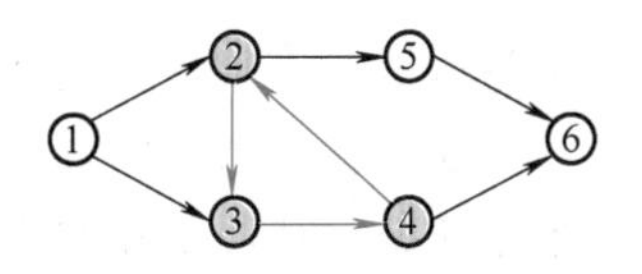

图4-12　循环回路示意图

5）绘制网络图时，应尽量避免箭线交叉。当箭线交叉不可避免时，不能直接相交画出，可选用过桥画法或指向画法，如图4-13所示。

6）当网络图的某些节点有多条内向箭线或多条外向箭线时，为使图形简洁，在不违背“一对节点编号只表示一个工作”的前提下，可采用母线法绘图。如图4-14所示，母线与水平方向可垂直或成锐角；子线宜首选水平方向；子线与母线相交处应为弧形。

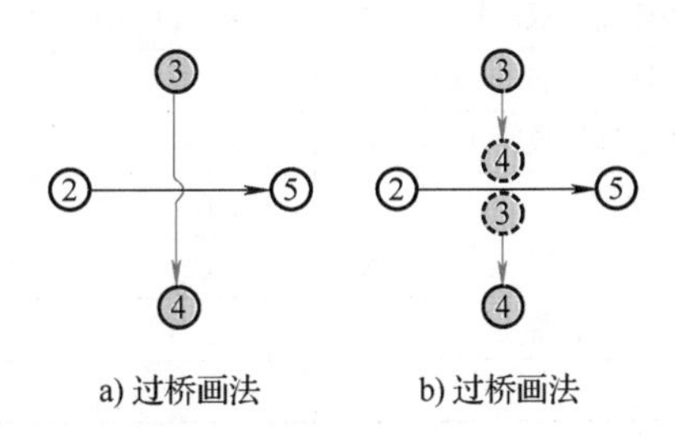

图4-13　箭线交叉画法示例

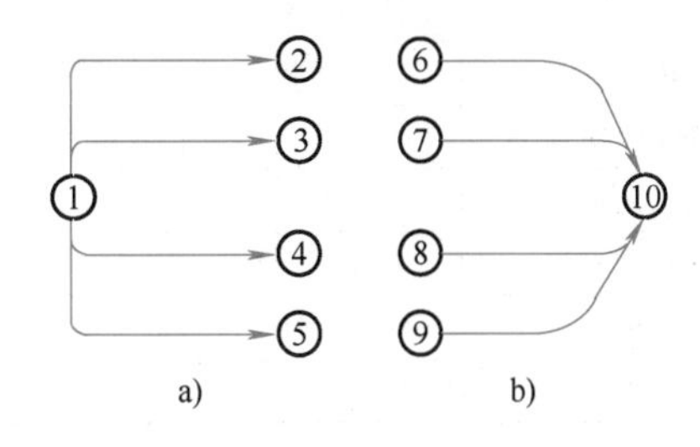

图4-14　母线法示例

7）不允许出现无开始节点或无完成节点的箭线。如图4-15a所示，做垫层是无开始节点的工作，其本意是基础开挖到一定程度后开始做垫层。但图中无法反映出做垫层的准确开始时间，也无法用代号表示做垫层工作，这在网络图中是不允许的。正确的画法是将基础开挖划分为两个施工段，引入一个节点，使做垫层工作有开始节点，如图4-15b所示。在网络图中若存在无完成节点的工作时，也可照此处理。

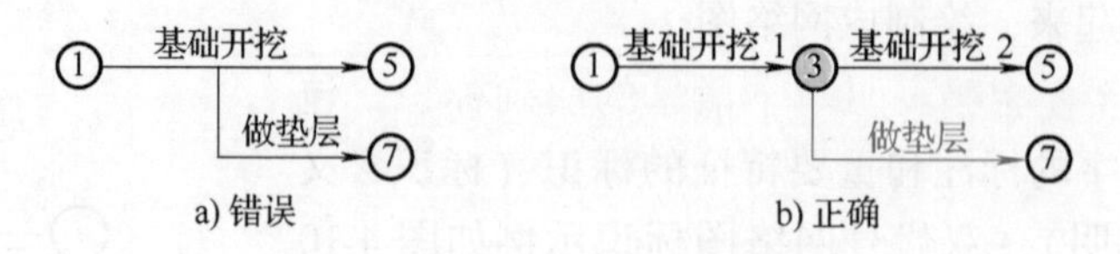

图4-15 无开始节点工作示意图

4. 网络图绘制的基本步骤

当已知每一项工作的紧前工作时，可按下述步骤绘制双代号网络图。

1）绘制没有紧前工作的工作箭线，使它们具有相同的开始节点，以保证网络图只有一个起点节点。

2）依次绘制其他工作箭线。这些工作箭线的绘制条件是其所有紧前工作箭线都已经绘制出来。

3）当各项工作箭线都绘制出来之后，应合并那些没有紧后工作的工作箭线的箭头节点，以保证网络图只有一个终点节点（多目标网络计划除外）。

4）删掉多余的虚箭线。

5）当确认所绘制的网络图正确后，即可按前述原则和方法进行节点编号。

【例4-1】 某现浇多层框架一个结构层的钢筋混凝土工程，由柱梁、楼板、抗震墙组合成整体框架，附设有电梯、楼梯，均为现浇钢筋混凝土结构。施工顺序大致如下：

柱和抗震墙先绑扎钢筋，后支模，电梯井先支内模；梁的模板必须待柱子模板都支好后才能开始，楼板支模可在电梯井支内模后开始；梁模板支好后再支楼板的模板；后浇捣柱子、抗震墙、电梯井壁及楼梯的混凝土，然后再开始梁和楼板的钢筋绑扎，同时在楼板上进行预埋暗管的铺设，最后浇捣梁和楼板的混凝土。其工作名称、衔接关系及工作持续时间见表4-3。

表4-3 工作明细表

工作名称	代号	紧前工作	持续时间/天	工作名称	代号	紧前工作	持续时间/天
柱扎钢筋	A	—	2	梁支模板	I	C	3
抗震墙扎钢筋	B	A	2	楼板支模板	J	H、I	2
柱支模板	C	A	3	楼梯扎钢筋	K	F、G	1
电梯井支内模	D	—	2	墙、柱浇混凝土	L	J、K	3
抗震墙支模板	E	B、C	2	铺设暗管	M	L	1.5
电梯井扎钢筋	F	B、D	2	梁板扎钢筋	N	L	2
楼梯支模板	G	D	2	梁板浇混凝土	P	M、N	2
电梯井支外模	H	E、F	2				

根据以上资料，按照网络图绘制的要求和方法，绘制出的网络图，如图4-16所示。其绘制步骤如下：

1）先画出没有紧前工作的工作A和D。

2）在工作A的后面画出紧前工作为A的各项工作，即工作B和C。在工作D的后面画出紧前工作为D的各工作，即工作G和F，但工作F有两道紧前工作B和D，工作E的紧前工作有B和C。对此必须引入虚工作表示。

3）在工作B的后面，画出紧前工作为B的各工作，即工作E和F，但是工作E的紧前工作有工作B和C，F的紧前工作有工作B和D。

4）在工作C的后面，画出紧前工作为C的工作I。

5）在工作E的后面，画出紧前工作为E的工作H，但工作H也有紧前工作F，在工作G和F的后面有工作K。

6）在工作I和H后面，有工作J。在工作K和J后有工作L。

7）在工作L之后有工作M和N。在工作M和N之后有工作P。

网络图绘制好后，将各工作相应的持续时间标注在箭线下方，然后按要求进行节点编号。

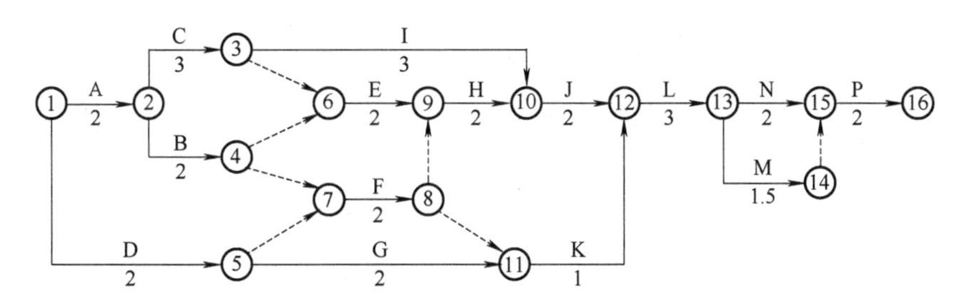

图4-16　某混凝土工程网络图（单位：天）

4.2.3　双代号网络计划时间参数的计算

网络图时间参数计算的目的在于，确定网络图上各项工作或各个节点的时间参数，为网络计划的优化、调整和执行提供明确的时间概念。对于较为简单的网络计划，可以采用手算，复杂的可采用一些商业软件进行计算，如Oracle P6和Project等。从计算形式来看，常用的形式主要有分析计算法、图上计算法、表上计算法等。计算时，可以直接计算出工作的时间参数，也可先计算出节点的时间参数，再推算出工作的时间参数。

1. 时间参数的概念及其符号

网络图时间参数计算的内容主要包括：各个节点的最早时间（ET_i）和最迟时间（LT_i）；各项工作的最早开始时间（ES_{i-j}）、最早完成时间（EF_{i-j}）、最迟开始时间（LS_{i-j}）和最迟完成时间（LF_{i-j}）；各项工作的总时差（TF_{i-j}）和自由时差（TF_{i-j}）等。

（1）工作持续时间 D_{i-j}（Duration）　工作持续时间是指对一项工作规定的从开始到完成的时间，用 D_{i-j} 表示。

（2）时限（Time Limitation）和工期 T　时限是指网络计划或其中的工作因外界因素影响而在时间安排上所受到的某种限制。工期指完成项目所需要的时间。在网络计划中，工期一般有以下三种：

1）计算工期 T_c（Calculated Project Duration）。计算工期是指根据网络计划时间参数计算而得到的工期，用 T_c 表示。

2）要求工期 T_s（Specified Project Duration）。要求工期是指任务委托人所要求的指令工期，用 T_s表示。

3）计划工期 T_p（Planned Project Duration）。计划工期是指综合要求工期与计算工期并考虑需要和可能而确定的作为实施目标的工期，用 T_p表示。其计算应符合下述规定：

① 当已规定了要求工期时，计划工期不应超过要求工期，即 $T_p \leqslant T_s$。

② 当未规定要求工期时，可令计划工期等于计算工期，即 $T_p = T_c$。

（3）网络计划节点时间参数

1）节点最早时间 ET_i（Earliest Event Time）。节点最早时间是指在双代号网络计划中，以该节点为开始节点的各项工作在其紧前工作全部完成的情况下最早可以开始的时刻，用 ET_i表示。

2）节点最迟时间 LT_i（Latest Event Time）。节点最迟时间是指在双代号网络计划中，以该节点为完成节点的各项工作在不影响计划工期的情况下最迟必须完成的时刻，用 LT_i表示。

（4）网络计划工作时间参数

1）最早开始时间 ES_{i-j}（Earliest Start Time）。最早开始时间是指一项工作在满足紧前工作和有关时限约束的条件下，本工作最早可以开始的时刻，用 ES_{i-j}表示。

2）最早完成时间 EF_{i-j}（Earliest Finish Time）。最早完成时间是指一项工作在满足紧前工作和有关时限约束的条件下，本工作最早可以完成的时刻，它等于工作的最早开始时间与其持续时间之和，用 EF_{i-j}表示。

3）最迟完成时间 LF_{i-j}（Latest Finish Time）。最迟完成时间是指一项工作在不影响计划工期和有关时限约束的条件下，本工作最迟必须完成的时刻，用 LF_{i-j}表示。

4）最迟开始时间 LS_{i-j}（Latest Start Time）。最迟开始时间是指一项工作在不影响计划工期和有关时限约束的条件下，本工作最迟必须开始的时刻，它等于本工作的最迟完成时间与其持续时间之差，用 LS_{i-j}表示。

5）总时差 TF_{i-j}（Total Float）。总时差是指在不影响计划工期和有关时限的前提下，一项工作可以利用的机动时间，即由于工作最迟完成时间与最早开始时间之差大于工作持续时间而产生的机动时间，用 TF_{i-j}表示。利用这段时间延长工作的持续时间或推迟其开工时间，不会影响计划工期。

6）自由时差 FF_{i-j}（Free Float）。自由时差是指在不影响其紧后工作最早开始和有关时限的前提下，一项工作可以利用的机动时间，用 FF_{i-j}表示。即工作可以在该时间范围内自由地延长或推迟作业时间，不会影响其紧后工作的开工。自由时差是总时差的一部分。

（5）关于计算时间的说明　网络计划时间参数计算中所说的开始时间和完成时间都是时刻的概念，并遵循时间单位终了时刻制，以时间单位为“天”举例，当说某项工作从第×天开始（完成）时，实际指的是第×天结束的时刻。如图 4-17 所示，整个计划的最早开始时间为 0，实际指的是第一天开始的时刻；砌墙工作的完成时间为 2（第 2 天结束的时刻），抹灰工作的开始时间同样为 2（实际上是第 3 天开始的时刻）。砌墙工作的完成时间与抹灰工作的开始时间实际对应的是同一时刻，表示砌墙工作完成的

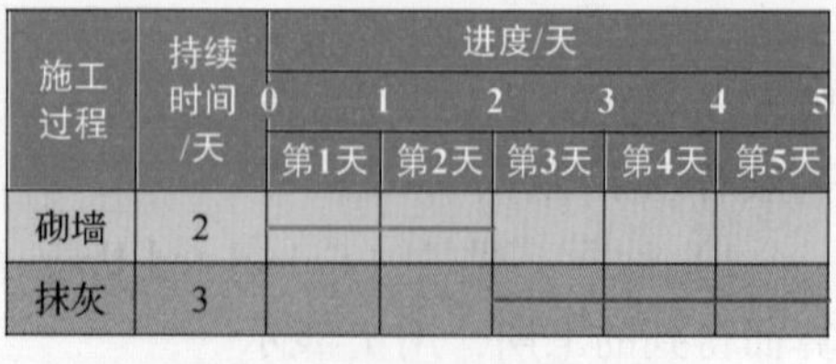

施工过程	持续时间/天	进度/天				
		0　1	2	3	4	5
		第1天	第2天	第3天	第4天	第5天
砌墙	2					
抹灰	3					

图 4-17　开始与完成时间示意图

同时抹灰工作可以开始。

2. 时间参数的工作计算法

所谓工作计算法，就是以网络计划中的工作为对象，直接计算各项工作的六项时间参数以及网络计划的计算工期。计算时，虚工作必须视同工作进行计算，其持续时间为零。各项工作时间参数的计算结果应标注在箭线之上，如图 4-18 所示。下面以图 4-18 所示双代号网络计划为例，说明时间参数的计算过程。

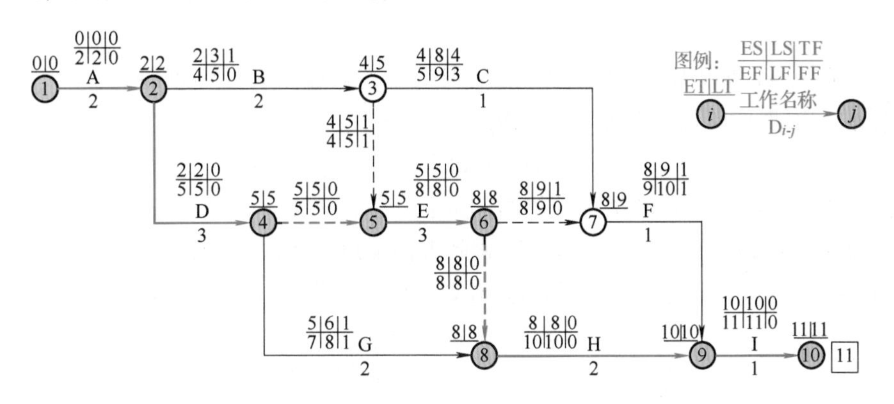

图 4-18 双代号网络图时间参数计算示例（单位：天）

（1）工作最早时间的计算　工作最早时间包括最早开始时间（ES）和最早完成时间（EF）。最早时间的计算，应从网络计划的起点节点开始，顺着箭线方向依次进行，是一个顺箭线方向的加法过程，即“顺线累加，逢多取大”。

1）以起点节点为开始节点的工作，当未规定最早开始时间时，最早开始时间等于零。如本例中，工作 1-2 的最早开始时间就为零，即：$ES_{1-2}=0$。

2）工作最早完成时间，根据其定义，可利用下式进行计算

$$EF_{i-j}=ES_{i-j}+D_{i-j} \tag{4-1}$$

式中　D_{i-j}——工作 $i-j$ 的作业持续时间。

如在本例中，工作 1-2 的最早完成时间为 $EF_{1-2}=ES_{1-2}+D_{1-2}=2$。

3）其他工作的最早开始时间应等于其紧前工作最早完成时间的最大值，计算公式为

$$ES_{i-j}=\max\{EF_{h-i}\} \tag{4-2}$$

式中　EF_{h-i}——工作 $i-j$ 紧前工作的最早完成时间。

本例中，工作 2-3 的最早开始时间为 $ES_{2-3}=EF_{1-2}=2$。

运用式（4-1）和式（4-2）依次计算其他各项工作的最早开始时间和最早完成时间，计算结果如图 4-18 所示。

（2）确定网络计划的工期　当全部工作的最早开始和完成时间计算完后，所有以终点节点为完成节点的工作的最早完成时间的最大值就是该网络计划的计算工期，即

$$T_c=\max\{EF_{i-n}\} \tag{4-3}$$

式中　EF_{i-n}——以终点节点（$j=n$）为箭头节点工作的最早完成时间。

按式（4-3）计算，图 4-18 所示网络计划的计算工期为 $T_c=\max\{EF_{i-n}\}=11$ 天。

有了计算工期，还须确定网络计划的计划工期 T_p。当未对计划提出工期要求时，可取 $T_p=T_c$。当有要求工期时，则需保证 $T_p \leq T_s$。本例中，因没有规定要求工期，故其计划工期

取其计算工期，即 $T_p = T_c = 11$ 天。此工期标注在终点节点⑩的右侧，并用方框框起来。

(3) 工作最迟时间的计算　工作最迟时间包括最迟完成时间（LF）和工作最迟开始时间（LS）。最迟时间的计算需依据计划工期或紧后工作的要求进行。因此，应从网络计划的终点节点开始，逆着箭线方向朝起点节点依次逐项计算，形成一个逆箭线方向的减法过程，即“逆线累减，逢多取小”。

1）以终点节点为结束节点的工作的最迟完成时间 $LF_{i\text{-}n}$，应按网络计划的计划工期 T_p 确定，即 $LF_{i-n} = T_p$。

如在本例中，工作 9-10 为网络计划的结束工作，最迟完成时间为 $LF_{9-10} = T_p = 11$ 天。

2）任意一项工作的最迟开始时间可按下式计算

$$LS_{i-j} = LF_{i-j} - D_{i-j} \tag{4-4}$$

如在本例中，工作 9-10 的最迟开始时间为：$LS_{9-10} = LF_{9-10} - D_{9-10} = 11 - 1 = 10$。

3）其他工作的最迟完成时间，等于其紧后工作最迟开始时间的最小值。就是说本工作的最迟完成时间不得影响任何紧后工作的最迟开始时间。工作 $i-j$ 的最迟完成时间应按下式计算

$$LF_{i-j} = \min\{LS_{j-k}\} \tag{4-5}$$

式中　LS_{j-k}——工作 $i-j$ 的各项紧后工作 $j-k$ 的最迟开始时间。

如在本例中，工作 8-9 的最迟完成时间为：$LF_{8-9} = LS_{9-10} = 10$ 天。

运用式（4-4）和式（4-5）依次计算其他各项工作的最迟完成时间和最迟开始时间，计算结果如图 4-18 所示。

(4) 工作总时差（TF）的计算　工作总时差等于工作最早开始时间到最迟完成时间这段极限活动范围，再扣除工作本身必需的持续时间所剩余的差值。也就是工作最迟完成时间与最早完成时间之差，或该工作最迟开始时间与最早开始时间之差，即

$$TF_{i-j} = LS_{i-j} - ES_{i-j} = LF_{i-j} - EF_{i-j} \tag{4-6}$$

如在本例中，工作 3-7 的总时差为：$TF_{3-7} = LS_{3-7} - ES_{3-7} = (8-4)$ 天 $= 4$ 天。

运用式（4-6）分别计算其他各项工作的总时差，计算结果如图 4-18 所示。

(5) 工作自由时差（FF）的计算　用紧后工作的最早开始时间减本工作的最早完成时间即是本工作的自由时差，当工作 $i\text{-}j$ 有紧后工作 j-k 时，其自由时差可按下式计算

$$FF_{i-j} = ES_{j-k} - EF_{i-j} \tag{4-7}$$

如在本例中，工作 3-7 的自由时差为：$FF_{3-7} = ES_{7-9} - EF_{3-7} = (8-5)$ 天 $= 3$ 天。

网络计划的结束工作，应将计划工期看作紧后工作的最早开始时间进行计算。工作 9-10 的自由时差为：$FF_{9-10} = T_p - EF_{9-10} = (11-11)$ 天 $= 0$ 天。

运用式（4-7）分别计算其他各项工作的自由时差，计算结果如图 4-18 所示。

(6) 关键工作和关键线路的确定　在网络计划中，总时差最小的工作就是关键工作。当网络计划的计划工期等于计算工期时，总时差为零的工作就是关键工作。例如，在本例中，工作 1-2、2-4、4-5、5-6、6-8、8-9、9-10 的总时差都是零，它们都是关键工作。

找出关键工作后，将这些关键工作首尾相连，便至少构成一条从起点节点到终点节点的通路，这条通路就是关键线路。如本例的关键线路是 ①→②→④→⑤→⑥→⑧→⑨→⑩。

关键线路上各项工作的持续时间之和应等于网络计划的计算工期。在关键线路上可能有虚工作存在。关键线路一般应用特殊线型或色彩标识。

3. 时间参数的节点计算法

节点计算法就是先计算网络计划中各个节点的最早时间和最迟时间，然后据此计算各项工作的时间参数和计算工期。仍以图4-18为例来说明节点计算法计算时间参数的过程。

(1) 节点最早时间(ET_i)的计算　节点最早时间的计算应从网络计划的起点节点开始，顺着箭线方向依次进行。计算方法如下：

1) 网络计划的起点节点，如未规定最早时间，其值等于零。在本例中，起点节点①的最早时间为零，即 $ET_1=0$。

2) 其他节点的最早时间等于紧前工作开始节点的最早时间加上本工作的持续时间后取其中的最大值，即“顺线相加，逢多取大”。计算公式为

$$ET_j=\max\{ET_i+D_{i-j}\}\quad (i<j) \tag{4-8}$$

式中　ET_j——工作 i-j 完成节点 j 的最早时间；

ET_i——工作 i-j 开始节点 i 的最早时间。

如在本例中，节点②的最早时间为：$ET_2=\max\{ET_1+D_{1-2}\}=\max\{0+2\}$天$=2$天。

本例所示网络计划各节点最早时间的计算结果如图4-18所示。

3) 网络计划的计算工期等于网络计划终点节点的最早时间，即 $T_c=ET_n$。如在本例中，其计算工期为 $T_c=ET_{10}=11$天。

(2) 节点最迟时间(LT_i)的计算　节点最迟时间的计算应从网络计划的终点节点开始，逆着箭线方向依次进行，计算方法为：

1) 网络计划终点节点的最迟时间等于网络计划的计划工期，即 $LT_n=T_p$。例如，在本例中，终点节点⑩的最迟时间为 $LT_n=T_p=11$天。

2) 其他节点的最迟时间等于紧后节点的最迟时间减去本工作的持续时间后取其中的最小值，即“逆线相减，逢多取小”。计算公式为

$$LT_i=\min\{LT_j-D_{i-j}\} \tag{4-9}$$

式中　LT_i——工作 i-j 开始节点 i 的最迟时间；

LT_j——工作 i-j 完成节点 j 的最迟时间。

如在本例中，节点⑨的最迟时间为：$LT_9=LT_{10}-D_{9-10}=(11-1)$天$=10$天。

本例所示网络计划各节点最迟时间的计算结果如图4-18所示。

(3) 根据节点的最早时间和最迟时间判定工作时间参数

1) 工作的最早开始时间等于该工作开始节点的最早时间，即

$$ES_{i-j}=ET_i \tag{4-10}$$

2) 工作的最早完成时间等于该工作开始节点的最早时间与其持续时间之和，即

$$EF_{i-j}=ET_i+D_{i-j} \tag{4-11}$$

3) 工作的最迟完成时间等于该工作完成节点的最迟时间，即

$$LF_{i-j}=LT_j \tag{4-12}$$

4) 工作的最迟开始时间等于该工作完成节点的最迟时间与其持续时间之差，即

$$LS_{i-j}=LT_j-D_{i-j} \tag{4-13}$$

5) 工作的总时差可根据式(4-11)和式(4-12)得到

$$TF_{i-j}=LF_{i-j}-EF_{i-j}=LT_j-ET_i-D_{i-j} \tag{4-14}$$

6) 工作的自由时差可根据式(4-10)和式(4-11)得到

$$FF_{i-j} = \min ES_{j-k} - EF_{i-j} = \min ET_j - ET_i - D_{i-j} \tag{4-15}$$

4. 标号法

标号法是一种快速寻求网络计划计算工期和关键线路的方法。它利用节点计算法的基本原理，对网络计划中的每一个节点进行标号，然后利用标号值确定网络计划的计算工期和关键线路。下面以图 4-19 所示网络计划为例，说明标号法的计算步骤。

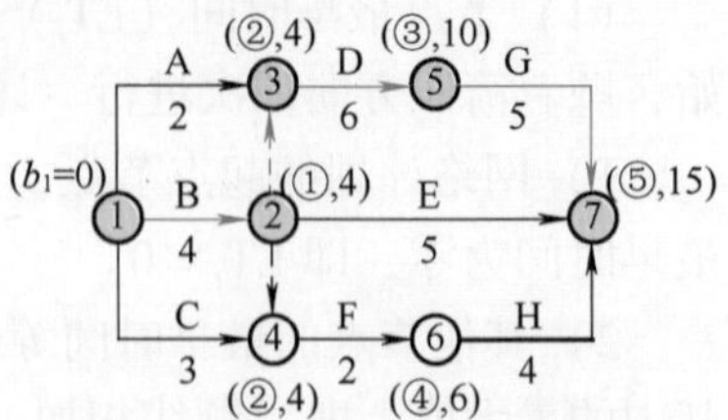

图 4-19　标号法确定关键线路示例

1）网络计划起点节点的标号值为零。本例中，节点①的标号值 $b_1 = 0$。

2）顺箭线方向逐个计算节点的标号值。每个节点的标号值等于以该节点为完成节点的各工作的开始节点标号值与相应工作持续时间之和的最大值，即

$$b_j = \max\{b_i + D_{i-j}\} \tag{4-16}$$

如在本例中，各节点的标号值为

$$b_2 = b_1 + D_{1-2} = 0 + 4 = 4; \quad b_3 = \max\{b_1 + D_{1-3}, b_2 + D_{2-3}\} = \max\{0+2, 4+0\} = 4$$

同理可得其他各节点的标号值，将求得的标号值的来源节点及得出的标号值标注在节点旁边，如图 4-19 所示。

3）节点标号完成后，终点节点的标号值就是计算工期。本例中，$T_p = 15$。

4）从网络计划的终点节点开始，逆着箭线方向按源节点即可寻求出关键线路。本例中，从终点节点⑦开始，逆箭线方向按源节点即可找出关键线路为①→②→③→⑤→⑦。

4.3　单代号网络计划

单代号网络计划的逻辑关系容易表达，且不用虚箭线，便于检查和调整，易于编制搭接网络计划。但不易绘制成时标网络计划，其使用效果不直观。

4.3.1　单代号网络图的绘制

1. 单代号网络图的构成与基本符号

（1）节点　节点是单代号网络图的主要符号，用圆圈或方框表示。一个节点代表一项工作，因而消耗时间和资源。节点的一般表达形式如图 4-20 所示。

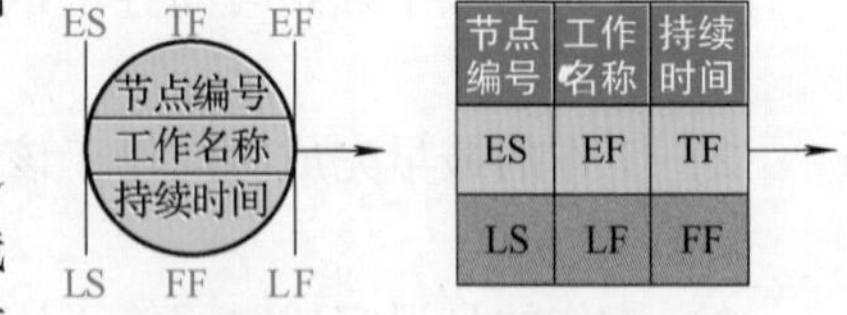

图 4-20　单代号网络图标识示例

（2）箭线　箭线在单代号网络图中，仅表示工作之间的逻辑关系。其既不占用时间，也不消耗资源。箭线的箭头表示工作的前进方向，箭尾节点表示的工作是箭头节点的紧前工作。

（3）编号　每个节点都必须编号，作为该节点工作的代号，一项工作只能有唯一的一个节点和唯一的一个代号，严禁出现重号。编号要由小到大，即箭头节点的编号要大于箭尾节点的编号。

2. 单代号网络图工作间逻辑关系的表达

单代号网络图的绘制比双代号网络图容易，也不易出错，关键是要处理好箭线交叉，使

图形规则，便于读图。单代号网络图的逻辑关系表达见表 4-4。

表 4-4　单代号网络图的逻辑关系表达

序号	逻辑关系描述	单代号表示方法	序号	逻辑关系描述	单代号表示方法
1	A 完成后进行 B，B 完成后进行 C	A → B → C	4	A、B 都完成后进行 C	A → C；B → C
2	A 完成后同时进行 B 和 C	A → C；A → B	5	A、B 都完成后进行 C、D	A → C；A → D；B → C；B → D
3	A 完成后进行 C，A 和 B 都完成后进行 D	A → C；A → D；B → D	6	A 完成后进行 B、C，B 和 C 完成后进行 D	A → B → D；A → C → D

3. 单代号网络图的绘制规则

单代号网络图的绘图规则与双代号网络图的绘图规则基本相同，主要区别如下：

（1）虚拟的起点节点和终点节点　当网络图中有多项开始工作时，应增加一项虚拟的开始工作，作为该网络图的起点节点；当网络图中有多项结束工作时，应增设一项虚拟的结束工作，作为该网络图的终点节点，如图 4-21 所示。其中 St 和 Fin 为虚拟工作，分别表示整个计划的开始和结束。

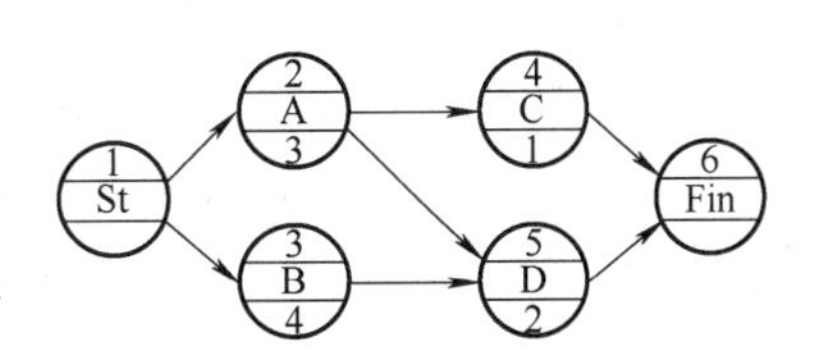

图 4-21　单代号网络图示例

（2）无虚工作　紧前工作和紧后工作直接用箭线连接，其逻辑关系中无虚工作。

4.3.2　单代号网络计划时间参数的计算

单代号网络计划时间参数的概念与双代号网络计划的相同。以图 4-22 所示的网络图为例，其时间参数的计算过程如下：

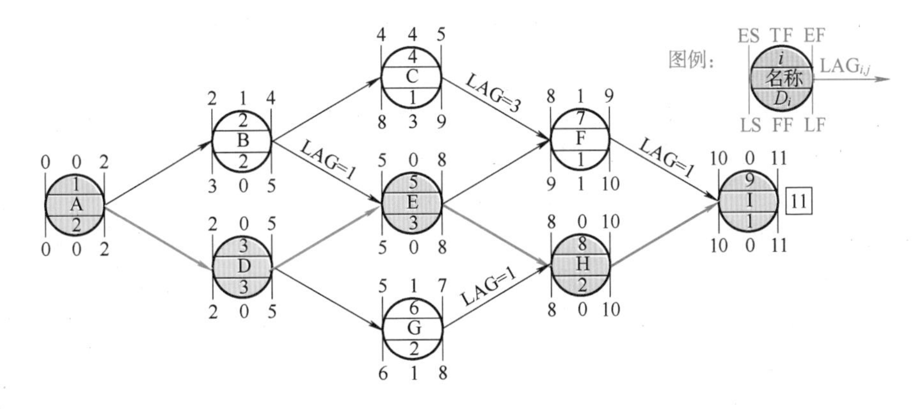

图 4-22　单代号网络计划时间参数计算示例

1. 工作最早时间的计算

从起点节点开始，顺着箭线方向依次进行，“顺线累加，逢多取大”。

1）起点节点 i 的最早开始时间（ES）如无规定时，其取值应等于零。即 $ES_1=0$。

2）工作的最早完成时间（EF）等于其最早开始时间与本工作持续时间之和，即

$$EF_i = ES_i + D_i \tag{4-17}$$

3）其他工作的最早开始时间等于其紧前工作最早完成时间的最大值，即

$$ES_j = \max\{EF_i\} \tag{4-18}$$

根据上述各式可计算出图 4-22 所示计划各工作的最早开始时间和最早完成时间，计算结果如图 4-22 所示。

2. 网络计划工期的确定

终点节点的最早完成时间即为网络计划的计算工期。如无“要求工期”，则取计划工期等于计算工期。本例中，$T_p=T_c=11$ 天，将计划工期标注在终点节点旁的方框内。

3. 相邻两项工作之间时间间隔的计算

时间间隔是指相邻两项工作之间可能存在的最大间歇时间。工作 i 和工作 j 之间的时间间隔记为 $LAG_{i,j}$。其值为后项工作的最早开始时间与前项工作的最早完成时间之差，计算公式为

$$LAG_{i,j} = ES_j - EF_i \tag{4-19}$$

如在本例中，工作 C 与工作 F 的时间间隔为 $LAG_{4,7}=ES_7-EF_4=(8-5)$天$=3$ 天。

按式（4-19）可计算图 4-22 各工作间的时间间隔，并将计算结果标注于两节点之间的箭线上，如图 4-22 所示。图中对于 $LAG_{i,j}=0$ 的情况未予标注。

4. 工作总时差（TF）的计算

工作总时差应从网络计划的终点节点开始，逆着箭线方向依次逐项计算。

1）终点节点所代表工作 n 的总时差 TF_n 应为计划工期（T_p）与终点节点工作 n 的最早完成时间（EF_n）之差，即

$$TF_n = T_p - EF_n \tag{4-20}$$

2）其他工作 i 的总时差 TF_i 应为紧后工作的总时差（TF_j）与该工作与紧后工作的时间间隔（$LAG_{i,j}$）之和的最小值，即

$$TF_i = \min\{TF_j + LAG_{i,j}\} \tag{4-21}$$

根据式（4-20）和式（4-21）可计算出所有工作的总时差，标注于图 4-22 的节点上部。

5. 工作自由时差（FF）的计算

对工作自由时差的计算没有顺序要求，按以下规定进行：

1）终点节点所代表的工作的自由时差等于计划工期与本工作的最早完成时间之差，即

$$FF_n = T_p - EF_n \tag{4-22}$$

2）其他工作的自由时差等于本工作与其紧后工作之间时间间隔的最小值，即

$$FF_i = \min\{LAG_{i,j}\} \tag{4-23}$$

根据式（4-22）和式（4-23）可计算出所有工作的自由时差，标注于图 4-22 相应节点的下部。

6. 工作最迟时间的计算

1）终点节点的最迟完成时间等于计划工期 T_p，即

$$LF_n = T_p \tag{4-24}$$

2）工作最迟开始时间等于其最迟完成时间减去本工作的持续时间，即

$$LS_i = LF_i - D_i \tag{4-25}$$

或等于本工作最早开始时间与总时差之和，即

$$LS_i = ES_i + TF_i \tag{4-26}$$

3）其他工作的最迟完成时间等于该工作各紧后工作最迟开始时间的最小值，即

$$LF_i = \min\{LS_j\} \tag{4-27}$$

或等于本工作最早完成时间与总时差之和，即

$$LF_i = EF_i + TF_i \tag{4-28}$$

以上各时间参数的计算顺序为：$ES_i \to EF_i \to T_c \to T_p \to LAG_{i,j} \to TF_i \to FF_i \to LF_i \to LS_i$。当然，也可以按照前述双代号网络计划的时间参数的计算方法进行计算，即采用 $ES_i \to EF_i \to T_c \to T_p \to LF_i \to LS_i \to TF_i \to FF_i \to LAG_{i,j}$的计算顺序。

4.3.3 单代号网络计划关键工作和关键线路的确定

1. 关键工作的确定

与双代号网络计划一样，总时差值最小的工作就是关键工作。当计划工期等于计算工期时，总时差最小值为零。图4-22所示网络计划的关键工作是：A、D、E、H、I共5项。

2. 关键线路的确定

从起点节点开始到终点节点全部是关键工作，且所有工作之间的间隔时间均为零的线路或总持续时间最长的线路即为关键线路。图4-22的关键线路是：①→③→⑤→⑧→⑨。

4.4 双代号时标网络计划

双代号时标网络图（Activity-on-Arrow with Time-Scale；A-O-A with Time-Scale）指以预设的时间坐标为尺度表示箭线长度的双代号网络图。

4.4.1 时标网络计划的特点

时标网络计划综合了一般网络计划和横道图计划的优点，具体特点如下：

1）能够清楚地展现计划的时间进程，不但工作间的逻辑关系明确，而且时间关系也一目了然，大大方便了使用。

2）直接显示各项工作的开始时间、完成时间、自由时差和关键线路，大大减少了时间参数的计算量，且便于执行中的调整与控制。

3）可以通过叠加确定各个时段的材料、机具、设备及人力等资源的需要量，便于制订施工准备计划和资源需求计划，也为进行资源优化提供了便利。

4）由于箭线的长度受到时间坐标的制约，故绘图比较麻烦；且修改其中一项就可能引起整个网络图的变动。因此，最好使用计算机程序软件进行相关计划的编制与管理。

4.4.2 时标网络计划的绘制规则

1）时标网络计划需绘制在带有时间坐标的表格上。时间单位根据需要在编制网络计划之前确定，可以是小时、天（工作天或日历天）、周、月、季、年等。同一网络图的时间单位也可以根据需要进行局部调整。

2）以实箭线表示工作，以虚箭线表示虚工作，以水平波形线表示自由时差或与紧后工作之间的时间间隔。

3）时标网络中所有符号在时间坐标上的水平投影位置须与其时间参数相对应，节点中心必须对准时间坐标的刻度线，以避免产生歧义。

4）箭线宜采用水平箭线或水平段与垂直段组成的箭线形式，不宜用斜箭线。虚工作必须用垂直虚箭线表示，其时间间隔应用水平波形线表示。

5）时间坐标宜标注在图的顶部和底部，图面较小时也可只在顶部标注。

6）工期较长的项目，宜在时间坐标网络图的工作箭线上标识其工作持续时间。

4.4.3　时标网络计划的绘制步骤

时标网络计划的绘制步骤如下：

1）绘制双代号网络计划草图。

2）计算节点最早时间（或工作最早时间），并标注在草图上。

3）在时标表上，按节点最早时间确定节点的位置（或按最早开始时间确定每项工作开始节点的位置），图形尽量与草图保持一致。

4）按各工作的时间长度绘制相应工作的实线部分，使其水平投影长度等于工作持续时间；虚工作因为不占用时间，故只能以点或垂直虚线表示。

5）用波形线把实线部分与其紧后工作的开始节点连接起来，以表示自由时差。

以图4-18所示的网络计划为例，将其绘制成时标网络计划后的结果如图4-23所示。

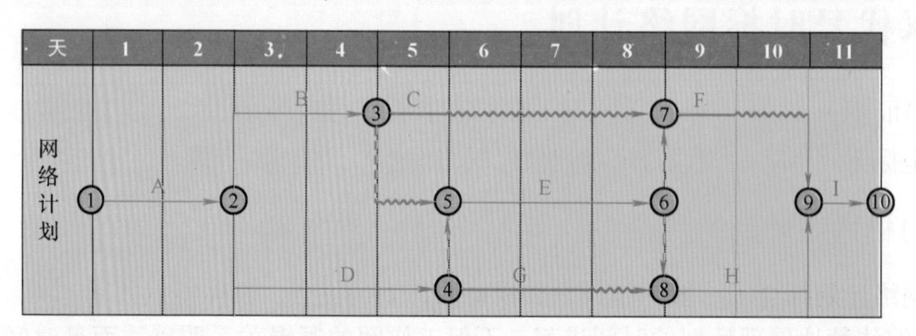

图4-23　时标网络计划示例

4.4.4　时标网络计划时间参数的判定

1. 关键线路的判定

时标网络计划中的关键线路可从网络计划的终点节点开始，逆箭线方向进行判定，自终至始不出现波形线的线路即为关键线路。如图4-23所示的时标网络计划中，线路①→②→④→⑤→⑥→⑧→⑨→⑩即为关键线路。

2. 计算工期的判定

时标网络计划的计算工期等于其终点节点所对应的时标值与起点节点所对应的时标值之差。例如，图4-23所示时标网络计划的总工期$T=(11-0)$天$=11$天。

3. 工作时间参数的判定

（1）工作最早开始时间和最早完成时间的判定　时标网络计划中每条箭线左端节点中心

所对应的时标值为该工作的最早开始时间 ES_{i-j}。当工作箭线中不存在波形线时，其右端节点中心所对应的时标值为该工作的最早完成时间 EF_{i-j}；当工作箭线中存在波形线时，工作箭线实线部分右端所对应的时标值为该工作的最早完成时间 EF_{i-j}。例如，在图 4-23 所示的时标网络计划中，工作 A 和工作 G 的最早开始时间分别为 0 和 5，而它们的最早完成时间分别为 2 和 7。

（2）工作自由时差的判定　时标网络计划中工作的自由时差（FF）值就是该工作箭线中波形线的水平投影长度。

（3）工作总时差的判定　时标网络计划中工作的总时差应自右向左，在其诸紧后工作的总时差都被判定后才能判定。其值等于其诸紧后工作总时差的最小值与本工作自由时差之和，即

$$TF_{i-j} = \min\{TF_{j-k}\} + FF_{i-j} \tag{4-29}$$

图 4-23 中的工作 I 不存在紧后工作，其总时差等于自身的自由时差，值为 0；工作 F 的总时差 $TF_F = TF_I + FF_F = 0 + 1 = 1$；如此逆着箭线的方向依次可计算出各项工作的总时差。

（4）工作最迟开始时间和最迟完成时间的判定　工作的最迟开始（完成）时间等于该工作的最早开始（完成）时间与其总时差之和，即

$$LS_{i-j} = ES_{i-j} + TF_{i-j} \tag{4-30}$$

$$LF_{i-j} = EF_{i-j} + TF_{i-j} \tag{4-31}$$

图 4-23 所示时标网络计划中的时间参数的判定结果与图 4-18 所示网络计划时间参数的计算结果应当完全一致。

4.5　单代号搭接网络计划

前面讲的网络计划对逻辑关系的处理有一个共同特点，那就是紧前工作必须全部完成后，本工作才能开始。但在工程建设实践中，有许多工作只要紧前工作开始一定时间后即可进行，工作之间的这种关系称为搭接关系。如在管道工程中，“开挖、垫层、铺管、连接和回填”各项工作之间往往搭接进行，难以用前述网络计划形式明确表达。

搭接网络计划能够简单、直接地表达工作之间的各种搭接关系，并使网络计划的编制简单化。工程实践中常采用单代号网络图的形式，仅在箭线上增加时距标注。所谓“时距”，是指在搭接网络计划中，对各种搭接关系按照时限要求预先规定的必要时间差值。

4.5.1　搭接关系的种类

在单代号网络计划中，工作间的搭接关系有四种基本类型。

（1）完成到开始关系（Finish to Start，FTS）　完成到开始关系指某一工作完成一定时间后，其紧后工作才开始的顺序关系，如图 4-24 所示。例如，屋面保温层找平结束后 4 天，铺油毡防水层才能开始，这个间歇时间就是 FTS 时距，此时 $FTS_{i,j}=4$ 天。

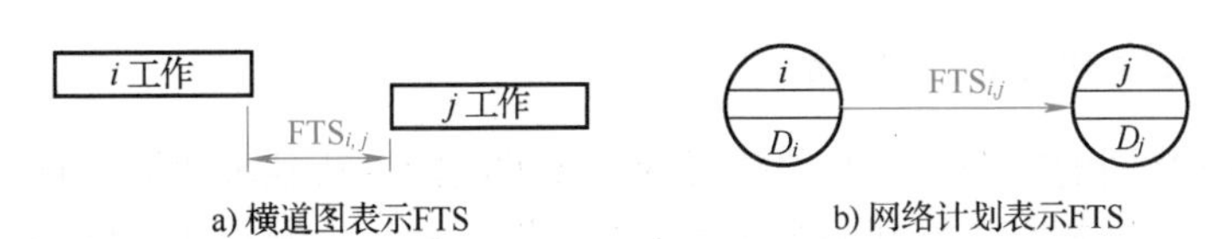

图 4-24　FTS 搭接关系及其表达

当 FTS = 0 时，表示相邻两项工作之间没有间歇时间，即前项工作完成后，后项工作即可开始。当整个网络计划所有工作之间仅有 FTS 搭接关系且其时距都为零时，则该网络计划就成了前述的单代号网络计划。

（2）开始到开始关系（Start to Start，STS） 开始到开始关系是指某一工作开始一段时间后，其紧后工作才开始的顺序关系，如图 4-25 所示。例如，在管道铺设工程中，当挖沟开始 2 天后，即可开始进行垫层施工，其开始时间的差值即为 STS 时距，此时 $STS_{i,j}=2$ 天。

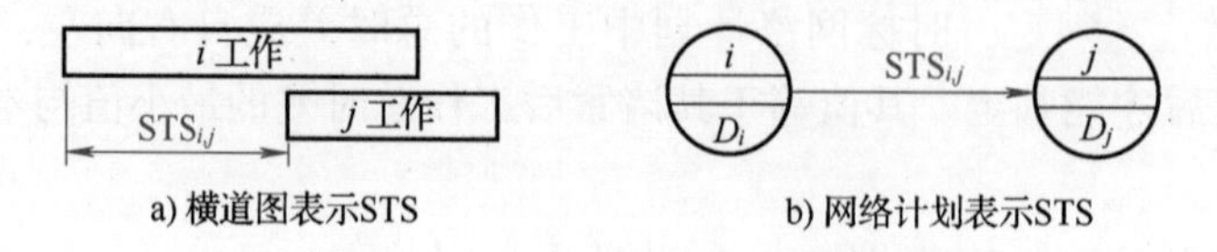

图 4-25 STS 搭接关系及其表达

（3）完成到完成关系（Finish to Finish，FTF） 完成到完成关系是指某一工作完成一定时间后，其紧后工作才完成的顺序关系，如图 4-26 所示。例如，在管道铺设工程中，即使垫层的进展速度快于开挖的进展速度，也必须保证垫层晚于挖沟一定时间完成，这两项工作完成时间的差值就是 FTF 时距，如 $FTF_{i,j}=1$ 天。

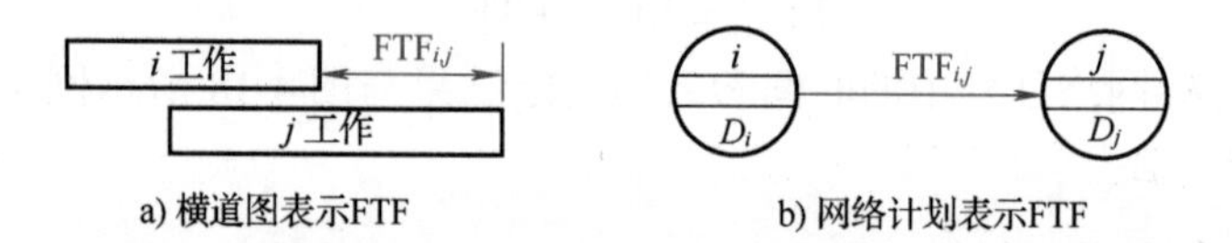

图 4-26 FTF 搭接关系及其表达

（4）开始到完成关系（Start to Finish，STF） 开始到完成关系是指某一工作开始一定时间后，其紧后工作才完成的顺序关系，如图 4-27 所示。例如，砌墙施工中，砌墙进展到一定程度后开始搭设脚手架，但搭设脚手架完成后才能砌筑上一部分的墙体，故需控制搭设脚手架完成时间以保证上部墙体的砌筑，这种后项工作结束与前项工作开始时间的差值就是 STF 时距，如 $STF_{i,j}=4$ 天。

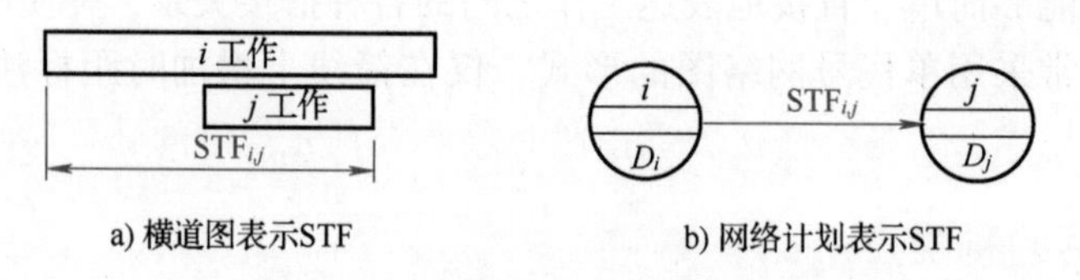

图 4-27 STF 搭接关系及其表达

（5）混合搭接关系 如果两个工作同时存在两种或两种以上的上述基本搭接关系，这种具有双重或多重约束的关系称为混合搭接关系。例如，工作 i 和 j 之间可能同时存在 STS 和 FTF 时距等。

4.5.2 单代号搭接网络图的绘制

单代号搭接网络图的绘图方法与单代号网络图的绘图方法基本相同。首先根据逻辑关系编制逻辑关系表，确定相邻工作间的搭接类型与时距；然后绘制单代号网络图，将时距标注在箭线上。需要注意的是单代号搭接网络图一般都需要有虚拟的起点节点和虚拟的终点节点。

4.5.3　单代号搭接网络计划时间参数的计算

单代号搭接网络计划时间参数的计算内容和原理与单代号网络计划基本相同，区别仅在于计算过程中需要考虑搭接时距。下面以图4-28为例来说明其计算方法。

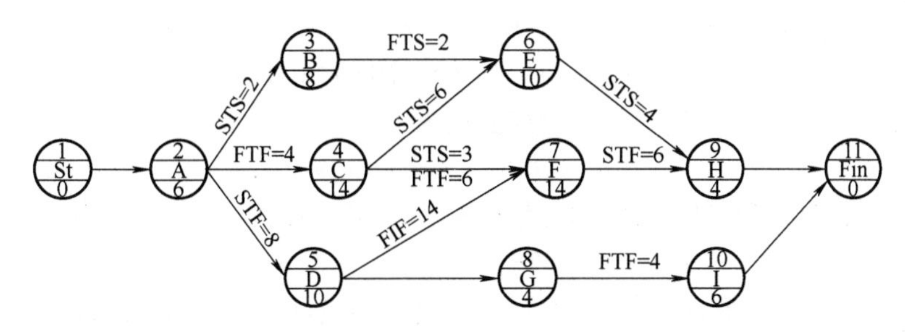

图4-28　某工程搭接网络计划

1. 工作最早开始时间和最早完成时间的计算

工作最早时间的计算顺序为从起点节点开始，顺着箭线方向向终点节点进行。

1）由于起点节点是虚拟工作，持续时间为零，故其最早开始时间和最早完成时间均为零，即 $ES_1 = EF_1 = 0$。

2）与虚拟起点节点相连的工作最早开始时间均为零，最早完成时间应等于其最早开始时间与持续时间之和。在本例中，工作A与虚拟起点节点相连，其最早开始时间和最早完成时间分别为 $ES_2 = 0$；$EF_2 = ES_2 + D_2 = (0+6)$ 天 $=6$ 天。

3）其他工作最早时间的计算。其他工作的最早开始时间和最早完成时间应根据搭接时距按下列公式计算：

① 相邻时距为STS时，计算公式为

$$ES_j = ES_i + STS_{i,j} \tag{4-32}$$

如在本例中，工作A和工作B的时距为 $STS_{2,3} = 2$ 天，按式（4-32）计算，则有

$$ES_3 = ES_2 + STS_{2,3} = (0+2)\text{天} = 2\text{天}$$

$$EF_3 = ES_3 + D_3 = (2+8)\text{天} = 10\text{天}$$

② 相邻时距为FTF时，计算公式为

$$EF_j = EF_i + FTF_{i,j} \tag{4-33}$$

在本例中，工作A和工作C的时距为 $FTF_{2,4} = 4$ 天，按式（4-33）计算，则有

$$EF_4 = EF_2 + FTF_{2,4} = (6+4)\text{天} = 10\text{天}$$

$$ES_4 = EF_4 - D_4 = (10-14)\text{天} = -4\text{天}$$

工作C的最早开始时间为负值，显然是不合理的。为此，应将工作C与虚拟的起点节点用虚箭线相连，如图4-29所示，然后重新计算工作C的最早开始时间和最早完成时间得

$$ES_4 = 0\text{天}$$

$$EF_4 = ES_4 + D_4 = (0+14)\text{天} = 14\text{天}$$

③ 相邻时距为STF时，计算公式为

$$EF_j = ES_i + STF_{i,j} \tag{4-34}$$

在本例中，工作 A 和工作 D 的时距为 $STF_{2,5}=8$ 天，按式（4-34）计算，则有

$$EF_5=ES_2+STF_{2,5}=(0+8)\text{天}=8\text{天}$$

$$ES_5=EF_5-D_5=(8-10)\text{天}=-2\text{天}$$

工作 D 的最早开始时间也出现了负值，仍可按上述方法处理，将工作 D 用虚箭线与虚拟的起点节点连接起来，如图 4-29 所示，这时工作 D 的最早开始时间和最早完成时间为

$$ES_5=0\text{天}$$

$$EF_5=ES_5+D_5=(0+10)\text{天}=10\text{天}$$

④ 相邻两工作的时距为 FTS 时，计算公式为

$$ES_j=EF_i+FTS_{i,j} \tag{4-35}$$

在本例中，工作 B 和工作 E 的时距为 $FTS_{3,6}=2$ 天，按式（4-35）计算，则有

$$ES_6=EF_3+FTS_{3,6}=(10+2)\text{天}=12\text{天}$$

但工作 6 之前有两道紧前工作，应分别进行计算，然后从中取其最大值。

按工作 C 和工作 E 之间的搭接关系，得

$$ES_6=ES_4+STS_{4,6}=(0+6)\text{天}=6\text{天}$$

故
$$ES_6=\max\{12,6\}\text{天}=12\text{天}$$

$$EF_6=ES_6+D_6=(12+10)\text{天}=22\text{天}$$

⑤ 混和时距。当两个工作之间存在混合时距时，应分别计算最早时间，然后从中取最大值。如本例中的工作 C 和工作 F 之间有 $STS_{4,7}=3$ 天和 $FTF_{4,7}=6$ 天两种时距，同时工作 F 还有紧前工作 D，时距为 $FTF_{5,7}=14$ 天。故工作 F 的最早开始时间为

$$ES_7=\max\left\{\begin{aligned}&ES_4+STS_{4,7}=(0+3)\text{天}=3\text{天}\\&EF_4+FTF_{4,7}-D_7=(14+6-14)\text{天}=6\text{天}\\&EF_5+FTF_{5,7}-D_7=(10+14-14)\text{天}=10\text{天}\end{aligned}\right\}=10\text{天}$$

4）终点节点的最早时间计算及总工期的确定。在搭接网络计划中，决定计算工期的不一定是最后的工作。因此，在用上述方法计算完成后，还应检查其他工作（与虚拟终点节点不直接相连的工作）的最早完成时间是否超过与虚拟终点节点相连工作的最早完成时间的最大值。对超过者，应将它们与虚拟终点节点连接，且取其最早完成时间的最大值作为终点节点的最早时间和网络计划的计算工期。

在本例中，最后进行的工作是 H 和 I，最早完成时间分别是 20 和 18，但因工作 F 的最早完成时间是 24、工作 E 的最早完成时间是 22，均超过了 $\max\{20,18\}=20$，故需要将 H、I 工作分别用虚箭线与虚拟终点节点连接。于是得到工作 Fin 的最早开始时间和最早完成时间为

$$ES_{11}=EF_{11}=\max\{24,22\}\text{天}=24\text{天}$$

该网络计划的计算工期即为 24 天。本例所示网络计划各工作的最早开始时间和最早完成时间的计算结果如图 4-29 所示。

5）工作最早时间的计算规则。通过以上计算分析，可以归纳出单代号搭接网络计划工作最早时间的计算规则："顺线累加，逢多取大"。即计算应从起点节点开始，顺着箭线方向依次进行；按照搭接关系的要求进行计算，当有多个紧前工作或多种搭接关系时，应分别计算，然后取最大值。

当工作的最早开始时间为负值时，应将该工作与虚拟起点节点连接，使其最早开始时间为零。

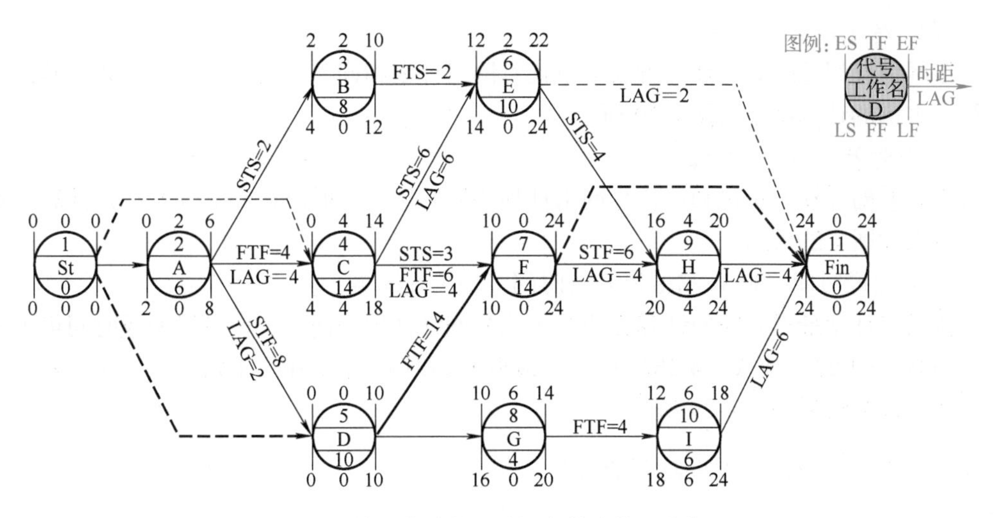

图 4-29　搭接网络计划的时间参数计算（单位：天）

决定计算工期的不一定是与终点节点直接相连的工作。中间工作的最早完成时间有可能更大，此时，应将这些工作与虚拟终点节点连接，并将计算工期确定为所有工作最早完成时间的最大值。

2. 时间间隔（$LAG_{i,j}$）的计算

相邻工作之间的搭接关系不同，其时间间隔的计算方法也有所不同。

1）当搭接关系为 STS 时，如果网络计划中出现 $ES_j > ES_i + STS_{i,j}$ 的情况，如图 4-30 所示，说明工作 i 和工作 j 之间存在时间间隔（$LAG_{i,j}$），其计算公式为

$$LAG_{i,j} = ES_j - (ES_i + STS_{i,j}) = ES_j - ES_i - STS_{i,j} \qquad (4\text{-}36)$$

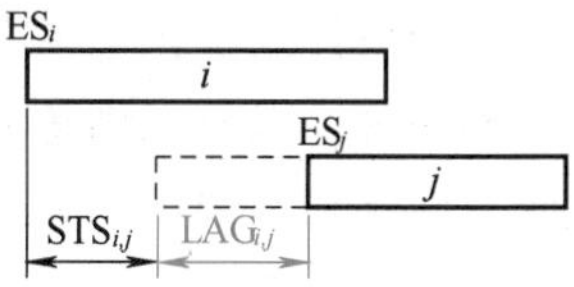

图 4-30　时距 STS 时的 LAG

2）当搭接关系为 FTF 时，时间间隔 $LAG_{i,j}$ 的计算公式为

$$LAG_{i,j} = EF_j - EF_i - FTF_{i,j} \qquad (4\text{-}37)$$

3）当搭接关系为 STF 时，时间间隔 $LAG_{i,j}$ 的计算公式为

$$LAG_{i,j} = EF_j - ES_i - STF_{i,j} \qquad (4\text{-}38)$$

4）当搭接关系为 FTS 时，时间间隔 $LAG_{i,j}$ 的计算公式为

$$LAG_{i,j} = ES_j - EF_i - FTS_{i,j} \qquad (4\text{-}39)$$

5）当相邻两工作间为混合时距关系时，则应分别计算出各自的时间间隔，然后取其中的最小值，即

$$LAG_{i,j} = \min\begin{Bmatrix} ES_j - ES_i - STS_{i,j} \\ EF_j - EF_i - FTF_{i,j} \\ EF_j - ES_i - STF_{i,j} \\ ES_j - EF_i - FTS_{i,j} \end{Bmatrix} \qquad (4\text{-}40)$$

本例中，工作 C 和工作 F 的时间间隔 $LAG_{4,7} = \min\{ES_7 - ES_4 - STS_{4,7}, EF_7 - EF_4 - FTF_{4,7}\} = \min\{10-0-3, 24-14-6\}$ 天 $= \min\{7,4\}$ 天 $=4$ 天。

根据上述计算公式可计算出图 4-29 中其余各项工作之间的时间间隔（LAG），计算结果如图 4-29 所示。

3. 总时差（TF）的计算

搭接网络计划总时差的计算方法与单代号网络计划相同。用式（4-20）和式（4-21）进行计算。本例的计算结果如图 4-29 所示。

4. 自由时差（FF）的计算

自由时差的计算方法也和单代号网络计划相同。用式（4-22）和式（4-23）计算。本例的计算结果如图 4-29 所示。

5. 最迟完成时间（ES）和最迟开始时间（LS）的计算

搭接网络计划最迟时间的计算方法与单代号网络计划相同。工作最迟完成时间仍可用式（4-24）和式（4-27）或式（4-28）计算，最迟开始时间仍可用式（4-25）或式（4-26）计算。本例的计算结果如图 4-29 所示。

4.5.4 关键工作和关键线路的确定

在单代号搭接网络计划中，总时差最小的工作就是关键工作。

从起点节点开始到终点节点均为关键工作，且所有工作间的时间间隔均为 0（$LAG_{i,j}=0$）的线路就是关键线路。

本例的关键线路为 St→D→F→Fin。

4.6 网络计划优化

网络计划优化是指在一定约束条件下，按既定目标对网络计划进行不断检查、评价、调整和完善，以寻求满意方案的过程。根据优化目标不同，网络计划的优化有工期优化、时间成本优化和资源优化。

4.6.1 工期优化

1. 工期优化的基本含义

工期优化是指压缩计算工期，以达到要求工期目标，或在一定约束条件下使工期最短的过程。一般通过压缩关键工作的持续时间来达到优化目标。而缩短工作持续时间的主要途径是增加人力和机械设备等资源、加大施工强度、缩短间歇时间等。在选择压缩对象时，应考虑以下几个方面：

1）缩短持续时间对质量和安全影响不大的工作。

2）有充足备用资源的工作。

3）缩短持续时间所需增加的费用最少的工作。

要注意的是：在优化过程中，不能将关键线路压缩成非关键线路。当优化过程中出现多条关键线路时，必须将各条关键线路的持续时间压缩成同一数值，否则不能有效地将工期缩短。

2. 工期优化的基本步骤

下面以图 4-31 所示的网络计划为例，说明工期优化的步骤。假定要求工期为 100 天，图中括号外的数字为工作正常持续时间，括号内数字为工作最短持续时间。

1）计算并找出网络计划的计算工期、关键线路及关键工作。本例中，运用标号法求出在正常持续时间下的关键线路和计算工期。如图 4-32 所示，计算工期 $T_c=160$ 天，关键线路为①→③→④→⑥，关键工作为 1-3、3-4、4-6。

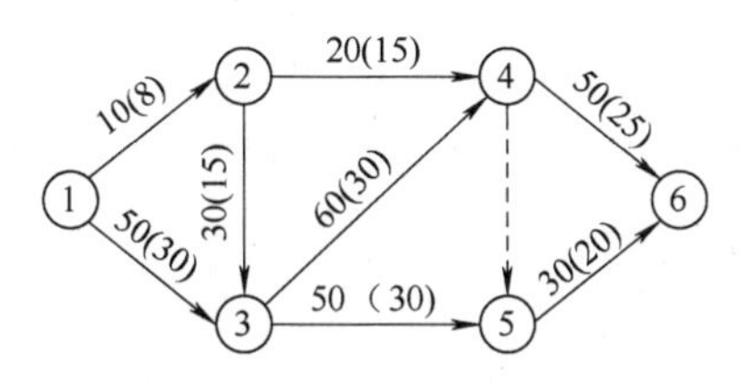

图 4-31 某工程网络计划（单位：天）

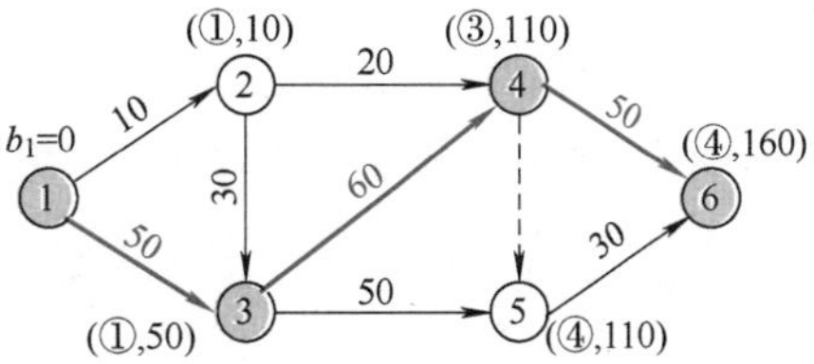

图 4-32 初始网络计划（单位：天）

2）按要求工期计算应缩短的持续时间 $\Delta T=T_c-T_s$。本例中，需缩短时间 $\Delta T=T_c-T_s=160-100=60$ 天。

3）计算各关键工作能缩短的持续时间。根据图 4-31 中的数据，关键工作 1-3 可缩短 20 天，3-4 可缩短 30 天，4-6 可缩短 25 天，共计可缩短 75 天。

4）选择关键工作，压缩其持续时间，并重新计算网络计划的计算工期。在本例中，假设考虑具体情况及应考虑的因素，确定关键工作的因素顺序为：3-4、1-3、4-6。则压缩 3-4 工作 30 天，压缩 1-3 工作 10 天。重新计算网络计划工期如图 4-33 所示，此时关键线路有：①→②→③→④→⑥，①→②→③→⑤→⑥，①→③→④→⑥，①→③→⑤→⑥四条；此时计算工期 $T_c=120$ 天，还应压缩 $\Delta T=T_c-T_s=(120-100)$ 天 $=20$ 天。

5）重复以上步骤，直到满足工期要求或不能再继续压缩为止。本例中，因计算工期仍大于要求工期，故还需压缩。此时需同时压缩四条关键线路的持续时间，否则不能有效地将工期缩短。经比较，选择工作 1-3、2-3、3-5 和 4-6 各压缩 10 天，如图 4-34 所示。此时计算工期为 100 天，满足优化目标要求。

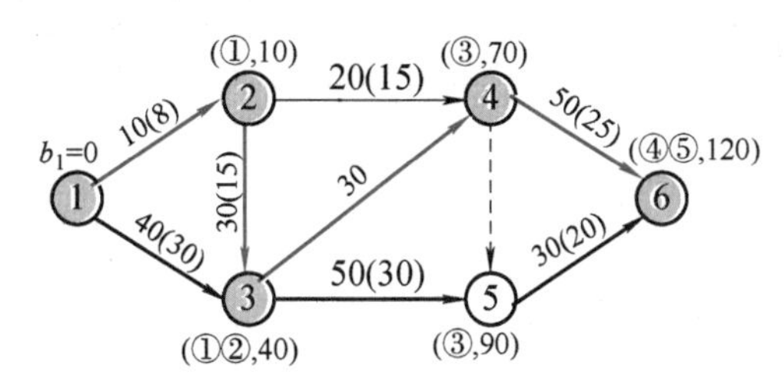

图 4-33 第一次压缩后的网络计划（单位：天）

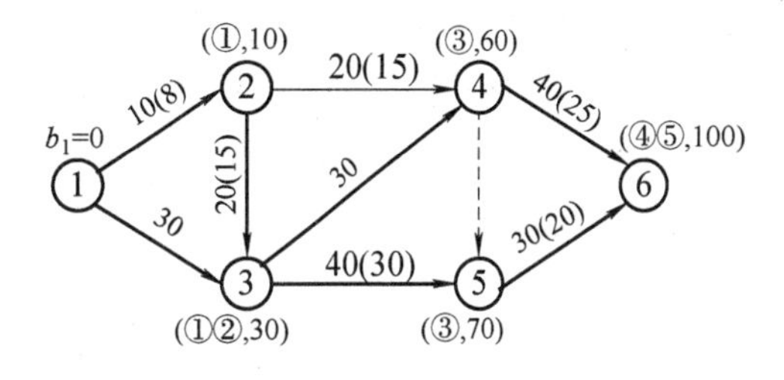

图 4-34 优化后的网络计划（单位：天）

6）当所有关键工作的持续时间都已达到其能缩短的极限而工期仍不能满足要求时，则应对原计划的技术、组织方案进行调整或对要求重新审定。本例中，图 4-34 便是满足工期要求的网络计划。

值得注意的是：上述工期优化方法是一种技术手段，是在逻辑关系一定的情况下缩短计算工期的有效方法，但绝不是唯一的方法。事实上，在一些复杂的工程项目中，适当调整网络计划中各项工作之间的逻辑关系，组织平行作业或搭接作业对缩短工期有着更为重要的意义。

4.6.2 资源优化

资源是指为完成任务所需的劳动力、材料、机械设备和资金等的统称。资源优化是指考虑资源因素对初始网络计划所进行的优化与调整，典型的资源优化有资源有限-工期最短和工期固定-资源均衡两种情况。

1. 资源有限-工期最短优化

资源有限-工期最短是指通过计划安排，在资源受到限制的条件下，使计划工期最短的过程。现以图4-35所示的某网络计划为例，说明资源有限-工期最短优化的调整方法与步骤。

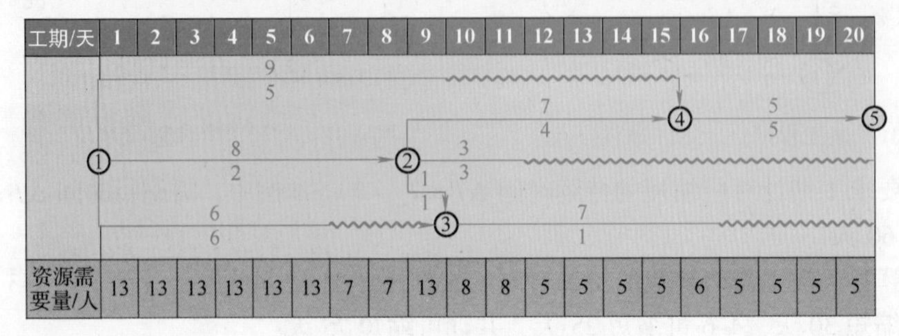

图4-35　某工程网络计划

图中箭线上方的数字为工作持续时间，箭线下方的数字为工作资源强度，假定每天只有9个工人可供使用，如何安排各工作开始时间使工期达到最短？

1）计算网络计划每天资源需要量 R_t，填入图4-35相应的栏内。

2）从计划开始日期起，逐日检查资源需要量是否超过资源限量 R_a。如果在整个工期内都满足 $R_t \leqslant R_a$，则无须进行资源优化，则该网络计划就已经达到优化要求；否则就应进行调整。如在本例中，第一天资源需用量 $R_1 > R_a = 9$ 人，必须进行调整。

3）分析超过资源限量的时段。如果在该区段内有多项工作平行作业，则采取将某项工作安排在与之平行的另一项工作之后进行的办法，以降低该时段的资源需用量。对于两项平行作业的工作 *m-n* 和 *i-j* 来说，为了降低相应时段的资源需用量，将工作 *i-j* 安排在工作 *m-n* 之后进行，如图4-36所示。网络计划工期的延长值为

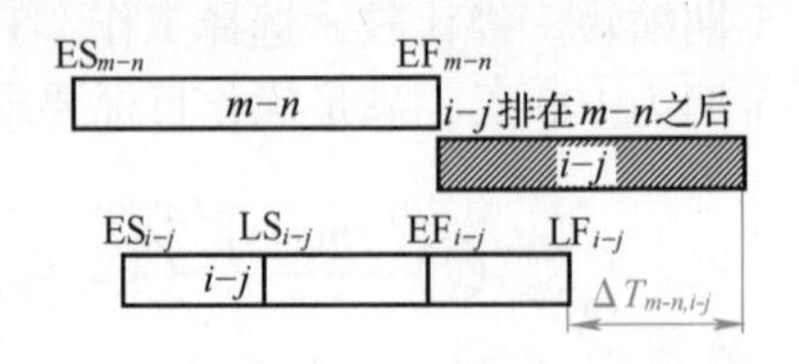

图4-36　工作 *i-j* 调整对工期的影响

$$\begin{aligned}\Delta T_{m-n,i-j} &= \mathrm{EF}_{m-n} + D_{i-j} - \mathrm{LF}_{i-j} \\ &= \mathrm{EF}_{m-n} - (\mathrm{LF}_{i-j} - D_{i-j}) \\ &= \mathrm{EF}_{m-n} - \mathrm{LS}_{i-j}\end{aligned} \tag{4-41}$$

当 $\Delta T_{m-n,i-j} \leqslant 0$ 时，对工期无影响；当 $\Delta T_{m-n,i-j} > 0$ 时，工期将延长。故应取 ΔT 最小的调整方案。

本例中，在第1~6天，有工作1-4、1-2、1-3，分别计算 EF_{i-j} 和 LS_{i-j}，见表4-5。从表4-5可看出，如果选择将工作1-4安排在工作1-3之后进行，工期不会增加，且每天资源需要量从13人降到8人，满足要求。

表4-5　超过资源限量时段工作时间参数表　（单位：天）

工作代号	EF_{i-j}	LS_{i-j}
1-4	9	6
1-2	8	0
1-3	6	7

4）绘制调整后的网络计划，重复以上步骤和方法，直到满足要求为止。

本例最终的可行优化方案如图4-37所示。

工期/天	1	2	3	4	5	6	7	8	9	10	11	12	13	14	15	16	17	18	19	20	21	22
资源需求量/人	8	8	8	8	8	8	7	7	6	9	9	9	9	9	9	8	9	9	6	6	6	1

图4-37　优化后的网络计划

2. 工期固定-资源均衡优化

工期固定-资源均衡优化是指通过调整计划安排，在工期保持不变的条件下，使资源需要量尽可能均衡的过程。资源均衡可以有效地缓解供应矛盾，减少临时设施规模，从而有利于过程的组织与管理，并可降低工程费用。常用的有方差值最小法和削高峰法，在此只介绍削高峰法。

削高峰法的基本原理是利用时差降低资源高峰值，以获得资源需要量尽可能均衡的优化方案。下面以图4-38所示的网络计划为例来说明削高峰法的方法及步骤（图中箭线上方的数字表示工作持续时间，箭线下方的数字表示工作资源强度）。

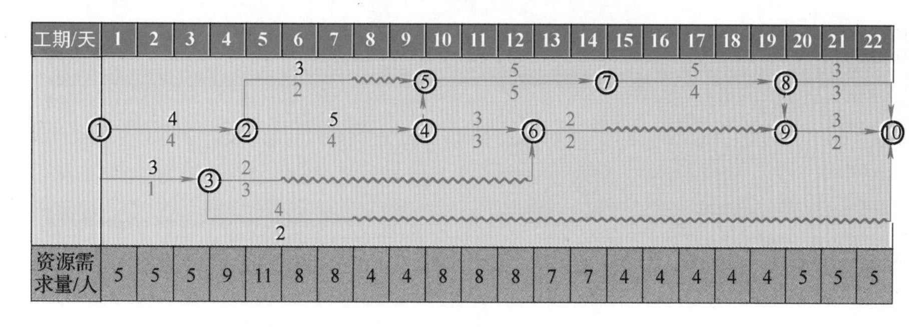

图4-38　某时标网络计划

1）计算每日所需资源数量并填入图4-38内的相应位置。

2）确定削峰目标，其值等于每天资源需用量的最大值减一个单位量。本例的削峰目标定为10人（11人－1人）。

3）找出高峰时段的最后时间T_h及有关工作的最早开始时间ES_{i-j}和总时差TF_{i-j}。

本例中，$T_h=5$。在第5天有2-5、2-4、3-6、3-10四个工作，相应的TF_{i-j}分别为2、0、12、15，ES_{i-j}分别为4、4、3、3。

4）按下式计算有关工作的时间差值ΔT_{i-j}。即

$$\Delta T_{i-j}=TF_{i-j}-(T_h-ES_{i-j}) \tag{4-42}$$

当$\Delta T_{i-j}\geqslant 0$时，对工期无影响，工作$i-j$可以移动；当$\Delta T_{i-j}<0$时，工期将延长，工作$i-j$不能移动。优先以$\Delta T$最大的工作$i'-j'$作为调整对象，令$ES_{i'-j'}=T_h$。

本例中$\Delta T_{2-5}=TF_{2-5}-(T_h-ES_{2\text{-}5})=[2-(5-4)]$天$=1$天

$$\Delta T_{2-4}=TF_{2-4}-(T_h-ES_{2-4})=[0-(5-4)]\text{天}=-1\text{天}$$

$$\Delta T_{3\text{-}6}=TF_{3\text{-}6}-(T_h-ES_{3-6})=[12-(5-3)]\text{天}=10\text{天}$$

$$\Delta T_{3-10}=TF_{3-10}-(T_h-ES_{3-10})=[15-(5-3)]\text{天}=13\text{天}$$

其中工作3-10的ΔT值最大，故优先将该工作向右移动2天（即5天以后开始），然后计算每日资源数量，看峰值是否小于或等于削峰目标（=10）。如果由于工作3-10最早开始时间改变，在其他时段中出现超过削峰目标的情况时，则重复2)~4）步骤，直到不超过削峰目标为止。本例工作3-10调整后没有再出现超过削峰目标的时间段，如图4-39所示。

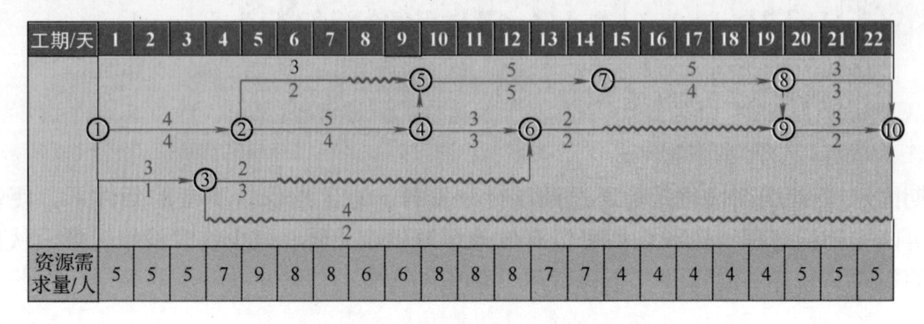

图4-39　第一次调整后的时标网络计划

5）若峰值不能再减少，即求得资源均衡优化方案，否则重新确定峰值目标，重复以上步骤，进行新一轮的调整。本例的优化计算结果如图4-40所示。

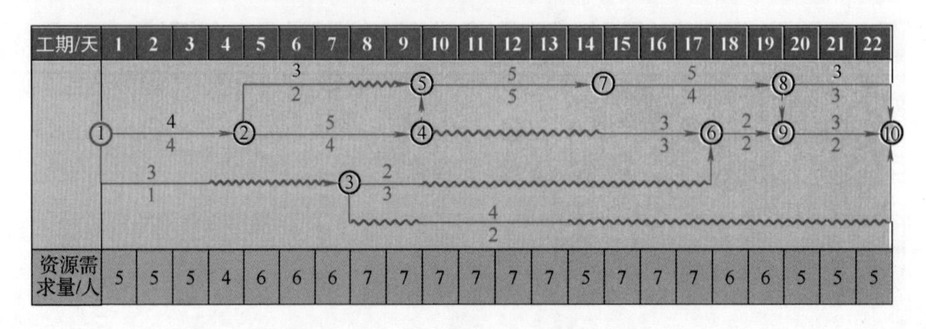

图4-40　优化后的时标网络计划

需要说明的是，削峰法只是一种启发式的方法，其结果并不一定就是峰值最低的方案，其结果可能只是一个近优解。

4.6.3　费用优化

费用优化又称时间成本优化，是指寻求工程最低总成本时的最佳工期安排，或按要求工期寻求最低成本的计划安排过程。

1. 费用与工期的关系

工程总费用由直接费和间接费组成。直接费由人工费、材料费、机械使用费、其他直接费及现场经费等组成。施工方案不同，直接费也就不同。如果施工方案一定，工期不同，直接费也会不同，直接费将随着工期的缩短而增加。间接费包括企业经营管理的全部费用，它一般随着工期的缩短而减少。工程费用与工期的关系如图4-41所示。工程总费用曲线是将直接费曲线与间接费曲线叠加而成的，其最低点就是费用优化所寻求的目标，该点所对应的工期就是费用最低时的最优工期。

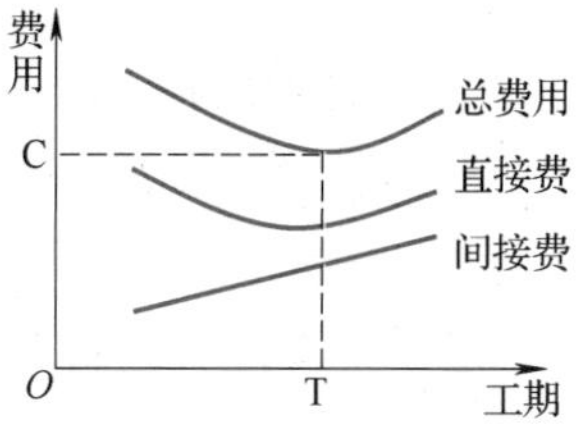

图4-41　工期-费用关系图

在考虑工程总费用时，还应考虑工期变化带来的其他损失和利益，如因工程提前投产而获得的收益、因工期提前或拖延而产生的奖励或罚款、资金的时间价值等。

网络计划的工期取决于关键工作的持续时间，为了进行工期-费用优化，就必须分析网络计划中各项工作的直接费与持续时间之间的关系，这是工期-费用优化的基础。对于某一项工作而言，工作的直接费随着持续时间的缩短而增加，如图4-42所示。为简化计算，工作的直接费与持续时间之间的关系被近似地认为是一条直线。

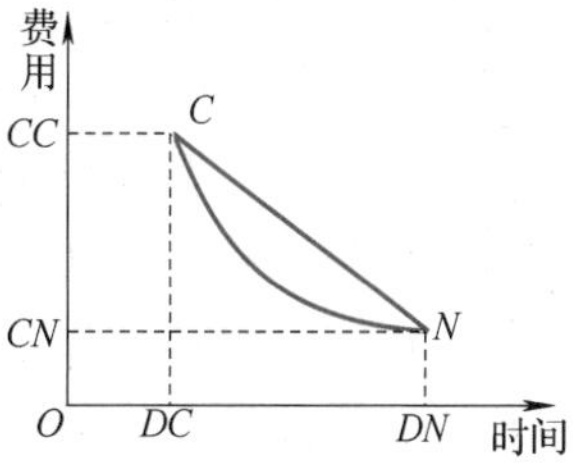

图4-42　时间-直接费关系

工作的持续时间每缩短单位时间而增加的直接费用称为直接费用增加率（简称直接费率，a_{i-j}），其计算公式为

$$a_{i-j}=\frac{CC_{i-j}-CN_{i-j}}{DN_{i-j}-DC_{i-j}} \tag{4-43}$$

式中　a_{i-j}——工作 $i-j$ 的直接费用增加率；

CC_{i-j}——按最短持续时间完成工作 $i-j$ 所需的直接费用；

CN_{i-j}——按正常时间完成工作 $i-j$ 所需的直接费用；

DN_{i-j}——工作 $i-j$ 的正常持续时间；

DC_{i-j}——工作 $i-j$ 的最短持续时间。

有些工作的直接费与持续时间是根据不同施工方案分别估算的，只能在几个方案中进行选择，此时，在时间费用图中可选的方案只是对应几个离散的点。

2. 优化的方法和步骤

费用优化的基本思路：不断地在网络计划中找出直接费率（或组合直接费率）最小的关键工作，缩短其持续时间，同时考虑间接费的叠加，最后求得工程总费用最低时的最优工期或按要求得到最低成本的计划安排。

下面结合图4-43所示网络计划来说明费用优化的方法和步骤。图中箭头上方为工作的正常持续时间费用和最短持续时间费用（单位：万元），箭头下方为工作的正常持续时间和最短持续时间，已知间接费率为1.2万元/天。

1）按工作正常持续时间确定关键线路，并求出计算工期。本例中，用标号法确定网络计划的计算工期和关键线路，如图4-44所示。计算工期为96天，关键线路为①→③→④→⑥。

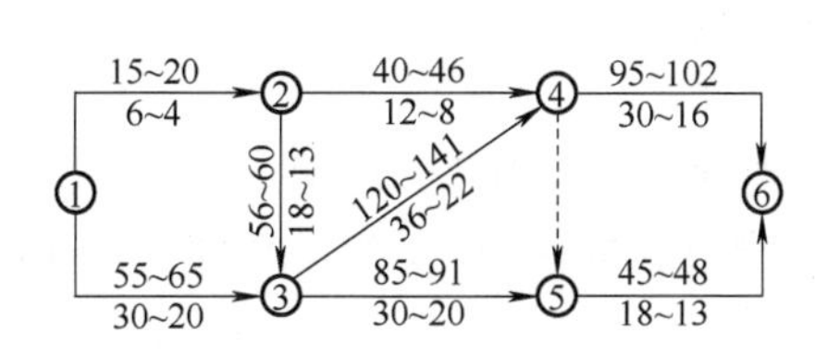

图4-43　初始网络计划

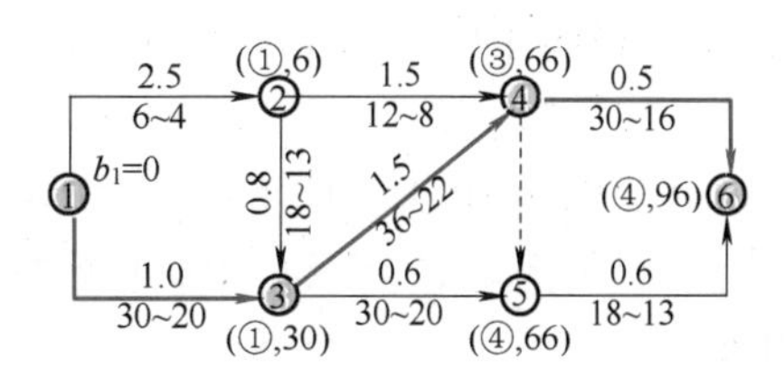

图4-44　网络计划的工期和关键线路

2）计算初始网络计划的工程总直接费和总费用。本例中：

工程总直接费：$C^D=\sum C_{i\text{-}j}^D=(15+55+56+40+120+85+95+45)$万元$=511$万元

工程总费用：$C^T=C^D+1.2\times96=(511+115.2)$万元$=626.2$万元

3）计算各项工作的直接费率。本例中：

工作1-2的直接费率为

$$a_{1\text{-}2}=\frac{CC_{1\text{-}2}-CN_{1\text{-}2}}{DN_{1\text{-}2}-DC_{1\text{-}2}}=\frac{(20-15)\text{万元}}{(6-4)\text{天}}=2.5\text{万元/天}$$

同理，可求其他工作的直接费率，将标注在图4-44中箭线的上方。

4）选择压缩对象（一项关键工作或一组关键工作）。在网络计划中找出直接费率（或组合直接费率）最小的关键工作。并将其直接费率与工程间接费率进行比较，若小于间接费率，说明压缩该工作的持续时间会使工程总费用减少，故应缩短其持续时间；若等于间接费率，说明压缩该工作的持续时间不会使工程总费用增加，则可继续压缩；若大于间接费率，说明压缩该工作的持续时间会使工程总费用增加，此时应停止缩短，在此之前的方案即为优化方案。

本例中，直接费率最低的关键工作是4-6，其直接费率为0.5万元/天，小于间接费率1.2万元/天，故选择工作4-6作为压缩对象。

5）缩短值的确定。压缩对象的缩短值必须符合两个原则：一是缩短后工作的持续时间不能小于其最短持续时间；二是缩短持续时间的工作不能变成非关键工作。

本例中，工作4-6最多可缩短14天，但由于其平行工作5-6的总时差只有12天，所以，工作4-6的可压缩时间只有12天。因此决定压缩4-6工作12天。

6）绘制压缩后的网络计划，并计算工期和总费用增加值。本例中，第一次压缩后的网络计划如图4-45所示，计算工期变为84天。

总费用增加值为$\Delta C_1=(0.5\times12-1.2\times12)$万元$=-8.4$万元，即总费用减少了8.4万元。

7）重复4）~6）步骤，直至计算工期满足要求或被压缩对象的直接费率或组合直接费率值大于间接费率为止。

8）计算优化后网络计划的总费用。

第二次压缩。在本例中，通过第一次缩短后，图4-45的关键线路有①→③→④→⑥和①→③→④→⑤→⑥两条，计算工期84天。共有三个压缩方案：压缩工作1-3，直接费率为1万元/天；压缩工作3-4，直接费率为1.5万元/天；压缩工作4-6和5-6，组合直接费率为$0.5+0.6=1.1$万元/天。因此，选择工作1-3为压缩对象，直接费率1万元/天，小于间接费率1.2万元/天，说明压缩工作1-3可使总费用降低，应继续压缩。

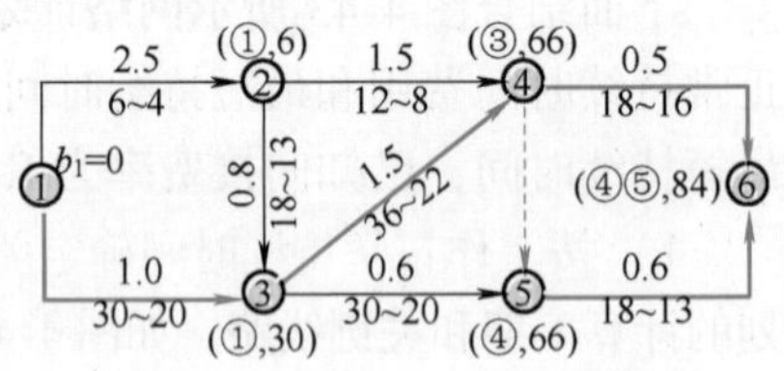

图4-45　第一次压缩后的网络计划

工作1-3可缩短10天，但平行工作2-3的总时差为6天，因此，压缩1-3工作6天。压缩后的网络计划如图4-45所示，计算工期78天；总费用增加值$\Delta C_2=(1\times6-1.2\times6)$万元$=-1.2$万元。

第三次压缩。通过第二次压缩后，关键线路变成了四条（见图4-46），即①→②→③→

④→⑤→⑥、①→②→③→④→⑥、①→③→④→⑥和①→③→④→⑤→⑥。此时，必须同时缩短四条关键线路上的时间。比较后得知：工作4-6和5-6组合的直接费率最低，为1.1万元/天，小于间接费率1.2万元/天，说明压缩工作组合4-6和5-6可使工程总费用降低。

由于工作4-6只允许缩短2天，因此压缩工作4-6和5-6各2天。压缩后的网络计划如图4-47所示，计算工期为76天；总费用增加值$\Delta C_3=(1.1\times2-1.2\times2)$万元$=-0.2$万元。

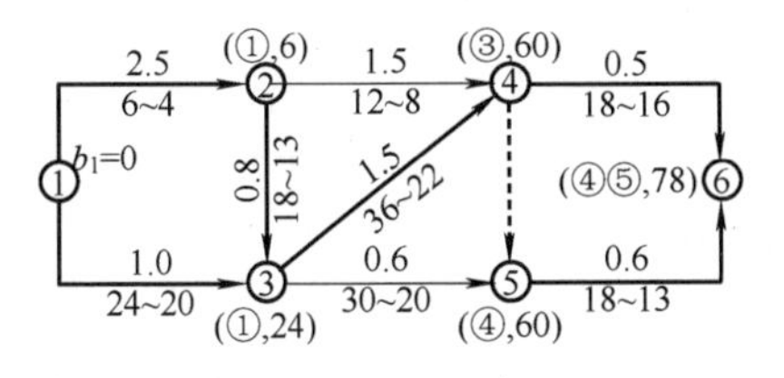

图4-46 第二次压缩后的网络计划

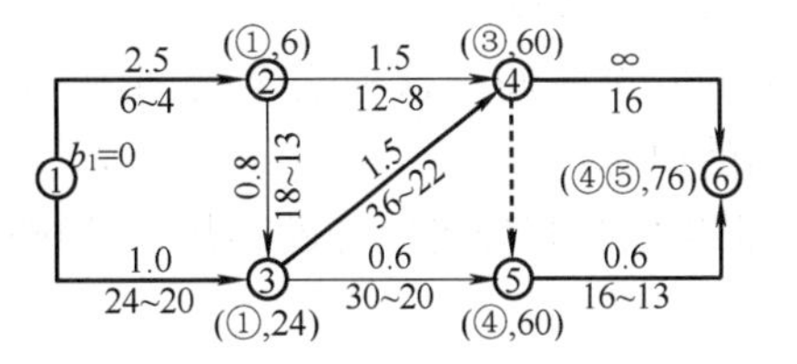

图4-47 费用优化后的网络计划

第四次压缩。图4-47所示网络计划的关键线路没有改变，但工作4-6不能再缩短，工作费率用∞来表示。比较后得知：直接费率最低的关键工作是3-4，直接费率为1.5万元/天，大于间接费率1.2万元/天，说明压缩工作3-4会使工程总费用增加。因此，不需要再压缩工作3-4。优化方案已经得到最优方案，优化后的网络计划如图4-47所示。

优化过程见表4-6。

表4-6 优化过程统计表

压缩次数	压缩对象	工作或组合的直接费率/(万元/天)	间接费率/(万元/天)	费率差/(万元/天)	缩短时间/天	总费用增加额/万元	总工期/天	总费用/万元
0	—	—	1.2	—	—	—	96	626.2
1	4-6	0.5	1.2	-0.7	12	-8.4	84	617.8
2	1-3	1.0	1.2	-0.2	6	-1.2	78	616.6
3	4-6 5-6	1.1	1.2	-0.1	2	-0.2	76	616.4
4	3-4	1.5	1.2	0.3	—	—	费用增加 不需压缩	

优化后的工程总费用为：C=(626.2-8.4-1.2-0.2)万元=616.4万元。

上述计算结果表明，本工程的最优工期为76天，与此对应的最低总费用为616.4万元，比原网络计划计算工期缩短了(96-76)天=20天，且总费用节省(626.2-616.4)万元=9.8万元。

4.7 关键链计划技术

4.7.1 工作持续时间估计

在本章前面各节中，网络计划中工作持续时间值均假设为已知的固定值，但是在项目执行过程中，由于各种干扰因素的作用，工作实际持续时间与预先估计的时间往往并不相同。

项目中工作的持续时间具有一定的不确定性，根据统计，完成一项工作所需的时间通常服从如图 4-48 所示的对数正态分布统计规律。

在项目的计划阶段，项目任务承担者为了确保工作能够如期完成，通常会将有较大把握的时间（如完成概率为 95% 的时间）作为工作持续时间的估计值。这种估计值与完成概率为 50% 的平均时间相比，包含了一部分的安全时间。这种安全时间的产生主要有以下几方面的原因：

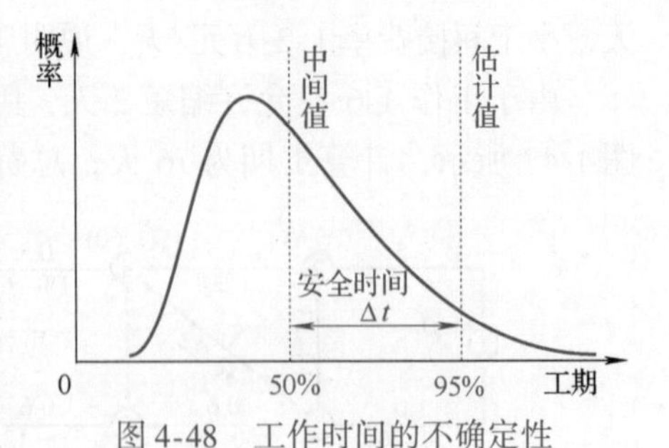

图 4-48　工作时间的不确定性

1）根据项目管理者以往的经历，留出应对风险事件的时间。

2）计划管理层次越多，工作持续时间的估计值越大，因为每层都会加上各自的安全时间。

3）考虑到上层管理者可能会缩短项目工期，事先加大安全时间以避免陷入被动。

4.7.2　安全时间的消耗

尽管在项目计划时，项目管理者已经考虑了相当充足的安全时间，但是，项目管理实践却表明安全时间并不真正“安全”，项目不能在预定的工期内完成的现象极为普遍。安全时间会由于以下几个方面的原因而被消耗掉：

（1）学生综合征　任务承担者在接受任务时会先争取安全时间，但是在得到充足的时间后并不急于开始工作，会一直等到最后期限触发点才真正动工，其活动时间进程如图 4-49 所示。

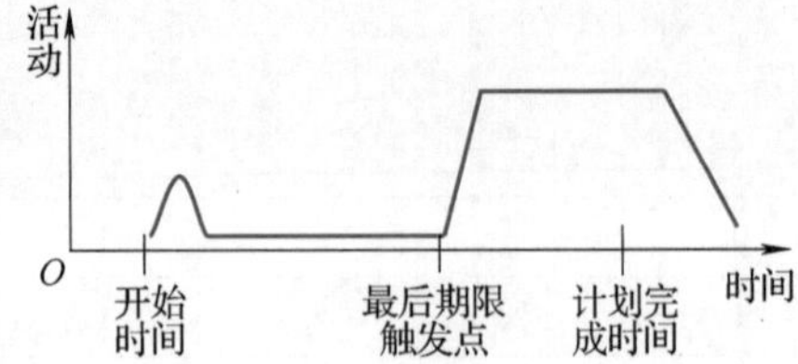

图 4-49　学生综合征者的活动时间进程

（2）帕金森定律　只要还有时间，工作就会不断扩展，直到用完所有的时间。帕金森定律表现了人的复杂心理行为活动。在实际工作中，任务承担者提前完成了某项任务后，出于担心工作有瑕疵，后续工作安全时间可能会被上级压缩，常常完工不报告，直至消耗完所有的计划时间。

（3）接力机制　在网络计划中时间参数的计算往往采用接力机制的假设，即当一项工作的紧前工作全部完成后，本工作即可开始。但在实际工作中这种机制常常失效，原因是一项工作的开始并不仅仅取决于其紧前工作的结束，还有很多其他的先决条件，如人员和材料进场、图样的设计深度是否符合施工要求等，而这些内容往往不能在计划中反映出来。

（4）多任务并行工作　当一个工作有多个并行的紧前工作时，本工作的最早开始时间并不取决于完成时间最早的紧前工作，而是取决于完成时间最迟的紧前工作。因此，提前完成的工作往往并不会对缩短工期产生贡献，但是工作的拖期一定会积累并导致工期的拖延。

4.7.3　关键链与关键路径

在 CPM 网络计划中，对关键路径的定义仅考虑了时间的因素，当计划的执行存在某种资源限制的时候，由关键路径所确定的计划工期往往并不可行。如图 4-50 所示的网络计划，按照 CPM 方法识别出的关键线路是 <A-C-H-I-J> 和 <A-B-D-F-J>，这两条线路的长度均为 13 天，但是在资源限量为每天不超过 8 个单位的约束下，13 天的工期将不能确保整个项目所有的工作全部完成，因为不论是按照工作的最早时间还是最迟时间安排计划，都会出现资源超出限量的情况，如图4-51所示。

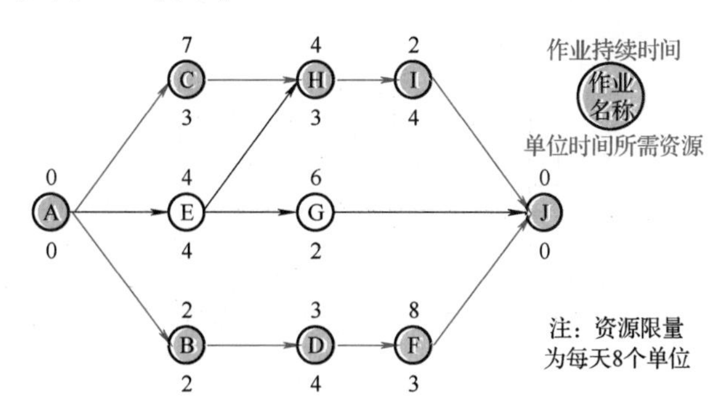

图4-50　网络计划关键线路

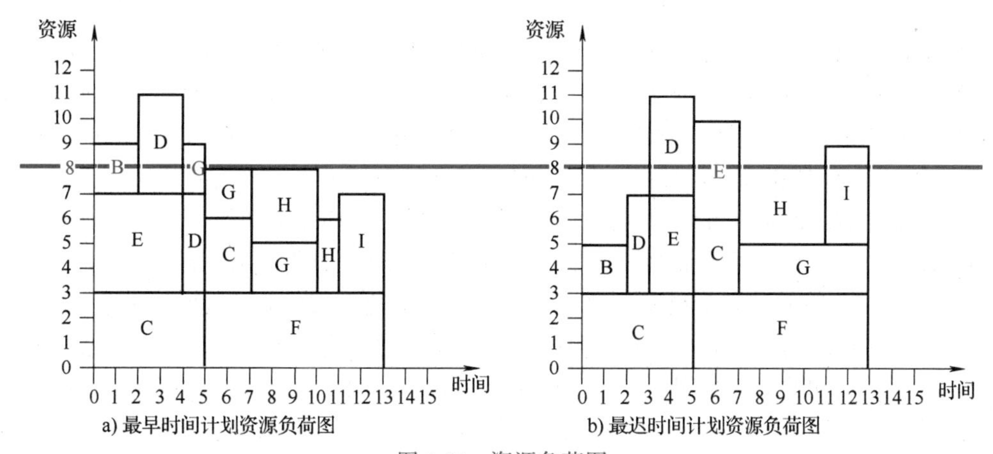

图4-51　资源负荷图

为了与关键线路进行区别，把存在资源限量约束的条件下，最短计划工期方案中，决定计划工期的同时满足工作间逻辑关系制约和资源限量要求的最长线路称为关键链（Critical Chain）。经过优化调度，该网络计划实际对应的关键链计划应当如图4-52所示，图中的虚箭线表示由于资源限制而形成的资源约束关系。此计划中真正决定项目计划工期的关键链有三条，它们分别是<A-B-C-H-I-J>、<A-E-D-F-J>和<A-E-D-G-I-J>，此时计划工期为15天，其对应的资源需求分布如图4-53所示。

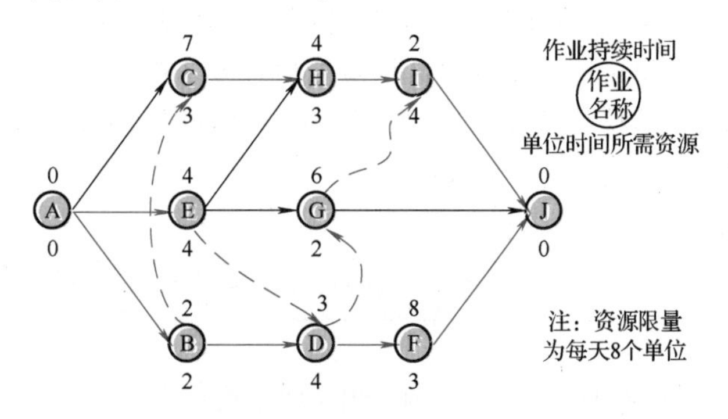

图4-52　考虑资源约束后的关键链计划

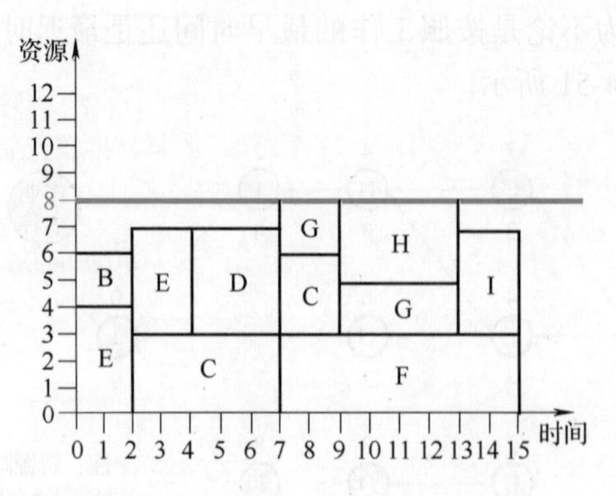

图 4-53　关键链计划对应的资源分布

4.7.4　关键链项目管理

Golddratt 将约束理论应用于项目管理，于 1997 年提出了关键链项目管理（Critical Chain Project Management，CCPM）。他认为，要控制好项目的进度，需要识别项目计划中的关键链以满足资源约束，并采用缓冲管理技术（Buffer Management）来克服学生综合征和帕金森定律的影响，从而实现既缩短项目工期，同时又保证较高的项目完工概率的效果。

对活动安全时间的估计和缓冲时间的设置是关键链技术应用的关键。Golddratt 认为，传统的项目计划方法在每个活动上都加入了大量的安全时间。如图 4-48 所示，活动在完工概率为 95% 下的完工时间与完工概率为 50% 下的完工时间之差 Δt 即为该活动的安全时间。安全时间是出于对风险的考虑而增加的保障时间，但是在项目实践中，由于学生综合征和帕金森定律的作用，活动的安全时间往往被消耗殆尽，甚至拖期。为克服这种现象，Golddratt 提出，将关键链上每项活动的安全时间去除，并将各项活动安全时间的一半拿出来一并放到关键链的尾端作为项目缓冲时间（Project Buffer，PB）集中使用，如图 4-54 所示。项目缓冲大小的计算公式为

$$PB = \frac{1}{2}\sum_{i=1}^{n} \Delta t_i \qquad (4-44)$$

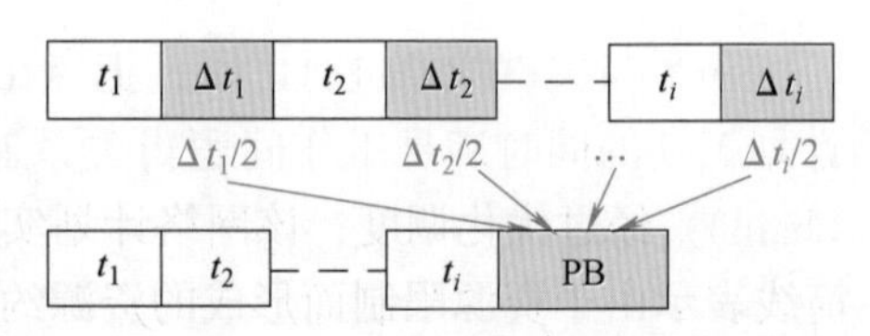

图 4-54　关键链项目缓冲

这种项目缓冲的设置方法使用了统计学上的方差集中原理，能够使项目在相同的完工概率下具有更短的项目工期。除了项目缓冲外，为了防止非关键活动对关键链的影响，还应当在非关键链汇入关键链的入口处设置接驳缓冲（Feeding Buffer，FB），如图 4-55 所示。Golddratt 所提出的这种缓冲设置方法被称为剪贴法。剪贴法操作简单，但是当关键链上的活动较多时这种方法容易导致对缓冲时间的过量估计。

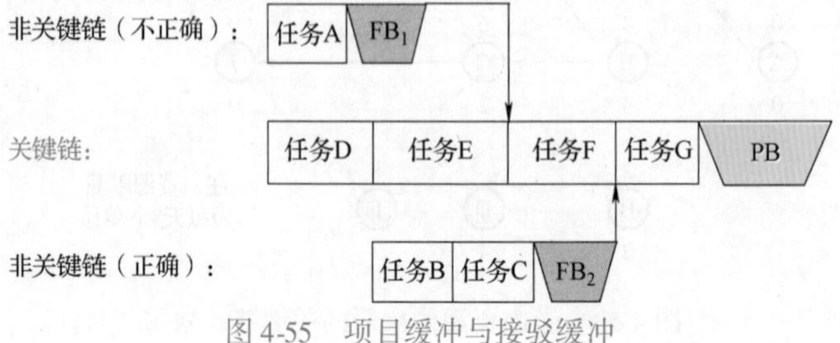

图 4-55　项目缓冲与接驳缓冲

Newbold 提出了根方差缓冲设置方法（RSE 法）。他认为活动的安全时间 Δt 代表了活动的不确定性，建议将 $\Delta t/2$ 用作为活动时间的标准差，用 2 倍的链路标准差作为项目的缓冲估计。假定链路上各项活动的时间相互独立，根据中心极限定理可得

$$PB = 2\left[\sum_{i=1}^{n}\left(\frac{\Delta t_i}{2}\right)^2\right]^{1/2} = \left[\sum_{i=1}^{n}(\Delta t_i)^2\right]^{1/2} \tag{4-45}$$

式中　n——关键链上的活动数。

与剪贴法相比，RSE 法具有均衡的特点，不会造成缓冲区过大或过小的问题，但是在采用 RSE 法时，关键链上的活动数应在 10 个以上，否则，中心极限定理难以发挥作用。

思考与练习题

1. 网络计划的特点有哪些？
2. 什么是网络图？双代号网络图一般由哪些要素组成？
3. 什么是虚工作？其作用是什么？
4. 工作间逻辑关系的含义是什么？有哪几种逻辑关系？试举例说明。
5. 简述绘制网络计划的基本规则。
6. 网络计划的时间参数有哪些？各参数的含义是什么？如何进行计算？
7. 时差主要有哪几种？各有什么特点？计算方法是什么？
8. 什么是关键线路？关键线路和关键工作如何确定？
9. 时标网络计划有哪些特点？
10. 什么是单代号网络图？其特点是什么？
11. 何谓搭接网络计划？试举例说明工作之间的各种搭接关系。
12. 什么是网络计划的优化？网络计划的优化有哪几种？
13. 什么是直接费率？
14. 在费用优化过程中，如果拟缩短持续时间的关键工作（或工作组合）的直接费率大于工程间接费率，即可判定此时已达优化点，为什么？
15. 某一建筑物地下工程，包括挖土、浇混凝土、砌砖三道工作。现分为两个施工段组织流水作业，已绘出两种不同的网络图，如图 4-56 所示。试鉴别图中逻辑关系的正误，若有错误，说明错误的原因并改正之。

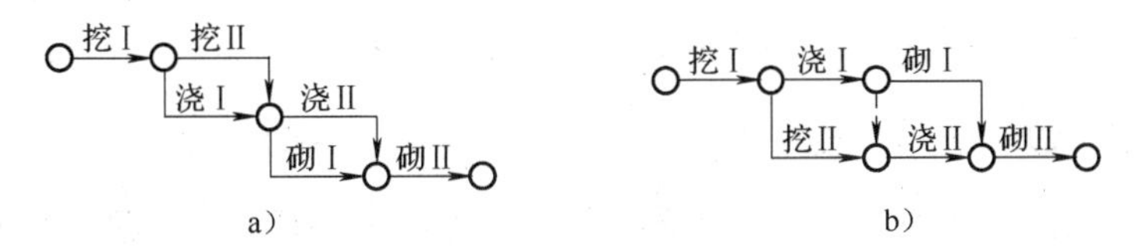

图 4-56　两种不同的网络图

16. 指出图 4-57 所示双代号网络图的绘图错误及产生错误的原因。

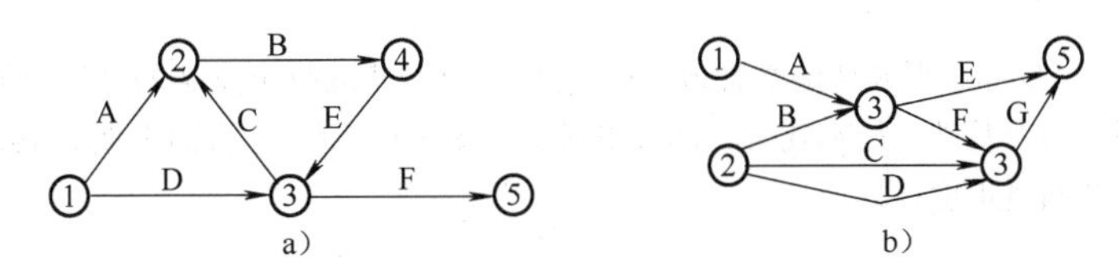

图 4-57　双代号网络图

17. 根据表4-7所示的逻辑关系，绘制双代号网络图，并计算时间参数。

表4-7 逻辑关系

工作名称	A	B	C	D	E	F	G	H	I	J	K
紧前工作	–	A	A	B	B	E	A	D、C	E	F、G、H	I、J
作业时间/天	4	6	3	2	4	8	6	5	4	9	6

18. 用图上计算法计算图4-58所示双代号网络图的时间参数，在图上用粗线表示出关键线路，并将图4-58b绘制成时标网络计划。

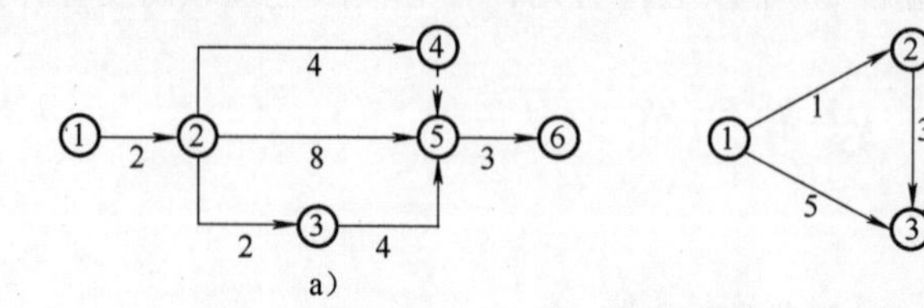

图4-58 双代号网络图（单位：天）

19. 已知搭接网络计划如图4-59所示，试计算时间参数，指出关键线路。

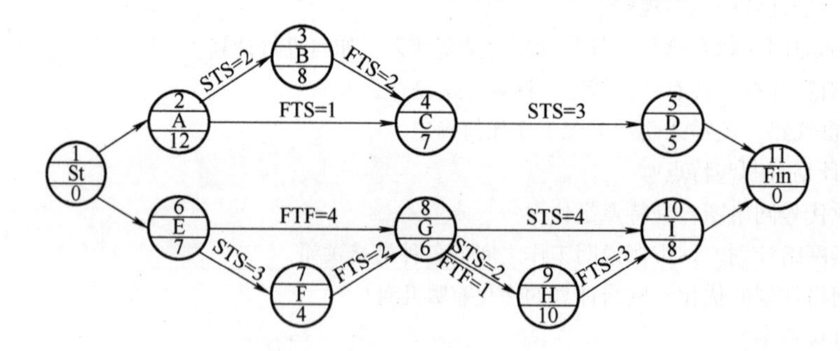

图4-59 搭接网络计划（单位：天）

20. 某工程双代号网络计划如图4-60所示，图中箭线上方数字为极限作业时间与正常作业时间（单位：天），下方数字为极限费用与正常费用（单位：万元），试求总费用最低的最优工期（间接费率为6万元/天）。

21. 试用削高峰法对图4-61所示的网络图进行优化，使其工期不变，资源使用尽可能均衡，图中箭线下方数字为工作持续时间（单位：天），上方数字为完成工作所需要的资源数量（单位：人）。

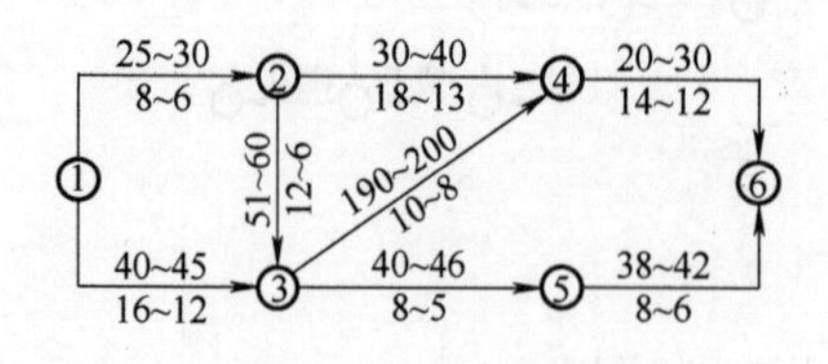

图4-60 某工程网络计划

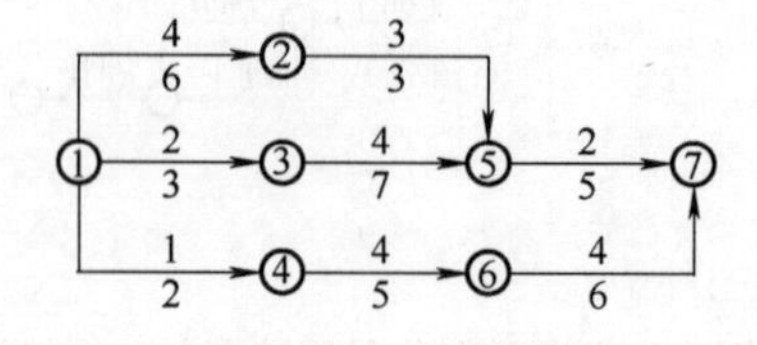

图4-61 网络图

22. 某施工单位通过投标获得高架输水管道工程，共20组钢筋混凝土支架的施工合同。每组支架的结构形式及工程量相同，均由基础、柱和托梁三部分组成，如图4-62所示。合同工期为190天。开工前施工单位制订了施工方案及网络进度计划。

（1）施工方案：

施工流向：从第1组支架依次流向第20组。

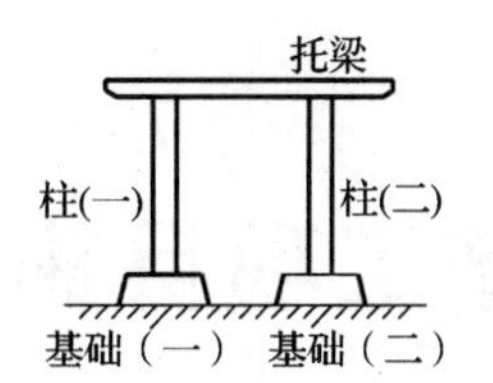

图 4-62　支架的结构形式图

劳动组织：基础、柱、托梁分别组织混合工种专业队。
技术间歇：柱混凝土浇筑后需养护 20 天方能进行托梁施工。
物资供应：脚手架、模具及商品混凝土按进度要求调度配合。
（2）网络进度计划如图 4-63（时间单位：天）。

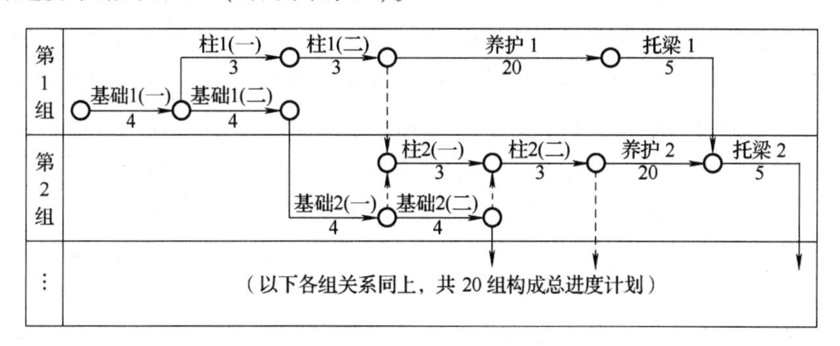

图 4-63　网络进度计划

问题：
1）什么是网络计划工作之间的工艺逻辑关系和组织逻辑关系？从图 4-63 中各举 1 例说明。
2）该网络计划反映 1 组支架需要多少施工时间？
3）任意相邻两组支架的开工时间相差几天？第 20 组支架的开工时间是何时？
4）该计划的计划总工期为多少天？
5）该网络计划的关键线路由哪些工作组成？
23. 什么是关键链？关键链与关键线路有什么区别？
24. 什么是项目缓冲？项目缓冲设置的原理是什么？

第5章 建筑施工项目施工准备

本章导读

事物之间都是互相联系、彼此影响的，任何事物的发生与发展都必须有一定的条件。准备就是人们基于对客观事物发展规律的深刻认识，为使事物按照人们的设想和要求发生与发展，而通过主观努力以创造其必要条件的工作。施工准备是指施工前从组织、技术、经济、劳动力、物资、生活等方面为保证土建工程施工顺利地进行而事先做好的各项工作。

案例：某施工单位在进行土石方工程施工时，由于施工准备工作不充分，没有注意到土质对施工机械设备选择的影响，进场的全是大型的土方运输机械。结果到了雨季的时候，大型设备全部趴窝，损坏严重。施工单位先是对道路铺砖改造，结果设备一压，砖就陷入地面以下；后来又铺预制板，还是不行；最后迫不得已采用了大量的小型拖拉机，“全线开花”“蚂蚁啃骨头”似的工作，最终才算按时完成了任务，但是项目的施工成本却增加了很多。这一例子，充分体现了施工准备工作对于建筑施工项目管理的重要性。本章的主要任务就是学习如何进行施工准备工作。

5.1 施工准备工作概述

5.1.1 施工准备工作的意义

土木工程施工是一项非常复杂的生产活动，需要处理复杂的技术问题，耗用大量的物资，动用众多的人力，使用许多机械设备，所遇到的条件也是多种多样的，涉及的范围上至国家机关，下至各协作单位和工程周边的居民，十分广泛。认真做好施工准备工作，对于合理供应资源、加快施工速度、提高工作质量、降低工程成本、发挥企业优势、增加企业经济效益、赢得企业社会信誉、实现企业管理现代化等具有重要的意义。其重要性具体表现为以下几个方面：

（1）遵循建筑施工程序　施工准备工作是施工阶段必须经历的一个重要环节，是施工管理的重要内容之一，是组织土木工程施工客观规律的要求，是土建施工和设备安装顺利进行的根本保证，其根本任务是为正式施工创造良好的条件。不管是整个的建设项目，或是其中的一个单项工程、单位工程，甚至单位工程中的分部、分项工程，在开工之前，都必须进行必要的施工准备。凡事预则立、不预则废。没有做好必要的准备就贸然施工，必然会导致施工现场混乱、物资浪费、停工待料、工程质量不符合要求、工期延长等现象的发生，甚至出现安全事故。

（2）实现质量、工期、成本、安全四大目标控制，降低施工风险　土木工程往往规模巨大、技术复杂、施工周期长，且绝大多数是露天作业，生产过程很容易受到外界的各种环境因素以及项目自身的一些因素的影响，充满了各种不确定性。事先做好充分的准备工作，积极采取预防措施，加强应变能力，可以有效地降低各种不确定因素发生的概率并且减轻其不利的影响，从而有效降低施工风险。

（3）创造工程开工和顺利施工的条件，赢得企业社会信誉　工程项目施工中不仅需要耗用大量材料、使用许多机械设备、组织安排各工种人力、涉及广泛的社会关系，而且还要处理各种复杂的技术问题、协调各种配合关系等。因此只有在施工前进行统筹安排和周密准备，才能使工程顺利开工，而且在开工后能连续顺利地施工，得到各方面条件的保证，按合同条件完成工程项目，为企业赢得社会信誉。

（4）提高企业综合经济效益，促进企业发展　认真做好工程项目的各项施工准备工作，充分调动各方面的积极因素，合理组织资源，加快施工进度，提高工程质量，避免因返工、等待、质量不合格等问题造成的经济损失，提高企业经济效益和社会效益，从而使企业在国际和国内两大竞争激烈的建筑市场上处于优势地位，有利于企业发展。

实践证明，施工准备工作的好与坏，将直接影响建筑产品生产的全过程，凡是重视和做好施工准备工作，积极为工程项目创造一切有利施工条件的工程通常能顺利开工，取得施工的主动权。反之，如果违背施工程序，忽视施工准备工作而仓促开工，就必然在工程施工中受到各种矛盾掣肘，处处被动，以致造成重大的经济损失。

5.1.2　施工准备工作的分类

施工准备工作可按其规模范围的大小和施工阶段的不同进行分类。

1. 按施工准备工作的范围分类

按施工准备工作的范围不同，一般可分为全场性施工准备、单位工程施工条件准备和分部（分项）工程作业条件准备三种。

（1）全场性施工准备　它是以一个建设工地为对象而进行的各项施工准备。其特点是准备工作的目的和内容都是为全场性施工服务的。它不仅要为全场性的施工活动创造有利条件，而且要兼顾单位工程施工条件的准备。全场性施工准备也可称为施工总准备。

（2）单位工程施工条件准备　它是以一个建筑物或构筑物为对象进行的施工条件准备工作。其特点是准备工作的目的、内容都是为单位工程施工服务的。它不仅要为该单位工程做好开工前的一切准备，而且要为分部（分项）工程或冬雨季施工做好作业条件的准备。

（3）分部（分项）工程作业条件准备　对某些施工难度大、技术复杂的分部（分项）工程，如降低地下水位、基坑支护、大体积混凝土浇筑、防水施工、大跨度结构吊装等，还要单独编制工程作业设计，并对其所采用的材料、机具、设备及安全防护设施等分别进行准备。

2. 按施工阶段分类

按拟建工程所处的施工阶段不同，一般可分为开工前的施工准备、各施工阶段开工前的施工准备和日常作业准备三种。

（1）开工前的施工准备　它是在拟建工程正式开工之前所进行的一切施工准备工作。其目的是为拟建工程正式开工创造必要的施工条件，带有全局性和总体性。它既可能是全场性的施工准备，又可能是单位工程施工条件的准备。

（2）各施工阶段开工前的施工准备　它是在拟建工程开工之后，每个施工阶段正式开始之前所进行的一切施工准备工作。其目的是为该阶段正式开工创造必要的施工条件，它带有局部性和针对性。如框架结构教学楼的施工，一般可分为基础工程、主体工程、围护及屋面工程和装饰工程等施工阶段，每个施工阶段的施工内容不同，所需要的技术条件、物资条件、组织要求和现场布置等方面也不同。因此，在每个施工阶段开工之前，都必须做好相应的施工准备工作。

(3) 日常作业准备　日常作业准备主要是指在每天的工作开始前所做的必要的检查和准备。其目的是为每天安全顺利地施工创造必要的条件，是一件经常性的工作。在每天的工作开始之前，明确当天的任务重点、难点、质量要求及注意事项，检查安全防护设施和安全防护用品的安装及使用、材料的准备情况、设备的运转情况，保证当天的工作顺利进行。

综上所述，可以看出，不仅在拟建工程开工之前需要做好准备工作，而且随着工程施工的进展，在各阶段开工之前甚至每天的工作开始之前也都需要做好相应的准备工作。施工准备工作既要有阶段性，同时也要有连贯性，是贯穿于整个施工过程的一项经常性工作，需要项目管理者给予充分的重视，并有计划、有步骤、分期分阶段地安排和实施。

5.1.3　施工准备工作的内容

每项工程施工准备工作的内容，视该工程本身及其具备的条件而异。简单的小型项目和复杂的大中型项目、新建项目和改扩建项目、在未开发地区兴建的项目和在各种条件已具备的地区兴建的项目，都因工程的特殊需要和特殊条件而对施工准备工作提出各不相同的具体要求。因此，在进行施工准备时，需要根据具体工程的特点和环境条件，按照施工项目的规划来确定准备工作的内容，并拟定具体的、分阶段的施工准备工作实施计划，才能充分而又恰如其分地为施工创造一切必要的条件。

不同范围或不同阶段的施工准备工作，在内容上有所差异。但主要内容一般均包括：施工调查、技术准备、物资准备、劳动组织准备、施工现场准备和施工现场外部准备六个方面。

5.2　施工调查

5.2.1　施工调查的目的

施工调查是施工准备工作的重要内容之一，特别是当施工单位进入一个新的城市或地区，这项工作显得更加重要。它关系到施工单位全局的部署与安排，对工程项目施工的成败具有十分重要的影响。

通过施工调查，一方面会使项目管理者清楚地认识项目的环境因素与项目之间的相互作用，从而更加充分地利用环境资源和条件，选择合理的施工方案，降低施工成本；另一方面，将有助于项目管理者提前识别在环境中存在的风险因素，避免相关的风险损失。

5.2.2　施工调查的内容

施工调查工作主要有：工程概况调查、工程用地和拆迁情况调查、工程自然条件调查、技术经济条件调查、社会生活条件调查、专业工程施工特殊调查等。

1. 工程概况调查

了解建设单位、设计单位、监理单位的名称、驻地、负责人及联系方式等；了解工程位置、工程量及投资、技术条件和标准；了解合同工期要求，建设单位对工期有无提前或延期要求，以及有无要抢工期等信息。向设计单位了解设计意图、主要技术条件和设计原则、主要设计方案比选及设计方面存在的主要问题；了解工程数量及工程主要特点，隧道、桥梁、路基、涵洞分布情况、重点工程结构类型、施工方案、技术特点等；向建设单位了解对工程分期分批施工、配套交付使用的顺序要求、工程施工质量有无特殊要求等信息。

2. 工程用地和拆迁情况调查

项目当地的农业发展状况；土地、人口、农田水利和其他农业设施的状况；工程占用土地的类别；拆迁建筑物数量、拆迁和过渡的难易程度；当地征地拆迁的政策规定等。

3. 工程自然条件调查

（1）地形、地貌、地质　收集当地工程范围最新地貌、地形、地质图。通过现场踏勘，了解地形地貌、地质构造物质特征；了解岩土类别，滑坡、错落体、溶洞、严重风化软土等不良地质位置及范围；了解地貌和地面、地下建筑物的变化情况；了解工程范围和临时用地范围内管线位置和技术参数。

（2）水文地质勘察资料　水文地质勘察资料包括如下两个方面（为选择基础施工方法提供依据）：

1）地下水文资料。地下水位高度及变化范围，地下水的流向及流速，地下水的水质分析，地下水对基础有无冲刷、侵蚀影响。

2）地面水文资料。最高、最低水位，流量及流速，洪水期及山洪情况，水温及冰凉情况，航运及浮运情况，湖泊的贮水量，水质分析等。

（3）气象、地震资料　气象、地震资料包括如下三个方面（为确定冬、雨期季节施工提供依据）：

1）降雨资料。全年降雨量，一日最大降雨量，雨期起止日期等。

2）气温资料。年平均、最高、最低气温，最冷、最热月的逐月平均温度，冬、夏室外计量温度，低于 5℃的天数及起止日期，土壤冻结期及冻结深度等。

3）风向资料。主导风向、风速、风的频率，大于或等于 8 级风全年天数，并应将风向资料绘成风玫瑰图。

4）当地的地震情况。

4. 技术经济条件调查

（1）确定标段内工程的重点和难点　研究确定重点工程施工方案，提出施工建议计划；调查取、弃土场位置、运距、填料情况，提出土方调配的原则意见；根据现场实际提出工程机械配备和中心试验室设置建议。

（2）交通运输　了解既有公路和机耕道的分布；道路等级及现状；道路与工程的衔接联系；交通密度和流向；既有铁路（含专用线）和航道运输的情况；可利用的交通工具种类、数量及价格；既有铁路、公路货场和码头的位置能力、价格等。

调查主要材料及构件运输通道情况，包括道路等级、交通流量，途经桥涵的宽度、高度，允许载重量和转弯半径限制等。有超长、超重、超高或超宽的大型构件、大型起重机械和生产工艺设备需整体运输时，还要调查沿途架空电线和天桥的高度，并与有关部门商谈避免大件运输对正常交通干扰的路线、时间及措施等。

(3) 水、电、通信、燃料　电网及变电站位置、等级及容量，收费标准，可提供的容量及要求；生产、生活用水水源位置、容量、水质及供应方式，收费标准；当地排水设施排水的可能性、排水距离、去向；燃料的品种、质量、供应能力和价格；临时通信方案的比选；水、电工程永临结合的可能性及技术经济比较。

(4) 物资供应　设计和建设单位规定的主要工程材料供应方式；工程地点物资来源渠道、品种规格、供货能力、品质、价格；运输条件。

地材要重点调查：产地、产量、材质、运距、价格；开采和供货条件，可否自行或联合开采；运输条件；当地政策规定及取费标准等。地材应取样试验，鉴定品质。

(5) 劳动力资源　了解、掌握当地劳动力市场的供应情况、价格及劳动力素质条件等。

(6) 当地施工机械设备市场情况　了解、掌握当地机械设备市场情况，对本工程所需的主要机械设备的型号、种类、性能、租赁价、出售价等进行市场调查。

(7) 工程造价资料　部门和地方最新定额、费率、概预算编制规定；劳、材、机、运实际信息（指导）价。

(8) 大临设施的设置条件、标准、地点、数量，队伍的驻地安排。

5. 社会生活条件调查

(1) 民风、民俗及治安状况　工程项目所在地的民族状况和分布；生活习惯和民风民情；社会治安状态。周围地区能为施工利用的房屋类型、面积、结构、位置、使用条件和满足施工需要的程度等。

附近地区机关、居民、企业分布状况及作息时间、生活习惯和交通情况。施工时吊装、运输、打桩、用火等作业所产生的安全问题、防火问题，以及振动、噪声、粉尘、有害气体、垃圾、泥浆、运输散落物等对周围人们的影响及防护要求，工地内外绿化、文物古迹的保护要求等。

(2) 生活、卫生　当地的物价；生活物资品种和数量，供应来源；施工期对当地生活条件影响的预测；医疗卫生条件；地方疫情；商业服务条件，公共交通、通信、网络、消防治安机构及能为施工提供的支援能力。

5.2.3　施工调查的方法

工程项目的施工调查方法很多，常用的方法主要有：

1）新闻媒介。如报纸、杂志、专业文章、电视、新闻发布会。

2）专业渠道。如学会、商会、研究会的咨询资料。

3）委托咨询公司或专业人士提供咨询服务和信息。

4）派人实地考察和调查。

5）通过业务代理人调查。

6）向同行、合作者、朋友调查。

7）专家调查法。即德尔菲（Delphi）法，通过专家小组预测或专家调查表调查。

8）直接询问。特别是市场价格信息可以直接向供应商、分包商询价。

9）利用互联网查询。

在使用这些方法时应注意各种方法所获取信息的准确性、便利性、专业性以及获取成本，采用适当的方法获取所需的有用信息，例如，调查法律环境信息时，采用专家调查法可能会比别的方法更有效。

5.2.4　施工调查报告的编写

现场调查工作完毕后，应整理好资料，由调查组负责编写施工调查报告。施工调查报告的内容包括：

（1）工程概况　地形、地质、地貌、气象水文情况，工程分布及重点工程情况，工程特点和施工难易程度，主要工程数量，工期要求及建设意义。

（2）施工条件　工程现场地形、地貌、拆迁建筑物情况，沿线交通和供水、供电、通信情况；地方材料的供应条件及料源的分布情况；临时工程修建条件等。

（3）施工建议方案　在以上施工条件调查的基础上，讨论并确定可行的施工建议方案将会对未来施工管理方案的制订起到关键影响作用。这些施工建议方案通常包括：

1）施工组织原则意见、工期安排和分年度施工进度意见。

2）施工任务划分、施工队伍分布及驻地位置意见，临时工程建设原则。

3）控制工期的工程项目及重点工程施工方案、进度安排意见。

4）施工干线便道修建意见，施工供水工程修建原则，施工供电干线路及变压器、发电机设置方案，施工通信方案。

5）砖、瓦、石灰、砂、石等地方材料产地及采购、供应原则意见。

6）主要工程材料采购、供应原则和设置材料厂、预制厂、轨节场（含存梁场）的地点、规模意见。

7）施工机具设备的配备和利用地方机械设备的意见。

8）改善设计的建议及环保措施建议。

9）使用地方劳动力和向地方施工企业发包工程的意见等。

（4）其他　存在的主要问题及解决的初步意见，对施工生产工作的其他要求。

5.3　技术准备

技术准备是施工准备的核心工作，它对工程的质量、安全、费用、工期控制具有重要的意义，因此必须认真做好技术准备工作。

5.3.1　熟悉与审核施工图样

1. 审核图样的目的

设计文件是组织施工的重要依据，对设计文件的熟悉与审核是一项严肃重要的技术工作。通过审核图样要达到以下目的：

1）了解工程的整体情况和设计意图，明确技术特点和质量要求。

2）找出图样上存在的差、错、漏等问题和错误。

3）结合施工现场调查，提出施工部署、施工安排、资源配置的初步意见，作为编制施工计划和实施性施工组织设计的依据。

4）根据设计图样的内容，确定应收集的技术资料、标准、国家规范、实验规程等内容，做好技术保障工作。

5）建立正确的工程数量台账，确定计量内外控制线。

2. 图样审核的内容

设计图样一般由线路平面设计、纵断面设计、横断面设计、结构物设计、标准图、数据表等几部分组成。图样审查包括内业复核和外业复核。

（1）内业复核　内业复核主要寻找差、错、漏等问题和错误。

1）审查施工图的张数、编号与图样目录是否相符。

2）审查施工图样、施工图说明、设计总说明是否齐全，规定是否明确，三者有无矛盾。

3）审查平面图所标注坐标、绝对标高与总图是否相符。

4）复核工程各部位的尺寸、量纲、高程、线型及所用材料标准是否正确。

（2）外业复核

外业复核主要是对照图样查看核对现场原地面，构造物原地面，工程地质，征地拆迁，大、小临工程，构造物设置的位置、规模、数量等情况。

3. 审查方法

设计图各部分内容各自独立又相互联系，在图样审查时应把各部分结合起来，整体地了解工程全貌，该工作一般由项目总工负责统一协调。

1）审查图样时，首先仔细阅读设计说明。在设计说明中，设计者一般对总体设计思想、设计标准、设计中的难点重点、设计图各部分之间的关系、施工人员应注意的问题等做了简明扼要的阐述，在审图时要引起足够重视。

2）图样审查工作量大，时间紧，可先主后次分阶段审核，但相关的内容要一次性审核完，如桥下部和梁体要同时审核，每阶段审核一般要在工程开工前十天完成。

3）在线路平面图中应了解路线的走向、转角、曲线情况，结构物设置情况，线路附近地表、地貌、河流村镇等情况。在纵断面图中应了解线路竖曲线设置、线路纵坡设计、线路纵向排水设计等，了解路基土石方填挖方及各段土方的需用量。在横断面图中应了解道路横断面设计、路面各层结构设计、线路横断面超高、横断面排水等情况。在平面与纵断面读图时应结合结构物设计，了解结构物在道路上的位置，了解结构物的类型规模，重点了解桥、隧、互通立交等结构的内容。

4）图样审查时要同时绘制一些辅助性图表，如线路平面缩图、构筑物及主要工程量一览表等。通过绘制这些图表，进一步熟悉图样，了解工程内容，同时提炼出简单、清楚、有指导作用的内容，供决策者、管理人员、技术人员使用。

5）图样审查时应对主要工程量、主要设计内容，如大型构筑物设计等进行必要的计算，对设计图中存在的问题进行记录。

6）当现有的施工条件难以满足某设计，要求设计单位予以改变部分设计时，要提出修改意见。

4. 图样审查的程序

图样审查一般由项目总工负责组织进行。独立审查由有经验的技术人员完成。内部会审时项目经理、项目技术负责人、专业技术人员、内业技术人员、质检员及其他相关人员都应该参加。

（1）自审　接到图样后，项目总工应及时安排或组织有关技术人员进行审查，按工程内容、施工区段划分，由技术人员分别审图，提出问题；图样经自审后，将发现的问题以及有关建议做好记录。

(2) 交叉审　对重要工程项目，由技术人员交叉审查，通过交流互相补充，并做好审查记录。

(3) 内部会审　针对自审、互审中发现的问题及建议组织内部会审，进行讨论。会审结果要与工程量清单相比较，多余数量及时入库，建立正确的工程数量台账。

(4) 提出审查报告　根据会审结果汇总整理出书面的审查报告。主要内容包括：工程项目名称、存在的问题（注明图号、必要时附图说明）、修改完善设计的建议及要求设计、建设单位予以答复的其他事项。提出的处理意见和变更要求依据要充分，计算要正确。

5. 图样审查的有关要求

1）审图人员应对设计方法有一定了解，并了解与工程有关的专业知识及相关的工程实例，有同类技术管理经验，工作认真细致。

2）图样审查要有成果，如图样审查报告，设计图样存在问题、疑点一览表及辅助性图表等，供有关人员参考，同时也可作为今后工作参考的资料。

3）审图人员应注意征求计划、物资、设备等各方面的经验，集思广益，提出较为全面、切实可行的意见。

4）向设计、建设单位提出的问题力求在技术交底会上能得到解决并形成纪要。

5.3.2　熟悉技术规范、规程和有关规定

技术规范、规程是国家制定的建设法规，是实践经验的总结，在技术管理上具有法律效力。在工程开工前，对与施工对象相关的规范、规程和有关规定要认真学习，明确要求，以便贯彻实施。特别是强制性条文，要坚决执行。常用的规范、规程类型包括：①工程质量验收标准；②工程技术规范；③施工操作规范、规程；④质量验收规范；⑤安全技术规范、规程；⑥上级技术部门颁发的其他技术规范、规程和有关规定。

5.3.3　编制施工预算

施工预算是根据施工图样、施工组织设计或施工方案、施工定额等文件进行编制的，是施工企业内部控制各项费用支出、考核员工、签发施工任务单、限额领料、进行经济核算的依据，也是进行工程分包的依据。

5.3.4　编制施工组织设计

施工生产活动是非常复杂的物质财富再创造的过程，为了正确处理人与物、主体与辅助、工艺与设备、专业与协作、供应与消耗、生产与储存、使用与维修以及它们在空间布置、时间排列之间的关系，必须根据拟建工程的规模、结构特点和建设单位的要求，在原始资料调查分析的基础上，编制出一份能切实指导该工程全部施工活动的科学的实施方案，即施工组织设计。

5.4　劳动组织准备

劳动组织准备是确保拟建工程能够优质、安全、低成本、高效率地按期建成的必要条

件。其主要内容包括：建立施工项目领导机构，建立精干的施工队伍，加强职业培训和技术交底工作，建立健全各项管理制度。

5.4.1 建立施工项目领导机构

建立施工项目领导机构应遵循以下原则：根据拟建工程项目的规模、结构特点和复杂程度，确定拟建工程项目施工的领导机构的形式、名额和人选；要遵循合理分工与密切协作相结合；从施工管理的总目标出发，坚持因目标设事、因事设职、因职选人的原则；把有施工经验、有开拓精神、工作效率高的人选入领导机构。

5.4.2 建立精干的施工队伍

施工队伍的建立要认真考虑专业、工种的合理配合，技工、普工的比例要满足合理的劳动组织，要符合流水施工组织方式的要求，建立施工队组要坚持合理、精干的原则，人员配置要从严控制二、三线管理人员，力求一专多能、一人多职，同时制订出该项目的劳动力需求计划。

土木工程施工队伍主要有基本施工队伍、专业施工队伍和外包施工队伍三种类型。基本施工队伍是施工企业组织生产的主力，应根据工程的特点、施工方法和流水施工的要求恰当地选择劳动组织形式；专业施工队伍主要用来承担机械化施工的土方工程、吊装工程、钢筋气压焊施工和大型单位工程内部的机电、消防、空调、通信系统等设备的安装工程，也可将这些专业性较强的工程外包给其他专业施工单位来完成；外包施工队伍主要用来弥补施工企业劳动力的不足，外包施工队伍大致有独立承担单位工程施工、承担分部分项工程施工和参与施工单位施工队组施工三种形式，以前两种形式居多。

施工经验证明，无论采用哪种形式的施工队伍，都应遵循施工队组和劳动力相对稳定的原则，以保证工程质量和提高劳动效率。

5.4.3 加强职业培训和技术交底工作

工程产品的质量是由工序质量决定的，工序质量是由工作质量决定的，工作质量又是由人的素质决定的。因此，要想提高建筑产品的质量，必须首先提高人的素质，加强职业技术培训，不断提高各类施工操作人员的技术水平。

施工队伍确定后，按照开工日期和劳动力需要计划，分期分批地组织工人进场，并安排好职工的生活。同时要进行安全、防火和文明施工等方面的教育。

在单位工程或分部分项工程开工前要进行施工交底工作。交底的内容主要有：工程施工进度计划、月（旬）作业计划、施工工艺方法、质量标准、安全技术措施、降低成本措施、施工验收规范的要求；新结构、新材料、新技术和新工艺的实施方案和保证措施；有关部位的设计变更和技术核定等事项。

交底工作应按施工管理系统自上而下逐级进行，由上而下直至队组工人。交底的方式有书面形式、口头形式、现场示范或样板交底形式。对于涉及质量、安全等重要内容的交底，应采用书面形式，一式三份，双方签字并存入档案。

交底后，施工队组有关人员要认真分析研究，弄清工程关键部位、操作要领、质量标准和安全措施，必要时应该根据示范交底进行练习和考核，明确施工任务，做好分工协作安排，同时建立健全岗位责任制和安全质量保证措施。

5.4.4　建立健全各项管理制度

施工现场各项规章与管理制度是否健全，不仅直接影响工程质量、施工安全和施工活动的顺利进行，而且直接影响企业的施工管理水平、企业的信誉和社会形象。有章不循其后果是严重的，而无章可循更是危险的。为此，必须建立健全各项规章与管理制度。通常项目管理制度的内容会包括：工程质量检查与验收制度、施工图样学习与会审制度、工程技术档案管理制度、材料及主要构配件和制品的检查验收制度、技术责任制度、技术交底制度、材料出入库制度、机具使用保养制度、安全操作制度、职工考勤和考核制度、经济核算制度等。

5.5　施工物资准备

物资准备是保证施工顺利进行的基础。在工程开工之前，要根据各种物资的需求计划，分别落实货源，组织运输和安排储备，以保证工程开工和连续施工的需要。

5.5.1　物资准备的内容

施工物资准备一般包括建筑材料的准备、预制构件和商品混凝土的准备、施工机具的准备及模板和脚手架的准备。

(1) 建筑材料的准备　建筑材料的准备主要是根据工料分析，按照施工进度计划的使用要求以及材料储备定额和消耗定额，分别按材料名称、规格、使用时间进行汇总，编制材料需求计划。准备工作应根据材料的需求计划，组织货源，确定加工、供应地点和供应方式，签订物资供应合同。

(2) 预制构件和商品混凝土的准备　工程项目施工中需要大量的预制构件、金属构件、门窗、水泥制品等，这些构件、配件必须事先提出订制加工单。对于采用商品混凝土现浇的工程，则先要到生产单位签订供货合同，注明品种、规格、数量、需要时间及送货地点等。

(3) 施工机具的准备　施工选定的各种土方机械、混凝土和砂浆搅拌设备、垂直及水平运输机械、吊装机械、动力机具、钢筋加工设备、木工机械、焊接设备、打夯机、抽水设备等应根据施工方案和施工进度，确定数量和进场时间。需租赁机械时，应提前签约。

(4) 模板和脚手架的准备　模板和脚手架是施工现场使用量大、堆放占地大的周转材料。模板及其配件规格多、数量大，对堆放场地要求比较高，一定要分规格、型号整齐码放，以便于使用及维修。大钢模板一般要求立放，并防止倾倒，在现场也应规划出必要的存放场地。钢管脚手架、桥式脚手架、吊篮脚手架等都应按规定的平面位置堆放整齐，扣件等零件还应防雨、以防锈蚀。

5.5.2　物资准备的程序

物资准备工作一般按如下程序进行。

(1) 编制和制订物资需求供应计划

1）编制项目主要物资设备需用量总计划。根据施工图样、施工方案编制该项目所需主要物资用量总计划，分阶段列明所需物资的品名、规格、质量、数量的合同文件及供应协议规定的其他要求，并报业主或业主代表批准。

2）编报主要物资月度供应计划。审核分包人的月度主要物资供应计划，分包人按分包合同文件的规定、施工进度计划、制件详图等，并充分考虑加工采购周期、运输、验收时间，向总承包编报月度供应计划，并经总承包商审核。

（2）选择物资供应商

1）根据月度供应计划及供应协议规定，在合理期限内取得业主订购方式、订购时间、进场日期以及需总承包提供某类服务的书面指示。

2）业主留有指定供应商或直接采购权力的物资，根据月度供应计划及供应协议，在合理期限内取得业主是否行使这一权力的书面指示。

3）由业主指定供应商的物资（含质量、价格需业主认可的物资），根据月度供应计划及供应协议向业主编报订购物资的报价单，应包括品名、规格、数量，三个以上供应商的名称、价格、质量及其他需要说明情况，并在合理期限内取得业主指定供应商的书面协议。

4）由总承包自行选择供应商的物资，选择的供应商应符合合同文件、业主、设计的规定与要求，并符合以下原则：质量必须符合规范及图样所确认的种类和标准，该供应商有完善的质量保证体系；价格必须是合理价格，在价格与质量发生矛盾时，行使质量否决权；选择交货及时、有较大规模的生产能力、售后服务好、有良好信誉的供应商。

（3）签订购销、加工合同　各类购销、加工合同的签订必须符合合同及施工方案的规定，合同的签订、履行必须符合合同法的规定，并归入档案，编制合同履行情况登记表。

（4）进场物资验收

1）物资进入现场或工作区域外的仓库前应及时通知承包商，并准备装卸、验收、堆放的设施与条件。

2）根据订购、加工合同及技术标准核对品种、规格、图号、代号、几何、尺寸及其数量，并取得合同的质量证明文件。规定需要进行物理（包括防火阻燃）、化学性能检验的，应负责送检，并取得合格的检验文件；规定按样品验收的，必须按样品标准验收。

3）由业主直接采购的物资，送抵到达地点后，由总承包商验收合格后确认，规定由业主确认或质量、数量、规格有误，由承包商在收货后在规定时间内通知业主代表复验确认，并及时做出处理决定。

4）由总承包商采购的物资，送抵到达地点后，由总承包商验收合格后确认；规定由发包商确认的，由总承包商在收货后24h内通知业主代表复验确认（也可共同验收确认）。

5）由分包商采购的物资，到达送货地点后，由分包商验收合格后确认，规定由总承包商确认的，分包商在24h内通知总承包商验收确认，规定由业主确认的，应在总承包商验收合格确认后24h内通知业主确认。

6）未经验收的物资不准动用，不合格材料通知采购方撤离现场。

7）各类物资质量证明文件应及时归档。

（5）资源组织及调整

1）根据实际进度或业主的书面指示，调整供应计划，并将调整指示送达分包人。

2）根据供应计划，跟踪供应实际情况，当出现缺货情况时，无论何方责任，应在办理书面指示确认手续后，采取串换、调剂等措施，保证物资供应满足施工进度及质量的需要。

5.5.3 物资准备注意事项

1）无出厂合格证明或没有按规定进行复验的原材料、不合格的建筑构配件，一律不得进场和使用。严格执行施工物资的进场检查验收制度，杜绝假冒伪劣产品进入施工现场。

2）施工过程中要注意查验各种材料、构配件的质量和使用情况，对不符合质量要求、与原试验检测品种不符或有怀疑的，应提出复试或化学检验的要求。

3）现场配制的混凝土、砂浆、防水材料、耐火材料、绝缘材料、保温隔热材料、防腐蚀材料、润滑材料以及各种掺和料、外加剂等，使用前均应由试验室确定原材料的规格和配合比，并制定出相应的操作方法和检验标准后方可使用。

4）进场的机械设备，必须进行开箱检查验收，产品的规格、型号、生产厂家和地点、出厂日期等，必须与设计要求完全一致。

5.6 施工现场准备

施工现场是施工的活动空间，其准备工作主要是为工程施工创造有利的施工条件和物资保证。

5.6.1 建立施工场地的测量控制网

测量放线的任务是把图样上所设计好的建筑物、构筑物及管线等测设到地面上或实物上，并用各种标志表现出来，以作为施工的依据。其工作一般在土方开挖之前，在施工场地内设置坐标控制网和高程控制点来实现的。这些网点的设置应视工程范围的大小和控制的精度而定。在测量放线前，应做好以下几项准备工作。

（1）对测量仪器进行检验和校正　测量工作开始前，应对测量所用的GPS测量仪、全站仪、经纬仪、水准仪、钢尺、水准尺等仪器进行校检。

（2）了解设计意图，熟悉并校正施工图样　通过设计交底，了解工程全貌和设计意图，掌握现场情况和定位条件，主要轴线尺寸的相互关系，地上、地下的标高以及测量精度要求。在熟悉施工图样过程中，应仔细核对图样尺寸，对轴线尺寸、标高是否齐全以及边界尺寸要特别注意。

（3）校核红线桩与水准点　建设单位提供的由城市规划勘测部门给定的建筑红线，在法律上起着建筑边界用地的作用。在使用红线桩前要进行校核，施工过程中要保护好桩位，以便将它作为检查建筑物定位的依据。水准点也同样要校测和保护。红线和水准点经校测发现问题，应提请建设单位处理。

（4）制订测量、放线方案　根据设计图样的要求和施工方案，制订切实可行的测量、放线方案，主要包括平面控制、标高控制、±0.00以下施测、±0.00以上施测、沉降观测和竣工测量等项目。

建筑物定位放线是确定整个工程平面位置的关键环节，施测中必须保证精度，杜绝错误，否则其后果将难以处理。建筑物定位、放线，一般通过设计图中平面控制轴线来确定建筑的四角位置，测定并经自检合格后，提交有关部门和甲方（或监理人员）验线，以保证定位的准确性。验线的建筑物放线后，还要请城市规划部门验线，以防止建筑压红线或超红线，为正常顺利地施工创造条件。

5.6.2 完成“三通一平”

在建筑工程用地范围内，平整施工场地，接通施工用水、用电和道路的工作简称为“三通一平”。其实工地上的实际需要往往不只是水通、电通、路通，有的工地还需要供应蒸汽，架设热力管线，称为“热通”；通煤气，称为“气通”；通电话作为联络通信工具，称为“话通”；还可能因为施工中的特殊要求，有其他的“通”，但最基本的还是“三通”。

（1）平整施工场地　消除障碍物后，即可进行场地平整工作。平整场地工作是根据施工总平面图规定的标高，通过测量，计算出填挖土方工程量，设计土方调配方案，组织人力或机械进行平整工作。如拟建场地内有旧建筑物，则须拆迁房屋，同时要清理地面及地下的各种障碍物，如树根、孤石、废弃基础等。还要特别注意地下管道、电缆等情况，对它们改线或采取妥善保护措施。如果工程规模较大，这项工作可以分段进行，先完成第一期开工的工程用地范围内的场地平整工作，再依次进行后续的平整工作。

（2）修通道路　施工现场的道路如同工地的动脉。为保证施工物资早日进场，必须按施工总平面图的要求，修好现场永久性道路以及必要的临时道路。为节省工程费用，应尽可能利用已有的道路。为使施工时不损坏路面和加快修路速度，可以先修路基或路基上铺简易路面，施工完毕后，再铺路面。

（3）通水　施工现场的通水包括给水和排水两个方面。

施工用水包括生产、生活与消防用水。通水应按施工总平面图的规划进行安排。施工给水设施应尽量利用永久性给水线路。临时管线的铺设，既要满足生产用水的需要和使用方便，还要尽量缩短管线。

施工现场的排水也十分重要，尤其是在雨季，场地排水不畅会影响施工和运输的顺利进行，因此要做好排水工作。

（4）通电　通电包括施工生产用电和生活用电。施工电源首先应考虑从国家电力系统或建设单位已有的电源上获得。如供电系统不能满足施工生产、生活用电的需要，则应考虑在现场建立发电系统。

在现场准备时，应根据各种施工机械用电量及照明用电量，计算选择配电变压器，并与供电部门联系，按施工组织设计的要求，架设好连接电力干线的工地内外临时供电线路。同时应注意对建筑红线内及现场周围不准拆迁的电线、电缆加以妥善保护。

施工中如需要通热、通气、通电信、通网络，也应按施工组织设计要求，事先完成。

5.6.3 搭建临时设施

现场生活和生产用的临时设施，在布置安排时要遵照当地有关规定进行规划布置。如房屋的间距、标准是否符合卫生和防火要求，污水和垃圾的排放是否符合环境的要求等。因此，临时建筑平面图及主要房屋结构图，都应报请城市规划、市政、消防、交通、环境保护等有关部门审查批准。

为了施工方便和安全，对于指定的施工用地的周界，应用围栏围挡起来，围挡的形式和材料及高度应符合市容管理的有关规定和要求。在主要入口处设明标牌，标明工程名称、施工单位、工地负责人等。

施工临时设施包括各种仓库、混凝土搅拌站、预制构件场地、机修站、各种生产作业棚、办公用房、宿舍、食堂、文化生活设施等。均应按批准的施工组织设计规定的数量、标准、面积、位置等要求组织修建。大、中型工程可分批分期修建。

此外，在考虑现场临时设施的搭设时，应尽量利用原有建筑物，尽可能减少临时设施的数量，以便节约用地，节省投资。

5.6.4 做好施工现场的补充勘探

尽管业主已提供施工现场的地质勘察报告，但为了做到万无一失，应对地质报告不详的地点或有怀疑的地方以及有特殊需要的地方，及时做好补充勘探，以便拟订相应的施工方案或处理方案，保证施工的顺利进行和消除隐患。施工现场的补充勘探是一项十分重要的准备工作，对施工质量、工期和成本都有很大的影响。

5.6.5 做好建筑材料、构配件的现场储存和堆放

建筑材料、构配件的现场储存和堆放也是一项具体、细致、经常性的工作，要做到分类储存和堆放，还要注意防火、防水和防腐等工作的落实。砂、石、砖等大堆材料分类，集中堆放成方，底脚边用边清；砌体料归类成垛，堆放整齐，碎砖料随用随清，无底脚散料；灰池砌筑符合标准，布局合理、安全、整洁、灰不外溢、渣不乱倒；施工设施设备、砖块等集中堆放整齐；大模板成对放稳，角度正确；钢模板及配件、脚手扣件分类分规格，集中存放；竹木杂料，分类堆放，规则成方，不散不乱，不作他用；袋装、散装水泥不混乱，分清强度等级堆放整齐，有制度、有规定，专人管理、限棚发放、分类插标挂牌、记载齐全、正确、牌物账相符，库容整洁，无“上漏下渗”，做好防水工作；钢材、成型钢筋分类集中堆放，整齐成线，钢木门窗分别按规格堆放整齐；木制品防雨、防潮、防火，埋件、铁件分类集中，分格不乱，堆放整齐，混凝土构件分类、分型、分规格，堆放整齐，棱木垫头上下对齐放稳，堆放不超高。特殊材料均要按保管要求，加强管理，分门别类，堆放整齐。冬期施工和雨期施工做好材料储存及防雨水工作。

5.6.6 组织施工机具进场并安装和调试

现代化施工现场需大量的施工机具，采用机械化施工，可加快工程进度，减轻工人劳动强度，提高劳动生产率。充分发挥机械的效能，减少机械台班费用。同时，还应使大型机械与中小型机械相结合，机械化与半机械化相结合，扩大机械化施工范围，实现施工综合机械化，以提高机械化施工程度。所以，应根据施工机械需求量计划及早做好准备，落实施工机具，组织施工机具进场。施工机具进场后按照施工的需要在施工组织设计中布置的位置按时安装好，并进行调试运行，以满足施工的需要。如果不按时组织施工机具进场并安装、调试，将会对工期造成损失，导致施工现场人员停工，带来经济损失。

5.6.7 做好季节性施工准备

土建施工绝大部分工作是露天作业，季节变化对施工的影响很大。我国地域辽阔，气候差异很大。总的来说，北方、西部地区冬季长；南方、东部地区雨天多，也易受到台风的影响。如前所述，施工受自然气候环境的影响较大，如何减少自然条件给施工作业带来的影

响，是编制施工组织设计时，必须研究解决的任务之一，要从组织、进度安排、技术措施等方面提出一系列办法和措施，并注意汲取广大建筑职工长期创造和积累起来的宝贵的经验。

1. 冬期施工准备工作

冬期施工是一项复杂而细致的工作，在气温低、工作条件差、技术要求高的情况下，认真做好冬期施工准备具有特殊的意义。

（1）技术准备　施工技术方案（措施）的制订必须以确保施工质量及生产安全为前提，具有一定的技术可靠性和经济合理性。制订的施工技术方案（措施）中，应具有以下内容：施工部署（进度安排）、施工程序、施工方法、机具与材料调配计划、施工人员技术培训（测温人员、掺外加剂人员）与劳动力计划、保温材料与外加剂材料计划、操作要点、质量控制要点、检测项目等方面。

（2）生产准备　根据制订的进度计划安排好施工任务及现场准备工作。如现场供水管道的保温防冻，搅拌机棚的保温，场地的整平及临时道路的设置，装修工程的门窗洞口封闭及保温。

（3）资源准备　根据制订的计划组织好外加剂材料、保温材料、施工仪表（测温剂）、职工劳动保护用品等的准备工作。

2. 雨期施工准备工作

1）防洪排涝，做好现场排水工作。工程地点若在河流附近，上游有大面积山地丘陵，应有防洪排涝准备。施工现场雨期来临前，应做好排水沟渠的开挖工作，准备好抽水设备，防止场地积水和地沟、基槽、地下室等泡水，造成损失。

2）做好雨期施工安排，尽量避免雨期窝工造成的损失。一般情况下，在雨期到来之前，应多安排完成基础、地下工程、土方工程、室外及屋面工程等不宜在雨期施工的项目；多留些室内工作在雨期施工。

3）做好道路维护，保证运输畅通。雨期前检查道路边坡排水，适当提高路面，防止路面凹陷，保证运输畅通。

4）做好物资的储存。雨期到来前，材料、物资应多储存，减少雨期运输量，以节约费用。要准备必要的防雨器材，库房四周要有排水沟渠，防止物品因淋雨、浸水而变质。

5）做好机具设备等防护。雨期施工，对现场的各种设施、机具要加强检查，特别是脚手架、垂直运输设施等，要采取防倒塌、防雷击、防漏电等一系列技术措施。

6）加强施工管理，做好雨期施工的安全教育。要认真编制雨期施工技术措施，认真组织贯彻实施。加强对职工的安全教育，防止各种事故发生。

除了冬季施工和雨季施工外，在实际的施工生产管理中还需要考虑农忙季节、夏季台风季节、春节等季节性的因素，做好相应的准备。

5.7　施工场外准备

在进行施工现场内部准备的同时，还需做好场外的准备和协调工作。具体内容如下：

（1）落实建设单位提供施工条件的情况　依据合同中建设单位提供施工条件的内容及时间承诺，逐项落实，以保证现场准备的开展。主要包括“三通一平”、场地征用、临时设施、周围环境及申请领取施工许可证和施工现场临时设施搭建许可证等。

(2) 材料设备的加工和订货 建筑材料、构配件和建筑制品大部分都必须外购，尤其工艺设备需要全部外购。必须根据需求计划，与建材加工、设备制造部门或单位签订供货合同，保证及时供应。

(3) 施工机具的租赁或订购 对本单位缺少且需要的施工机具，应根据需求计划，与有关单位或部门签订订购合同或租赁合同。

(4) 做好分包工作或劳务安排 由于施工单位本身的资质、能力和经验所限，有些专业工程（如大型土石方工程、结构安装工程及特殊构筑物工程等）的施工或一般工程的劳务分包给有关单位，效益可能更佳。因此，应按原始资料调查中了解的有关情况，采用委托或招标方式，选定理想的协作单位，并根据欲分包工程的工程量、完成日期、工程质量要求和工程造价等内容，与其签订分包合同，以保证工程实施。

(5) 向主管部门提交开工申请报告 在施工许可证已经办理，施工准备工作的各项内容已经完成，机械设备和材料供应能够保证开工后连续施工的要求时，应及时填写开工申请报告，并上报主管部门和监理机构审批。

5.8 施工准备工作的实施

现场施工千头万绪，必须在正式开工前做好充分的准备。为保证施工准备工作的有效性，施工准备工作的实施应做到系统计划、有效分工、认真实施、全面检查。

5.8.1 编制施工准备工作计划

为了落实各项施工准备工作，加强检查和监督，必须编制施工准备工作计划，见表5-1。

表5-1 施工准备工作计划表

序号	施工准备项目	简要内容	负责单位	负责人	配合单位	起止时间	备注
1							
2							
…							

5.8.2 落实施工准备工作责任制

由于施工准备工作范围广、项目多，故必须有严格的责任制度。把施工准备工作的责任落实到有关部门和个人，以便按计划要求的内容和时间进行工作。现场施工准备工作应由项目经理部全权负责，建立严格的施工准备工作责任制。

(1) 建立施工准备工作检查制度 在施工准备工作实施过程中，应定期进行检查。检查周期随项目准备工作复杂程度和时间要求的不同而不同，可按天、周、旬、月进行检查。主要检查施工准备工作计划的执行情况。如果没有完成计划要求，应进行分析，找出原因，排除障碍，协调施工准备工作进度或调整施工准备工作计划。检查的方法可用实际与计划进行对比；各相关单位和人员在一起开会，检查施工准备工作情况，当场分析产生问题的原因，提出解决问题的办法。后一种方法见效快，解决问题及时，现场采用较多。

(2) 坚持按建设程序办事，实行开工报告和审批制度 当施工准备工作完成到具备开工条件后，项目经理部应申请开工，并将开工报告送监理工程师审批，由监理工程师签发开工通知书，在限定时间内开工，不得拖延。

5.8.3 施工准备工作的持续开展

施工准备工作必须贯穿施工全过程的始终。工程开工以后，要随时做好作业条件的施工准备工作。施工顺利与否，就看施工准备工作的及时性和完善性。因此，企业各职能部门要面向施工现场，像重视施工活动一样重视施工准备工作，及时解决施工准备工作中的技术、机械设备、材料、人力、资金、管理等各种问题，以提供工程施工的保证条件。项目经理应十分重视施工准备工作，加强施工准备工作的计划性，及时做好协调、平衡工作。

此外，由于施工准备工作涉及面广，除了施工单位本身的努力外，还要取得建设、监理、设计、电力、土地、供水、市政、环卫、银行及其他协作单位的大力支持，分工负责，统一步调，共同做好施工准备工作。

思考与练习题

1. 试述施工准备工作的意义。
2. 简述施工准备工作的类型。
3. 施工准备工作的主要内容有哪些？
4. 简述施工环境调查的意义和内容。
5. 为什么说技术准备是整个施工准备工作的核心？
6. 物资准备包括哪些内容？
7. 简述物资准备工作的基本程序。
8. 简述施工现场准备的内容有哪些？
9. 调查一个建筑施工项目的现场人员配备情况，分析其现场人员配备的合理性。

第6章 施工组织设计

本章导读

施工组织设计是一种传统的建筑施工项目管理计划文件，它主要是对项目的施工方案、现场平面布置、劳动力组织、时间进度等内容进行统筹计划和安排，以期能够多、快、好、省地完成建筑施工项目管理任务。本章主要介绍施工组织设计的基本概念、类型、组成及编制方法等内容。

6.1 施工组织设计概述

6.1.1 施工组织设计的概念

施工组织设计是指在建筑施工项目开工前，由施工单位的有关人员根据设计文件、业主的要求，以及内外部环境条件等信息，编制的一个项目实施计划文件。它反映了项目管理者对拟建工程项目施工全过程在人力和物力、时间和空间、技术和组织等方面进行的筹划和安排，是指导施工单位进行施工准备和正常施工生产的重要依据。通过合理的施工生产组织，可使整个施工生产过程具有连续性、均衡性和协调性，从而可以更加经济高效地完成项目任务。

（1）连续性　施工过程的连续性是指施工过程的各阶段之间、各工序之间，在时间上和空间上具有紧密衔接的特性。保持生产过程的连续性，可以有效地缩短工期、保证产品质量和节约流动资金的占用。

（2）均衡性　施工过程的均衡性是指项目的各施工过程及各施工生产环节，具有在相等的时段内产出相等或稳定递增的特性，即施工生产各环节不出现前松后紧、时松时紧的现象。保持施工过程的均衡性，可以充分利用设备和人力，减少浪费，可以保证生产安全和产品质量。

（3）协调性　施工过程的协调性也称施工过程的比例性，是指施工过程的各阶段、各环节、各工序之间，在施工机具、劳动力的配备及工作面积的占用上保持适当比例关系的特性。施工过程的协调性是施工过程连续性的物质基础。

6.1.2 施工组织设计的作用

施工组织设计在施工项目管理中具有重要的规划、组织和指导功能，具体作用可表现在以下几方面：

1）施工组织设计是施工准备工作的一项重要技术准备工作内容，同时也是指导设备、人员、物资等其他各项施工准备工作的依据。例如，施工组织设计所提出的各项资源需求计划，直接为物资采购和供应工作提供数据。

2）施工组织设计可体现对设计要求的满足程度，可在一定程度上验证设计方案的合理性与可行性。

3）施工组织设计中的施工方案、施工进度等内容，是指导施工单位开展紧凑、有秩序施工活动的技术依据。

4）施工组织设计对现场所做的规划与布置，为现场的文明施工创造了条件，并为现场平面管理提供了依据。

5）通过编制施工组织设计，可充分考虑施工中可能遇到的困难与障碍，主动调整施工中的薄弱环节，事先予以解决或排除，从而提高施工的预见性，减少盲目性，对项目施工过程的风险进行有效控制。

6）每一个施工项目的施工组织设计都是企业统筹安排施工企业生产计划的基础和依据，同时，单个项目的施工组织设计编制又应服从施工企业多项目管理的整体利益的要求。单个项目的施工组织设计和施工企业的整体生产计划之间相辅相成、互为依据。

6.1.3 施工组织设计分类

在目前的建设工程项目管理实践中，施工组织设计是一种常见的项目管理技术经济文件，根据编制主体、编制时点、编制对象范围的不同，施工组织设计可分为不同的类型。

1. 按编制主体不同分类

按编制主体不同，施工组织设计可分为建设单位的施工组织设计、设计单位的施工组织设计和施工单位的施工组织设计。不同的编制主体在编制施工组织设计时，其编制依据、基本作用和主要内容各不相同，具体区别见表6-1。

表6-1 不同编制主体的施工组织设计

编制主体	建设单位	设计单位	施工单位
基本作用	对建设项目施工阶段的工作进行全面的规划安排，指导施工阶段的建设管理工作	通常受建设单位的委托编制，初步验证设计方案的可行性，提供对施工过程的技术指导	对施工项目的实施过程进行全面的计划和安排，指导施工活动顺利地进行
编制依据	可行性研究报告、设计文件、相关标准与规范、相关市场与环境信息等	可行性研究报告、设计文件、相关标准与规范、相关市场与环境信息等	施工合同、建设单位的施工组织设计、设计文件、相关标准与规范、相关市场与环境信息等
主要内容	总体施工组织安排、工程进度计划、主要施工技术方案、主要工程材料设备、主要施工机械设备、劳动力及投资安排、建设与施工管理措施等	工程进度计划、主要施工技术方案、主要工程材料设备、主要施工机械设备、劳动力及材料需求计划等	施工进度计划、施工方案、物资设备需求计划、现场平面布置、质量保证措施、安全保证措施、环境保护措施等

2. 按编制对象范围不同分类

施工组织设计按编制对象范围不同可分为施工组织总设计、单位工程施工组织设计、分部分项工程施工组织设计三种。

（1）施工组织总设计　施工组织总设计是以一个建筑群或一个建设项目为编制对象，

用以指导整个建筑群或建设项目施工全过程各项施工活动的综合技术经济文件。施工组织总设计通常是在项目中标之后，由施工总承包企业的总工程师主持编制。

（2）单位工程施工组织设计 单位工程施工组织设计是以一个单位工程（一个建筑物或构筑物，一个交工系统）为编制对象，用以指导其施工全过程各项施工活动的综合性技术经济文件。单位工程施工组织设计一般在各单位工程开工之前，由项目的总工程师或技术管理人员负责编制。

（3）分部分项工程施工组织设计 分部分项工程施工组织设计也称为分部分项工程作业设计，它是以分部分项工程施工全过程中各项施工活动为对象，编制而成的技术、经济和组织的综合性文件。一般对于工程规模大、技术复杂或施工难度大的建筑物或构筑物，在编制了单位工程施工组织设计之后，常需要对某些重要而又缺乏经验的分部分项工程再深入编制详细的施工组织设计。例如，大体积混凝土浇筑工程、深基础工程、大型结构安装工程、高层钢筋混凝土主体结构工程、预制梁吊装工程等。由于分部分项工程施工组织设计涉及较多的施工技术细节问题，并且不同的专业工程之间有较大的差异，故在本书中对其编制问题不加讨论。

施工组织总设计、单位工程施工组织设计和分部分项工程施工组织设计，是同一建筑施工项目在不同管理层次的反映。施工组织总设计针对项目整体进行总体规划部署，其内容较宏观，编制深度不深；单位工程施工组织设计编制对象范围比施工组织总设计要小，在内容上相对具体深入；分部分项工程施工组织设计编制的对象范围比单位工程更小，在内容上更加具体详细，强调可操作性。它们三者之间的关系如图6-1所示。

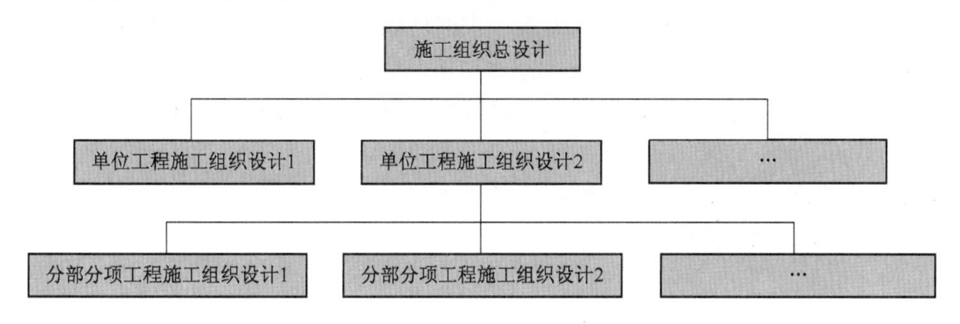

图6-1 三种施工组织设计之间的关系

3. 按编制作用不同分类

从施工单位的立场出发，按编制作用不同，又可将施工组织设计分为投标用施工组织设计和实施性施工组织设计。

（1）投标用施工组织设计 投标用施工组织设计是投标文件中的重要组成部分，通常被称为技术标，它通常由企业的技术部门和经营部门共同编制完成，服务于企业投标经营的需要，以工程中标为其最终目标。编制投标用施工组织设计的主要作用在于向建设单位介绍拟采用的技术组织方案、拟投入的人员和设备等资源情况，展示投标企业的技术能力，说明其实施方案的科学性、合理性和经济性。同时，它还是编制投标报价的依据，也是中标后编制实施性施工组织设计的重要依据。

在编制投标用施工组织设计时，应注意以下几点：

1）从形式到内容都必须实质性地响应招标文件的要求，否则可能成为废标。

2）内容上既需要显示企业的技术能力和人员素质，但也不能盲目夸大，不切实际。

3）进度计划安排是项目管理的核心问题，可考虑以招标文件规定的竣工工期为起点，逆排施工工序，计算人力、物力的需用量。

4）施工方案的选择和各种施工措施的制定，是构成报价的重要基础，也是评标的重点内容，因此，对施工方案的选择和施工措施的制定应当反复比选，慎重决策。

（2）实施性施工组织设计　实施性施工组织设计是指施工企业中标后，在项目开工前由企业或项目的技术人员所编制的用于指导施工项目具体实施的综合技术经济文件。施工组织总设计、单位工程施工组织设计和分部分项工程施工组织设计都是实施性施工组织设计。

6.1.4　施工组织设计与项目管理实施规划

施工组织设计是在我国建筑施工行业广泛使用的一种技术经济文件类型。在施工组织设计文件中，主要体现的是项目管理者对拟建项目的施工方案、进度计划、资源计划和现场平面布置等内容所做的计划和安排。但是，随着现代项目管理科学的日益发展，人们逐渐认识到传统的施工组织设计文件所涉及的计划内容并不全面，它不包括对项目的成本管理、信息管理和风险管理等内容，不能满足对项目系统全面策划的要求。因此，越来越多的人倾向于采用项目管理实施规划来代替施工组织设计，或者按照项目管理实施规划的内容范围来编制施工组织设计，从而满足对项目进行系统全面的策划和安排的要求。

按照《建设工程项目管理规范》（GB/T 50326—2006）的要求，项目管理组织应当事先制订项目管理实施规划，对项目实施全过程进行系统的计划和安排。其内容主要包括：项目概况、总体工作计划、组织方案、技术方案、进度计划、质量计划、职业健康安全与环境管理计划、成本计划、资源需求计划、风险管理计划、信息管理计划、项目沟通管理计划、项目收尾管理计划、项目现场平面布置图、项目目标控制措施以及有关技术经济指标等。

本章下面所讲的施工组织设计指的是从施工企业的角度在中标后所编制的实施性施工组织设计。鉴于在实践中，传统的施工组织设计概念仍占据主导地位，本章在内容范围上仍沿用了传统施工组织设计的范围。

6.2　施工组织总设计的编制

6.2.1　施工组织总设计及其作用

施工组织总设计是指以整个建设项目或多个单项工程的集合为对象，用以指导施工全过程中各项施工活动的综合性技术经济文件。它一般由工程总承包公司或大型工程项目经理部的总工程师主持，根据初步设计或扩大初步设计图样及其他有关资料和现场施工条件组织有关人员编制。施工组织总设计的主要作用有：

1）从全局出发，对整个项目施工阶段做出全面战略部署。

2）为做好施工准备工作、保证资源供应提供依据。

3）确定设计方案施工的可行性和经济合理性。

4）为施工单位编制生产计划和单位工程施工组织设计提供依据。

5）为协调组织全工地性施工提供科学方案和实施步骤。

6.2.2　施工组织总设计的编制依据

施工组织总设计的编制依据主要有以下几方面：

1）计划文件。包括可行性研究报告、国家批准的固定资产投资计划、单位工程项目一览表、分期分批投产要求、投资指标和设备材料订货指标、建设地点所在地区主管部门的批件等。

2）设计文件。包括批准的初步设计或技术设计、设计说明书、总概算或修正总概算。

3）合同文件。即施工单位与建设单位签订的工程承包合同。

4）施工环境调查资料。包括气象、地形、地质、水、电等技术经济条件。

5）定额、规范、建设法规、类似工程项目施工的经验资料等。

6.2.3　施工组织总设计编制程序

施工组织总设计编制程序如图6-2所示。

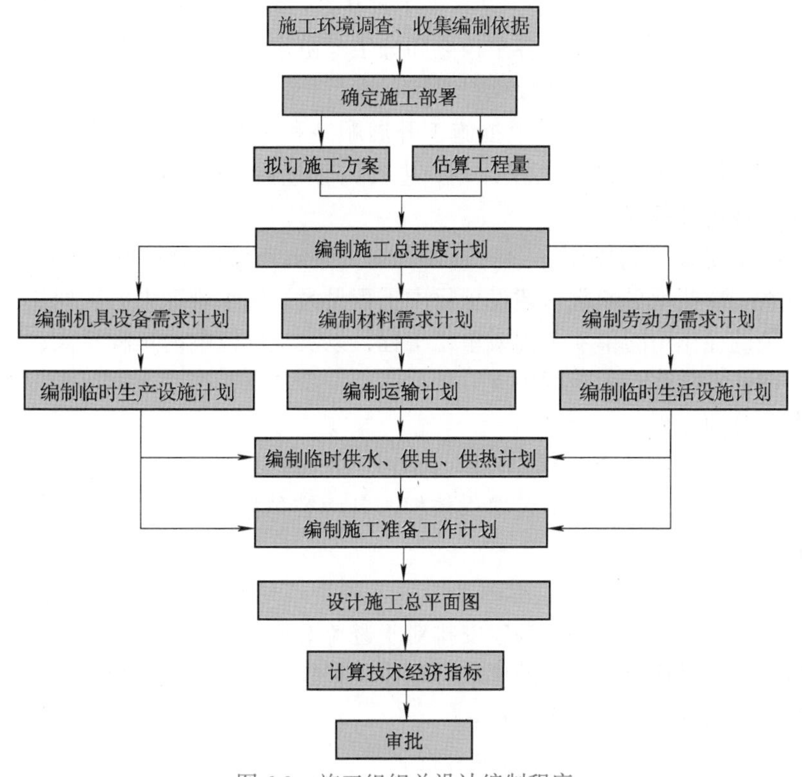

图6-2　施工组织总设计编制程序

6.2.4　施工组织总设计的主要内容

施工组织总设计的内容，一般主要包括：工程概况、施工部署和主要施工方案、施工总进度计划、资源需求计划、施工总平面图和各项主要技术经济评价指标等。

1. 工程概况

（1）建设项目的主要情况　即对拟建工程的主要特征进行描述，使人们了解工程的全貌，并为施工组织总设计的其他内容编制提供依据。其内容主要包括：工程性质、建设地点、建设规模、总占地面积、总建筑面积、总工期、分期分批投入使用的项目和工期；主要工种工程量、设备安装及其吨数；总投资额、建筑安装工作量、工厂区和生活区的工作量；生产流程和工艺特点；建筑结构类型，新技术、新材料的复杂程度和应用等情况。

（2）项目实施条件分析　项目实施条件主要包括：发包人条件，施工所在地区可招募劳动力的数量及质量、当地材料供应的能力等相关市场条件，气象、地形地貌、工程地质和水文情况等自然条件，交通运输、水、电供应等现场条件，以及相关政治、法律和社会条件。

（3）项目管理基本要求　这些要求包括：法律要求、政治要求、政策要求、组织要求、管理模式要求、管理条件要求、管理理念要求、管理环境要求、有关支持性要求等。

2. 施工部署和主要施工方案

施工部署是对整个建设项目全局做出的统筹规划和全面安排，并对工程施工中的重大战略问题进行决策，应按下列内容和要求进行编制：

（1）施工任务划分与组织安排　建立施工现场统一的组织领导机构及职能部门，确定综合的和专业化的施工组织，明确各单位之间分工与协作关系，划分施工阶段，确定各单位分期分批施工、交工的安排及其主攻项目和穿插项目。

（2）主要施工准备工作计划　根据施工开展顺序和主要建筑施工项目施工方案，编制建筑施工项目的全场性施工准备工作计划。主要内容包括：思想准备、组织准备、技术准备、物资准备、现场准备等。

（3）主要建筑施工项目施工方案的制订　施工组织总设计中应拟订一些主要建筑施工项目的施工方案。这些项目通常是建设项目中工程量大、施工难度大、工期长、对整个建设项目的完成起关键性作用的单项工程或单位工程，以及全场范围内工程量大、影响全局的特殊分项工程，如长大隧道、大跨度桥梁等单项工程，深基础开挖、大体积混凝土浇筑、重型构件吊装等分部分项工程。

拟订主要建筑施工项目施工方案的目的是为了进行技术和资源的准备工作，同时也为施工进程的顺利开展和现场的合理布置提供依据。其内容包括确定施工方法、施工工艺流程、施工机械设备等。

（4）工程开展顺序的确定　工程开展顺序的确定既是施工部署的问题，同时也是施工方案的重要内容，合理的工程开展顺序安排对于避免浪费、提高施工效率具有重要的影响作用，因此，应根据建设项目总目标的要求，确定工程分期分批施工的合理开展顺序。在确定工程开展顺序时，通常应考虑以下几点：

1）在满足合同工期的前提下，分期分批施工。合同工期是施工的时间总目标，不能随意改变。在这个大前提下，应对项目组织分期分批的施工和交工，并考虑各施工阶段和各专业工程之间的合理搭接。例如，工期长、技术复杂、施工困难的工程内容，应提前安排施工；急需的和关键的工程应先期施工和交工；提前施工和交工可供施工使用的永久性工程（包括水源及供水设施、排水干线、铁路专用线、卸货台、输电线路、配电变压所、交通道路等），以节约临时工程费用；按生产工艺要求，起主导作用或须先期投入生产的工程应尽早安排；在生产上应先期使用的通信、信号、车间、办公楼等工程应提前施工和交工等。

2）一般应按先地下、后地上，先深后浅，先干线、后支线的原则进行安排。地下的管线先施工，避免二次开挖。

3）安排施工顺序时要注意工程配套交工，使建成的工程能迅速投入生产或交付使用，尽早发挥投资效益。这点对于一些工业建设项目和商业项目尤其重要。

4）在安排施工顺序时还应注意使已完工程的生产使用和在建工程的施工互不妨碍，使生产、施工两方便。

5）施工顺序应当与各种材料、施工机械、劳动力等资源供应条件相协调，充分发挥各种资源的使用效率，促进均衡施工。

6）施工顺序安排必须注意季节的影响，应把不利于特定季节施工的工程，提前到该季节来临之前或推迟到该季节终了之后施工。例如，大规模土方工程和深基础土方施工一般要避开雨季；寒冷地区的房屋施工应尽量在入冬前封闭，使冬季可进行室内作业和设备安装。

3. 施工总进度计划

编制施工总进度计划就是根据施工部署中的施工方案和工程开展顺序，对全工地所有建筑施工项目做出时间上的安排。其作用在于确定各个建筑施工项目及其主要工种工程、准备工作和全工地性工程的施工期限及其开工和竣工的日期，从而为确定建筑施工现场劳动力、材料、成品、半成品、施工机械的需要数量、时间和调配情况，现场临时设施、水电供应的时间及数量等提供依据。

编制施工总进度计划的基本要求是：保证施工的连续性和均衡性；尽可能节约施工费用；保证拟建工程在规定的期限内完成；及早投入使用发挥投资效益。

施工总进度计划编制的步骤如下：

（1）计算工程量　施工总进度计划主要起着控制总工期的作用，因此项目划分不宜过细。通常按照分期分批投产顺序和工程开展顺序列出，并突出每个交工系统中的主要建筑施工项目，一些附属项目及小型工程、临时设施可以合并列入建筑施工项目一览表。在建筑施工项目一览表的基础上，按工程的开展顺序，以单位工程计算主要实物工程量。此时计算工程量的目的主要在于估算工作时间，计算劳动力和物资的需要量，为选择施工方案、选择施工机械以及初步规划主要施工过程的流水施工等提供依据。

计算工程量时，可按初步（或扩大初步）设计图样，并根据各种定额和资料进行计算。常用的定额、资料主要有：

1）万元、十万元投资工程量、劳动力及材料消耗扩大指标。这种定额规定了某一种结构类型建筑，每万元或十万元投资中劳动力、主要材料等的消耗数量。根据设计图样中的结构类型，即可估算出拟建工程分项需要的劳动力和主要材料的消耗数量。

2）概算指标或扩大结构定额。这两种定额都是预算定额的进一步扩大。概算指标以建筑物每100m^3体积为单位；扩大结构定额则以每100m^2建筑面积为单位。查定额时，首先查找与本建筑物结构类型、跨度、高度相类似的部分，然后查出这种建筑物按定额单位所需要的劳动力和各项主要材料消耗量，从而推算出拟建工程所需要的劳动力和材料的消耗数量。

3）标准设计或已建房屋、构筑物的资料。在缺少上述定额资料的情况下，可采用标准设计与已建成的类似工程实际所消耗的劳动力及材料加以类比，按比例估算。

（2）确定各单位工程的施工期限　影响工程施工期限的因素有很多，应根据各施工单位的具体条件，并考虑建筑施工项目的建筑结构类型、体积大小和现场地形，水文地质条件、施工机械化程度、施工条件等因素综合确定各单位工程的施工期限。一般来说，施工期限不应超过合同工期，没有合同工期要求的工程可参考有关的工期定额来确定其施工期限。

（3）确定各单位工程的开、竣工时间和相互搭接关系　在施工部署中已经初步确定了总的施工期限和施工顺序，但对每一个单位工程的开、竣工时间和搭接关系尚未具体确定。在编制施工总进度计划时还需要进一步分析各单位工程之间的逻辑关系，具体确定各项工程的开、竣工时间和搭接关系。确定各单位工程的开、竣工时间时应考虑以下因素：

1）保证重点，兼顾一般。在安排进度时，要分清主次，抓住重点，重点的单位工程应优先安排，且同时期进行的项目不宜过多，以免分散有限的人力、物力。

2）满足连续、均衡施工要求。在安排施工进度时，应尽量使各工种施工人员、施工机械在全工地内连续施工，同时尽量使劳动力、施工机具和物资消耗量在全工地达到均衡，避免资源消耗剧烈波动，以利于劳动力的调度、原材料的供应和临时设施的充分利用。在措施上可考虑在建筑施工项目之间组织大流水施工，以实现人力、材料和施工机械的综合平衡；还可将一些附属建筑施工项目作为后备项目，以调节项目整体施工进度。

3）满足生产工艺要求。工业项目的生产工艺系统是串联各个建筑物的主线。应根据生产工艺要求确定项目分期分批建设方案，尽可能分批配套建设，以缩短建设周期，早日投产使用发挥投资效益。

4）考虑施工总平面布置的影响。很多施工现场的场地都比较狭窄局促，场内运输、材料构件堆放、设备组装和施工机械布置等均受到很大的制约。为减少这方面的困难，除采取一定的技术措施外，对相邻各建筑物的开工时间和施工顺序予以调整，可有效地避免不同施工过程之间的相互干扰，最大限度地合理利用现场的空间。

5）其他。除了上述四个方面的因素外，在确定各建筑物施工顺序时，还应综合考虑其他一些客观条件的限制，如施工季节，施工企业的施工力量，各种原材料、机械设备的供应情况，设计单位提供图样的时间，年度建筑投资数量等。

（4）施工总进度计划的表达　施工总进度计划可以用横道图表达，也可以用网络图表达。横道图计划直观形象，简单明了，但无法反映各单位工程之间的逻辑关系；网络图计划则可以表达出各项目或各工序间的逻辑关系，并通过关键线路直观体现控制工期的关键项目或工序。事实上，借助一些商业项目管理软件，施工总进度计划可以方便地在各种形式间进行切换，并且与资源计划等集成。

4. 资源需求计划

（1）综合劳动力和主要工种劳动力需求计划　劳动力需求计划是确定暂设工程规模和组织劳动力进场的依据。编制时，首先，根据各主要分部分项工程量，查相应的定额，计算得到各专业工种的劳动量；然后，根据总进度计划表中专业工种的持续时间，即可得到某工种在其作业持续时间的平均劳动力数量；最后，将总进度计划表纵坐标方向上各单位工程同工种的人数叠加，即可形成某工种的劳动力需求计划表，其基本形式见表6-2。

表6-2　劳动力需求计划表

序　　号	工种名称	施工高峰需用人数	年				年				现有人数	多余（+）或不足（−）
			一季	二季	三季	四季	一季	二季	三季	四季		

注：1. 工种名称除生产工人外，应包括附属辅助用工（如机修、运输、构件加工、材料保管等）以及服务和管理用工。
　　2. 表下可进一步附以分季度的劳动力动态曲线（纵轴表示人数，横轴表示时间）。

（2）材料、构件及半成品需求计划　根据各工种工程量汇总表所列各建筑物和构筑物的工程量，查万元定额或概算指标可估算出各建筑物或构筑物所需的建筑材料、构件和半成品的需要量。然后根据总进度计划表，可大致估计出各种建筑材料、构件和半成品的需要时间和数量，从而编制出各种建筑材料、构件和半成品的需求计划。它是材料和构件等落实组织货源、签订供应合同、确定运输方式、编制运输计划、组织进场、确定暂设工程规模的依据。主要材料、预制加工品需求计划表和运输量计划表的格式见表6-3和表6-4。

表6-3 主要材料、预制加工品需求计划表

序号	材料或预制加工品名称	规格	单位	需用量				需用进度					
				合计	正式工程	大型临时设施	施工措施	年				年	…
								一季	二季	三季	四季	…	…

注：1. 主要材料可按型钢、钢板、钢筋、管材、水泥、木材、砖、石、砂、石灰、涂料等填列。
2. 木材按成材计算。

表6-4 主要材料、预制加工品运输量计划表

序号	材料或预制加工品名称	单位	数量	折合吨数	运距/km			总运输量/t·km	运输量/t·km			备注
					装货点	卸货点	距离		公路	铁路	航空	

注：主要材料和预制加工品所需运输总量应另加入8%～10%的不可预见系数，生活日用品运输量按每人每年1.2～1.5t计算。

(3) 施工机具需求计划 对主要施工机械，如挖土机、起重机等的需要量，可根据施工进度计划、施工方案和工程量，并套用机械产量定额求得；辅助机械可以根据建筑安装工程每十万元扩大机具概算指标求得。施工机具需求计划除为组织机械供应外，还可为施工用电、选择变压器容量等的计算以及确定停放场地面积提供依据。主要施工机具、设备需求计划表见表6-5。

表6-5 主要施工机具、设备需求计划表

序号	机具设备名称	规格型号	电动机功率/kW	数量				购置价值/万元	使用时间	备注
				单位	需用	现有	不足			

注：机具设备名称可按土方、钢筋混凝土、起重、金属加工、运输、木加工、动力、测试、脚手架等机具设备分别分类填列。

5. 施工总平面图

施工总平面图是拟建项目施工场地的总布置图。其主要作用是正确处理全工地施工期间所需各项设施和永久建筑、拟建工程之间的空间关系，按照施工方案和施工进度的要求，对施工现场的道路交通、材料仓库、构配件加工厂、临时房屋、临时水电管线等做出合理的规划布置，以指导现场文明施工。

(1) 施工总平面图设计的内容 施工总平面图设计的内容包括：

1) 整个施工用地范围内一切地上、地下已有的和拟建的建筑物、构筑物的位置和尺寸。

2）现场各种临时设施的布置，包括：

① 施工用的各种道路。

② 加工厂、制备站及有关机械的位置。

③ 各种建筑材料、半成品、构件的仓库和生产工艺设备的主要堆场。

④ 取土及弃土的位置。

⑤ 行政管理房、宿舍、文化生活福利建筑等的位置。

⑥ 水源、电源、变压器的位置，临时给水排水管线和供电动力线路及设施的布置。

⑦ 机械站、车库、大型机械的位置。

⑧ 一切安全、消防设施的位置。

3）特殊图例、方向标志、比例尺、永久性测量放线标桩的位置等。

许多规模巨大的建筑施工项目，其建设工期往往很长。随着工程的进展，施工现场的面貌将不断改变。在这种情况下，应按不同阶段分别绘制若干张施工总平面图，或者根据工地的变化情况，及时对施工总平面图进行调整和修正，以便符合不同时期的项目管理需要。

（2）施工总平面图设计的原则　施工总平面图在设计时应遵循以下原则：

1）少占地。在满足施工的前提下，使平面布置紧凑合理，尽量减少施工用地，尤其要不占或少占农田，不挤占交通道路。

2）少搬运。合理规划临时道路，保证运输方便通畅的同时争取做到运距最短。最大限度地缩短场内运输距离，尽可能避免场内二次搬运。各种材料应按供应计划分期分批进场，材料、半成品应尽量布置在使用地点附近，大型构件应尽量放在起重设备的工作范围之内。

3）利生产、便生活。施工区域的划分和场地的确定，应符合施工流程要求，尽量减少专业工种和各工程之间的干扰。各种生活设施应符合国家有关标准的要求，便于工人的生活，且往返现场方便。

4）少临建。在保证施工需要的前提下，应尽量减少临时设施用量，以降低临时工程费用。可考虑充分利用原有房屋和可多次循环使用的活动板房为施工服务，提前完成拟建的给水排水、电力、道路等永久性建筑物、构筑物，以代替相应的临时设施。

5）保安全、护环境。现场各种生产、生活设施的建设必须要满足国家有关劳动保护、消防、卫生防疫及环境保护等方面的法规和强制性建设标准的要求。

（3）施工总平面图设计的依据　施工总平面图设计的依据包括：

1）设计资料，包括建筑总平面图，竖向设计图，地形地貌图，区域规划图，建筑项目范围内有关的一切已有和拟建的、地上和地下的各种设施位置图等。

2）已调查取得的建设地区的自然条件和技术经济条件信息。

3）建设项目的建筑概况、施工方案、施工总进度计划。

4）各种建筑材料、构件、加工品、施工机械和运输工具需要量一览表。

5）各构件加工厂的规模、仓库及其他临时设施的数量和外廓尺寸等。

（4）施工总平面图的设计步骤　施工总平面图的设计步骤如图 6-3 所示。

1）引入场外交通道路。设计施工总平面图时，首先应从研究大宗材料、成品、半成品、设备等进入工地的运输方式入手。

① 铁路运输。当大量物资由铁路运入工地时，应首先解决铁路由何处引入及如何布置的问题。一般大型工业企业、厂区内都设有永久性铁路专线，通常可将其提前修建，以便为

工程施工服务。但由于铁路的引入将严重影响场内施工的运输和安全，因此，铁路的引入应靠近工地一侧或两侧。仅当大型工地分为若干个独立的工区进行施工时，铁路才可引入工地中央。此时，铁路应位于每个工区的侧边。

② 水路运输。当大量物资由水路运进现场时，应充分利用原有码头的吞吐能力，卸货码头不应少于两个，且宽度应大于2.5m，一般用石或钢筋混凝土结构建造。码头距工地较近时，可考虑在码头附近布置主要的仓库和加工厂。

③ 公路运输。当大量物资由公路运进现场时，由于公路布置相对灵活，可先确定仓库、加工厂等生产性临时设施，然后选择场外公路的引入位置。

2）布置仓库与材料堆场。仓库与材料堆场的位置通常考虑设在运输方便、运距较短并且安全防火的地方，此外，和场外运输方式也有很大的关系。

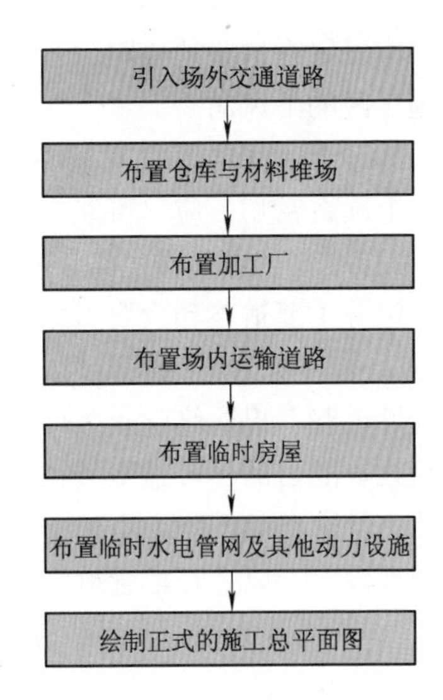

图6-3　施工总平面图的设计步骤

① 当采用铁路运输时，仓库通常沿铁路线布置，并且要留有足够的装卸前线。如果没有足够的装卸前线，必须在附近设置转运仓库。布置铁路沿线仓库时，应将仓库设置在靠近工地一侧，以免内部运输跨越铁路。同时仓库不宜设置在弯道处或坡道上。

② 当采用水路运输时，一般应在码头附近设置转运仓库，以缩短船只在码头上的停留时间。

③ 当采用公路运输时，仓库的布置相对较灵活。一般来说，中心仓库可以布置在工地中央或靠近使用的地方，也可以布置在靠近于外部交通连接处；砂石、水泥、石灰、木材等仓库或堆场宜布置在搅拌站、预制厂和木材加工厂附近；砖、瓦和预制构件等直接使用的材料应该直接布置在垂直运输设备工作范围之内，以免二次搬运；油料、氧气、电石、雷管、炸药等仓库应布置在边沿、人少的安全处，易燃材料库要设置在拟建工程的下风向处；工业项目建筑工地还应考虑主要设备的仓库（或堆场），笨重设备一般应尽量放在车间附近，其他设备仓库可布置在外围或其他空地上。

3）布置加工厂。各种加工厂的布置，应以方便使用、安全防火、运输量小为基本原则，而且有关联的加工厂还应适当集中。

① 混凝土搅拌站。根据工程的具体情况可采用集中、分散或集中与分散相结合的三种布置方式。当现浇混凝土量大时，宜在工地设置混凝土搅拌站；当运输条件好时，以采用集中搅拌或选用商品混凝土最有利；当运输条件较差时，以分散搅拌为宜。

② 混凝土构件预制加工厂。一般设置在施工现场附近的空闲地带上，如材料堆场专用线转弯的扇形地带或场外临近处。

③ 钢筋加工厂。对于需进行冷加工、对焊、点焊的钢筋网，宜设置中心加工厂，其位置应靠近预制构件加工厂；对于小型加工件，利用简单机具成形的钢筋加工，可在靠近使用地点的、分散的钢筋加工棚里进行加工。

④ 木材加工厂。要视木材加工的工作量、加工性质和种类决定是集中设置还是分散设置几个临时加工棚。一般原木、锯材堆场布置在铁路专用线、公路或水路沿线附近；木材加

工亦应设置在这些地段附近；锯材、成材、细木加工和成品堆场应按工艺流程布置，且应设在施工区的下风向。

⑤ 金属结构、锻工、电焊和机修等车间。由于金属结构、锻工、电焊和机修等车间在生产上联系密切，应尽可能布置在一起。

4）布置内部运输道路。根据各加工厂、仓库及各施工对象的相对位置，研究货物转运图，区分主要道路和次要道路，进行道路规划。规划厂区内道路时，应考虑以下几点：

① 合理规划临时道路与地下管网的施工程序。在规划临时道路时，应充分利用拟建的永久性道路，提前修建永久性道路或者先修路基和简易路面，作为施工所需的道路，以达到节约投资的目的。若地下管网的图样尚未出全，必须采取先施工道路，后施工管网的顺序时，临时道路就不能完全建造在永久性道路的位置，而应尽量布置在无管网地区或扩建工程范围地段上，以免开挖管道沟时破坏路面。

② 保证运输通畅。道路应有两个以上进出口，道路末端应设置回车场地，且尽量避免临时道路与铁路交叉。厂内道路干线应采用环形布置，主要道路宜采用双车道，宽度不小于6m，次要道路宜采用单车道，宽度不小于3.5m。

③ 选择合理的路面结构。临时道路的路面结构，应当根据运输情况和运输工具的不同类型而定。一般来说，场外与省、市公路相连的干线，因其以后会成为永久性道路，因此，一开始就建成混凝土路面；场区内的干线和施工机械行驶路线，最好采用碎石级配路面，以利修补。场内支线一般为土路或砂石路。

5）布置临时房屋。临时房屋包括办公室、车库、职工休息室、开水房、食堂、俱乐部和浴室等。根据工地施工人数，可计算出这些临时设施的建筑面积。在进行临时房屋布置时应注意：

① 应尽量利用建设单位的生活基地或其他永久建筑，不足部分再另行建造，且临时房屋应尽量利用可重复周转使用的活动房屋。

② 一般全工地性行政管理用房宜设在全工地入口处，以便对外联系；也可设在工地中间，便于全工地管理。

③ 工人用的福利设施应设置在工人较集中的地方，或工人必经之处。生活基地应设在场外，并避免设在低洼潮湿、河道等不利于健康和不安全之处。

6）布置临时水电管网及其他动力设施。临时水电管网和其他动力设施的布置应注意以下几点：

① 尽量利用已有的水电管网或提前修建永久性线路为施工服务。

② 临时总变电站应设置在高压电引入工地处，避免高压线穿过工地。

③ 临时水池、水塔应放在用水中心和地势较高处。管网一般沿道路布置，供电线路应避免与其他管道设在同一侧，主要供水、供电管线宜环状布置，孤立点可设枝状布置。

7）绘制正式的施工总平面图。

6. 主要技术经济评价指标

为考核施工组织总设计的编制及执行效果，可通过计算下列技术经济指标来分析判断：

（1）施工期指标　施工期是指建设项目从正式开工到全部投产使用为止的持续时间。相关的指标主要包括：

1）施工准备期。即从施工准备开始到主要项目开工的全部时间。

2）部分投产期。即从主要项目开工到第一批项目投产使用的全部时间。

3）单位工程工期。即建筑群中各单位工程从开工到竣工的全部时间。

（2）劳动生产率指标　施工生产的劳动生产率指标主要有：

1）人均产值。其计算公式为

$$人均产值=\frac{项目总产值(元)}{平均工人人数(人)\times项目工期(年)} \tag{6-1}$$

2）单位产品用工。不同的产品单位有很大的差别，对于房屋建筑产品常用竣工面积表示完成的产品数量，相应的单位产品用工计算公式为

$$单位产品用工=\frac{计划总工日(工日)}{竣工面积(m^2)} \tag{6-2}$$

3）劳动力不均衡系数。其计算公式为

$$劳动力不均衡系数=\frac{施工期高峰人数}{施工期平均人数} \tag{6-3}$$

（3）工程质量指标　工程质量指标包括一次交验合格率、质量奖项等。

（4）成本指标

1）降低成本额。其计算公式为

$$降低成本额=承包成本额-计划成本额 \tag{6-4}$$

2）降低成本率。其计算公式为

$$降低成本率=\frac{降低成本额}{承包成本额}\times100\% \tag{6-5}$$

（5）安全指标

1）千人死亡（重伤）率。其计算公式为

$$千人死亡(重伤)率=\frac{死亡(重伤)人数}{平均职工人数}\times10^3 \tag{6-6}$$

2）百万工时伤害率。其计算公式为

$$百万工时伤害率=\frac{受伤害人数}{实际总工时}\times10^6 \tag{6-7}$$

3）百万工时伤害严重率。其计算公式为

$$百万工时伤害严重率=\frac{损失工日\times8}{实际总工时}\times10^6 \tag{6-8}$$

4）伤害平均严重率。其计算公式为

$$伤害平均严重率=\frac{总损失工作日}{受伤害人数} \tag{6-9}$$

（6）机械化程度指标　机械化程度的计算公式为

$$机械化程度=\frac{机械施工完成施工产值}{总施工产值} \tag{6-10}$$

（7）临时工程费用比例　其计算公式为

$$临时工程费用比例=\frac{临时工程费-回收费+租用费}{建筑安装工程费} \tag{6-11}$$

6.3 单位工程施工组织设计的编制

6.3.1 单位工程施工组织设计及其作用

单位工程施工组织设计是以一个单位工程（一个建筑物或构筑物，一个交工系统）为编制对象，用以指导其施工全过程各项施工活动的综合性技术经济文件。单位工程施工组织设计一般在施工图设计完成后，在拟建工程开工之前，由项目技术负责人组织编制。它主要有以下几点作用：

1）贯彻施工组织总设计，具体实施施工组织总设计对该单位工程的规划精神。

2）编制该工程的施工方案，选择其施工方法、施工机械，确定施工顺序，提出实现质量、进度、成本和安全目标的具体措施，为建筑施工项目管理提出技术和组织方面的指导。

3）编制施工进度计划，落实施工顺序、搭接关系，各分部分项工程的施工时间，实现工期目标。

4）计算各种物资、机械、劳动力的需要量，安排供应计划，从而保证进度计划的实现。

5）对单位工程的施工现场进行合理设计和布置，统筹合理利用空间。

6）具体规划作业条件方面的施工准备工作。

6.3.2 单位工程施工组织设计的编制依据

单位工程施工组织设计的编制依据主要有以下几方面：

1）主管部门的批示文件及建设单位的要求。如上级主管部门或发包单位对工程的开竣工日期、土地申请和施工执照等方面的要求，施工合同中的有关规定等。

2）施工图样及设计单位对施工的要求。其中包括：单位工程的全部施工图样、会审记录和标准图等有关设计资料，对于结构复杂的建筑工程还要有设备图样和设备安装对土建施工的要求，以及设计单位对新结构、新材料、新技术和新工艺的要求。

3）施工企业年度生产计划对该工程的安排和规定的有关指标。如进度、与其他项目穿插施工的要求等。

4）施工组织总设计或项目管理大纲对该工程的有关规定和安排。

5）资源配备情况。如施工中需要的劳动力、施工机具和设备、材料、预制构件和加工品的供应能力和来源情况。

6）建设单位可能提供的条件和水、电供应情况。如建设单位可能提供的临时房屋数量，水、电供应量，水压、电压能否满足施工要求等。

7）施工现场条件和勘察资料。如施工现场的地形、地貌、地上与地下障碍物、工程地质和水文地质、气象资料、交通运输道路及场地面积等。

8）预算文件和国家规范等资料。工程的预算文件等提供了工程量和预算成本。国家的施工验收规范、质量标准、操作规程和有关定额是确定施工方案、编制进度计划等的主要依据。

9）建设用地征购、拆迁情况，施工许可证办理情况等。

6.3.3 单位工程施工组织设计的编制程序

单位工程施工组织设计的编制程序如图6-4所示。

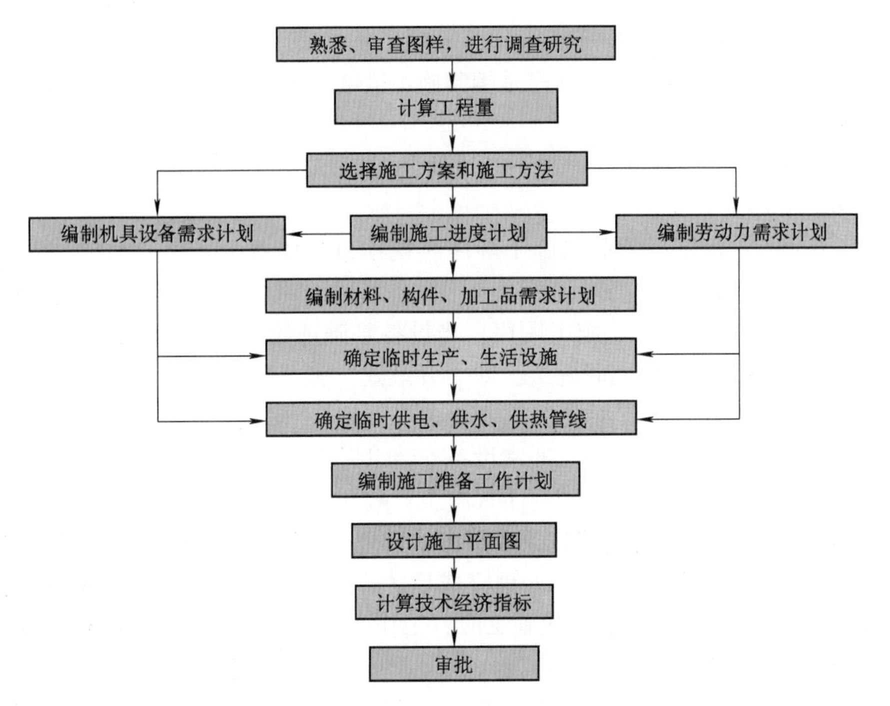

图6-4 单位工程施工组织设计的编制程序

6.3.4 单位工程施工组织设计的主要内容

单位工程施工组织设计，根据工程性质、规模、繁简程度的不同，其内容和深广度的要求也不同，不强求一致，但内容必须简明扼要，使其真正能起到指导现场施工的作用。单位工程施工组织设计的内容一般应包括：

1）工程概况及施工特点。

2）施工方案。

3）施工进度计划。

4）施工准备工作计划。

5）劳动力、材料、构件、加工品、施工机械和机具等资源需求计划。

6）施工平面图。

7）保证质量、安全、降低成本和冬、雨季施工的技术组织措施。

8）各项技术经济指标。

以上内容中，施工方案、施工进度计划、施工平面图以及劳动力、材料、构件、加工品、施工机械和机具等资源需求计划是四大核心内容，前三项分别规划了单位工程施工的技术组织、时间、空间三大要素，第四项提供了人力、物力资源方面的保障。在编制单位工程施工组织设计时，应对这四个方面的内容重点进行研究和安排。

1. 施工方案

单位工程施工方案设计是施工组织设计的核心。它是指在对工程概况和施工特点分析的基础上，确定施工顺序、施工起点流向，以及主要分部分项工程的施工方法和施工机械的选择。

（1）确定施工顺序　施工顺序是指分部分项工程之间、专业工程之间或施工阶段之间的先后施工关系。合理地确定施工顺序是编制施工进度计划的需要。确定施工顺序时，一般应考虑以下因素：

1）单位工程的施工应遵守“先地下、后地上”“先主体、后围护”“先结构、后装饰”的基本规律要求。

2）设备基础与厂房基础之间的施工顺序应视项目具体情况采用“封闭式”或“开敞式”施工顺序。当厂房柱基础的埋置深度大于设备基础的埋置深度时，厂房柱基础先施工，设备基础后施工，即“封闭式”施工顺序；当设备基础埋置深度大于厂房柱基础埋置深度时，厂房柱基础和设备基础应同时施工，即“开敞式”施工顺序。

3）设备安装与土建施工之间的关系相对复杂一些，土建施工要为设备安装提供工作面。在安装的过程中，要相互配合。通常设备安装以后，土建施工还要做许多后续工作。总的来看，可以有三种基本程序关系：封闭式施工、敞开式施工和平行式施工。

① 封闭式施工。对于一般的机械工业厂房，当主体结构完成之后，即可进行设备安装。对于精密设备的工业厂房，则在装饰工程完成后才进行设备安装。这种程序即为“封闭式施工”。这种施工程序的优点是：土建施工时，工作面不受影响，有利于构件就地预制、拼装和安装，起重机械开行路线选择自由度大，设备基础能在室内施工，不受气候影响，且厂房内桥式起重机可为设备基础施工及设备安装运输服务。其缺点是：部分柱基础回填土需要重新挖填，设备基础挖土难以利用机械施工，土质不佳时，需对厂房基础采取加固措施，土建与设备安装依次作业，工期较长。

② 敞开式施工。对于某些重型厂房，如冶金、电站用房等，一般先安装生产工艺设备，然后建造厂房。由于设备安装在露天进行，故称敞开式施工，敞开式施工的优缺点与封闭式施工基本相反。

③ 平行式施工。当土建施工为设备安装创造了必要的条件后，同时又可采取措施防止设备受污染，便可同时进行土建与安装施工，此种施工组织方式称为平行式施工。这种施工方式最大的特点就是工期较短，但是施工协调组织的难度较大。

4）正式施工前，应先平整场地，铺设水电管网、修筑道路等全场性工程及可供施工使用的永久性建筑物，减少暂设工程以节约投资。

5）不同的专业工程之间考虑相互之间的制约影响关系，保证质量，避免互相干扰。例如，桥隧相连的地方，应考虑先施工桥墩基础，然后再进行隧道开挖，以防止隧道出渣影响桥梁的施工；路基土石方在每一施工区段的准备工作完成后或准备工作进展到一定程度即可开工，也可与小桥、涵洞同时开工，但其竣工应落后于小桥、涵洞工程，以便在此期间进行线路复测、设置线路基桩、施工桥头搭板、整修路面及边坡等工作。

（2）确定施工起点流向　确定施工起点流向就是确定单位工程在平面或竖向上施工开始的部位及展开的方向。对单层建筑物需要分区分段地确定出在平面上的施工流向；多层建筑物除了应确定每层平面上的流向外，还应确定其层间或单元在竖向的施工流向。例如，多层房屋的现场装饰工程是自下而上，还是自上而下地进行，它牵涉到一系列施工活动的开展和进程，是组织施工活动的重要环节。

确定单位工程施工起点流向时，一般应考虑以下因素：

1）生产工艺流程和建设单位对使用的要求。生产流程的先后顺序往往是确定施工流向的关键因素，一般来说，从生产工艺上影响其他工段试车投产的工段应该先施工，建设单位对生产或使用急的工段或部位先施工。

2）机械设备转移或开行的路线及材料、构件及土方的运输方向。施工流向的确定应当有利于机械设备使用效率的发挥，使机械设备转场的时间和开行的路线尽可能的短。此外，材料、构件及土方的运输方向应当不发生矛盾，适应主导施工过程的施工顺序。

3）施工的繁简程度。一般来说，技术复杂、施工进度较慢、工期较长的区段或部位应先施工。

4）房屋高低层或高低跨。例如，柱子的吊装应从高低跨并列处开始；屋面防水层施工应按先高后低的方向施工，同一屋面则由檐口到屋脊方向施工；基础有深浅时，应按先深后浅的顺序施工。

5）工程现场环境条件和施工方案。施工现场的自然环境、场地的大小，道路布置和施工方案中采用的施工方法和机械均是确定施工起点和流向需要考虑的因素。例如，土方工程边开挖边余土外运，则施工起点应确定在离道路远的部位和由远及近的进展方向；桥梁下部工程施工，在枯水的季节开工时，通常考虑先施工河流中间的桥墩然后再向两边进行，而在雨季开工时，通常会采取相反的流向。

6）分部分项工程的特点及其相互关系。各分部分项工程的特点及相互关系对施工起点流向的确定有很大的影响。有些情况下，一旦前导施工过程的起点流向确定，则后续施工过程便随之而定，如单层工业厂房的土方工程的起点流向决定柱基础施工过程和某些预制、吊装施工过程的起点流向。有些情况下，前导施工过程的起点流向则受后续工程的制约，如铁路工程中，路基施工和架梁施工的流向就受铺轨方向的制约和影响。

（3）主要分部分项工程的施工方法和施工机械的选择。同一施工过程，能够完成施工任务的方法可能有多种，可选的施工机械也可能有很多。不同的施工方法和施工机械会带来不同的进度、质量和成本效果，而且，施工机械和施工方法之间具有高度相关性，一定的施工方法通常对应固定的施工机械，不同的施工机械适用于不同的施工方法。因此，项目管理者需要认真地进行方案比选，选择适合客观实际、先进合理且经济可行的施工方法和施工机械。

施工方法选择时应着重考虑影响整个单位工程的分部分项工程，如工程量大和施工技术复杂或采用新技术、新工艺及对工程质量起关键作用的分部分项工程，对常规做法和工人熟悉的项目，则不必详细拟定。

在施工机械化程度越来越高的今天，施工机械选择往往是施工方法选择的核心，在选择施工机械时应注意以下几点：

1）先选择主导工程的施工机械，如地下工程的土方机械，主体结构工程的垂直、水平运输机械，结构吊装工程的起重机械等。

2）各种辅助机械应与主导机械的生产能力协调配套，以充分发挥主导机械的效率。例如，土方工程在采用汽车运土时，汽车的载重量应为挖土机斗容量的整倍数，汽车的数量应保证挖土机连续工作。

3）同一工地上，应力求建筑机械的种类和型号尽可能统一，以利于机械管理；力求一机多用，提高机械使用率。例如，挖土机可用于装卸，起重机械可用于吊装和短距离水平运输。

4）机械选择应考虑充分发挥施工单位现有机械的能力，当本单位的机械能力不能满足工程需要时，则应购置或租赁所需新型机械或多用机械。

（4）施工方案比选　同一个工程，采用不同的施工方案，会产生不同的经济效果。因此，项目管理者常常需对多个可行施工方案进行技术经济比较。具体可分定性比较和定量比较两种方式。

定性比较通常会结合施工实际经验，对若干个施工方案的优缺点进行比较，如技术上是否可行、施工复杂程度和安全可靠性如何、劳动力和机械设备能否满足需要、是否能充分发挥现有机械的作用、保证质量的措施是否完善可靠、季节施工情况如何等。

定量比较一般是计算不同施工方案所消耗的人力、物力、财力和工期等指标，进行数量比较。其主要指标有工期、单位建筑面积造价、主要材料消耗指标、降低成本率等。

2. 单位工程施工进度计划

编制施工进度计划就是在选定的施工方案基础上，对经系统分解得到的各个施工过程的施工顺序，作业持续时间，相互配合的衔接关系，工程的开工时间、竣工时间及总工期等做出安排。进度计划是整个单位工程施工组织设计的核心内容，一方面，进度计划编制是否合理直接影响到工期目标是否能够按时完成；另一方面，进度计划还是劳动力、材料、成品、半成品以及机械等资源需求计划编制的基础和依据。此外，进度计划的合理性，还会对项目实施成本和质量产生重要影响。

（1）单位工程施工进度计划的编制依据　单位工程施工进度计划的编制依据主要包括：

1）业主提供的总平面图，单位工程施工图及地质地形图、工艺设计图、采用的各种标准图等图样及技术资料。

2）施工工期要求及开、竣工日期。

3）施工条件，劳动力、材料、构件及机械的供应条件，分包单位的情况。

4）确定重要分部分项工程的施工方案，包括施工顺序、施工段划分、施工起点流向、施工方法及质量安全措施。

5）劳动定额及机械台班定额。

6）招标文件中的其他要求。

（2）单位工程施工进度计划的编制程序　单位工程施工进度计划的编制程序如图 6-5 所示。

（3）划分施工过程　划分施工过程的实质就是对完成施工任务所需的各项工作过程进行系统分解。它是编制进度计划的基础工作，分解得到的各施工过程是进度计划的基本组成单元。通常，划分施工过程应按顺序列成表格，编排序号，检查是否遗漏或重复，凡是与具体的工程对象施工直接相关的建造类的工作内容均应列入，辅助性和服务性的内容则不必列入。

施工过程划分的粗细程度应根据进度计划的需要决定。一般来说，单位工程进度计划的施工过程应明确到分项工程或更具体，以满足指导施工作业的要求。划分施工过程应与施工方案一致。凡在同一时期可由同一工作队完成的若干施工过程可合并，否则应单列。大型工程常编制控制性进度计划，其施工过程划分往往较粗。在这种情况下，还必须就具体内容编制详细的实施性进度计划。

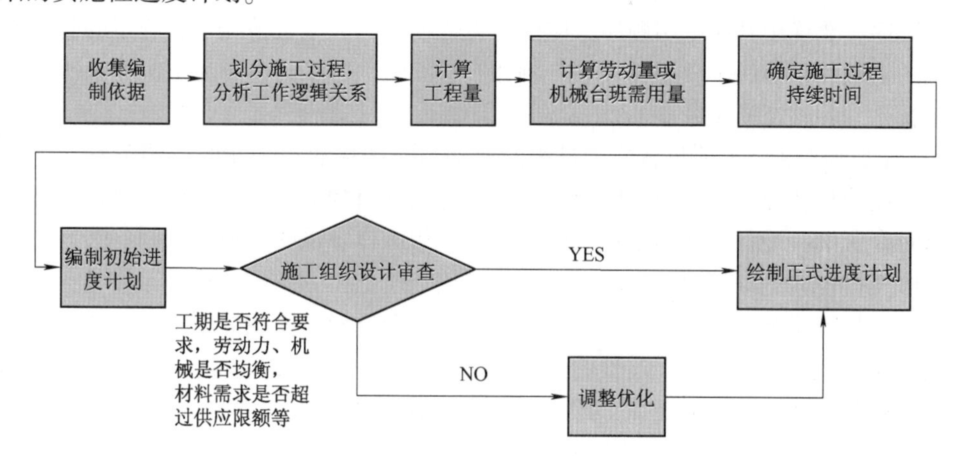

图6-5　单位工程施工进度计划的编制程序

（4）计算工程量，确定工作持续时间　应针对划分的每一个施工过程分别计算工程量。各施工过程的工程量可以直接套用施工预算的工程量或在施工预算的基础上加工整理取得，也可以根据施工图样和施工方案另行计算取得。在各施工过程的工程量确定之后，可套用施工单位的各分部分项工作的时间定额或产量定额确定各施工过程所需的劳动量和机械台班数量。

各施工过程作业持续时间确定的方法通常有以下两种：

1）倒排工期法。即根据合同规定的总工期和企业的施工经验，确定各分部分项工程的施工时间，然后按各分部分项工程所需完成的劳动量或机械台班数量，确定每一分部分项工程每个工作班组所需要的工人人数或机械台班数。

2）定额计算法。首先，根据各施工过程的工程量，套用企业施工产量定额，计算出总的劳动力和机械台班用量；然后，根据企业现有可支配资源的情况，确定配备在各分部分项工程上的施工机械数量和各专业工人人数；最后，用总的劳动量（机械台班量）除以每天的工作班次和每班投入工人的人数（机械的台数），即可确定该施工过程的作业持续时间。

定额计算法是一种资源优先的思路，通常在资源一定和工期不紧张的时候适用，即按照项目可使用的资源数量来确定各施工过程的作业持续时间，这时的施工成本通常会比较低。倒排工期法是一种工期优先的思路，通常适用于工期比较紧张的情况，先倒排工期确定各项工作可分配的时间，然后去确定所需的资源用量，在这种情况下通常意味着单位时间内投入更多的资源和增加工作的班次（台班），因此施工的成本通常也会比较高。

（5）确定施工顺序，编制施工进度计划　施工顺序的确定是进度计划编制工作中的核心工作。其核心的任务就是识别和记录项目各施工过程之间的逻辑关系。各施工过程之间的逻辑关系有以下三种情况：

1）强制性逻辑关系。即合同要求或施工过程本身的工艺特点所决定的逻辑关系。这种强制性逻辑关系往往仅与客观现实条件有关，必须遵守。例如，房屋建筑工程只有基础施工完成才能开始上部结构施工，只有主体结构工作完成才能开始装饰装修工作。

2）软逻辑关系。即有多种逻辑顺序可供选择，但是基于施工生产的最佳实践，存在某种特定的顺序，要优于其他可用顺序，应优先考虑使用。大多数情况下，施工的起点流向和流水施工的组织关系都属于软逻辑关系。例如，组织流水施工时，各流水段相继投入施工的顺序关系就是一种软逻辑关系。

3）外部依赖关系。即项目各施工过程的活动与非项目活动之间的依赖关系。这些依赖关系往往不在项目经理部的控制范围内。例如，建设项目的征地拆迁工作会对建筑施工项目开工的时间有影响；设备安装的工作时间要取决于甲方设备采购运输的时间。

在具体安排各施工过程的施工顺序时，可采用流水施工的原理，在保证质量、安全和工期的前提下，尽可能组织流水施工，以充分地利用作业空间，使主导施工过程能够连续均衡施工，灵活穿插辅助和零星施工过程的生产，避免窝工。

各施工过程的施工顺序确定后，即可采用横道图的形式或（和）网络计划的形式编制单位工程的进度计划。

（6）施工进度计划的检查与调整　对于初步编制的施工进度计划要进行全面检查，看编制的工期能否满足合同规定的工期要求；各施工过程之间的逻辑顺序关系定义是否合理；各个主导施工过程是否能连续施工；对劳动力、机械设备以及其他资源的需求和供应是否均衡，是否超限等。发现问题后，应及时进行调整。

3. 单位工程资源需求计划

（1）单位工程劳动力需求计划　单位工程劳动力需求计划是根据工种劳动量分析和单位工程施工进度计划编制的，将单位工程进度计划表内各施工过程每天所需工人人数按工种分别进行汇总，即可得到劳动力需求计划，见表6-6。单位工程劳动力需求计划主要用于调配劳动力、安排生活福利设施和优化劳动组合。

表6-6　单位工程劳动力需求计划表

序号	工种名称	人数	××年××月															…
			1	2	3	4	5	6	7	8	9	10	11	12	13	14	15	…	…

（2）单位工程主要材料需求计划　单位工程所需使用的主要材料用量一般需要根据施工预算和施工进度计划取得。单位工程主要材料需求计划表的基本形式见表6-7。单位工程主要材料需求计划是组织备料、编制材料运输供应计划和现场平面布置工作的重要依据。

表6-7　单位工程主要材料需求计划表

序号	材料名称	规格	需要量		供应时间	备注
			单位	数量		

（3）单位工程构件和半成品需求计划　单位工程构件和半成品需求计划可根据施工预算和施工进度计划取得，用于和加工单位签订合同、组织运输和确定现场堆场面积。单位工程构件及半成品需求计划表的基本形式见表6-8。

表 6-8　单位工程构件和半成品需求计划表

序　号	品　名	规　格	图号/型号	需要量		使用部位	加工单位	供应时间	备　注
				单　位	数　量				

(4) 单位工程施工机械需求计划　施工机械需求计划用于供应施工机械、安排机械进场、工作和退场日期，可根据施工方案和施工进度计划进行编制。单位工程施工机械需求计划表的基本形式见表 6-9。

表 6-9　单位工程施工机械需求计划表

序　号	机械设备名称	类型型号	需要量		设备来源	使用起止时间	备　注
			单　位	数　量			

4. 单位工程现场平面图设计

单位工程现场平面图设计就是对单位工程的施工现场进行平面规划和空间布置。它是施工准备工作的一项重要依据，是实现文明施工、节约土地、减少临时设施费用的先决条件。其绘制比例一般为 1∶500～1∶200。如果单位工程施工平面图是拟建建筑群的组成部分，它的施工平面图就是全工地总施工平面图的一部分，应受到全工地施工总平面图的约束。

(1) 单位工程施工平面图的内容　施工平面图是按一定比例和图例，按照场地条件和需要的内容进行设计的。单位工程施工平面图的内容包括：

1）建筑平面图上已建和拟建的地上和地下的一切建筑物、构筑物和管线的位置与尺寸。

2）测量放线标桩、地形等高线和取弃土地点。

3）移动式起重机的开行路线及垂直运输设施的位置。

4）材料、半成品、构件和机具的堆场。

5）生产、生活临时设施。如搅拌站、高压泵站、钢筋棚、木工棚、仓库、办公室、供水管线、供电线路、消防设施、安全设施、道路以及其他需搭建或建造的设施。

6）必要的图例、比例尺、方向及风向标记。

(2) 单位工程施工平面图的设计要求

1）布置紧凑，占地要省，不占或少占农田。

2）短运输，少搬运。二次搬运要减到最少。

3）临时工程要在满足需要的前提下，少用资金。

4）利于生产、生活、安全、消防、环境保护、市容、卫生、劳动保护等，符合国家有关规定和法规。

(3) 单位工程施工平面图的设计步骤　单位工程施工平面图的设计步骤如图 6-6 所示。

(4) 单位工程施工平面图的设计要点

1）起重机械的布置

① 井架、门架等固定式垂直运输设备的布置，要结合建筑物的平面形状、高度、材料与构件的重量，考虑机械的负荷能力和服务范围，做到便于运送，便于组织分层分段流水施

工，便于楼层和地面的运输。

② 塔式起重机的布置要结合建筑物的形状及四周的场地情况布置。起重高度、幅度及起重量要满足要求，使材料和构件可达建筑物的任何使用地点。

③ 履带吊和轮胎吊等自行式起重机的行驶路线要考虑吊装顺序，构件重量，建筑物的平面形状、高度，堆放场位置以及吊装方法。此外，还要注意避免机械能力的浪费。

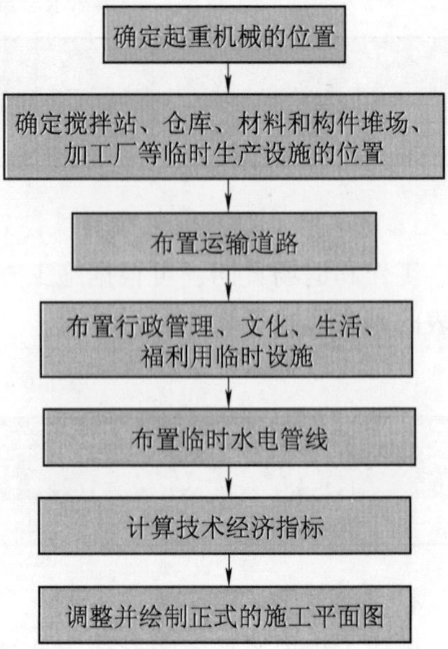

2）搅拌站、加工厂、仓库、材料与构件堆场的布置。这些临时生产设施的位置要尽量靠近使用地点或在起重机起重能力范围内，以方便运输和装卸。

① 搅拌站要与砂、石堆场及水泥库一起考虑，既要靠近，又要便于大宗材料的运输装卸。

② 木材棚、钢筋棚和水电加工棚可离建筑物稍远，并有相应的堆场。

确定起重机械的位置
↓
确定搅拌站、仓库、材料和构件堆场、加工厂等临时生产设施的位置
↓
布置运输道路
↓
布置行政管理、文化、生活、福利用临时设施
↓
布置临时水电管线
↓
计算技术经济指标
↓
调整并绘制正式的施工平面图

图 6-6 单位工程施工平面图的设计步骤

③ 仓库、堆场的布置，应进行计算，能适应各个施工阶段的需要。按照材料使用的先后，同一场地可以供多种材料或构件堆放。易燃、易爆品的仓库位置，须遵守防火、防爆安全距离的要求。

④ 石灰、淋灰池要接近灰浆搅拌站。沥青的熬制地点要远离易燃品库，均应布置在下风向。在城市施工时，应使用沥青搅拌站的沥青，不准在现场熬制。

⑤ 构件重量大的，应尽量放置在起重机臂下，以便吊装。

3）运输道路的修筑。运输道路应按材料和构件运输的需要，沿着仓库和堆场进行布置，使之畅行无阻。宽度要符合规定，单行道不小于 3 ~ 3. 5m，双车道不小于 5. 5 ~ 6m。路基要经过设计，转弯半径要满足运输要求。要结合地形在道路两侧设排水沟。总的来说，现场应设环形路，在易燃品附近也要尽量设计成进出容易的道路。木材场两侧应有 6m 宽的通道，端头处应有 12m × 12m 的回车场。消防车道不小于 3. 5m。

4）行政管理、文化、生活、福利用临时设施的布置。它们的布置原则是使用方便，不妨碍施工，符合防火、安全要求。要努力节约，尽量利用已有的设施、正式工程或可多次重复使用的活动板房。

5）供水设施的布置。临时供水首先要经过计算、设计，然后进行设置，其中包括水源选择、取水设施、储水设施、用水量计算（生产用水、机械用水、生活用水、消防用水）、配水布置、管径的计算等。单位工程施工组织设计的供水计算和设计可以简化或根据经验进行安排。5 000 ~ 10 000 m^2 的建筑物施工用水一般主管径为 50mm，支管径为 40mm 或 25mm。消防用水一般利用城市或建设单位的永久消防设施，如果自行安排，应按有关规定设置。消防水管直径应不小于 100mm，消火栓间距不大于 120m，水池和加压泵应满足高空用水的需要。管线布置应使线路长度短，消防水管和生产、生活用水管可以合并设置。

6）临时供电设施的布置。临时供电设计，包括用电量计算、电源选择、电力系统选择和配置。用电量包括电动机用电量、电焊机用电量、室内和室外照明容量。如果是扩建的单

位工程，则可计算出施工用电总数供建设单位解决，不另设变压器。独立的单位工程施工，要计算出现场施工用电和照明用电的数量，选用变压器和导线截面及类型。变压器应布置在现场边缘高压线接入处，并在四周装设高度不低于1.7m的固定遮拦以保安全，但不要布置在交通要道口处。

（5）单位工程施工平面图的评价指标　为评估单位工程施工平面图的设计质量，可以计算下列技术指标并加以分析，以有助于施工平面图的最终合理定案。

1）施工占地面积及施工占地系数。施工占地系数的计算公式为

$$施工占地系数=\frac{施工占地面积(m^2)}{建筑面积(m^2)}\times100\% \tag{6-12}$$

2）施工场地利用率。其计算公式为

$$施工场地利用率=\frac{施工设施占用面积(m^2)}{施工占地面积(m^2)}\times100\% \tag{6-13}$$

3）施工用临时房屋面积、道路面积，临时供水线长度及临时供电线长度。

4）临时设施投资率。其计算公式为

$$临时设施投资率=\frac{临时设施费用总和(元)}{工程总造价(元)}\times100\% \tag{6-14}$$

6.3.5　单位工程施工组织设计的技术经济指标

单位工程施工组织设计中的技术经济指标一般包括工期指标、劳动生产率指标、主要材料节约指标、机械使用指标、降低成本率指标等。这些指标应在单位工程施工组织设计基本完成后进行计算，并作为施工组织经济性考核的主要依据。

（1）总工期　自开工之日到竣工之日的全部日历天数。

（2）单方用工数　其计算公式为

$$单方用工数=\frac{总用工数(工日)}{建筑面积(m^2)} \tag{6-15}$$

（3）主要材料节约指标

1）主要材料节约量。其计算公式为

$$主要材料节约量=施工图预算用量-施工组织设计计划用量 \tag{6-16}$$

2）主要材料节约率。其计算公式为

$$主要材料节约率=\frac{主要材料计划节约额(元)}{主要材料预算金额(元)}\times100\% \tag{6-17}$$

（4）机械使用指标

1）单方大型机械台班用量。其计算公式为

$$单方大型机械台班用量=\frac{大型机械台班用量(台班)}{建筑面积(m^2)} \tag{6-18}$$

2）单方大型机械费。其计算公式为

$$单方大型机械费=\frac{计划大型机械台班费(元)}{建筑面积(m^2)} \tag{6-19}$$

（5）降低成本指标

1）降低成本额。其计算公式为

$$降低成本额 = 承包成本 - 施工组织设计计划成本 \tag{6-20}$$

2）降低成本率。其计算公式为

$$降低成本率 = \frac{降低成本额(元)}{承包成本(元)} \times 100\% \tag{6-21}$$

6.4 XSX 特大桥施工组织设计实例

6.4.1 编制依据及原则

1. 编制依据（略）

2. 编制原则（略）

6.4.2 工程概况

1. 工程简介

XSX 特大桥位于××省××市境内，中心里程为 DK181 + 230. 313，总长 4 158. 585m，共计 118 跨，全桥平面设计线包括两段曲线段。该桥上部结构桥跨包括：简支箱梁和连续梁。桥台采用有圆端形空心墩、圆端形实体墩、矩形实体墩。全桥墩台采用钻孔灌注桩基础，桩径根据不同跨度和地质条件分别有 ϕ1. 00m、ϕ1. 25 m、ϕ1. 50 m、ϕ2. 00m。

（1）自然地理特征

1）地形地貌。（略）

2）河道水文及水文特征。（略）

3）气候特征。该桥所处的地区温暖湿润，四季分明，雨量充沛，湿度大，无霜期长，属亚热带季风气候。全年平均气温在 15 ~ 18℃之间，全年无霜期为 230 天左右，每年 7 ~ 8 月气温较高，1 ~ 2 月气温较低，极端最高气温在 38. 8 ~ 43℃，极端最低气温在 - 14. 0 ~ - 10. 1℃。多年平均降雨量为 1 027 ~ 1 600mm，年降雨日在 150 ~ 160 天，年最大降雨量为 2 356mm，年最小降雨量为 570mm，年平均相对湿度为 81%。

××市地处南北冷暖气流交汇的场所，季风作用明显。冬季天气稳定，多晴天；春季常有春雨，春末夏初为“梅雨”季节；夏末多晴少雨，为高温天气，多东南风；秋季常阴雨绵绵。7 ~ 9 月为台风活动期。5 ~ 9 月为主汛期。

（2）工程建设条件

1）交通运输条件。桥址大部分处于农田，材料及混凝土运输相当不便，需根据施工需求在顺桥方向修建施工便道和便桥，部分桥址地处居民区，交通较便利，可以利用原有道路。

2）沿线建筑材料分布。（略）

3）沿线水、电、燃料等可利用资源情况。（略）

（3）工程特点　全桥以简支箱梁为主，特殊结构多。跨既有公路、铁路、河流大多采用大跨连续梁通过，特殊结构桥型有预应力混凝土连续梁和系杆拱桥，施工技术较复杂。

工后沉降和混凝土徐变控制标准高。为满足无砟轨道沉降控制技术要求，对桥梁工后沉降和混凝土收缩徐变要严格控制。特别是采空区和溶洞发育地区要采取有效措施防止桥梁基础下沉。

与站后工程接口多，施工中应避免出现差、错、漏，造成不必要返工。结构耐久性要求高，使用寿命按100年设计，采用高性能混凝土。

（4）主要工程量　XSX特大桥主要工程量见表6-10。

表6-10　XSX特大桥主要工程量

序　号	名　称		计量单位	工　程　量
1	基础	钻孔桩	m	25 349
2		承台混凝土	圬工方	23 792
3		承台钢筋	t	1 337.714
4	墩台	混凝土	圬工方	39 355
5		钢筋	t	2 398.555
6	预应力混凝土简支箱梁	32m	孔	77
7		24m	孔	15
8	预应力混凝土连续梁	40m+64m+40m	联	1
9		48m+80m+48m	联	2
10		60m+100m+60m	联	1

2. 主要施工技术标准（略）

3. 重难点工程

（1）跨××高速公路1-(60+100+60)m连续梁。本桥于DK180+069.2处与既有××高速公路交叉，交角为36.1°，现状路宽为26m，规划宽度为42.5m，在25号~26号墩跨××高速，里程为DK180+015.160~DK180+115.160，设置1－（60+100+60）m连续梁。本桥为大跨特殊结构，结构复杂，且××高速公路车流量已经饱和，施工干扰和难度大。

（2）跨城市道路1-(40+64+40)m连续梁。本桥于DK180+983.9处与既有城市道路交叉，交角为86.5°，现宽为35.0m，在51号~52号墩跨越该路，里程为DK180+960.960~DK181+024.960，设置1-(40+64+40)m连续梁。

（3）跨××线1-(48+80+48)m连续梁。本桥于DK182+370.66处与××线交叉，交角为99°，在92号~93号墩跨越××线，里程为DK182+333.480~DK182+413.480，设置1－（48+80+48）m连续梁。

（4）跨××溪1-(48+80+48)m连续梁。本桥于DK182+698处与××溪干流交叉，交角为60.3°，该河的设计水位为4.11m，通航水位为2.66m，通航等级为Ⅳ级，通航净空为55m×7.0m，在100号~101号墩跨越××溪，里程为DK182+658.725~DK182+738.725，设置1-(48+80+48)m连续梁。100号、101号墩在水中，承台埋深较大，须进行水中施工，且此航道为Ⅳ级航道，船流量大，施工干扰和难度大。

6.4.3　总体施工组织安排

1. 施工管理目标

遵循“整体设计、系统建设、优质高效、一次建成”的方针，坚持设计高标准、科技高起点、工程高质量的要求，实现科技创新、管理创新、制度创新，达到“一流的设计、一流的工程、一流的技术装备、一流的运营管理”的建设目标，全线建成世界一流的高速铁路，实现精品工程、安全工程的目标。

1）安全目标。杜绝特别重大、重大、较大安全事故，杜绝死亡事故，防止一般事故的发生。消灭一切责任事故。创建安全生产标准工地。

2）质量目标。工程质量达到国家现行的工程质量验收标准及客运专线工程质量验收标准，单位工程一次验收合格率达到100%，分项工程一次验收合格率达到100%。

3）工期目标。开工日期为2009年6月1日，竣工日期为2011年3月20日。

4）环境保护、水土保持目标。无集体投诉事件，环境监控达标，环境保护、水土保持设施与主体工程“同时设计、同时开工、同时施工、同时投入使用”。

2. 施工管理模式和组织结构

（1）管理模式　根据招标文件要求，集团公司在施工现场成立“NH高速铁路项目经理部”，项目经理部为集团公司派出机构，受法人委托负责整个标段工程建设的各项工作。项目经理部下辖八个工区项目分部。XSX特大桥的施工任务由一工区和二工区共同承担。

（2）施工组织结构　XSX特大桥的施工组织结构如图6-7所示。

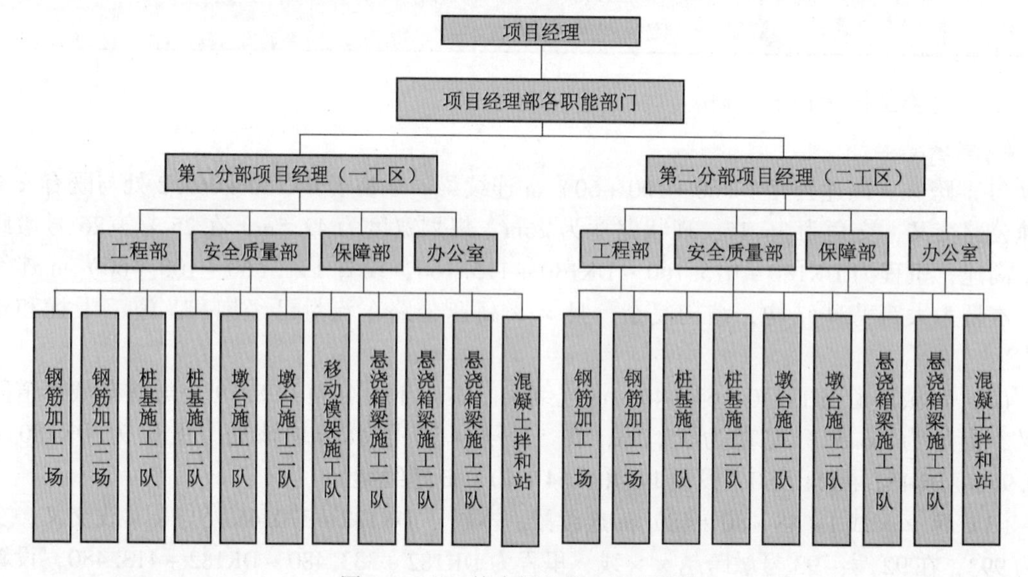

图6-7　XSX特大桥的施工组织结构

3. 施工组织方案

1）项目设置方案。XSX特大桥DK179+151.020~DK182+333.480段（NJ台~92号墩）由一工区负责组织施工；DK182+413.480~DK183+309.605段（93号墩~HZ台）由二工区负责组织施工。

一工区计划安排两个桩基施工队、两个墩台施工队、一个移动模架现浇简支箱梁施工队、三个悬浇箱梁施工队、两个钢筋加工队、一个混凝土拌和站完成本桥的施工任务；二工区计划安排两个桩基施工队、两个墩台施工队、两个悬浇箱梁施工队、两个钢筋加工队、一个混凝土拌和站完成本桥的施工任务。

2）总体施工顺序。桥梁工程施工顺序为：桩基础→承台→墩台→梁体现浇（架设）→桥面系。

本桥的简支梁、连续梁相间布置，整个工程工期的主要控制因素为连续梁的施工，连续梁施工能否顺利直接制约着整个运架工期。

3）施工组织总平面布置。(略)

6.4.4 大型临时设施及过渡工程方案

1. 施工道路

线路所经地区公路交通发达，国道、县道基本成网，施工运输可从既有公路经施工便道进入现场。施工便道分为贯通便道和连接便道。连接便道为沿贯通便道修建通往制梁场、拌和站、钢筋加工厂、非标加工厂等的连接便道。施工便道标准为：便道干线按双车道设计，路基面宽度为6.5m，横向双侧排水，横坡坡度为4%。地基持力层按不同地质条件进行相应处理。

2. 混凝土拌和站

为确保结构物施工质量，施工所需混凝土全部采用集中拌制，采用电子自动计量配料系统进行配料，以确保配料的精确性。

本桥施工用混凝土由5号、6号拌和站供应，5号拌和站设置在××隧道附近，大桥左侧，占地20亩（1亩=666.6m^2），配备两台带自动计量系统的120 m^3/h强制式拌和机；6号拌和站设置在××站附近，大桥左侧，同样占地20亩并配备两台带自动计量系统的120 m^3/h强制式拌和机。

3. 制梁场

根据制梁场采用的生产工艺、配套设施、机械化程度及作业效率、人员配备、箱梁的外形尺寸、存梁区最少存梁数，并综合考虑场区道路、作业空间等因素，在线路DK186+200~DK186+500左侧设置制梁场。制梁场由制梁区、存梁区、装运梁区、生产保障区（拌和站、锅炉房、钢筋加工区、办公生活区）等组成。

4. 临时电力、给水及其他大型临时设施

（1）临时电力设施　线路所经区域，地方电网密布，电力资源丰富，考虑施工需要，从地方高压电网或变电站接出10kV供电线至本桥。在DK179+630处安装400kVA变压器一台，在DK180+010、DK182+650处各安装630kVA变压器一台，在DK180+668、DK181+223、DK181+778、DK182+333、DK183+300处各安装1 250kVA变压器一台，以满足全线施工用电要求。

（2）供水设施　沿线地表水系发育较差，施工用水采取打井取水、利用当地水井取水或地方自来水接管取水，水源经化验合格后方可使用。根据工程情况，在制梁场、混凝土拌和站处采用钻井取水，其余工点采用河流或既有井水供应。

6.4.5 工程进度计划

1. 工程总体形象进度

工程总体形象进度如图6-8所示。

2. 各专业工程施工作业进度安排

各专业工程施工作业进度指标见表6-11~表6-17。

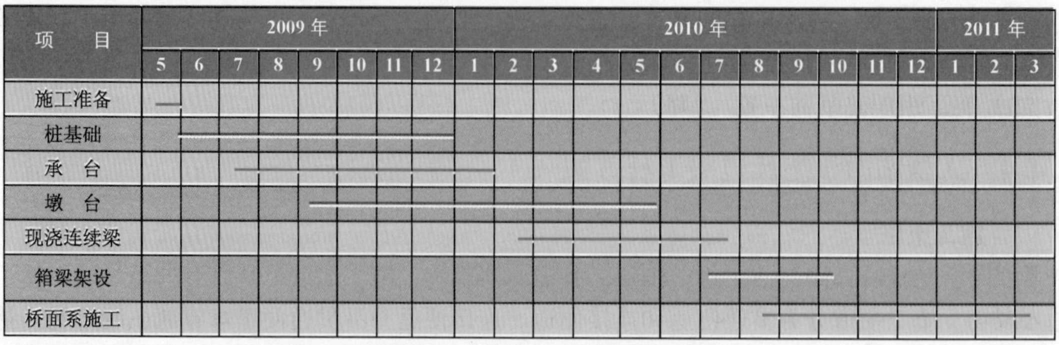

项目	2009年								2010年												2011年		
	5	6	7	8	9	10	11	12	1	2	3	4	5	6	7	8	9	10	11	12	1	2	3
施工准备																							
桩基础																							
承　台																							
墩　台																							
现浇连续梁																							
箱梁架设																							
桥面系施工																							

图6-8　工程总体形象进度

表6-11　钻孔施工作业进度指标

序　号	分项工程	钻机定位	钻　进	第一次清孔	吊装钢筋笼	安装导管	第二次清孔	灌注水下混凝土	合　计
1	钻孔施工	2.0h	72.0h	6.0h	2.0h	1.0h	2.0h	2.5h	87.5h

表6-12　承台施工作业进度指标

序　号	工作内容	时间/天	序　号	工作内容	时间/天
1	施工准备	1	5	安装模板及浇筑混凝土	2
2	基坑开挖及防护	2	6	养护及凿毛	6
3	凿除桩头及基底处理	1	7	绑扎第二层承台钢筋	0.5
4	绑扎钢筋	1	8	安装模板及浇筑混凝土	1

表6-13　墩身施工作业进度指标

分项工程	绑扎墩身钢筋	安装墩身墩帽模板	绑扎墩帽钢筋	浇筑混凝土	混凝土养护	拆　模	合　计
$H<15$m	1天	2天	1天	0.5天	2天	0.5天	7天
$H>15$m	2天	3天	1天	2天	3天	1天	12天

表6-14　悬臂施工作业进度指标（一个节段）

序　号	工作内容	时间/天	序　号	工作内容	时间/天
1	挂篮前移就位	0.5	5	绑扎顶板钢筋	1.0
2	底模清理、调整标高	0.5	6	浇筑箱梁混凝土	0.5
3	绑扎底、腹板钢筋，安装波纹管	1.5	7	混凝土强度达设计张拉要求	5.0
4	内模安装	0.5	8	预应力张拉、压浆	0.5
10天/段					

表6-15　桥梁施工作业进度指标

项　目	桥　型	项目名称	指　标	备　注
1	连续梁	基础及墩身	120天/墩	水中墩另加60天
2		0号块	40天/块	
3		挂篮安装、预压	10~15天/只	
4		标准段浇筑	10天/节段	
5		边跨合拢	12~15天/处	
6		中跨合拢、体系转换	15~20天/处	

（续）

项　目	桥　型	项目名称	指　标	备　注
7	一般梁式桥	桩基础	10～35天/墩	水中墩另加30天
8		承台	10～20天/墩	
9		墩台	3～10天/墩	
10		架梁（运距≤5km）	2.5孔/天	
11		架梁（运距5～8km）	2孔/天	

表6-16　每孔箱梁预制施工作业进度指标

序　号	施工工序	施工时间/h	备　注
1	底模整修	10	钢筋骨架在绑扎胎具上绑扎
2	钢筋笼与内模整体吊装	16	
3	混凝土浇筑	6	
4	蒸汽养护	48	
5	预张拉	9	
6	拆除内模	9	
7	初张拉	8	
8	吊移梁	2	
合　计		108	综合指标：5天/孔

表6-17　运架梁施工作业进度指标

序　号	项　目	时间/h	备　注
1	装梁	0.5	
2	运梁至架桥机	3.0	运距按10km排列
3	喂梁	0.5	运梁车配合
4	提梁就位	1.5	同时考虑空车返回1h，并装运下一片梁2.5h
5	落梁	1.0	
6	过孔	2.5	
合　计		9.0	
架梁指标：0～8km 2孔/天，8～12km 1.5孔/天，12km以上1孔/天			

6.4.6　主要施工技术方案

1. 施工方案

本桥基础全部采用钻孔灌注桩，主要采用冲击钻和回旋钻成孔，浅水和鱼塘地段采用草袋筑岛围堰，水中搭设施工栈桥、水中施工平台施工。

承台采用大块钢模现场拼装，整体浇筑；水中承台采用钢板桩围堰法施工。

实心墩身采用整体定型钢模板一次立模，整体浇筑；空心墩外模采用整体定型钢模一次立模，内模采用组合钢模板，分下实体、空心段、上实体分段浇筑；台身采用大块钢模现场拼装，整体浇筑。

0号台至13号墩双线箱梁采用移动模架造桥机施工，移动模架系统在现场拼装成形，进行模板调整、预拱度设置及预压。连续梁采用悬臂法现浇施工。其余简支箱梁在××制梁场预制，由运梁车运至架桥机待机处，架桥机架设施工。

本桥所用钢筋在加工厂集中加工，专用运输车运输到各施工点安装。本桥所用混凝土都由5号、6号拌和站供应，混凝土运输车运输到各施工点，然后根据现场条件采用起重机、混凝土泵车、混凝土输送泵等入模。

2. 栈桥施工

（1）管桩加工运输及接长　采购壁厚 $\delta=12\text{mm}$、直径 $\phi=600\text{mm}$ 的螺旋焊管，焊接质量和材质均严格按照国家设计技术标准执行。由汽车运送到钢筋加工厂，管桩按照实际需要长度接长，小于15m的一次焊接成，大于15m的分成两节加工。

（2）钢管桩施工　栈桥的钢管桩施工采用钓鱼法打设，即利用履带吊或浮吊配合振捣桩锤施打钢管桩。履带吊停放在便道上或已施工完成的栈桥桥面，吊装导向框架，导向架检查准确定位后，将钢管插入导向架内，在测量仪器配合下控制钢管桩的准确位置和垂直度，符合要求后，用夹具夹住钢管桩管壁，用履带吊吊起振捣锤，把钢管桩振动下沉，直至打到规定标高或振打不下去为止。

一个墩位打桩完成后，利用小船靠近管桩，快速焊接平联及剪刀撑、牛腿，并后退导向架，为吊装此栈桥上部做好准备。

（3）栈桥桥面及附属工程　主要包括横向连接分配梁、六四军用梁及横撑、斜撑等构件的安装，桥面钢板的铺设，栏杆及扶手的安装。主要利用栈桥上履带吊辅助人工安装。

军用梁的组拼及分配梁、斜撑等构件的加工均在岸上加工厂进行，利用栈桥汽运或运输船水运至施工现场。

3. 水中平台施工

水中平台从栈桥旁接出，钻孔平台为钢木结构，平面尺寸根据桩位布置情况确定；基础采用 $\phi600\text{mm}$ 的钢管桩，纵向、横向桩距由设计确定，桩间用剪刀撑连接，钢管桩设计打入全风化岩层1m以上。桩顶铺设纵向、横向I40工字钢，其上满铺方木，预留钻孔桩位。平台顶标高与栈桥面相平（标高为25m）。四周设立栏杆、扶梯。

4. 钻孔桩施工（略）

5. 陆上承台施工（略）

6. 水中承台施工

XSX特大桥水中墩承台均处于水位线以下，且河床均是砾砂或砂质土，透水性强，拟采用钢板桩围堰隔水施工。桥梁水中施工所需材料、机具均通过临时施工栈桥运输。

（1）钢板桩围堰　钢板桩围堰根据承台设计尺寸，四周每边放宽1.2～2.0m设置围堰，结构形式采用槽型钢板桩，支撑采用井字形框架。钢板桩围堰构造图如图6-9所示。

（2）插打钢板桩　钢板桩插打利用钻孔平台作为导向定位框架。并打入4根定位桩固定形成外导向框；将倒链滑车固定在钻孔平台上，下放内支撑就位并防止内支撑在水平方向上移动，固定后的内支撑即可兼作内导向框，然后在导向框内插打钢板桩。

（3）堵漏抽水　钢板桩合拢后，在其外侧围彩条布，在布的下端绑扎钢管沉入河床，并用砂袋压住，同时在钢板桩内侧锁口不密的漏水处用棉纱嵌塞。

（4）挖吸泥、封底　在水抽干后，即可人工挖泥，或采用高压水枪配合砂石泵吸泥至设计标高，之后做垫层，浇筑水下混凝土封闭基底，进行承台施工。

（5）承台施工　完成上述施工工序后，承台施工就可按陆上承台施工步骤和工艺进行施工了。

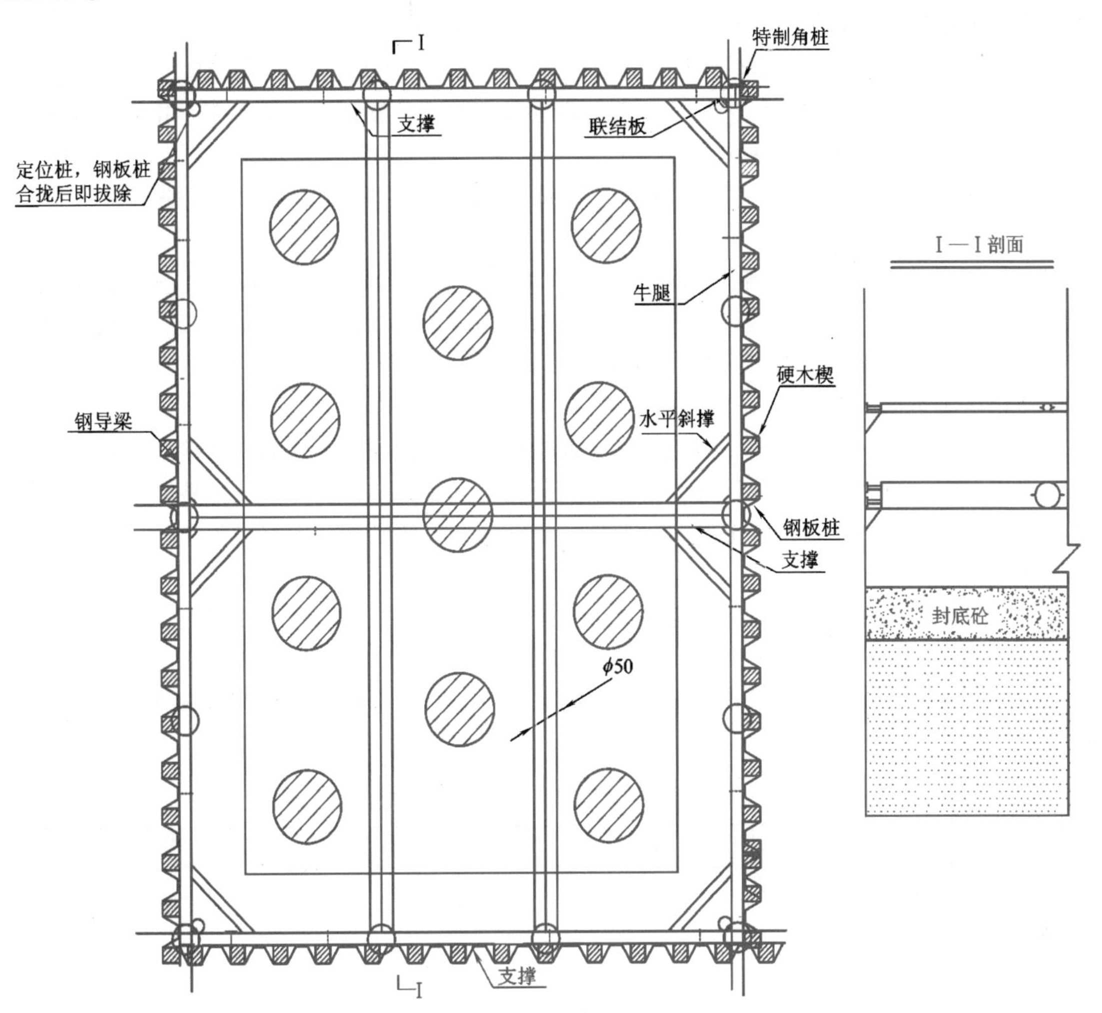

图 6-9　钢板桩围堰构造

7. 墩身施工

（1）测量放线与基顶处理　采用全站型电子速测仪（以下简称全站仪）准确测设出墩身十字线，并将水准基点引测至承台上，根据测设出的墩身十字线，定出墩身的外轮廓线。

承台顶面凿毛、清除浮浆、油污及泥土等杂质，冲洗干净，加强基础与墩身的连接效果。

（2）施工支架搭设　支架立杆配置为 3 种长度，即 2.4m、1.8m 和 1.2m；横杆配置为 3 种长度，即 1.2m、0.9m 和 0.6m。承台混凝土强度达到 5MPa 以上时进行支架搭设。支架搭设完后，检查各连接处的牢固情况，保证支架的整体刚度和稳定性。

（3）钢筋绑扎成形　钢筋在钢筋加工厂严格按设计图样和规范要求加工。墩身钢筋绑在施工承台时已与承台钢筋同时绑扎成形。剩余墩帽、托盘、垫石钢筋在加工厂加工成形后，起重机吊装就位，与墩身钢筋焊接绑扎连接成整体。

所有结构预埋件进行锌铬涂层防锈处理。结构物表面钢筋的焊接，应保证成为统一电气回路，同时在结构适当部位引出钢筋连接端子，结构物之间连接端子用钢绞线连接，以减少和避免杂散电流对结构钢筋和金属管线腐蚀和向外扩散。

钢筋绑扎采用0.7mm 铅丝绑扎，无漏绑、松动现象，钢筋骨架结实稳固，并有足够的刚度，在灌注过程中不发生任何松动。绑扎钢筋骨架时，位置正确，不倾斜、扭曲，保护层厚度达到设计厚度（采用新型）。

钢筋安装完成并自检合格后报监理工程师检查，经监理工程师检查合格后进入下道工序。

（4）墩身模板安装　墩身模板采用整体大块无拉筋组合钢模。模板安装前先试拼，试拼合格后方在墩位上进行安装。安装底节模板前，检查承台顶高程及外轮廓线，不符合要求时凿除或用砂浆找平处理，以确保墩身模板准确就位。承台顶面与模板联结面平整，无缝隙，防止水泥浆流失。

模板吊装组拼时，不得发生碰撞，由专人指挥，按模板编号逐块起吊拼接。模板在地面组拼完成后，进行调校，使其接缝严密，棱角分明。用25t 以上起重机进行整体吊装，围带通过钩头螺栓与模板固定，并上好两端拉杆。最后架立竖向围带，上好墩内拉杆后与承台埋件焊接牢固。

用 ϕ6mm 钢丝绳和紧线器作固定揽风绳，固定于相邻桥墩承台预埋拉环上，使其对位准确牢固，混凝土浇筑中不产生变形和位移。

墩身模板安装完成后，按表6-18 中的项目进行自检，自检合格后报监理工程师检查，检查合格后进入下道工序。

表6-18　墩身模板安装允许偏差和检验方法

序　号	项　目	允许偏差/mm	检验方法
1	前后、左右距中心线尺寸	±10	测量检查
2	表面平整度	3	1m 靠尺检查
3	相邻模板错台	1	尺量检查
4	空心墩壁厚	±3	尺量检查
5	预埋件和预留孔位置	5	纵横两向尺量

（5）混凝土施工　混凝土拌和采用自动计量拌和站集中拌和，运输采用输送车。采用混凝土泵车泵送混凝土入模。浇筑前，先对支架、模板、钢筋和预埋件进行检查，把模板内的杂物、积水清理干净，模板如有缝隙，必须填塞严密。将基础混凝土表面松散的部分凿除，并将泥土、石屑等冲洗干净。泵送混凝土可以控制出料口与浇筑面的距离，其距离控制在2m 以内，当达不到要求时，使用串筒连接，保证出料口到混凝土面的距离不大于2m。混凝土分层浇筑时，每层厚度不超过30cm，且在下层混凝土初凝前浇筑完成上层混凝土。

浇筑混凝土时，采用插入式振捣器振捣密实。插入式振捣器移动间距不超过振捣器作用半径的1.5 倍，与侧模保持5～10cm 的距离，且插入下层混凝土5～10cm，每一处振动完毕后边振动边徐徐提出振捣器，避免振捣器碰撞模板、钢筋及其他预埋件。振捣时观察到混凝土不再下沉、不再冒出气泡、表面泛浆、水平有光泽时即可缓慢抽出振捣器。为保证混凝土振捣质量，与进入孔交叉的钢筋暂不绑扎，便于捣固人员进入墩身下部捣固，待浇筑至墩顶时再绑扎。

在混凝土浇筑完成后，对混凝土裸露面及时进行修整、抹平，等定浆后再抹第二遍进行压光。

（6）混凝土拆模、养护　利用接水管上墩方法养护，混凝土浇筑完2～3h后覆盖土工布，采取喷雾洒水对混凝土进行保湿养护7天以上。待喷雾洒水养护7天以上且水泥水化热峰值过后，撤除土工布，使用塑料薄膜将混凝土暴露面紧密覆盖14天。养护应配专人负责。

当混凝土的强度满足拆模要求，且芯部混凝土与表层混凝土之间的温差、表层混凝土与环境之间的温差均不大于15℃时，方可拆除。模板拆除采用起重机配合，拆除时应保护好墩身棱角等易损部位。模板拆除后，立即将模板清理干净、上油和分层堆码整齐，层间用方木支垫，避免损伤模板板面。对于在施工中发生变形的钢模板，调校符合要求后方可投入使用。

（7）垫石混凝土施工　垫石混凝土的等级是C50，其施工方量小，与墩身强度等级不同。垫石混凝土的模板与墩身模板同时架立。在混凝土灌注之前，测量班精确测定垫石的平面位置及高程，在支座底至垫石顶面之间预留20～50mm以便于支座安装时进行重力压浆。墩身混凝土浇筑封顶时，拌和工厂更换配合比，专门拌制C50混凝土，浇筑垫石混凝土，与墩帽混凝土形成整体。墩身施工允许偏差和检验方法见表6-19。

表6-19　墩身施工允许偏差和检验方法

<table>
<tr><th>序号</th><th colspan="2">项目</th><th>允许偏差/mm</th><th>检验方法</th></tr>
<tr><td>1</td><td colspan="2">墩身前后、左右边缘距设计中心线尺寸</td><td>±20</td><td>测量检查不少于5处</td></tr>
<tr><td rowspan="2">2</td><td rowspan="2">简支混凝土梁</td><td>每片混凝土梁一端两支承垫石顶面高差</td><td>3</td><td rowspan="3">测量检查</td></tr>
<tr><td>每孔混凝土梁一端两支承垫石顶面高差</td><td>5</td></tr>
<tr><td>3</td><td colspan="2">支承垫石顶面高程</td><td>0，-10</td></tr>
</table>

8. 桥台施工

台身采用大块钢模板，钢管架加固支撑。台身钢筋和模板采用汽车式起重机进行吊装，按设计图样准确测量出桥台所处位置、高程，确保无误。基础完成后，及时按设计回填基坑，并对基础周围的原地面按设计要求进行处理，以保证锥坡填筑和浇筑桥台顶部翼缘板时支架对地基的要求。模板进场后，进行清理、打磨，以无污痕为标准，刷脱模剂，并用塑料薄膜进行覆盖。搭设支架时，在两个互相垂直的方向加以固定，支架支承在可靠的地基上。

钢筋绑扎、立模后及时检查签证，组织混凝土浇筑。混凝土采用自动计量集中拌制，用混凝土输送车运至现场。混凝土浇筑时采用卷扬机或起重机提升。浇筑高度大于2m的，要设置串筒，以保证混凝土下落时的高度不大于2m。混凝土分层浇筑时，每层混凝土的厚度严格控制在30cm以内，并按操作要求进行振捣，杜绝蜂窝、麻面，并把气泡减少至最少。

严格控制拆模时间，杜绝因养护时间不够而发生粘模的情况。拆除模板后，及时覆盖塑料薄膜或涂养护剂进行养护。

9. 现浇连续梁

现浇连续梁采用悬臂法施工。悬臂法施工既能减少各种施工干扰，又能加快施工进度，还有使用辅助设备少的特点，减少了人力、物资的浪费。

悬臂法灌注箱梁0号段及边跨直线段采用支架施工，其余各节段均采用菱形挂篮悬臂灌注施工。支架及挂篮拼装好后进行预压，消除非弹性变形。最后，进行模板的安装及钢筋绑扎。检测合格后进行混凝土的浇筑。

混凝土由混凝土拌和站集中拌和，混凝土运输车运至施工现场。泵送混凝土入模。

混凝土浇筑后养护，达到设计要求强度后进行预应力施工。挂篮移动，重复进行，以完成悬臂段的施工。最后，进行直线段及合拢段的施工。

（1）0号梁段施工　0号段梁体内钢筋密集，预应力管道纵横交错，结构复杂，是连续梁施工的一大重、难点，对承重支架、模板制作、安装、支撑及混凝土灌注要求较高。支架利用万能杆件拼装，该杆件轻，拼装方便，刚度大，承载力强，稳定性好，使用安全可靠。支架的拼装方案是：在承台襟边四周及沿桥轴线拼装支架，纵排之间用拉杆和斜撑连接，横排与墩身预埋件连接，墩架上横铺垫梁，纵铺30号槽钢，底模铺设硬质方木，形成平台。支架拼好后，应进行预压，消除非弹性变形。

混凝土采用拌和站集中拌和，混凝土罐车运至现场，混凝土输送泵直接送至作业面。振捣根据振捣工艺、钢筋管道密度、振捣部位确定合适的分层厚度，保证混凝土的振捣质量。

0号段混凝土浇筑完毕，混凝土强度达到设计强度要求后，张拉相应的预应力束并压浆，以已浇筑混凝土的顶面作为悬臂浇筑的施工场地，进行施工挂篮和机具设备的安装工作。

（2）悬灌施工　在0号段上拼装挂篮，进行其他梁段的平衡对称悬臂法施工，挂篮结构另行设计。挂篮上0号段拼装前，在工地进行试拼并试压，测出非弹性变形和弹性变形值。

在0号节段上拼装挂篮，拼装时按构件编号及总装图进行。拼装程序是：走行系统→桁架→锚固系统→底模板→内外模。

（3）直线现浇段施工　边跨直线段采用支架法施工，支架一侧靠近墩身支墩设在承台上，另一侧通过打入钢管桩或挖孔桩形成桩基础，而后搭设支架形成支墩。支墩顶面架设钢梁形成支架。底模和外侧模采用大块定型钢模，内模采用钢模。由汽车式起重机起吊模板施工直线段。

（4）合拢段施工　合拢按先边跨后中跨的顺序进行。合拢前将合拢口临时锁定，选择在一天中气温最低时或按设计要求的气温浇筑合拢段混凝土，混凝土中根据试验可适当掺入外加剂。

合拢段混凝土浇筑在监理人员、设计院规定的气温较低且温差变化较小的时间内完成。合拢段混凝土的配合比试验要提前进行。混凝土采用较小的水灰比，并掺入一定比例的微膨胀剂，在保证混凝土设计强度的前提下，具备早强性能。施工时要加强施工管理，加强振捣，切实注意对合拢段周围节段洒水降温养护，防止产生裂缝。

10. 箱梁运架

箱梁架设前，应对所有墩顶平面、高程位置进行全面贯通测量，确保架梁顺利进行。根据墩顶上的测量位置标志，全面复测桥墩中线位置及方向、墩间跨距、高差，在复测合格的基础上放设支座平面、高程位置。使用2″（2mm+2ppm）级全站仪进行平面测量，并用精密水准仪进行三等高程测量，使平面位置误差小于10mm，跨距误差小于5mm、墩顶高程误差小于10mm，相邻墩顶相对高差小于5mm。用全站仪和精密水准仪进行箱梁临时及永久支座的放样，支座位置放样精度满足相关规范要求，支座四角高差小于±2mm。

（1）提梁机提梁　预制箱梁由制梁区运送到存梁区存梁台座上，经检查无误后按照图样要求将盆式橡胶支座安装在箱梁上。提梁机在吊梁时应注意。

1）提梁机吊梁时前后吊点高差不得超过100mm。

2）提梁机吊梁走行时应采用遥控控制，确保提梁机同步。

3）安装提梁机吊具时，吊具不得降落在梁面上，使钢丝绳松弛导致卷扬机排绳混乱或钢丝绳掉槽。

（2）运梁车运梁　架桥机处于待架状态，首先在制梁场将待架梁用16轴轮胎式运梁车运至跨墩待架位置。箱梁在装运时梁端容许悬出长度应按设计要求办理，运梁车通过桥面将箱梁运至架桥机处，运梁车到达架梁现场后，进行调整。然后，准确地驶入架桥机腹部喂梁的指定位置。在存梁、吊梁、运梁过程中，应保证各吊点或支点受力均匀。在各种工况下，梁体四支点应位于同一平面，误差不应大于2mm，同时架桥机喂梁、架梁时前后支点高差不应大于100mm。

（3）喂梁

（4）落梁、灌浆　落梁由现场指挥发令，领班配合，下落过程中密切监视箱梁与已架箱梁的前后位置，不得撞击已架箱梁或前支腿；吊具要求在水平位置（目测），发现不平时必须单独调节；下放到距垫石1m左右位置时停止，安装锚固螺栓，拆除橡胶支座上下联结板；梁体底面落至离支座顶30cm时停止，进行梁体水平及前后左右位置初调，然后继续落梁至离支座顶5cm时停止，由精确对位系统调整梁体前后左右位置，使其达到精度要求。缓慢将箱梁落至支座底部设计高程：在箱梁四角按设计位置各安置一台400t千斤顶，先对箱梁施加10t左右的顶力（每端两个顶的顶力必须相等）以消除间隙，然后将箱梁完全落于千斤顶上，检查、调整四点反力，使各支座反力误差范围小于5%，同一端支点高差不超过2mm，此时箱梁已完全就位。顶梁时要缓慢进行，防止因千斤顶受力不均造成梁体侧倾。预制梁架设后，与相邻梁端桥面高差不应大于10mm，支点处桥面标高误差应在－20～＋0mm。

（5）架桥机过孔　现场指挥下达指令后，将1号、2号桥式起重机开至导梁后端0～10m范围内，然后让驾驶员给前支腿泵站送电。前支腿领班指挥各类操纵人员到位，并系好安全带。起动液压系统，根据钢销与活动支腿的剪压状态上下微调液压缸，以便拔出固定活动支腿的钢销，然后收回液压缸，使柱底离开垫石200mm以上，并插入1个钢销。最后，工作人员撤离墩顶。

6.4.7　主要施工装备及劳动力安排

1. 劳动力配置

各区段劳动力总体安排见表6-20。

表6-20　各区段劳动力总体安排表　（单位：人）

序　号	工种名称	一　工　区	二　工　区	4号拌和站	5号拌和站
1	搅拌机驾驶员			4	4
2	混凝土运输车驾驶员			12	12
3	挖掘机驾驶员	4	2		
4	装载机驾驶员	2	1	4	4
5	自卸汽车驾驶员	4	2		

（续）

序　号	工种名称	一　工　区	二　工　区	4号拌和站	5号拌和站
6	起重机驾驶员	6	3		
7	钻机驾驶员	72	36		
8	混凝土泵驾驶员	4	2		
9	模板工	60	30		
10	架子工	60	30		
11	钢筋工	60	30		
12	张拉工	20	10		
13	振捣工	40	20		
14	起重工	20	10		
15	混凝土工	60	30		
16	电工	4	2	1	1
17	修理工	20	10		
18	木工	20	10		
19	钳工	12	6		
20	电焊工	30	15		
21	普工	290	135	20	20
22	技术人员	12	6	2	2
23	管理人员	16	8	3	3
小　计		816	398	46	46
合　计		1 306			

注：劳动力以施工高峰期所需人数进行统计。

2. 主要施工装备的数量、进场计划及检测设备数量

根据工程需要，在2009年4月30日前施工机械全部进场。主要机械设备配置见表6-21；主要材料试验、测量、质检仪器设备见表6-22。

表6-21　主要机械设备配置表

序　号	名　称	型　号	额定功率、规格	单　位	数　量	机械性能
1	砼搅拌机	HSZ150	150m³/h	座	2	良好
2	砼输送车	JC8	8m³	辆	6	良好
3	装载机	ZL-30		辆	5	良好
4	砼输送泵	HBT-60	60m³	台	4	良好
5	移动模架造桥机	下行式		套	6	良好
6	挂篮	自制		套	4	良好
7	冲击钻机	CZ-30	55kW	台	54	良好
8	泥浆泵	3PNT		台	54	良好
9	汽车式起重机	QY-16	16t	台	4	良好
10	汽车式起重机	QY-25	25t	台	3	良好
11	15t浮吊		15t	台	2	良好

（续）

序号	名称	型号	额定功率、规格	单位	数量	机械性能
12	994 机动舟			艘	2	良好
13	振捣锤	TC-90	90kW	台	2	良好
14	履带式吊机		25t	台	2	良好
15	泥浆船			艘	2	良好
16	运输船		100t	艘	2	良好
17	挖掘机	PC220-6	3. $0m^3$	台	3	良好
18	钢筋切断机	GJ40A	5. 5kW	台	10	良好
19	钢筋弯曲机	GC40	3kW	台	9	良好
20	卷扬机	JD5	5t	台	4	良好
21	自制拖车			台	3	良好
22	发电机		250kVA	台	3	良好
23	张拉千斤顶			台	44	良好
24	高压油泵			台	18	良好
25	压浆泵			台	4	良好
26	灰浆搅拌机			台	4	良好
27	变压器		800kVA	台	3	良好
28	电焊机	BX1-330	21kVA	台	30	良好
29	对焊机	UN2-100		台	4	良好
30	电焊机	YK-505FL4		台	6	良好
31	氧焊设备			套	10	良好
32	墩身钢模	定型		套	6	良好
33	钢模	1. $5m^2$		m^2	250	良好

表 6-22 主要材料试验、测量、质检仪器设备表

仪器设备种类	规格型号	数量	现状	产地
金属试验设备				
万能材料试验机	WE-1000kN	1台	良好	济南
万能材料试验机	WE-300kN	1台	良好	济南
洛氏硬度仪	HR-150A	1台	良好	天津
钢筋保护层测定仪	HBY-84	1台	良好	成都
圬工试验设备				
数显液压式压力试验机	YE-2000kN	1台	良好	北京
混凝土振动台	$1m^2$	2台	良好	成都
混凝土强制式搅拌机	T30	2台	良好	成都
移动式砼标准养护室	FHBH	2台	良好	北京
经济型水质分析仪	EA513-162	1台	良好	英国
混凝土维勃稠度仪	HC-I	1台	良好	天津
自动砼渗透仪	HS-4	1台	良好	济南
混凝土弹性模量测定仪	0. 001mm	1台	良好	成都

（续）

仪器设备种类	规格型号	数　量	现　状	产　地
自动分析超声波检测仪	RS-STOAC	1台	良好	武汉
压力试验机	NYL-500	2台	良好	北京
干燥箱	101-3	2台	良好	天津
砂子含水量快速测定仪	PW-1	6台	良好	天津
水胶比测定仪	HKY-1	2台	良好	天津
混凝土试模	150mm	60组	良好	天津
砂浆试模	70.7mm	50组	良好	天津
焊缝探伤仪	JTS-9H	2台	良好	天津
钢轨弯曲试验机	JWS-315	1台	良好	天津
水泥鉴定仪器				
水泥胶砂成型振实台	ZS-15	1台	良好	成都
行星式胶砂搅拌机	JJ-5	1台	良好	太原
水泥净浆搅拌机	SJ-160	1台	良好	成都
水泥抗折试验机	KZJ-500	1台	良好	成都
水泥针入度测定仪	CHN-1	1台	良好	天津
水泥雷氏沸煮箱	TE-31	1台	良好	天津
数显压力试验机	NYL-300	1台	良好	成都
水泥负压筛析仪	FSY150-4	1台	良好	成都
恒温恒湿养护箱	YH-408	1台	良好	成都
石灰试验仪器				
钙镁含量测定仪		1台	良好	天津
石灰剂量测定仪	SG-3	1台	良好	天津
化学试剂EDTA（乙二胺四乙酸）、蒸馏水		1套	良好	天津
通用试验仪器				
电热鼓风干燥箱	HWX-L	1台	良好	天津
电热恒温干燥箱		1台	良好	天津
分析天平	TG328A	1台	良好	上海
架盘天平	JPT-2	2台	良好	北京
架盘天平	HC-TP11	2台	良好	北京
架盘天平	HC-TP12	2台	良好	北京
案秤	AGT-1	2台	良好	北京
台秤	TGT-100	1台	良好	长治
量筒（杯）	1 000 \ 250 \ 100	2个	良好	北京
比重瓶	50 \ 100 mL	2个	良好	北京
比重计	NE-1	2个	良好	北京
其他				
泥浆比重计		2个	良好	杭州
泥浆黏度计		2个	良好	上虞

（续）

仪器设备种类	规 格 型 号	数　　量	现　　状	产　　地
泥浆含砂率计		2个	良好	上海
取芯机	JKK-25	1台	良好	日本
测量仪器				
莱卡全站仪	TCL1800	1台	良好	北京
莱卡全站仪	TCL1201	2台	良好	北京
水准仪	AL328A	5台	良好	北京
水准仪	DS-32	8台	良好	北京

6.4.8　施工管理措施

1. 安全管理措施

（1）安全目标　杜绝特别重大、重大、较大安全事故，杜绝死亡事故，防止一般事故的发生。消灭一切责任事故，创建安全生产标准工地。

（2）安全保证体系　建立安全管理组织机构，落实安全生产责任制。项目经理为第一安全责任人，对劳动保护和安全生产的技术工作负责任。安全管理组织机构框架如图6-10所示。

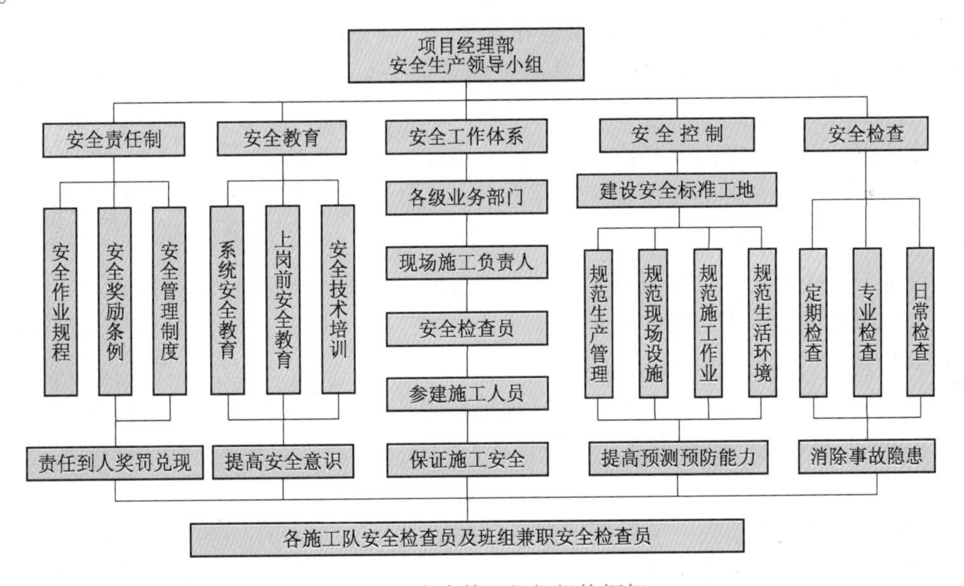

图6-10　安全管理组织机构框架

（3）安全保证措施　安全保证措施主要包括安全管理措施和安全技术措施。

1）安全管理措施主要包括：

① 坚持持证上岗制度，开展形式多样的安全教育培训。

② 严格执行国家相关规程的具体规定。建立、健全各级各部门的安全生产责任制，责任落实到人，实现一级对一级负责的安全管理模式。

③ 充分关注和保障所有在现场工作的人员的安全，采取有效措施，使现场和本合同段

工程的实施保持有条不紊，确保施工人员的安全。

④ 工程计价与安全工作挂钩，根据定期、不定期的安全检查结果施行奖罚，奖励先进、鞭策后进。

⑤ 项目经理部要建立定期安全检查制度，对检查中发现的安全问题、安全隐患，要定人、定措施、定经费、定完成整改。

⑥ 建立安全事故申报制，若发生安全事故必须按安全事故申报程序进行处理，严格执行国家及当地有关工程安全事故报告的规定。

2）安全技术措施主要包括：

① 做好施工中机械设备的组织指挥工作，保证道路畅通，防止发生机械碰撞及翻机、翻车事故。

② 在现场设置“三宝、四口、五临边”安全防护设施，包括围挡、护身栏杆、脚手架、洞口盖板和加筋、防护网、防护棚及坡道等。特别是泥浆池，四周要用围栏围护。已钻好的桩孔如不能及时灌注，则要对孔口用硬木板覆盖，并设护栏。

③ 由于河水深处达3~5m，严禁进入水中洗澡。在水中栈桥和平台上设置栏杆，防止施工人员意外落水，并在现场备有一定数量的救生衣或救生圈。

④ 所有施工人员配足配齐安全带、安全绳、安全帽、安全网、绝缘鞋、绝缘手套、防护口罩和防护衣等安全生产用品。

⑤ 各类脚手架、支架等施工设施的搭设、拆除和使用均进行设计检算，按设计图进行搭设，经验收合格后方可使用；拆除模板和支架时，应按规定的程序进行。

⑥ 凡高空作业的，应设置符合标准的密目式安全网以保证施工、行人及车辆的安全，防止高空坠物事故的发生。

⑦ 场地周围及工作面内有足够的照明度，确保施工正常进行。

⑧ 施工机械、机具和电气设备，要按照安全技术标准进行检测，确认状况良好后方可运行，机械操作人员持证上岗。

⑨ 在施工场地出入口设置规范、醒目的交通标志，夜间开启灯光示警标志。

⑩ 电气设备要有可靠的保护接地，电工、电焊工必须持证上岗，要有专人定期检查用电设备的良好性，并有完整的记录。

⑪ 施工现场和生活区做好防火工作，现场按规定配备消防设施，安全标牌齐全且符合规定，油料库、材料库、电气设备、机械设备作为防火重点，实行定人定责、定期检查，严防火灾发生。

（4）安全应急救援预案　项目部根据自身的情况，分别制订下列应急预案：

1）火灾及爆炸应急预案。

2）起重作业掉梁和架桥机倾翻事故应急预案。

3）食物中毒应急预案。

4）防洪应急预案。

2. 质量管理措施

（1）质量目标　工程质量达到国家现行的工程质量验收标准及客运专线工程质量验收标准，单位工程一次验收合格率达到100%，分项工程一次验收合格率达到100%。

（2）质量保证体系　根据公司《质量管理手册和程序文件》及本工程的特点编制项目

质量计划，建立项目质量保证体系（见图6-11）。成立以项目经理为首的质量管理领导小组，全面负责本项目质量管理工作，并对质量终身负责。

对施工全过程进行质量检查，在施工过程中按照“队组自检”“工区自检”“项目自检”“监理专检”四检制实施检测。

抓好分项工程的施工质量，以样板工程要求每个分项工程。积极开展科技攻关活动，大力推广“四新”（新材料、新设备、新工艺、新产品）成果。对于关键工序和特殊工序应编制作业指导书，从工艺、工序的每一个环节控制工程质量，把各项措施落到实处。

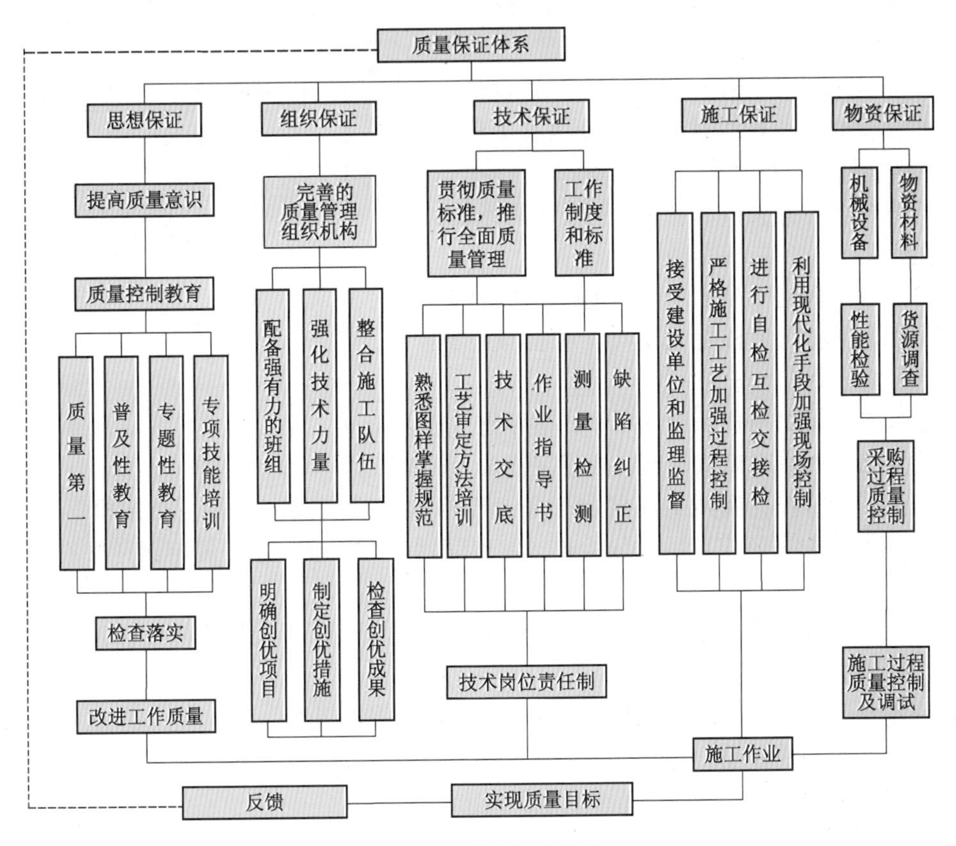

图6-11 质量保证体系

（3）质量保证措施 质量保证措施主要包括：

1）质量目标的基础管理工作。

① 管理手段。建立、健全项目质量保证体系，成立质量管理领导小组，完善质量管理组织机构，负责本项目日常质量管理工作。

② 配备专职质量管理人员。项目经理部设立由质量检验工程师组成的质量监察小组，负责本桥梁所有的质检工作。各施工队配备1名专职质检员，负责本队所担负工程的质检工作。所有质检工作接受业主和上级质检部门的监督和检查。质量自检体系如图6-12所示。

③ 完善质量自检体系。本工程实行项目经理部、工区、队三级自检制度，建立完善的质量自检体系和自检制度，使工程质量始终处于受控状态。施工队内部严格执行“自检、互检、交接检”的“三检制”，检查中发现的问题及时纠正处理。

④ 建立工地试验、检测控制体系。项目经理部的安全质量部和工程部分别下设试验室和精测队，负责本工程的试验检测和测量工作。试验室和精测队配备齐全的仪器，选派试验工程师、试验员、测量工程师及测量员持证上岗，对工程施工全过程进行检验、试验和控制测量。另外，在各施工队设立试验组和测量班组，配备2~3名试验员和测量员，负责各队的日常试验和测量工作。

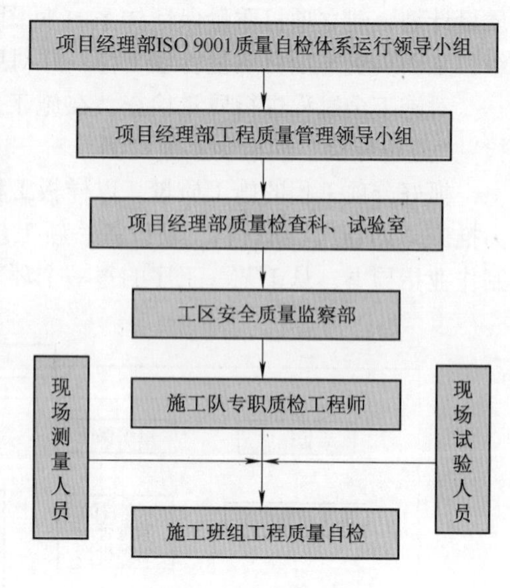

图6-12　质量自检体系

2）保证工程质量的控制措施。

① 建立、健全各种质量制度，确保本工程每一道工序始终处于受控之中。

② 熟悉合同中有关技术、质量的要求和条款，并严格遵照执行。

③ 熟悉并掌握施工技术规范和质量验收标准。熟悉设计图样并建立审核把关制度，领会设计意图，做到施工与设计相符。

④ 做好施工组织与技术设计工作，指导施工进度。

⑤ 建立必要的技术规章制度，注意完善技术档案工作。

⑥ 加强质量监控，做到工序层层把关，严格执行“自检、互检、交接检”的“三检制”；经常进行定期或不定期的质量检查，发现问题及时处理，并按规定保存好有关的原始记录。

⑦ 严格控制各种原材料的质量，把好进料关。凡没有出厂质量合格证和抽检检验报告的材料均不得进入施工现场。

⑧ 制定质量奖罚制度，定期进行质量检查评比，奖优罚劣。

⑨ 推行全面质量管理，开展科技攻关和QC（质量控制）小组活动，通过提高施工工艺水平来不断提高工程质量。

3）保证质量的技术措施。（略）

3. 工期控制措施

（1）工期目标　本工程计划开工日期为2013年6月1日，竣工日期为2015年3月20日。总工期为22个月。

（2）工期保证体系　工期保证体系如图6-13所示。

（3）工期保证措施

1）组织保证。

① 配齐项目经理部及工区主要管理人员，建立精干、务实、高效的项目领导班子，配齐施工技术、安全环保、质量检验、计划财务、物资设备等各方面的管理和业务人员，建立、健全工期保证体系。

② 配备数量充足、经验丰富的技术人员，选用多年从事类似工程施工的专业队伍。

③ 缩短施工准备期，尽早进入工程施工。

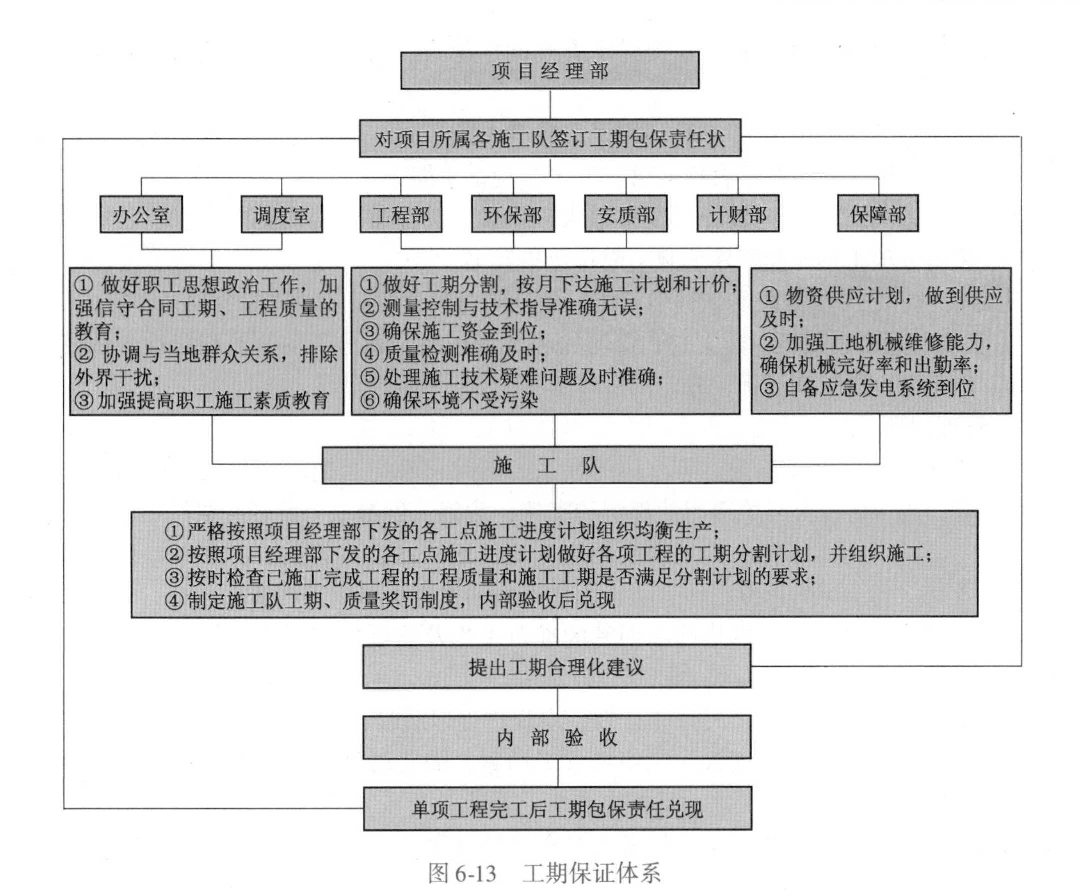

图6-13　工期保证体系

④ 制订月、旬、日施工计划，将工期目标横向分解到部门，纵向分解到班组个人，逐层签订工期包保责任状，工期目标与个人经济利益挂钩，实行奖惩制度，做到以工序保日、以日保旬、以旬保月、以月保年，最终保证总工期实现。

⑤ 搞好后勤服务工作，促进施工生产的正常进行。

2）劳动力保证。选用具有丰富的桥梁施工经验、思想素质好、作风顽强、技术过硬的专业施工队伍进行本桥的施工。

3）加强资源配置，做好设备、物资、资金等各方面的保证。

① 发挥机械化施工的优势，配足性能好、机况佳，适合本工程水中桩基、桥梁墩台身、箱梁现浇等的先进机械设备。同时做好设备的使用、保养、维修工作，保证其完好率、利用率。

② 保证料源充足。开工前做出一次性备料计划，提前考察各种材料的货源、储量、运距等，详细制订进料计划，提前备料，保证各种物资的供应。

③ 根据生产计划编制材料供应计划，考虑合理的提前期订货加工，同时严把原材料质量关，防止因材料不合格而影响工期。

④ 财务部门要确保充足的流动资金投入本工程。

4）技术保证。

① 由总工程师负责审核各分项工程施工方案，及时解决施工中出现的问题，以方案指导施工，防止出现返工，影响工期。

② 提前做好图样会审工作，对图样中有疑问的地方，及时与设计单位联系解决，避免耽误施工。

③ 各专业工程师在施工中应勤到现场，对各个施工过程做好跟踪技术监控，发现问题及时解决，防止因工序检验不合格而进行返工，延误工期。

④ 实行书面技术交底制度，对栈桥、水中平台、灌注桩、钢板桩围堰、空心墩台、现浇箱梁等关键分项工程作业程序编制书面作业指导书。

⑤ 提前做好各分项工程实施性施工组织设计与材料试验，及时申报分项开工报告。

5）工期奖惩制度保证。建立奖罚严明的经济责任制，充分调动全员积极性。根据总体进度计划制定分阶段工期目标，并定期进行考核。

6）管理保证。

① 加强与业主、监理、设计等单位的联系，同时积极与当地政府相关部门联系，在施工过程中取得当地居民及有关部门的理解和支持，为施工创造一个良好、宽松的施工环境。

② 根据不同的气候条件、施工强度相应调剂员工的饮食，加强饮食卫生管理，减少疾病。定期做好饮食卫生的消毒工作，防止因传染病的发生而影响正常施工。

③ 做好雨季、夜间施工的措施和周密的准备工作及防洪抗灾保证工作，确保施工顺利进行。

④ 编制年、季、月、旬、日作业计划，出现进度迟缓时，及时采取措施补救。

⑤ 本工程施工线长、难度大、工序繁、工期紧，需要展开交叉多种作业形式，要统筹协调好各工序。各施工专业安排，要抓住重点、关键工序。

⑥ 要严格实行工程管理人员、技术人员跟班作业制度。提前预测交叉工序间的配合问题，及时发现、处理施工中遇到的其他问题，积极主动配合监理工程师的工作，虚心听取监理工程师对施工组织管理、施工进度控制措施等的要求、建议。

⑦ 每月召开由项目经理、工区长主持的生产调度会，总结上个月的施工进度情况，安排下个月的施工生产；及时解决工程施工内部矛盾，及时协调各队伍之间、各职能部门之间的关系。

4. 环境保护、水土保护措施（略）

5. 冬季、雨季施工措施（略）

思考与练习题

1. 按编制对象的范围不同，施工组织设计可分为哪几种？
2. 施工组织总设计编制的基本程序是怎样的？
3. 施工组织总设计的主要内容有哪些？
4. 简述施工总平面图设计的基本原则。
5. 简述施工总平面图设计的基本步骤。
6. 简述施工总进度计划编制的步骤。
7. 单位工程施工组织设计编制的主要内容有哪些？
8. 简述单位工程施工组织设计编制的基本程序。
9. 简述单位工程施工进度计划编制的程序。
10. 简述单位工程施工平面图设计的基本步骤。

第7章 建筑施工项目进度控制

本章导读

建筑施工项目能否在预定的时间内交付使用，直接关系到投资效益的发挥，对于经营性项目来说更是如此。因此，对建筑施工项目的进度进行控制，使其达到预定的目标，是建筑施工项目参与方在项目实施过程中的一项重要工作。

7.1 进度控制的概念及原理

7.1.1 进度控制的概念

（1）建筑施工项目进度控制　建筑施工项目进度控制是指对建筑施工项目建设各阶段的工作内容、工作程序、持续时间和衔接关系根据进度总目标及资源优化配置的原则编制计划并付诸实施，然后在进度计划的实施过程中经常检查实际进度是否按计划要求进行，对出现的偏差情况进行分析，采取补救措施或调整、修改原计划后再付诸实施，如此循环，直到建设工程竣工验收交付使用。建筑施工项目进度控制的最终目的是确保建筑施工项目按预定的时间动用或提前交付使用，建筑施工项目进度控制的总目标是建设工期。

（2）施工进度控制　施工进度控制是项目施工进度计划实施、监督、检查、控制和协调的综合过程，进度控制目标完成情况是衡量项目管理水平的重要标志之一。

施工进度控制是一个动态实施过程。施工进度计划在实施过程中，会因为新情况的产生、各种干扰因素和风险因素的作用而发生变化，使人们难以执行原定的进度计划。因此，项目管理者必须按照动态控制原理，在计划执行过程中不断检查项目实际进展情况，并将实际状况与计划安排进行对比，从中得出偏离计划的信息，然后在分析偏差及其产生原因的基础上，通过采取组织、技术、经济等措施维持原计划的正常实施。如果采取措施后不能维持原计划，则需要对原进度计划进行调整或修正，再按新的进度计划实施。如此在进度计划的执行过程中进行不断的检查和调整，以保证建设工程进度得到有效控制。

7.1.2 影响建筑施工项目进度的因素

进度拖延是建筑施工项目实施过程中经常发生的现象，各层次的项目单元、各个项目阶段都可能出现延误。进度拖延的原因是多方面的，常见的有以下几个方面：

（1）工期及相关计划的失误　计划失误是最常见的导致进度偏差的因素，这些失误包括：

1）计划时遗漏部分必需的功能或工作。

2）计划值（如计划工程量、持续时间）不准确或与实际值偏差较大。

3）相关的实际工程量增加或者资源（能力）不足，如计划时没考虑到资源的限制或缺陷，没有考虑如何完成工作。

4）出现计划中未能考虑到的风险或状况，未能使工程实施达到预定的效率。

5）在建筑施工中，上级（业主、投资者、企业主管）常常在一开始就提出很紧迫的工期要求，使承包商或其他设计人、供应商的工期太紧。而且许多业主为了缩短工期，常常压缩承包商前期准备的时间。

（2）边界条件的变化

1）工程量的变化。可能是由设计的修改、设计的错误、业主新的要求、修改项目的目标及系统范围的扩展造成的。

2）外界（如政府、上层系统）对项目新的要求或限制，设计标准的提高可能造成项目资源的缺乏，使得工程无法及时完成。

3）环境条件的变化，如不利的施工条件不仅造成对工程实施过程的干扰，有时还直接要求调整原来已确定的计划。

4）发生不可抗力事件，如地震、台风、动乱、战争等。

（3）管理过程中的失误

1）计划部门与实施者之间，总、分包商之间，业主与承包商之间缺少沟通。

2）工程实施者缺乏工期意识。例如，管理者拖延了图样的供应和批准，任务下达时缺少必要的工期说明和责任落实，拖延了工程活动。

3）项目参加单位对各个活动（各专业工程和供应）之间的逻辑关系（活动链）没有清楚地了解，下达任务时也没有做详细解释，同时对活动的必要的前提条件准备不足，各单位之间缺少协调和信息沟通，许多工作脱节，资源供应出现问题。

4）由于其他方面未完成项目计划规定的任务造成拖延。例如，设计单位拖延设计、运输不及时、上级机关拖延批准手续、质量检查拖延、业主不果断处理问题等。

5）承包商没有集中力量施工，材料供应拖延，资金缺乏，工期控制不紧。这可能是由承包商同期工程太多、力量不足造成的。

6）业主没有集中资金的供应，拖欠工程款，或业主的材料、设备供应不及时。

（4）其他原因　由于采取其他调整措施造成工期的拖延，如设计的变更、质量问题引起的返工、实施方案修改等。

7.1.3　进度控制的基本原理

进度控制的基本原理就是动态控制，其控制过程如图7-1所示。具体管理过程如下：

1）动态管理的准备工作。将建设项目的进度目标进行分解，以确定用于目标控制的计划值。

2）在建设项目实施过程中对进度目标进行动态跟踪控制。

① 收集进度目标的实际值。

② 定期进行进度目标的计划值和实际值的比较，对实施过程进行监控、偏差分析，对剩余工

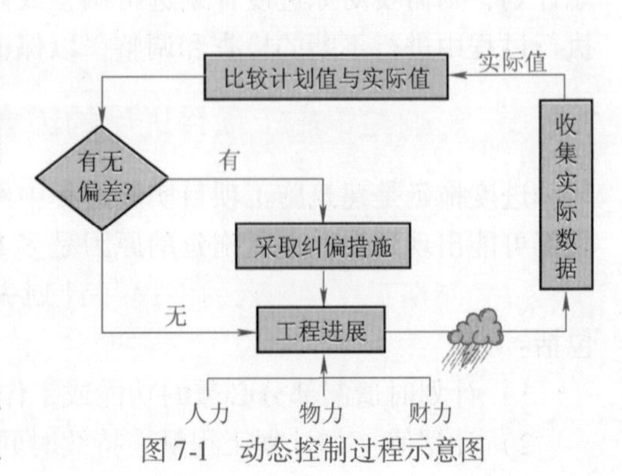

图7-1　动态控制过程示意图

程进展进行预测。

③ 如有偏差，则采取纠偏措施进行纠偏，主要是根据偏差分析和预测结果对施工进度进行符合实际情况的调整。

④ 调整后施工进度的实施：用调整后的进度目标指导下一步施工准备和实施活动，使工程施工过程能够科学、有序地进行。

3）如有必要（即原定的项目目标不合理，或原定的项目目标无法实现），进行建设项目目标的调整，目标调整后控制过程再回到上述的第一步。

动态控制中的三大要素是目标计划值、目标实际值和纠偏措施。目标计划值是目标控制的依据和目的，目标实际值是进行目标控制的基础，纠偏措施是实现目标的途径。在建设项目管理过程中，应根据管理目标的性质、特点和重要性，运用风险管理技术等进行分析评估，将主动控制和动态控制结合起来。

7.2 建筑施工项目进度计划的实施与检查

7.2.1 建筑施工项目进度计划的层次

1. 施工进度计划系统

施工进度计划包括：施工准备工作计划、施工总进度计划、单位工程施工进度计划及分部分项工程进度计划。

（1）施工准备工作计划　施工准备工作的主要任务是为建设工程的施工创造必要的技术和物资条件，统筹安排施工力量和施工现场。施工准备工作的内容通常包括：技术准备、物资准备、劳动组织准备、施工现场准备和施工场外准备。为落实各项施工准备工作，加强检查和监督，应根据各项施工准备工作的内容、时间和人员，编制施工准备工作计划。其格式见表7-1。

表7-1　施工准备工作计划

序　号	施工准备项目	简要内容	负责单位	负　责　人	开始日期	完成日期	备　注

（2）施工总进度计划　施工总进度计划是根据施工部署中施工方案和建筑施工项目的开展程序，对全工地所有单位工程做出时间上的安排。其目的在于确定各单位工程及全工地性工程的施工期限及开竣工日期，进而确定施工现场劳动力、材料、成品、半成品、施工机械的需要数量和调配情况，以及现场临时设施的数量、水电供应量和能源与交通需求量。因此，科学、合理地编制施工总进度计划，是保证整个建设工程按期交付使用，充分发挥投资效益，降低建设工程成本的重要条件。

（3）单位工程施工进度计划　单位工程施工进度计划是在既定施工方案的基础上，根据规定的工期和各种资源供应条件，遵循各施工过程的合理施工顺序，对单位工程中的各施工过程做出时间和空间上的安排，并以此为依据，确定施工作业所必需的劳动力、施工机具和材料供应计划。因此，合理安排单位工程施工进度，是保证在规定工期内完成符合质量要求的工程任务的重要前提。同时，为编制各种资源需求计划和施工准备工作计划提供依据。

（4）分部分项工程进度计划　分部分项工程进度计划是针对工程量较大或施工技术比较复杂的分部分项工程，在依据工程具体情况所制订的施工方案基础上，对其各施工过程所做出的时间安排。例如，大型基础土方工程、复杂的基础加固工程、大体积混凝土工程、大型桩基工程、大面积预制构件吊装工程等，均应编制详细的进度计划，以保证单位工程施工进度计划的顺利实施。

此外，为了有效地控制建设工程施工进度，施工单位还可根据时间范围不同编制年度施工计划、季度施工计划和月（旬）作业计划，将施工进度计划逐级细化，形成一个旬保月、月保季、季保年的计划体系。

2. 施工进度控制目标体系

保证建筑施工项目按期建成交付使用，是建设工程施工阶段进度控制的最终目的。为了有效地控制施工进度，首先要将施工进度总目标从不同角度进行层层分解，形成施工进度控制目标体系，从而作为实施进度控制的依据。建设工程施工进度控制目标体系如图 7-2 所示。

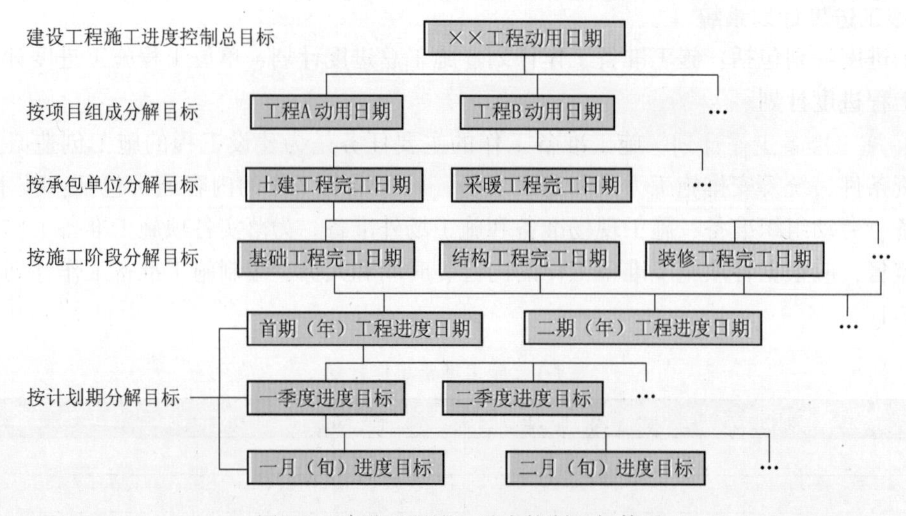

图 7-2　建设工程施工进度控制目标体系

从图 7-2 可以看出，建设工程不但要有项目建成交付使用的确切日期这个总目标，还要有各单位工程交工动用的分目标以及按承包单位、施工阶段和不同计划期划分的分目标。各目标之间相互联系，共同构成建设工程施工进度控制目标体系。其中，下级目标受上级目标的制约，下级目标保证上级目标的实现，并最终保证施工进度总目标的实现。

（1）按项目组成分解，确定各单位工程开工及动用日期　各单位工程的进度目标在建筑施工项目建设总进度计划及建设工程年度计划中都有体现。在施工阶段应进一步明确各单位工程的开工和动用日期，以确保施工进度总目标的实现。

（2）按承包单位分解，明确分工条件和承包责任　在一个单位工程中有多个承包单位参加施工时，应按承包单位将单位工程的进度目标分解，确定出各分包单位的进度目标，列入分包合同，以便落实分包责任，并根据各专业工程的交叉施工方案和前后衔接条件，明确不同承包单位工作面交接的条件和时间。

（3）按施工阶段分解，划定进度控制分界点　根据建筑施工项目的特点，应将其施工分成几个阶段，如土建工程可分为基础、结构和内外装修阶段。每一阶段的起止时间都要有明确的标志。特别是不同单位承包的不同施工段之间，更要明确划定时间分界点，以此作为形象进度的控制标志，从而使单位工程动用目标具体化。

（4）按计划期分解，组织综合施工　将建筑施工项目的施工进度控制目标按年度、季度、月（或旬）进行分解，并用实物工程量、货币工程量及形象进度表示，将更有利于明确各承包单位的进度要求。同时，还可以据此监督其实施，检查其完成情况。计划期越短，进度目标越细，进度跟踪就越及时，发生进度偏差时也就更能有效地采取措施予以纠正。这样，就形成一个有计划、有步骤协调施工，长期目标对短期目标自上而下逐级控制，短期目标对长期目标自下而上逐级保证，逐步趋近进度总目标的局面，最终达到建筑施工项目按期竣工交付使用的目的。

3. 施工进度控制目标的确定

为了提高进度计划的预见性和进度控制的主动性，在确定施工进度控制目标时，必须全面、细致地分析与建设工程进度有关的各种有利因素和不利因素。只有这样，才能制定出一个科学、合理的进度控制目标。确定施工进度控制目标的主要依据有：建设工程进度总目标对施工工期的要求，工期定额、类似工程项目的实际进度，工程难易程度和工程条件的落实情况等。在确定施工进度分解目标时，还要考虑以下几个方面：

1）对于大型建设工程项目，应根据尽早提供可动用单元的原则，集中力量分期分批建设，以便尽早投入使用，尽快发挥投资效益。这时，为保证每一动用单元都能形成完整的生产能力，就要考虑这些动用单元交付使用时所必需的全部配套项目。因此，要处理好前期动用和后期建设的关系、每期工程中主体工程与辅助及附属工程之间的关系等。

2）合理安排土建与设备的综合施工。要按照它们各自的特点，合理安排土建施工与设备基础、设备安装的先后顺序及搭接、交叉或平行作业，明确设备工程对土建工程的要求和土建工程为设备工程提供施工条件的内容及时间。

3）结合本工程的特点，参考同类建设工程的经验来确定施工进度目标。避免只按主观愿望盲目确定进度目标，从而在实施过程中造成进度失控的情况出现。

4）做好资金供应能力、施工力量配备、物资（材料、构配件、设备）供应能力与施工进度的平衡工作，确保工程进度目标的要求而不使其落空。

5）考虑外部协作条件的配合情况，包括施工过程中及项目竣工动用所需的水、电、气、通信、道路及其他社会服务项目的满足程序和满足时间。它们必须与有关项目的进度目标相协调。

6）考虑建筑施工项目所在地区地形、地质、水文、气象等方面的限制条件。

总之，要想对建筑施工项目的施工进度实施控制，就必须有明确、合理的进度目标（进度总目标和进度分目标）；否则，控制便失去了意义。

7.2.2　建筑施工项目进度计划的执行要点

建筑施工项目进度计划的实施就是按施工进度计划开展施工活动，落实和完成计划。建筑施工项目进度计划逐步实施的过程就是项目施工逐步完成的过程。为保证项目各项施工活动按施工进度计划所确定的顺序和时间进行，以及保证各阶段进度目标和进度总目标的实现，应做好以下几方面的工作：

(1) 项目进度目标分解　将项目的进度目标分解为不同进度分目标，以构成项目的进度目标系统。每一层目标既要受上一层目标的制约，又是实现上一层目标的保证。项目规模大小决定进度目标分解的层次数目，一般来说，规模越大，目标分解层次越多。施工阶段进度目标可以从以下几个方面进行分解：

1) 按施工阶段分解，突出控制重点。根据建筑施工项目特点，将整个施工过程分为几个阶段，如施工准备、路基土石方、涵洞、通道、桥梁等。以总体网络计划中表示这些施工阶段起止的节点为控制节点，排定工期控制点，明确提出各阶段目标，并对每个施工阶段的施工条件和问题进行更加具体的分析研究和综合平衡，制定各阶段的施工规则，以阶段目标的实现来保证总目标的实现。

2) 按承包单位分解，明确分部目标。若项目由多个单位参加施工，则要以总进度计划为依据，确定各单位的分包目标，通过分包合同，落实分包责任，以实现各分部目标来保证总目标的实现。

3) 按专业工种分解，确定交接日期。工序管理是项目管理的基础，只有控制好每道工序完成的质量和时间，才能保证各分部工程进度的实现。因此，既要对同专业、同工种的任务进行综合平衡，又要强调不同专业、不同工种间的衔接配合，根据各专业工程的交叉施工方案和前后衔接条件，明确工作面交接的条件和时间。

(2) 落实施工条件　根据网络进度计划，任何一项工作开始的必要条件是它的所有紧前工作全部完成，施工进度计划的实施过程就是不断地为后续工作创造条件的过程。但是事实上很难把所有的施工条件都在网络图上表示出来，这些条件包括图样、资料、场地、环境、气候、交通、材料以及能源等。计划确定之后的首要任务，就是落实已列入计划或未列入计划的各种施工条件。

(3) 组织资源供应　如前所述，施工所需的人力、物力、财力，即劳动力、材料、施工机械设备、流动资金等，都可以称为施工资源。适时投入必要的资源，是计划实施的物质基础。施工进度网络计划中的资源曲线，是组织资源供应的依据。施工组织者必须安排落实各种施工资源的供应计划，保证资源供应，才能使计划顺利实施。

(4) 检查各层次的计划，并进一步编制月（旬）作业计划　建筑施工项目的施工总进度计划、单位工程施工进度计划、分部分项工程施工进度计划，都是为了实现项目总目标而编制的，其中高层次计划是低层次计划编制和控制的依据，低层次计划是高层次计划的深入和具体化，在贯彻执行时，要检查各层次计划间是否紧密配合、协调一致。计划目标是否层层分解、互相衔接，检查施工顺序、空间及时间安排、资源供应等方面有无矛盾，以组成一个可靠的计划体系。

为实施施工进度计划，应将规定的任务与现场实际施工条件和施工的实际进度相结合，在施工开始前和实施中不断编制本月（旬）的作业计划，从而使施工进度计划更具体、更切合实际、更适应不断变化的现场情况和更可行。在月（旬）计划中要明确本月（旬）应完成的施工任务、完成计划所需的各种资源量，提高劳动生产率、保证质量和节约的措施。

(5) 层层签订承包合同，并签发施工任务书　按前面已检查过的各层次计划，以承包合同和施工任务书的形式，分别向分包单位、承包队和施工班组下达施工进度任务，按计划目标明确规定合同工期、相互承担的经济责任、权限和利益。

另外，要将月（旬）作业计划中的每项具体任务通过签发施工任务书的方式向班组下达。施工任务书是向班组下达任务、实行责任承包、全面管理原始记录的综合性文件，它明确了各工作班组的具体任务、技术措施、质量要求、劳动量、完成时间等内容。同时，建立相应的责任制，促使各班组采取措施，保证能按作业计划完成任务。

（6）全面实行层层计划交底，保证全体人员共同参与计划实施　在施工进度计划实施前，必须根据进度文件的要求进行层层交底落实，使有关人员都明确各项计划的目标、任务、实施方案、预控措施、开始和结束日期、有关保证条件、协作配合要求等，使项目管理层和作业层能协调一致工作，从而保证施工生产按计划、有步骤、连续均衡地进行。

（7）做好施工记录，掌握现场实际情况　在计划任务完成的过程中，各级施工进度计划的执行者都要跟踪做好施工记录，实事求是地记录计划执行中每项工作的开始日期、工作进程和完成日期，为施工项目进度计划实施的检查、分析、调整、总结提供真实、准确的原始资料。

（8）做好施工中的调度工作　施工中的调度即是在施工过程中对出现的不平衡和不协调进行调整，以不断组织新的平衡，建立和维护正常的施工秩序。它是施工中各阶段、环节、专业和工种的互相配合、协调的指挥核心，也是保证施工进度计划顺利实施的重要手段。其主要任务是监督和检查计划实施情况，定期组织调度会，协调各方协作配合关系，采取措施，消除施工中出现的各种矛盾，加强薄弱环节，实现动态平衡，保证作业计划及进度控制目标的实现。

调度工作必须以作业计划与现场实际情况为依据，从施工全局出发，按规章制度办事，必须做到及时、准确、果断、灵活。

（9）预测干扰因素，采取预控制措施　在项目实施过程中，应经常根据所掌握的各种数据资料，对可能导致项目实施结果偏离进度计划的各种干扰因素进行预测，并分析这些干扰因素所带来的风险程度的大小，预先采取一些有效的控制措施，把可能出现的偏离尽可能消灭于萌芽状态。

7.2.3　施工进度的检查

在施工项目实施过程中，施工进度的检查贯穿于进度计划执行的始终，只有定期跟踪检查施工实际进度情况，掌握工程实际进展及各工作队组任务完成程度，收集计划实施情况的信息和有关数据，才能为施工进度计划的控制提供必要的信息资料和依据。

1. 跟踪检查实际施工进度

跟踪检查实际施工进度，就是要收集实际施工进度的有关数据，为分析施工进度状况、制定调整措施提供依据。跟踪检查的时间、方式和收集数据的质量，将直接影响进度控制的质量和效果。

（1）检查时间　一般来说，进度控制的效果与收集数据资料的时间间隔有关。如果不经常地、定期地收集实际进度数据，就难以有效地控制实际进度。进度检查的时间间隔与建筑施工项目的类型、规模、施工条件和对进度执行要求程度等多方面因素有关，通常有两类：一是日常检查，即由常驻现场管理人员每日进行检查，用施工记录和施工日志的方法记录下来；二是定期检查，其间隔与计划周期或召开现场会议的周期相一致，可视工程实际情况，每月、每半月或每周检查一次。

（2）检查方式和收集资料的方式　一般采用的方式有：定期收集进度报表资料；定期召开进度工作汇报会；派人员常驻现场，检查进度的实际执行情况。

2. 整理统计检查数据

在收集实际施工进度数据时，应按计划控制的工作项目内容进行统计整理，以相同的量纲和形象进度，形成与计划进度具有可比性的数据。一般可按实物工程量、劳动消耗量及它们的累计百分比来整理、统计实际检查的数据，以便与相应的计划完成量相对比。

3. 对比实际进度与计划进度

用已整理统计的、反映建筑施工项目实际进度的数据与计划进度进行比较，通过比较确定实际进度是否与计划进度相一致、超前或延后，为调整决策提供依据。

4. 施工进度检查结果的处理

对施工进度检查的结果要形成进度报告，把检查比较的结果及有关施工进度的现状和发展趋势提供给项目经理及各级业务职能负责人。

进度报告的主要内容包括项目实施概况，管理概况，进度概况，项目施工进度，形象进度及简要说明，施工图样提供进度，物资供应进度，劳务记录及预测，业主、设计单位、监理对施工的变更指令等。

7.3　施工进度比较分析

将实际进度数据与计划进度数据进行比较，可以确定建筑施工项目实际执行状况与计划目标之间的差距。为了直观地反映实际进度偏差，通常采用表格或图形进行实际进度与计划进度的对比分析，从而得出实际进度比计划进度超前、滞后还是一致的结论。

实际进度与计划进度的比较是建筑施工项目进度管理的主要环节，常用的进度比较方法有：横道图比较法、S 曲线比较法、挣值法、前锋线比较法和列表比较法等。

7.3.1　横道图比较法

横道图比较法是指将项目实施过程中检查实际进度收集到的数据，经加工整理后直接用横道线平行绘于原计划的横道线处，进行实际进度与计划进度比较的方法。采用横道图比较法，可以形象、直观地反映实际进度与计划进度的比较情况。

例如，某建筑施工项目基础工程的计划进度和截至第 9 周末的实际进度如图 7-3 所示，其中细线条表示该工程计划进度，粗线条表示实际进度。从图中计划进度与实际进度的比较可以看出，到第 9 周末进行实际进度检查时，挖土方和做垫层两项工作已经完成；支模板按计划也应该完成，但实际只完成了 75%，任务量拖欠了 25%；绑扎钢筋按计划应该完成 60%，而实际只完成了 20%，任务量拖欠了 40%。

根据各项工作的进度偏差，进度控制者可以采取相应的纠偏措施对进度计划进行调整，以确保该工程按期完成。需注意的是图 7-3 所表达的比较方法仅适用于建筑施工项目中的各项工作都是均匀进展的情况，即每项工作在单位时间内完成的任务量都相等的情况。对于非均匀进展的工作，可在其计划和实际完成的每一时间单位末标注上实际工程量即可。

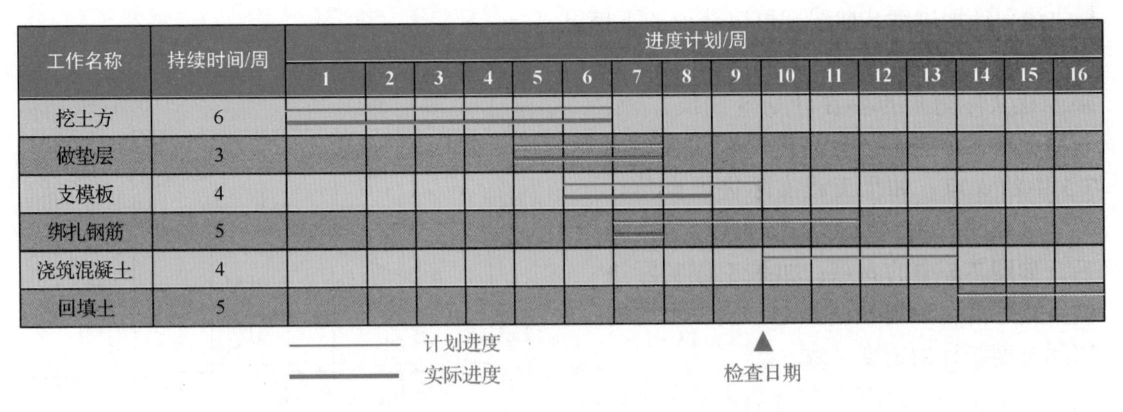

工作名称
持续时间/周
进度计划/周
1
2
3
4
5
6
7
8
9
10
11
12
13
14
15
16
挖土方
6
做垫层
3
支模板
4
绑扎钢筋
5
浇筑混凝土
4
回填土
5
计划进度
实际进度
检查日期

图7-3　某基础工程计划进度与实际进度比较图

7.3.2　S曲线比较法

S曲线比较法是以横坐标表示时间，纵坐标表示累计完成任务量，绘制一条按计划时间累计完成任务量的S曲线；然后将建筑施工项目实施过程中各检查时间实际累计完成任务量的S曲线也绘制在同一坐标系中，进行实际进度与进度计划比较的一种方法。

从整个建筑施工项目实际进展全过程来看，单位时间投入的资源量一般是开始和结束时较少，中间阶段较多。与其相对应，单位时间完成的任务量也呈同样的变化规律，如图7-4a所示。而随工程进展累计完成的任务量则应呈S形变化，如图7-4b所示。S曲线由于其形似英文字母“S”而得名。

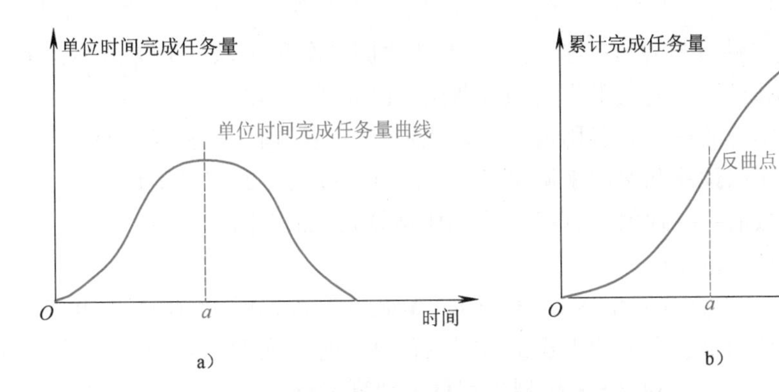

图7-4　时间与完成任务量关系曲线

1. S曲线的绘制方法

1）确定单位时间计划完成任务量。

2）计算不同时间累计完成任务量。

3）根据累计完成任务量绘制S曲线。

2. 实际进度与计划进度的比较

同横道图比较法一样，S曲线比较法也是在图上进行建筑施工项目实际进度与计划进度的直观比较。在建筑施工项目实施过程中，按照规定时间将检查收集到的实际累计完成任务量绘制在原计划S曲线图上，即可得到实际进度S曲线，如图7-5所示。通过比较实际进度

S曲线和计划进度S曲线，可以获得如下信息：

(1) 建筑施工项目实际进展状况　如果工程实际进展点落在计划S曲线左侧，表明此时实际进度比计划进度超前，如图7-5中的a点；如果工程实际进展点落在计划S曲线右侧，则表明此时实际进度拖后，如图7-5中的b点；如果工程实际进展点正好落在计划S曲线上，则表示此时实际进度与计划进度一致。

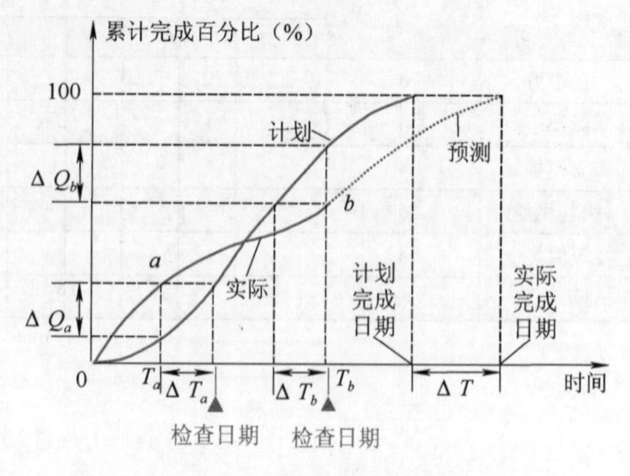

图7-5　S曲线比较图

(2) 建筑施工项目实际进度超前或拖后的时间　在S曲线比较图中可以直接读出实际进度比计划进度超前或拖后的时间。如图7-5所示，ΔT_a表示T_a时刻实际进度超前的时间，ΔT_b表示T_b时刻实际进度拖后的时间。

(3) 建筑施工项目实际超额或拖欠的任务量　在S曲线比较图中也可以直接读出实际进度比计划进度超额或拖欠的任务量。如图7-5所示，ΔQ_a表示T_a时刻超额完成的任务量，ΔQ_b表示T_b时刻拖欠的任务量。

(4) 后期工程进度预测　如果后期工程按原计划速度进行，则可做出后期工程计划S曲线，如图7-5中虚线所示，从而可以确定工期拖延预测值ΔT。

7.3.3　挣值法

挣值法实际上是一种分析目标实施与目标期望之间差异的方法，又常被称为偏差分析法。挣值法通过测量和计算已完成工作的预算费用与已完成工作的实际费用和计划工作的预算费用得到有关计划实施的进度和费用偏差，而达到判断项目预算和进度计划执行情况的目的。它的独特之处在于以预算和费用来衡量工程的进度。挣值法的取名正是因为这种分析方法中用到的一个关键数值——挣值（即已完成工作预算），而得来的。

1. 挣值法的三个基本参数

(1) 计划工程量预算费用（Budgeted Cost for Work Scheduled，BCWS）　BCWS是指项目实施过程中某阶段计划要求完成的工程量所需的预算工时（或费用）。其计算公式为

$$\text{BCWS} = \text{计划工程量} \times \text{预算定额} \tag{7-1}$$

BCWS主要反映进度计划应当完成的工程量，而不反映应消耗的工时或费用。

(2) 已完成工程量预算成本（Budgeted Cost for Work Performed，BCWP）　BCWP是指项目实施过程中某阶段实际完成工程量按预算定额计算出来的工时（或费用），即挣值（Earned Value）。BCWP的计算公式为

$$\text{BCWP} = \text{已完成工程量} \times \text{预算定额} \tag{7-2}$$

(3) 已完成工程量实际费用（Actual Cost for Work Performed，ACWP）　ACWP是指项目实施过程中某阶段实际完成的工程量所消耗的工时（或费用）。ACWP主要反映项目执行的实际消耗指标。ACWP的计算公式为

$$\text{ACWP} = \text{已完成工程量} \times \text{实际单价} \tag{7-3}$$

2. 进度偏差及进度执行指标

（1）进度偏差（Schedule Variance，SV）　SV是指在检查日期BCWP与BCWS之间的差异。其计算公式为

$$SV = BCWP - BCWS \tag{7-4}$$

当SV为正值时，表示进度提前，如图7-6a所示。

当SV为负值时，表示进度延误，如图7-6b所示。

当SV为零时，表示实际进度与计划进度一致。

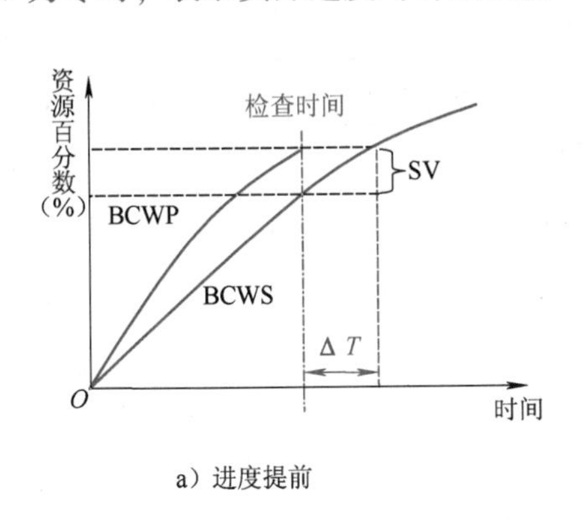

a）进度提前

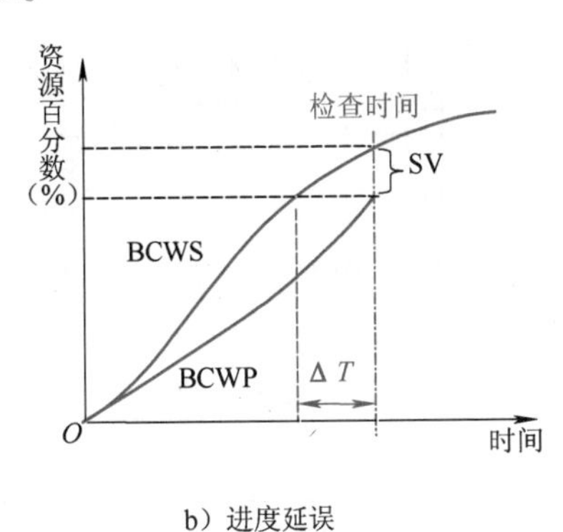

b）进度延误

图7-6　进度偏差示意图

（2）费用偏差（Cost Variance，CV）　CV是指检查期间BCWP与ACWP之间的差异。其计算公式为

$$CV = BCWP - ACWP \tag{7-5}$$

当CV为负值时，表示费用超支，如图7-7a所示。

当CV为正值时，表示费用有节余，如图7-7b所示。

当CV为零时，表示实际消耗人工（或费用）等于预算值。

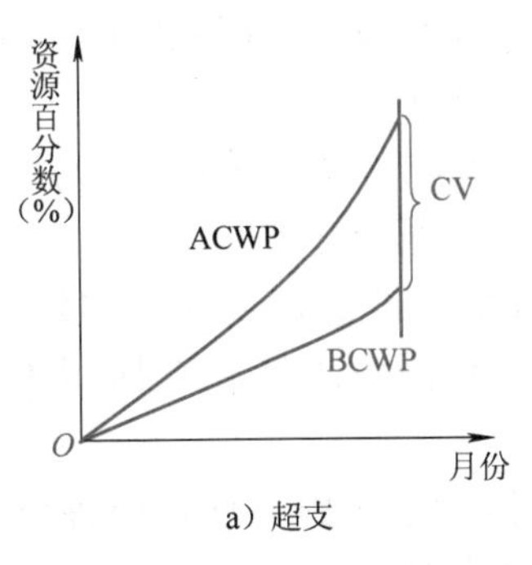

a）超支

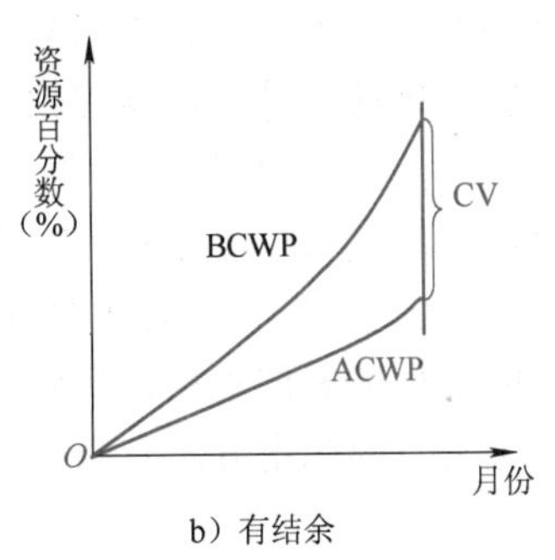

b）有结余

图7-7　费用偏差示意图

（3）进度执行指标（Schedule Performed Index，SPI）　SPI是指项目挣值与计划之比，其计算公式为

$$SPI = BCWP/BCWS \tag{7-6}$$

当SPI＞1时，表示进度提前，即实际进度比计划进度快。

当SPI＜1时，表示进度延误，即实际进度比计划进度慢。

当 SPI = 1 时，表示实际进度等于计划进度。

3. 挣值法评价曲线

挣值法评价曲线如图 7-8 所示。图的横坐标表示时间，纵坐标则表示费用（以实物工程量、工时或金额表示）。图中 BCWS 按 S 形曲线路径不断增加，直至项目结束达到它的最大值。可见 BCWS 是一种 S 曲线。ACWP 同样是进度的时间参数，随项目推进而不断增加，也是S 曲线。利用挣值法评价曲线可进行费用进度评价。CV <0，SV <0，表示项目执行效果不佳，即费用超支，进度延误，应采取相应的补救措施。

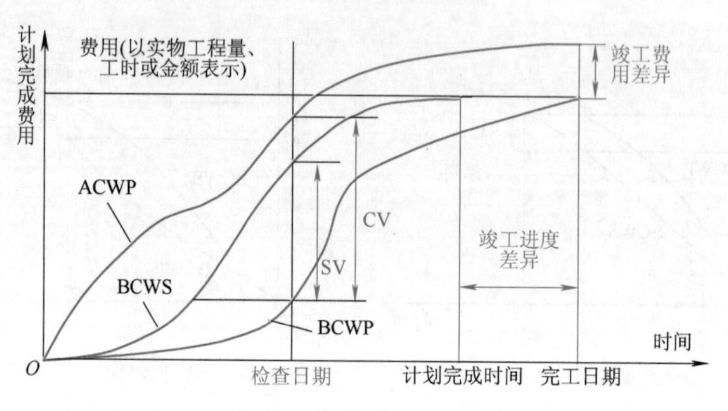

图 7-8　挣值法评价曲线

7.3.4　前锋线比较法

前锋线比较法是通过绘制某检查时刻建筑施工项目实际进度前锋线，进行工程实际进度与计划进度比较的方法，主要适用于时标网络计划。所谓前锋线，是指在原时标网络计划上，从检查时刻的时标点出发，用点画线依次将各项工作实际进展位置点连接而成的折线。前锋线比较法就是通过实际进度前锋线与原进度计划中各工作箭线交点的位置来判断工作实际进度与计划进度的偏差。进而判定该偏差对后续工作及总工期影响程度的一种方法。采用前锋线比较法进行实际进度与计划进度比较的步骤如下：

（1）绘制时标网络计划　建筑施工项目实际进度前锋线是在时标网络计划上标示，为清楚起见，可在时标网络计划的上方和下方各设一时间坐标。

（2）绘制实际进度前锋线　一般从时标网络计划上方时间坐标的检查日期开始绘制，依次连接相邻工作的实际进展位置点，最后，与时标网络计划下方时间坐标的检查日期相连接。工作实际进展位置点的标定方法有两种：

1）按该工作已完成任务量比例进行标定。假设建筑施工项目中各项工作均为匀速进展，根据实际进度检查时刻该工作已完成任务量占其计划完成总任务量的比例，在工作箭线上从左至右按相同的比例标定其实际进展位置点。

2）按尚需作业时间进行标定。当某些工作的持续时间难以按实物工程量来计算而只能凭经验估算时，可以先估算出检查时刻到该工作全部完成尚需作业的时间，然后在该工作箭线上从右向左逆向标定其实际进展位置点。

（3）进行实际进度与计划进度的比较　前锋线可以直观地反映出检查日期有关工作实际进度与计划进度之间的关系。对某项工作来说，其实际进度与计划进度之间的关系可能存在以下三种情况：

1）工作实际进展位置点落在检查日期的左侧，表明该工作实际进度拖后，拖后的时间为两者之差。

2）工作实际进展位置点与检查日期重合，表明该工作实际进度与计划进度一致。

3）工作实际进展位置点落在检查日期的右侧，表明该工作实际进度超前，超前的时间为两者之差。

（4）预测进度偏差对后续工作及总工期的影响　通过实际进度与计划进度的比较确定进度偏差后，还可根据工作的自由时差和总时差预测该进度偏差对后续工作及项目总工期的影响。由此可见，前锋线比较法既适用于工作实际进度与计划进度之间的局部比较，又可用来分析和预测建筑施工项目整体进度状况。

【例7-1】　某建筑施工项目时标网络计划如图7-9所示。该计划执行到第6周末检查实际进度时，发现工作A和B已经全部完成，工作D、E分别完成计划任务量的20%和50%，工作C尚需3周完成，试用前锋线比较法进行实际进度与计划进度的比较。

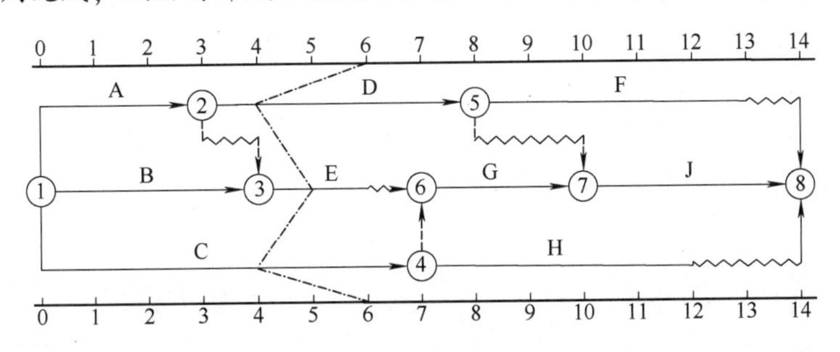

图7-9　某工程时标网络计划（单位：周）

【解】　根据第6周末实际进度的检查结果绘制前锋线，如图7-9中的点画线所示。通过比较可以看出：

1）工作D实际进度拖后2周，将使其后续工作F的最早开始时间推迟2周，并使总工期延长1周。

2）工作E实际进度拖后1周，既不影响总工期，也不影响其后续工作的正常进行。

3）工作C实际进度拖后2周，将使其后续工作G、H、J的最早开始时间推迟2周。由于工作G、J开始时间的推迟，从而使总工期延长2周。

综上所述，如果不采取措施加快进度，该项目的总工期将延长2周。

7.3.5　列表比较法

当工程进度计划用非时标网络图表示时，可以采用列表比较法进行实际进度与计划进度的比较。这种方法是记录检查日期应该进行的工作名称及其已经作业的时间，然后列表计算有关时间参数，并根据工作总时差进行实际进度与计划进度比较的方法。

采用列表比较法进行实际进度与计划进度比较的步骤如下：

1）对于实际进度检查日期应该进行的工作，根据已经作业的时间，确定其尚需作业时间。

2）根据原进度计划计算检查日期应该进行的工作从检查日期到原计划最迟完成时间的

尚余时间。

3）计算工作尚有总时差。其值等于工作从检查日期到原计划最迟完成时间尚余时间与该工作尚需作业时间之差。

4）比较实际进度与计划进度，可能有以下几种情况：

① 如果工作尚有总时差与原有总时差相等，说明该工作实际进度与计划进度一致。

② 如果工作尚有总时差大于原有总时差，说明该工作实际进度超前，超前的时间为两者之差。

③ 如果工作尚有总时差小于原有总时差，且仍为正值，说明该工作实际进度拖后，拖后的时间为两者之差，但不影响总工期。

④ 如果工作尚有总时差小于原有总时差，且为负值，说明该工作实际进度拖后，拖后的时间为两者之差，此时工作实际进度偏差将影响总工期。

【例7-2】 某建筑施工项目进度计划如图7-9所示。该计划执行到第9周末检查实际进度时，发现工作A、B、C、D、E已经全部完成，工作F和工作G均已进行1周，工作H已进行2周，试用列表比较法进行实际进度与计划进度的比较。

【解】 根据建筑施工项目进度计划及实际进度检查结果，可以计算出检查日期应进行工作的尚需作业时间、原有总时差及尚有总时差等，计算结果见表7-2。通过比较尚有总时差和原有总时差，即可判断目前工程实际进展状况。

表7-2 工程进度检查比较表 （单位：周）

工作代号	工作名称	检查计划时尚需作业周数	到计划最迟完成时间尚余周数	原有总时差	尚有总时差	情况判断
5-8	F	4	5	1	1	实际进度与计划进度相同
6-7	G	2	1	0	-1	拖后一周，影响总工期一周
4-8	H	3	5	2	2	实际进度与计划进度相同

7.4 施工进度的调整

7.4.1 分析进度偏差对后续工作及总工期的影响

在建筑施工项目实施过程中，当通过实际进度与计划进度的比较，发现进度偏差时，需要分析该偏差对后续工作及总工期的影响，进而采取相应的调整措施对原进度计划进行调整，以确保工期目标顺利实现。进度偏差的大小及其所处的位置不同，对后续工作和总工期的影响程度不同，需要利用网络计划中工作总时差和自由时差的概念来进行分析，分析步骤如下：

（1）分析出现进度偏差的工作是否为关键工作 如果出现进度偏差的工作为关键线路上的关键工作，则无论其偏差有多大，都将对后续工作和总工期产生影响，必须采取相应的调整措施；如果出现进度偏差的工作是非关键工作，则需要根据进度偏差值与总时差和自由时差的关系做进一步分析。

（2）分析进度偏差是否超过总时差 如果一个非关键工作的进度偏差大于该工作的总

时差，则此进度偏差必将影响其后续工作和总工期，必须采取相应的调整措施；如果工作的进度偏差未超过该工作的总时差，则此进度偏差不影响总工期。至于对后续工作的影响程度，还需要根据偏差值与其自由时差的关系做进一步分析。

(3) 分析进度偏差是否超过自由时差　如果工作的进度偏差大于该工作的自由时差，则此进度偏差将对其后续工作产生影响，此时应根据后续工作的限制条件确定调整方法；如果工作的进度偏差未超过该工作的自由时差，则此进度偏差不影响后续工作，原进度计划可不做调整。

进度偏差对后续工作和总工期影响的分析过程如图 7-10 所示。通过分析，进度控制人员可以根据进度偏差的影响程度，制定相应的纠偏措施进行调整，以获得符合实际进度情况和计划目标的新进度计划。

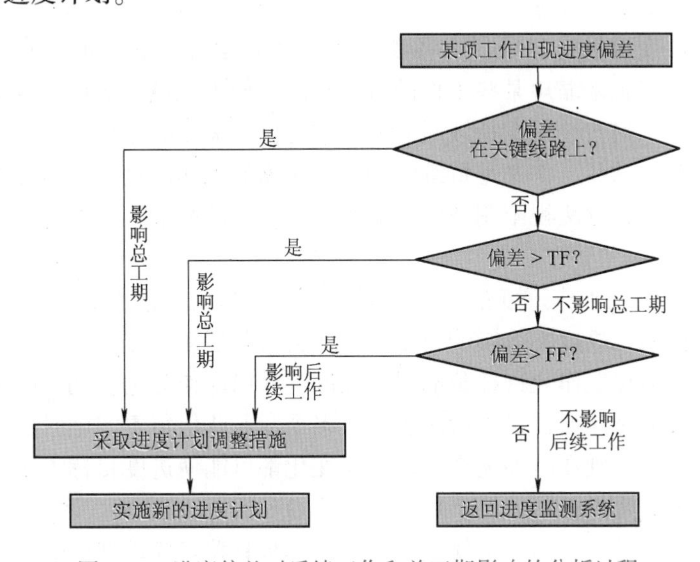

图 7-10　进度偏差对后续工作和总工期影响的分析过程

7.4.2　进度计划的调整方法

当实际进度偏差影响到后续工作和总工期而需要调整时，其调整方法主要有以下三种：

1. 改变某些工作间的逻辑关系

当建筑施工项目实施中产生的进度偏差影响到总工期，且有关工作的逻辑关系允许改变时，可以改变关键线路和超过计划工期的非关键线路上的有关工作之间的逻辑关系，达到缩短工期的目的。例如，将顺序进行的工作改为平行作业、搭接作业以及分段组织流水施工等，都可以有效地缩短工期。

【例 7-3】　某建筑施工项目基础工程包括挖基槽、做垫层、砌基础、回填土 4 个施工过程，各施工过程的持续时间分别为 21 天、15 天、18 天和 9 天，如果采取顺序作业方式进行施工，则其总工期为 63 天。为缩短该基础工程总工期，如果在工作面及资源供应允许的条件下，将基础工程划分为工程量大致相等的 3 个施工段组织流水施工，试绘制该基础工程流水施工网络计划，并确定其计算工期。

【解】　某基础工程流水施工网络计划如图 7-11 所示。通过组织流水施工，使得该基础工程的计算工期由63天缩短为35天。

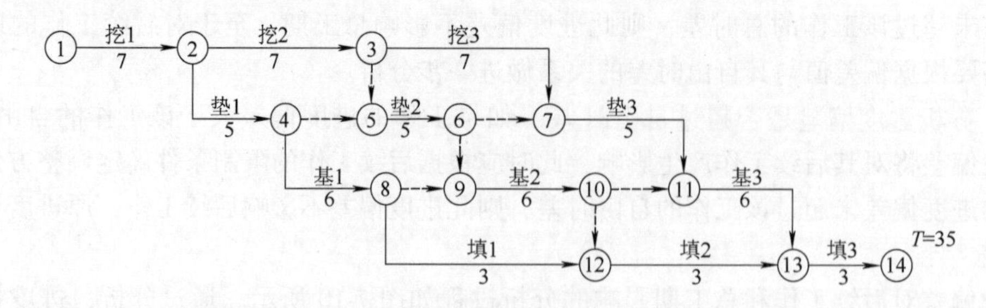

图7-11　某基础工程流水施工网络计划（单位：天）

2. 缩短某些工作的持续时间

这种方法是不改变建筑施工项目中各项工作之间的逻辑关系，而通过采取增加资源投入、提高劳动效率等措施来缩短某些工作的持续时间，使工程进度加快，以保证按计划工期完成该建筑施工项目。这些被压缩持续时间的工作是位于关键线路和超过计划工期的非关键线路上的工作。同时，这些工作又是持续时间可被压缩的工作。这种调整方法通常可以在网络图上直接进行。其调整方法视限制条件及对其后续工作的影响程度的不同而有所区别，一般可分为以下三种情况：

（1）网络计划中某项工作进度拖延的时间已超过其自由时差但未超过其总时差　如前所述，此时该工作的实际进度不会影响总工期，而会对其后续工作产生影响。因此，在进行调整前，需要确定其后续工作允许拖延的时间限制，并以此作为进度调整的限制条件。该限制条件的确定常常较复杂，尤其是当后续工作由多个专业队伍负责实施时更是如此。后续工作如不能按原计划进行，则在时间上产生的任何变化都可能使进度目标无法完成。

【例7-4】　某建筑施工项目双代号时标网络计划如图7-12所示，该计划执行到第35天下班时刻检查，其实际进度如图中前锋线所示。试分析目前实际进度对后续工作和总工期的影响，并提出相应的进度调整措施。

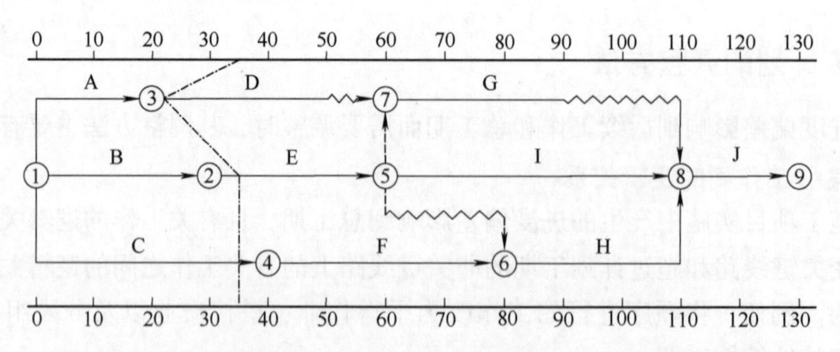

图7-12　某建筑施工项目双代号时标网络计划（单位：天）

【解】　从图7-12中可以看出，目前只有工作D的开始时间拖后15天，而影响其后续工作G的最早开始时间，其他工作的实际进度均正常。由于工作D的总时差为30天，故此时工作D的实际进度不影响总工期。进度计划是否需要调整，取决于工作D和工作G的限制条件。

如果后续工作拖延的时间完全被允许，则可将拖延后的时间参数代入原计划，并简化网络图（即去掉已执行部分，以进度检查日期为起点，将实际数据代入，绘制出未实施部分的进度计划），即可得到调整方案。例如，在本例中，以检查时刻第35天为起点，将工作D的实际进度数据及工作G被拖延后的时间参数代入原计划（此时工作D和工作G的开始时间分别为35天和65天），可得如图7-13所示的调整方案。

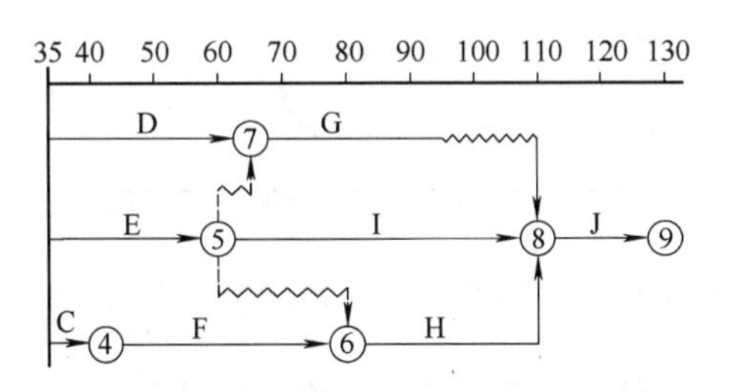

图7-13 后续工作拖延时间无限制时的网络计划（单位：天）

如果后续工作不允许拖延或拖延的时间有限制时，需要根据限制条件对网络计划进行调整，寻求最优方案。例如，在本例中，如果工作G的开始时间不允许超过第60天，则只能将其紧前工作D的持续时间压缩为25天，调整后的网络计划如图7-14所示。如果在工作D和工作G之间还有多项工作，则可以利用工期优化的原理确定应压缩的工作，得到满足工作G限制条件的最优调整方案。

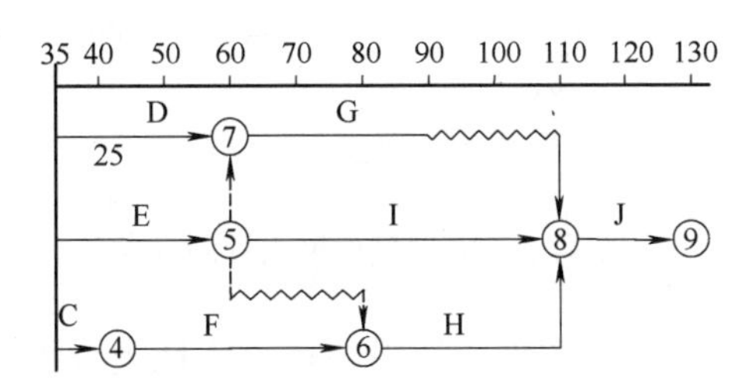

图7-14 后续工作拖延时间有限制时的网络计划（单位：天）

（2）网络计划中某项工作进度拖延的时间超过其总时差 如果网络计划中某项工作进度拖延的时间超过其总时差，则无论该工作是否为关键工作，其实际进度都将对后续工作和总工期产生影响。此时，进度计划的调整方法又可分为以下三种情况：

1）项目总工期允许拖延。如果项目总工期允许拖延，则此时只需以实际数据取代原计划数据，并重新绘制实际进度检查日期之后的简化网络计划即可。

2）项目总工期不允许拖延。如果建筑施工项目必须按照原计划工期完成，则只能采取缩短关键线路上后续工作持续时间的方法来达到调整计划的目的。

【例7-5】 仍以图7-12所示网络计划为例，如果在计划执行到第40天下班时刻检查，其实际进度如图7-15中前锋线所示，试分析目前实际进度对后续工作和总工期的影响，并提出相应的进度调整措施。

【解】 从图7-15中可以看出：

① 工作D实际进度拖后10天，但不影响其后续工作，也不影响总工期。

② 工作E实际进度正常，既不影响后续工作，也不影响总工期。

③ 工作C实际进度拖后10天，由于其为关键工作，故其实际进度将使总工期延长10天。

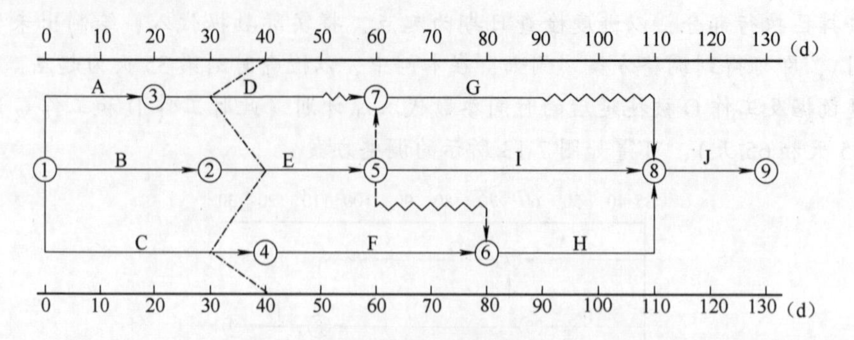

图 7-15　某工程实际进度前锋线（单位：天）

如果该建筑施工项目总工期不允许拖延，则为了保证其按原计划工期130天完成，必须采用工期优化的方法，缩短关键线路上后续工作的持续时间。现假设工作C的后续工作F、H和J均可以压缩10天，通过比较，压缩工作H的持续时间所需付出的代价小，故将工作H的持续时间由30天缩短为20天。调整后工期不拖延的网络计划如图7-16所示。

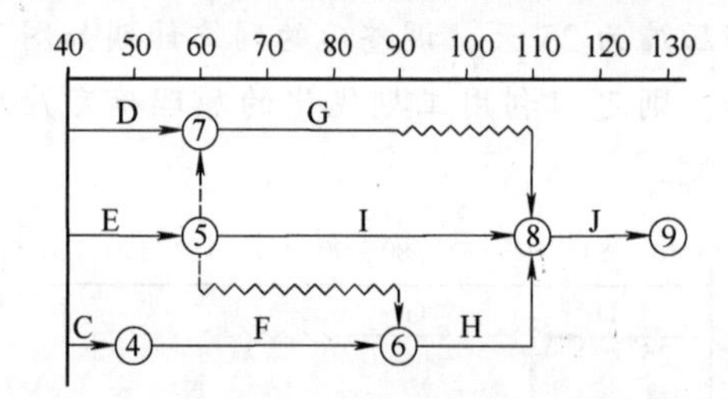

图 7-16　调整后工期不拖延的网络计划（单位：天）

3）项目总工期允许拖延但时间有限　如果项目总工期允许拖延，但允许拖延的时间有限，则当实际进度拖延的时间超过此限制时，也需要对网络计划进行调整，以便满足要求。

具体的调整方法是以总工期的限制时间作为规定工期，对检查日期之后尚未实施的网络计划进行工期优化，即通过缩短关键线路上后续工作持续时间的方法来使总工期满足规定工期的要求。具体实施方法同前。

以上三种情况均是以总工期为限制条件调整进度计划的。需要注意的是，当某项工作实际进度拖延的时间超过其总时差而需要对进度计划进行调整时，除需考虑总工期的限制条件外，还应考虑网络计划中后续工作的限制条件，特别是对总进度计划的控制更应注意这一点。因为在这类网络计划中，后续工作也许就是一些独立的分包合同段，时间上的任何变化，都会带来协调上的麻烦或索赔。因此，当网络计划中某些后续工作对时间的拖延有限制时，同样需要以此为条件，按前述方法进行调整。

（3）网络计划中某项工作进度超前　实施进度控制的目标就是通过有效的进度控制工作和具体的进度控制措施，在满足投资和质量要求的前提下，力求使工程的实际工期不超过计划工期，以保证建设工程按期完成。在建设工程计划阶段所确定的工期目标，往往是综合考虑了各方面因素而确定的合理工期。因此，时间上的任何变化，无论是进度拖延还是超前，都可能造成其他目标的失控。例如，在一个工程施工总进度计划中，由于某项工作的进度超前，致使资源的需求发生变化，而打乱了原计划对人、材、物等资源的合理安排，亦将影响资金计划的使用和安排。特别是当多个工作队平行施工时，由此引起后续工作时间安排的变化，势必给项目总体的协调工作带来许多麻烦。因此，如果工程实施过程中出现进度超前的情况，进度控制人员必须综合分析进度超前对后续工作产生的影响，提出合理的进度调整方案，以确保工期总目标的顺利实现。

3. 改变施工方案

当上述方法均无法达到进度目标时，可考虑改变施工方案，选择更为先进、快速的施工机械、施工方法来加快进度。

思考与练习题

1. 施工进度控制的概念是什么？影响施工进度的主要影响因素有哪些？
2. 施工进度控制的基本原理有哪些？
3. 简述工程进度监测和调整的系统过程。
4. 工程实际进度与计划进度的比较方法有哪些？各有何特点？
5. 利用 S 曲线比较法可以获得哪些信息？
6. 如何利用挣值法进行进度偏差分析？
7. 如何分析进度偏差对后续工作及总工期的影响？
8. 进度计划的调整方法有哪些？如何进行调整？
9. 图 7-17 为某工程时标网络计划，标出了第 2 周和第 4 周进度检查统计时各工作的实际进度前锋线。试采用列表分析法，分析当前各工作进度是超前还是拖后？对工期或后续工作有无影响及影响大小？原来总时差为多少？尚有多少自由时差？

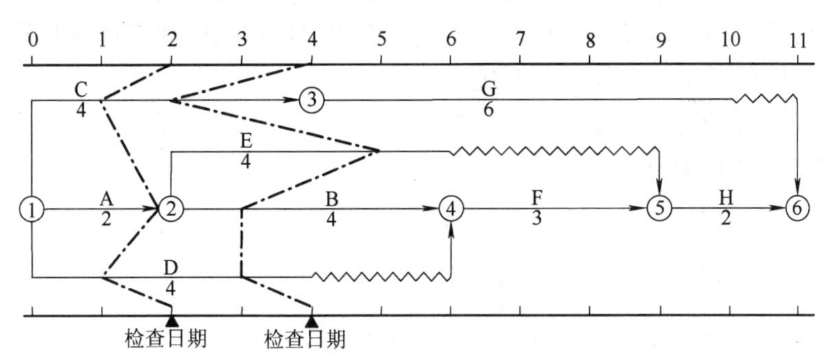

图 7-17　某工程时标网络计划（单位：周）

第8章 建筑施工项目现场管理

本章导读

建筑施工项目现场管理所包含的内容非常复杂，它是项目场容、环境保护、安全管理等多方面工作在项目现场的综合体现。良好的现场管理使场容美观整洁，道路畅通，材料放置有序，施工有条不紊，安全、消防、保安均能得到有效保障，并且使项目的相关方都能达到满意。相反，低劣的现场管理会造成施工成本增加、进度拖延，甚至会引发安全生产事故。因此，在项目管理中必须对现场管理的各方面工作做出妥善安排，为项目顺利施工创造一个良好的工作环境。

8.1 建筑施工项目现场管理概述

8.1.1 建筑施工项目现场管理的定义

建筑施工项目现场是指经批准占用的，进行工业和民用项目的房屋建筑、土木工程、设备安装、管线敷设等施工活动的场地。它既包括红线以内占用的建筑用地和施工用地，又包括红线以外现场附近经批准占用的临时施工用地。

建筑施工项目现场管理就是运用科学的管理思想、方法和手段，对建筑施工项目现场内的各种生产要素所进行的管理，其内容一般包括场容管理、环境保护、职业健康与安全管理等。

8.1.2 建筑施工项目现场管理的意义

建筑施工项目现场管理对于项目管理的意义表现在以下几个方面：

1）建筑施工项目现场管理是施工生产活动正常进行的基本保证。在建筑施工中，大量的人流、物流、资金流和信息流交汇于施工现场，现场管理是否有效直接影响到人流、物流、资金流和信息流是否通畅，进而影响项目的经济效益。例如，不合理的现场布置会造成各种材料物资的二次搬运或各种施工活动之间的相互干扰，这必然会导致生产效率降低和施工成本增加。

2）现场是施工企业文化的外在表现，管理规范的施工现场往往能为企业带来很好的社会效益。通过对工程施工现场的观察，施工单位的精神面貌和管理水平赫然显现，一个文明的施工现场往往能够赢得业主和社会相关方的认可，为企业树立良好的社会形象。反之，则会损害企业的形象和声誉。

3）现场是处理各方关系的“焦点”，现场管理的好坏直接影响到顾客及相关方对项目的满意度。现场管理涉及城市规划、环境保护、交通运输、消防安全、文物保护、居民生活、文明建设等众多社会问题，稍有不慎就可能出现违反国家或地方法律法规、影响交通和居民生活等方面的问题，进而会对施工生产活动造成一定阻碍。

4）现场管理是连接项目其他工作的“纽带”。现场管理很难和其他管理工作分开，其他管理工作也必须和现场管理相结合。例如，安全工作要求设置防护；场容管理要求对现场进行围护。两者如果结合良好，就可一举两得，否则各行其是，将造成不必要的浪费。

8.1.3　建筑施工项目现场管理组织体系

建设工程开工前，建设单位或者发包单位应当指定施工现场总代表人，施工单位应当指定项目经理，并分别将总代表人和项目经理的姓名及授权事项书面通知对方，同时报施工许可证发放部门备案。项目经理全面负责施工过程中的现场管理，并根据工程规模、技术复杂程度和施工现场的具体情况，建立施工现场管理责任制，并组织实施。

建设工程实行总包和分包的，由总包单位负责施工现场的统一管理，监督检查分包单位的施工现场活动。分包单位应当在总包单位的统一管理下，在其分包范围内建立施工现场管理责任制，并组织实施。

总包单位可以接受建设单位的委托，负责协调该施工现场内由建设单位直接发包的其他单位的施工现场活动。而当发包人未将现场管理的全面工作委托给总包单位时，发包人应承担现场管理的负责工作。现场管理主管单位的确定是现场管理的基础，应在合同中予以明确。

现场管理除去在现场的单位外，当地政府有关部门如市容管理、消防、公安等，现场周围的公众、居民委员会以及总包、施工单位上级领导部门也会对现场管理工作施加影响。因此，现场管理工作的负责人应把现场管理列入经常性的巡视检查内容，并和日常管理有机结合，积极主动听取有关主管部门、近邻单位、社会公众和其他相关方的意见，及时整改沟通，取得他们的支持。

总包单位负责的现场管理组织体系可用图8-1表示。

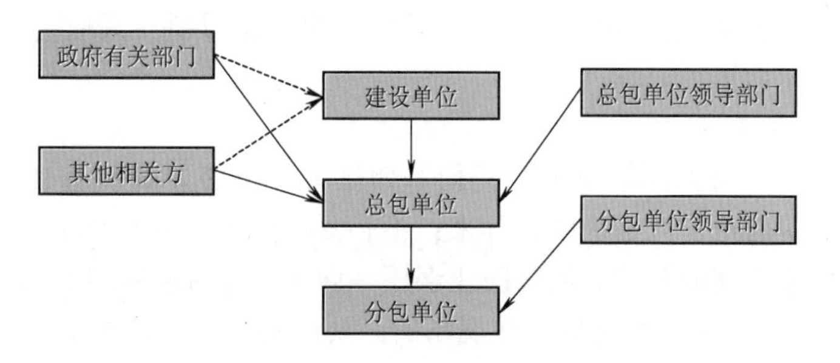

图8-1　总包单位负责的现场管理组织体系

施工现场管理单位的负责人应组织各参建单位，成立现场管理组织。

现场管理组织的基本职责包括：

1）贯彻国家有关法规，向参建单位宣传现场管理的重要意义，提出现场管理的具体要求。

2）进行现场管理区域的划分，组织定期和不定期的检查，发现问题，要求提出改正措施，限期改正，并做改正后的复查。

3）进行项目内部和外部的沟通。包括与当地有关部门和其他相关方的沟通，听取他们的意见和要求。

4）协调施工中有关现场管理的事项。

5）在业主和总包单位的委托下，有表扬、批评、培训、教育和处罚的权利和职责。

6）有审批动用明火、停水、停电、占用现场内公共区域和道路的权力。

业主或总包单位应在与分包单位订立的合同中明确现场管理组织的相关权力，以便现场管理组织工作的开展。

8.1.4 建筑施工项目现场管理的内容

建筑施工项目现场管理的内容有广义和狭义两种情况。

广义的建筑施工项目现场管理泛指项目经理部在建筑施工项目实施过程中的各项管理工作，其内容包括为实现项目管理目标所进行的质量管理、安全管理、成本管理、进度管理、信息管理、材料管理、机械设备管理、作业人员管理等各项项目管理工作，是一种与企业层面相对应的项目层面项目管理的概念。

狭义的建筑施工项目现场管理主要指的是与施工现场场容管理、环境保护以及职业健康与安全管理等相关的一些工作。

本章以下所述建筑施工项目现场管理为狭义的建筑施工项目现场管理。

8.1.5 建筑施工项目现场管理的基本方法

目前被广泛应用的项目现场管理方法主要有5S管理、定置管理、目视管理等。

1. 5S管理

5S管理是指对施工现场中各生产要素所处的状态不断地进行整理（Seiri）、整顿（Seiton）、清扫（Seiso）、清洁（Seiketsu）、素养（Shitsuke）。因为这五个词在日语中罗马拼音的第一个字母都是S，所以称为5S。5S管理起源于日本，通过规范现场环境、规范物品位置，营造一目了然的工作环境，培养员工良好的工作习惯，其最终目的是提升人的品质，养成良好的工作习惯。

（1）5S管理的基本内容

1）整理（Seiri）。将工作场所中的任何东西区分为有必要的与不必要的；把必要的东西与不必要的东西明确地、严格地区分开来；不必要的东西要尽快处理掉。其目的在于腾出空间，提高现场作业空间的有效利用，防止误用、误送，塑造清爽的工作场所。

2）整顿（Seiton）。将整理之后留在现场的必要的物品分门别类地放置，排列整齐，明确数量，有效标识。其目的是创造一个整整齐齐的工作环境，使工作场所一目了然，消除找寻物品的时间，清除过多的积压物品。

3）清扫（Seiso）。将工作场所清扫干净，保持工作场所干净、亮丽。其目的在于消除脏污，保持工作场所内干净、明亮，稳定品质，减少伤害，维持一个整洁、安全的工作环境。

4）清洁（Seiketsu）。把整理、整顿、清扫工作制度化、规范化，并对以上三项进行定期与不定期的监督检查。维持整理、整顿、清扫工作所取得的成果。

5）素养（Shitsuke）。采取各种方式，培养员工良好的工作习惯、组织纪律和敬业精神。其目的在于提升人的品质，使员工对任何工作都讲究、认真。

5S 管理各项内容之间的基本关系：整理是整顿的基础，整顿又是整理的巩固，清扫是显现整理、整顿的效果，而通过清洁和素养，则使施工现场形成一个整体的不断改进的气氛。

（2）推行 5S 管理的意义

1）改善现场作业环境，使作业人员心情舒畅，士气高昂。

2）减少作业出错机会，降低不合格品率，提升品质。

3）避免不必要的等待和查找，提升工作效率。

4）合理配置和使用资源，减少浪费。

5）有利于对外树立良好的企业形象。

6）使现场各种标识清楚醒目，通道畅通无阻，保障人身安全。

7）为其他管理活动的顺利开展打下基础。

2. 定置管理

定置管理是对生产现场中的人、物、场所三者之间的关系进行科学的分析研究，使之达到最佳结合状态的一种科学管理方法。它以物在场所的科学定置为前提，以完整的信息系统为媒介，以实现人和物的有效结合为目的，通过对生产现场的整理、整顿，把生产中不需要的物品清除，把需要的物品放在规定位置上，使其随手可得，促进生产现场秩序化、标准化、规范化，达到高效生产、优质生产、安全生产，并体现现场文明施工水平。定置管理是 5S 管理的深入和发展。

（1）定置管理的内容　定置管理的内容很多，但这里所说的内容就是根据施工现场的环境对各种设施和设备的不同位置进行设计。施工现场的定置内容有很多，如根据施工场地，合理设计施工现场定置图，对场所和物件实行全面定置；对易燃、易爆、有毒、易变质、易发生伤人和污染环境的物品及重要场所、消防设施等实行特殊定置；对绿化区域和卫生区实行责任定置等；对物品临时存放区域实行定置；对工段、班组及工序、工位、机台实行定置等。

（2）定置管理的要求　合理的定置应保证施工能顺利进行，尽量减少施工用地；应尽量减少临时设施的工程量，充分利用原有建筑物及给水排水、道路等，以减少临时设施费；应合理布置施工现场的运输道路及各种材料堆放加工厂、仓库的位置，尽量使场内运输距离最短和减少二次运输，以降低运输费用；要进行多方案比较，择优选择，做到有利于项目目标的实现，使人、物、场所之间形成最佳结合，创造良好的施工环境。

3. 目视管理

目视管理是一种符合建筑业现代化施工要求和心理需要的科学管理方法。该方法利用形象直观、色彩适宜的各种视觉感知信息组织现场施工活动，以达到提高生产效率、保证工程质量、降低工程成本的目的。目视管理是实现文明施工的一项重要措施，是改善施工现场环境的一个科学方法。

（1）目视管理的特征　目视管理以视觉显示为基本手段，以公开化为基本原则，尽可能向所有人员全面地提供所需要的信息，形成一个让所有人都自觉参与完成项目目标的管理系统。

（2）目视管理的内容　目视管理以施工现场的人、物及其环境为对象，贯穿于施工全过程，存在于施工现场的各个专业管理之中，并且覆盖作业者、作业环境和作业手段。其内容主要有：

1）将施工任务和完成情况制成图表，公布于众，使每个项目参与者都了解该信息。项目管理者应组织编制施工总进度计划，并按月、旬、周分解为更详细的实施性作业计划，以施工任务书的形式，定人、定时、定量、定质、定项，将计划分解下达到施工班组。同时，施工进度情况应公布于众，使项目经理部人员都能看到各项计划指标完成的情况及存在的问题，促使其努力按要求去完成任务。

2）将有关规章制度、操作规程、标准等，采用看板、挂板或写后张贴在墙上公布，以便于项目参与人员遵照执行。与岗位有直接关系的部分，应分别展示在岗位上。例如，施工现场的组织机构图和施工现场的平面布置图应置于工地入口处；管理人员名单、岗位责任制等应展示在工地办公室；各种仓库、食堂、工地临时宿舍等制度板应挂在相应的墙上；所有机械操作规程等应挂在相应的操作室或站内。

3）以清晰的、标准化的视觉显示信息落实定置设计，实现合理定置。为确定各种大小型临时设施、拟建工程和物品的放置位置，可采用完善而准确的视觉信号显示手段，如标志线、标志牌、标志色等，将这些位置标识出来，以防止误置或物品混放。显然，这使得目视管理也和定置管理融为一体，并为定置管理创造了客观条件。

4）标牌显示。将施工现场分区、片或栋号管理，落实责任人，并将责任人名单用标牌显示，以落实岗位责任制，激发岗位责任人员的责任心，同时有利于监督。例如，在大门口设置标牌，注明工程的名称、建设单位、设计单位、项目经理等人的姓名，以及开工和完工日期等，这就是一种标牌显示形式。

5）形象直观、适用方便的施工现场作业控制手段。建筑施工项目管理中常用的施工作业控制手段有点、线控制，施工图控制，通知书控制，看板控制，旗语、手势、信息传导信号控制等。采用这些与现场工作状况相适应的简便手段进行施工作业控制，有利于建筑施工项目的进度、费用、质量和安全管理。

6）合理利用各种安全色、安全标志。安全色和安全标志作为清晰、标准化的视觉信息，形象直观。在现场的管理过程中，科学、合理地运用各种安全色和安全标志，对创造安全的施工环境和良好的现场秩序具有重要作用。

7）采用先进、科学的信息显示手段。采用计算机、电视机、广播、仪表等现代化的信息传递手段，可以大大提高现场管理的先进性和科学性，提高现场管理的效果。

8.1.6 建筑施工项目现场管理一般规定

施工企业在进行项目现场管理时，应当遵守下列基本规定。

1）建设工程开工实行施工许可证制度。按照《建筑工程施工许可管理办法》（中华人民共和国住房和城乡建设部令第18号）规定，建设单位在开工前向工程所在地县级以上地方人民政府住房城乡建设主管部门申请领取施工许可证。

建设单位申请领取施工许可证，应当具备下列条件，并提交相应的证明文件：

① 依法应当办理用地批准手续的，已经办理该建筑工程用地批准手续。

② 在城市、镇规划区的建筑工程，已经取得建设工程规划许可证。

③ 施工场地已经基本具备施工条件，需要征收房屋的，其进度符合施工要求。

④ 已经确定施工企业。按照规定应当招标的工程没有招标，应当公开招标的工程没有公开招标，或者肢解发包工程，以及将工程发包给不具备相应资质条件的企业的，所确定的施工企业无效。

⑤ 有满足施工需要的技术资料，施工图设计文件已按规定审查合格。

⑥ 有保证工程质量和安全的具体措施。施工企业编制的施工组织设计中有根据建筑工程特点制定的相应质量、安全技术措施。建立工程质量安全责任制并落实到人。专业性较强的工程项目编制了专项质量、安全施工组织设计，并按照规定办理了工程质量、安全监督手续。

⑦ 按照规定应当委托监理的工程已委托监理。

⑧ 建设资金已经落实。建设工期不足一年的，到位资金原则上不得少于工程合同价的50%，建设工期超过一年的，到位资金原则上不得少于工程合同价的 30%。建设单位应当提供本单位截至申请之日无拖欠工程款情形的承诺书或者能够表明其无拖欠工程款情形的其他材料，以及银行出具的到位资金证明，有条件的可以实行银行付款保函或者其他第三方担保。

⑨ 法律、行政法规规定的其他条件。

建设单位应当自领取施工许可证之日起三个月内开工。因故不能按期开工的，应当在期满前向发证机关申请延期，并说明理由；延期以两次为限，每次不超过三个月。既不开工又不申请延期或者超过延期次数、时限的，施工许可证自行废止。

应当申请领取施工许可证的建筑工程未取得施工许可证的，一律不得开工。

2）建设工程开工前，建设单位或者发包单位应当指定施工现场总代表人，施工单位应当指定项目经理，并分别将总代表人和项目经理的姓名及授权事项书面通知对方。

在施工过程中，总代表人或参建单位各项目经理发生变更的，应当按照上文规定重新通知对方。

3）项目经理全面负责施工过程中的现场管理，并根据工程规模、技术复杂程度和施工现场的具体情况，建立施工现场管理责任制，并组织实施。

建设工程实行总包和分包的，由总包单位负责施工现场的统一管理，监督检查分包单位的施工现场活动。分包单位应当在总包单位的统一管理下，在其分包范围内建立施工现场管理责任制，并组织实施。

总包单位可以接受建设单位的委托，负责协调该施工现场内由建设单位直接发包的其他单位的施工现场活动。

4）施工单位必须编制建设工程施工组织设计。建设工程实行总包和分包的，由总包单位负责编制施工组织设计或者分阶段施工组织设计。分包单位在总包单位的总体部署下，负责编制分包工程的施工组织设计。

施工组织设计按照施工单位隶属关系及工程的性质、规模、技术繁简程度实行分级审批。建设工程施工必须按照批准的施工组织设计进行。在施工过程中需对施工组织设计进行重大修改的，必须报经批准部门同意。

5）建设工程施工应当在批准的施工场地内组织进行。需要临时征用施工场地或者临时占用道路的，应当依法办理有关批准手续。

6）建设工程施工中需要进行爆破作业的，必须经上级主管部门审查同意，并持说明使用爆破器材的地点、品名、数量、用途、四邻距离的文件和安全操作规程，向所在地县、市公安局申请《爆炸物品使用许可证》，方可使用。进行爆破作业时，必须遵守爆破安全规程。

7）建设工程施工中需要架设临时电网、移动电缆等的，施工单位应当向有关主管部门提出申请，经批准后在有关专业技术人员指导下进行。

施工中需要停水、停电、封路而影响到施工现场周围地区的单位和居民时，必须经有关主管部门批准，并事先通告受影响的单位和居民。

8）施工单位进行地下工程或者基础工程施工时，发现文物、古化石、爆炸物、电缆等应当暂停施工，保护好现场，并及时向有关部门报告，在按照有关规定处理后，方可继续施工。

9）建设工程竣工后，建设单位应当组织设计、施工单位共同编制工程竣工图，进行工程质量评议，整理各种技术资料，及时完成工程初验，并向有关主管部门提交竣工验收报告。

单项工程竣工验收合格的，施工单位可以将该单项工程移交建设单位管理。全部工程验收合格后，施工单位方可解除施工现场的全部管理责任。

8.2 建筑施工项目现场场容管理

场容主要是指施工现场的外观面貌，包括入口、围护、场内道路、堆场的设置安排，办公室环境，甚至现场人员的行为。

8.2.1 场容管理的基本要求

场容管理的基本要求就是按照现场施工管理的需要，分阶段进行现场布置安排，并在实施中对现场施工平面布置进行实时更新或优化，以创造清洁整齐的施工环境，达到保证施工顺利进行和防止事故发生的目的。

通过对图 8-2a 与图 8-2b 的对比，可以看到两种截然不同的场容场貌，图 8-2a 中的现场显得比较杂乱，材料四处散乱放置，毫无章法，在这样的施工环境中，材料构件很容易丢失和损坏，而且工人很容易在现场被绊倒或碰到，工人的工作心情难以舒畅，工效较低。相反，图 8-2b 中的现场十分整洁，各种材料放置规整，现场看不到多余的废料和物品，在这样的环境中作业，工人的工作心情会比较舒畅，工效自然也就会有所提高。

a）

b）

图 8-2 施工现场场容对比

场容管理通常要通过与安全管理、材料管理、设备管理等其他工作密切结合，来共同对施工现场进行管理，以达到安全文明施工的目的。例如，对于高层建筑施工项目，在安全管理工作中防止高空坠落物体对人身的伤害是其中一项重要工作；而在场容管理中，要求对施工现场进行封闭围挡，其中很重要的一个目的就是防止高空坠落物体对场外人员造成伤害。因此，注意防止高空坠落物体打击伤害也应当是场容管理和安全管理密切结合考虑的一件工作。此外，结合料具管理要求，建立现场料具器具管理标准，特别是对于汽油、电石等易燃、有害物体的管理标准，通常又是场容管理和材料管理、消防管理结合的重点。

8.2.2　施工现场平面布置与场容管理

施工现场平面布置是施工组织设计中的一项重要内容，它体现了项目管理者对施工现场空间的分割与使用安排，同时也是进行现场管理、文明施工的重要依据。

一般来说，施工平面图应对施工机械设备设置、材料和构配件堆场、现场加工场地，以及现场临时运输道路、临时供水供电线路和其他临时设施等进行合理布置。在进行现场各种临时生产和生活设施布置时，应着重考虑以下几方面因素：

1）施工现场平面布置必须要满足国家和地方有关消防、卫生和安全生产等方面法规的要求。例如，《北京市建设工程施工现场消防安全管理办法》中要求施工单位应当在施工现场设置临时消防车道，并保证临时消防车道畅通，禁止在临时消防车道上堆物、堆料或者挤占临时消防车道。

2）施工现场平面布置应以方便施工生产和生活为基本原则，在此基础之上，尽可能做到布局紧凑、成本节约。例如，要尽可能减少施工现场的相互干扰，避免材料的二次搬运等。

3）施工现场平面布置应考虑施工的阶段和施工方法，进行动态的施工现场平面图设计和管理。例如，对于一般的房屋建筑工程，可根据工程进度的不同阶段划分为土方开挖、基础施工、上层建筑施工和装修等阶段，分别编制相应的施工平面图。

4）施工现场平面布置不应当仅考虑平面图的设计安排，还应考虑空间立体的设计。目前，高层建筑物和构筑物日益增多，单纯按平面考虑的施工平面图已不能完全满足工作的需要，因此，对于高层建筑施工进行施工立体设计非常必要。施工立体设计是指设计一个能满足高层建筑施工中结构、设备和装修等不同阶段施工要求的供水供电、废物排放的立体系统。过去未进行立体设计时，当结构阶段施工完毕，其供水供电系统将会妨碍装修，不得不拆除，而由装修单位另行设置供水供电系统。这种各行其是的方式造成了极大浪费，而且会延误工期。如果采用立体设计，考虑各个阶段供水、供电以及废物排放的要求，把各种临时设施安排在不影响施工的位置，可有效避免施工中由于各阶段重复布置临时设施所造成的浪费，从而降低施工成本。例如，将施工用电的干线设置在电梯井墙内的适当位置，并在每层或每隔一层留出接口，这种方法可满足所有阶段的施工而无须重复设置临时供电设施，待工程结束后将此线路封闭即可。

由上可知，施工现场的平面布置在整个施工过程中是处在不断变化之中的，因此，在进行现场的场容管理时，也必须根据现场施工阶段的转换和施工内容的变化，及时调整现场管理的重点。一方面，应当根据施工组织设计中的现场施工平面布置安排来进行现场的平面布置，对各种设施的位置进行合理定置；另一方面，当施工组织设计的内容不够完善和详细，或者现场的实际情况与设计有所出入时，现场管理人员应当随时根据现场作业活动的变化，及时对现场的平面和空间布置情况进行调整安排，以满足施工生产管理的需要。

8.2.3 场容管理的基本内容

(1) 现场入口　由于项目特点不同，施工现场情况的差别很大，施工现场的入口形式也有很大的差别。对于房屋建筑工程项目，一般施工现场的入口应设置大门，并标明消防入口，大门应设置成无横梁或横梁可取下的大门，有横梁的大门高度应考虑起重机械的进入。对于公路工程或铁路工程等线性工程，通常现场的范围非常大，而且同一施工单位可能存在多个施工段，很难确定具体的现场入口，因此，对现场入口的要求大多会体现在项目经理部的办公区域入口。施工现场必须设置明显的标牌，标明建筑施工项目名称、建设单位、设计单位、施工单位、项目经理和施工现场总代表人的姓名、开工日期、竣工日期、施工许可证批准文号等。

根据《建筑施工安全检查标准》(JGJ 59—2011) 的有关规定，施工现场进出口应设置大门，并应设置门卫值班室；应建立门卫职守管理制度，并应配备门卫职守人员；施工人员进入施工现场应佩戴工作卡；施工现场出入口应标有企业名称或标识，并应设置车辆冲洗设施。大门口处应设置公示标牌，主要内容应包括“五牌一图”，具体如下：

① 工程概况牌。

② 消防保卫牌。

③ 安全生产牌。

④ 文明施工牌。

⑤ 管理人员名单及监督电话牌。

⑥ 施工现场总平面图。

图 8-3 为某项目施工现场的“五牌一图”。

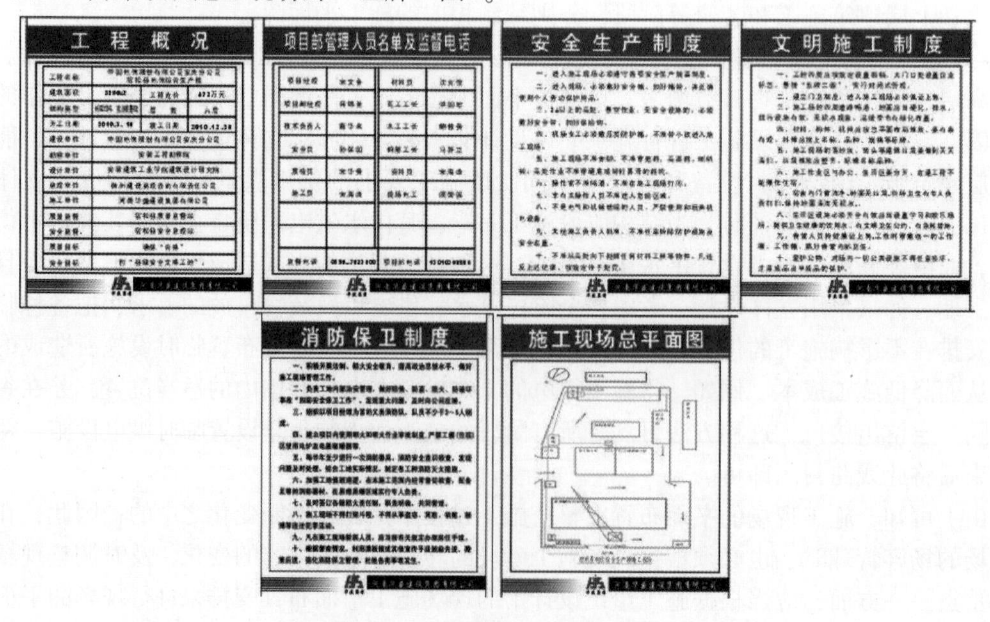

图 8-3　施工现场的“五牌一图”

（2）现场围挡　现场围挡包括周边围挡和措施性围挡。

周边围挡是指现场周围的围挡。施工现场应实行封闭管理，并采用硬质围挡。市区主要路段的施工现场围挡高度不应低于2.5m，一般路段围挡高度不应低于1.8m，围挡应牢固、稳定、整洁、美观。距离交通路口20m范围内占据道路设置的围挡，其0.8m以上部分应采用通透性围挡，并应采取交通疏导和警示措施。

措施性围挡是指在施工现场内一些特殊位置的防护性围挡。例如，开挖深度超过2m及以上的基坑周边必须安装防护栏杆，防护栏杆的安装应符合规范要求；基坑内应设置供施工人员上下的专用梯道；梯道的宽度不应小于1m，梯道搭设应符合规范要求；距地面2m以上作业要有防护栏杆、挡板或安全网；预留孔洞、电梯井门口、楼梯口、阳台临边应设置固定栅门或护栏；上下交叉作业有危险的出入口要有防护棚或其他隔离设施；在电梯井内每隔两层且不大于10m应设置一道安全平网；危险品库附近应有安全标志及围挡等。

（3）场内道路　场内道路是各种施工物资在场内运输的大动脉，其布置合理与否直接影响到现场施工生产活动的效率高低。通常，在进行场内道路布置时应考虑以下几方面的要求：

1）场地、出入口和主要道路应硬地化，其厚度和强度应满足施工和行车需要。一般砂质土，可采用碾压路面的办法。当土质黏或泥泞、翻浆时，可采用加集料压路面的方法。集料一般取碎砖、炉渣、卵石、碎石及大石块等。施工现场道路平整，不得有烂泥，不得用模板、架板垫路。为了排除路面积水，路面应高出自然地面0.1～0.2 m，雨水较大地区应高出0.5 m，道路两侧设置排水沟，一般沟深和底宽不小于0.4 m。

2）道路的最小宽度和转弯半径应满足表8-1和表8-2中的要求。

表8-1　施工现场道路最小宽度

序　　号	车辆类别及要求	道路宽度/m
1	汽车单行道	不小于3.0（考虑防火，应不小于3.5m）
2	汽车双行道	不小于6.0
3	平板拖车单行道	不小于4.0
4	平板拖车双行道	不小于8.0

表8-2　施工现场道路最小转弯半径

车辆类型	路面内侧的最小曲线半径/m		
	无　拖　车	有一辆拖车	有两辆拖车
小客车、三轮汽车	6		
一般二轴载重汽车	单车道9 双车道7	12 12	15 15
三轴载重汽车	12	15	18
重型载重汽车	12	15	18
起重型载重汽车	15	18	21

3）道路的设计应满足材料、构件等运输要求，使道路通到各个库房和堆场，距离装卸处越近越好，以便装卸。

4）道路应靠近建筑物、木料场等易发生火灾的地方，以便车辆能直接开到消防栓处。

消防车道宽度不小于3.5m。为便于车辆行驶和通行，尽量布置成环路，不能设环路的，应在端头设倒车场地。

除了现场道路外，施工现场应有排水措施，无任何积水和临时给水管线滴漏及长流水现象。施工搅拌机周围必须是硬地坪。

(4) 材料及物品存放　建筑材料、构件、料具的堆放位置应与施工平面图一致。

各种建筑材料、构件等必须做到安全、整齐堆放（存放），砌块、预制楼板等材料码放不得超高，水泥应有妥善的防潮、防雨措施。水泥和其他易飞扬细颗粒建筑材料应密闭存放或采取覆盖等措施。

堆料应分门别类，悬挂标牌，标牌应统一制作，标明名称、品种、规格、数量、产地、使用性能、出厂日期、材料合格证号等信息以及检验状态。

零星材料、小型工具应存放在仓库中。库房内应设货架，将物品料具分类摆好，设置标签。库内应整洁，走道畅通。易燃易爆物品应分类分别存放，专人负责，应采取必要的消防安全措施，配备专用消防器材。

施工机械（如搅拌机、卷扬机、电焊机、钢筋机械）应设操作棚，使用场地应稳固、清洁，最好能够硬化处理。机械设备每天用过后要及时清洗干净，并做好日常保养。

施工污水泥浆不得溢流到临时路面，不得将有沉淀物的污水直接排入城市市政排水管网和河流。废浆和淤泥应使用封闭的专用车辆进行运输。

工地地面宜做硬化处理。硬化处理一般是针对钻孔打桩采用泥浆护壁的工程采取的。由于这种工程流出的泥浆不易控制，常常使工地及其周围产生泥浆污染。硬化处理就是在打桩开始前先做好混凝土地面，留出桩孔和泥浆流通沟渠，并将施工机械设置在混凝土地面上工作，使之能有效地控制泥浆的污染。

操作面及楼层的落地灰、砖渣废料，必须做到随落随清，物尽其用。严禁楼层超载乱堆物料，建筑物外四周（包括脚手架下面）要工完料清，集中堆放清运。各楼层、操作层的建筑垃圾必须用废旧塑料袋装好清运，严禁从高处向下抛散建筑垃圾，严禁将有毒、有害废弃物作土方回填。

(5) 其他　施工周期较长时，现场应考虑绿化布置，美化施工环境。施工现场应设置密闭式垃圾站，施工垃圾、生活垃圾应分类存放。施工垃圾必须采用相应容器或管道运输。

现场办公室应保持整洁。要教育职工注意行动和语言的文明。特别是在市区施工时，应把服装整洁、举止文明等列入纪律教育的内容。

8.3　建筑施工项目现场环境保护

人类的建筑施工生产活动不可避免的会对周边的环境产生影响，如建筑机械的噪声会损害工人的听力和扰乱周围居民的工作生活，土方作业扬起的粉尘会引起人的不适和疾病，泥浆水会污染水源等。如果不对建筑施工生产活动所造成的环境影响进行控制，则必然会造成环境的破坏。现在人们已经普遍地认识到环境保护对于人类生存和可持续发展的重要意义，因此，世界上很多国家都制定了相应的法律法规，对建筑施工生产活动进行约束，以避免施工生产活动对环境造成破坏。很多施工企业基于对法律法规的遵守以及高度的企业社会责任感，把施工现场环境保护作为项目管理的一个重要的工作内容，并在项目管理目标中单独设置环境保护目标。还有很多企业建立并实施了ISO 14001环境管理体系，对施工现场的环境因素进行系统全面的识别、评价与控制，取得了很好的环境管理绩效。

8.3.1　现场环境因素的识别与评价

在ISO 14000环境管理体系中，环境因素是指一个组织的活动、产品或服务中能与环境发生相互作用的要素。

识别环境因素在环境管理中是一个极为重要的环节，对环境管理的一切活动都始于对环境因素的识别。建筑施工生产活动（包括准备、生产、排污、产品、运输、储存、管理）中有许许多多对环境产生有益影响或有害影响的因素，将这些因素分析出来，确定产生的影响，识别并评估重大环境因素，提出控制的目标、办法和措施，并付诸实施，是任何组织进行环境管理都必须遵守的基本工作程序。

（1）现场环境因素的识别　识别环境因素时应从以下几方面考虑：

1）从施工企业的活动、产品和服务的全过程中识别环境因素。环境因素产生于企业的生产加工过程中，包括原材料的选用、原材料的输入、建造生产直至产品的输出全过程。

2）环境因素应包括可控制的因素和可施加影响的因素两种情况。

① 可控制的因素是指建筑施工企业自身可以管理、改变、处理、处置的环境因素。

② 可施加影响的因素是指建筑施工企业不能通过行政管理或其他技术手段等改变的某些环境因素。这类环境因素多属于与组织关系较密切的相关方，可通过某种利益关系对相关方施加影响，间接实现对环境因素的控制或管理。例如，总承包单位对分包单位施加的影响。

3）识别环境因素应注重考虑不同的状态、时态与类型。

三种状态：正常、异常和紧急。正常状态是指日常的生产条件下，可能产生的环境问题。异常状态是指在开/关机、停机检修等可以预见的情况下产生的与正常状态有较大不同的环境问题。紧急状态是指设备故障、火灾、洪水等突发情况所带来的环境因素。

三种时态：过去、现在和将来。

七种类型：大气排放、废水排放、噪声排放、废物管理、土地污染、原材料及自然资源的使用和消耗、当地社区的环境问题。

识别环境因素需动员项目经理部、作业班组的员工共同参与，系统、全面地考虑组织的产品、材料、生产、工艺、资源和管理等方面环境因素的影响。对识别和评价出的重大环境因素进行控制与管理，是环境管理体系的管理核心。

（2）现场环境因素的评价　对施工现场环境因素的评价应从法规规定、发生的可能性、影响结果的重大性、是否可获得预报以及目前的管理状况等方面进行。具体评价的方法可采用LEC评价法、影响矩阵法等。评价结果应形成重大环境因素清单。

8.3.2　施工现场的主要环境因素及其管理

从建筑施工活动最终有可能造成的环境影响类型来看，建筑施工生产活动造成的环境影响主要包括大气排放污染、水污染、噪声污染、土壤污染、材料及资源浪费等方面。各种污染的预防措施如下：

（1）大气排放污染预防　建筑施工项目应尽量避免采用在施工过程中会产生有毒、有害气体的建筑材料。有特殊需要时，必须设有符合规定的装置，否则不得在施工现场熔融沥青或者焚烧油毡、油漆以及其他会产生有毒、有害烟尘和恶臭气体的物质。对于柴油打桩机要采取防护措施，控制所喷出油污的影响范围。

建筑材料引起的空气污染也是环境保护的内容之一。主要有氨、甲醛、挥发性有机化合物（VOC）、苯及同系物、氡及石材本身的放射性。氨是由于冬季施工加入了含有尿素的防冻液，这种防冻液能挥发出氨气而产生的。铺设不合格的复合地板会造成甲醛超标。根据《民用建筑工程室内环境污染控制规范》（GB 50325—2010）的要求，Ⅰ类建筑（住宅、医院、老年建筑、幼儿园、学校教室等）和Ⅱ类建筑（办公楼、商店、旅馆、文化娱乐场所、书店、图书馆、体育馆、公共交通等候室、餐厅、理发店等）对室内空气质量检测合格的标准见表 8-3。

表 8-3　民用建筑建筑工程室内环境污染物浓度限量

污　染　物	Ⅰ类民用建筑工程	Ⅱ类民用建筑工程
氡/（Bq/m^3）	≤200	≤400
甲醛/（mg/m^3）	≤0.08	≤0.1
苯/（mg/m^3）	≤0.09	≤0.09
氨/（mg/m^3）	≤0.2	≤0.2
总挥发性有机物 TVOC/（mg/m^3）	≤0.5	≤0.6

此外，办公室使用的复印机应安置在通风良好的地点，必要时配置排风机。

（2）水污染预防　对建筑施工中产生的泥浆应采用泥浆处理技术，减少泥浆的数量。并妥善处理泥浆水和生产污水，水泵排水抽出的水也要经过沉淀。在城市施工时如有泥土场地易污染现场外道路的，可设立洗车区，用冲水机冲洗轮胎，防止污染，洗车区应设沉淀池，再与下水接通。食堂下水应经排油池处理方可排出。未经处理的含油、泥的污水不得直接排入城市排水设施和河流。

（3）噪声污染预防　噪声是施工现场与周围居民最容易产生争执的问题。我国已制定对于城市建筑施工场地适用的国家标准《建筑施工场界环境噪声排放标准》（GB 12523—2011）。建筑施工过程中的场界环境噪声不得超过表 8-4 中的排放限值。建筑施工场界是由有关主管部门批准的建筑施工场地边界或建筑施工过程中实际使用的施工场地边界。一般情况下，测点应设置在建筑施工场界外 1m，高度 1.2m 的位置，且在对噪声敏感建筑物影响较大、距离较近的位置。根据《中华人民共和国环境噪声污染防治法》，“昼间”是指6：00 至 22：00 之间的时段；“夜间”是指 22：00 至次日 6：00 之间的时段。

表 8-4　建筑施工场界环境噪声排放限值　（单位：dB（A））

昼　间	夜　间
70	55

防止噪声影响的方法，一是正确选用噪声小的施工工艺，如采用静力压桩方法代替柴油打桩机施工，二是对产生噪声的施工机械采取控制措施，包括打桩锤的锤击声以及其他以柴油机为动力的建筑机械、空压机、震动器等。如果条件可能，应将电锯、柴油发电机等尽量设置在离居民区较远的地点，降低扰民噪声。夜间施工应减少指挥哨声和大声喊叫，同时要

教育职工减少人为噪声，注意文明施工。

(4) 土壤污染预防　机械保养修理时产生的废机油、液压油、清洗油料，混凝土工程中使用的各种外加剂，装修阶段使用的胶水、油漆等化学品不得随地泼倒，应集中起来，统一处理。禁止将油毡、塑料等有毒、有害的废弃物用作土方回填。

建筑垃圾、渣土应指定堆放地点，并随时进行清理。高空废弃物应采用密封式的圆筒或其他妥善措施清理搬运。运输建筑材料、垃圾和工程渣土的车辆应采取有效措施，防止尘土飞扬、洒落或流溢。要采取有效措施控制施工过程中的扬尘。尽可能采用商品混凝土，减少混凝土建筑垃圾的数量，建筑垃圾清运应按当地规定的地点卸放。

(5) 材料及资源浪费预防　材料和资源在施工生产过程中的浪费也应当是环境管理工作中的一个重要方面。在现场生产管理中，除了对现场的水电浪费现象加以控制外，还应当关注整个施工生产过程中存在的其他各种浪费。例如，钢筋下料不科学造成钢筋的损耗率增加、施工质量不合格造成的质量返工、施工机械配置不合理造成的部分机械使用效率不足、墙体砌筑不平或控制措施不当而造成抹灰过厚等，都在应改进的范围之内。此外，对于原有的绿化也应视作资源进行保护，尽量保持现场原有的树木和植被。

除了针对识别出的环境因素以及评价出的重大环境因素所制定的运行控制程序和措施之外，在项目现场环境管理中还应当针对有可能发生的重大环境污染事故，如火灾、水源污染等，事先编制应急预案，建立现场应急组织，明确各个现场主体单位的应急责任，落实应急救援的物资和资源，评审应急措施的可行性，如有可能，还应组织应急演练以确认应急预案的合理性并发现预案中存在的缺陷与不足。

8.4 建筑施工项目现场职业健康与安全管理

在所有的建筑施工项目管理目标中，安全目标可以说是最基本的目标，它代表了从事建筑施工生产活动的人的最基本要求，即人的生命和健康不受威胁。现场安全生产管理的目的，就在于保护施工现场的人身安全和设备财产安全，避免和减少由于安全生产事故造成的不必要损失。

百年大计，安全第一。越来越多的项目管理者深刻认识到现场安全管理的重要性。为了保护员工的健康和安全，降低安全生产事故带来的风险，众多施工企业都按照《职业健康安全管理体系要求》(GB/T 28001—2011) 建立了本企业的职业健康安全管理体系，对企业施工生产过程中的危险源进行系统的辨识和评价，针对评价出的重大危险源制订目标和管理方案，按照相关的工作程序运行控制，采用系统控制的方法，确保建筑生产安全。

8.4.1 建筑施工项目危险源辨识与评价

生产系统中存在的危险因素是导致各种安全生产事故发生的根源，要想从根本上杜绝安全生产事故的发生，首先，必须对建筑施工生产系统中存在的各种危险因素进行系统全面的辨识，识别危险源的存在并确定其特性，然后，进一步评估其风险大小并确定风险是否可容许，进而确定相应的控制措施。如果不能准确地识别危险源的存在，那么安全生产管理工作就很难做到系统全面，那些被遗漏的危险因素必然会给施工生产活动带来很大的风险。因此，对建筑施工项目系统地进行危险源辨识是现场安全管理工作的开端。

1. 建筑施工项目危险源辨识

项目负责人应组织项目经理部及作业班组的成员采用一定的方法进行危险源的辨识，识别整个项目在活动、产品和服务过程中对职业健康安全造成影响的危险因素和危害因素。危险源的辨识应尽可能地系统全面，覆盖项目现场所有的人员、设备、活动和场地环境。

1）建筑施工项目危险源辨识应着重考虑以下几种情况：

① 国家法律、法规明确规定的特殊作业工种。

② 国家法律、法规明确规定的危险设备、设施及工程。

③ 具有有毒、有害物质的作业活动和情况。

④ 具有易燃、易爆特性的作业活动和情况。

⑤ 曾经发生或行业内经常发生事故的作业活动和情况。

⑥ 具有职业性健康伤害、损害的作业活动和情况。

2）在对风险因素进行识别时应充分考虑因素的正常、异常、紧急三种状态以及过去、现在、将来三种时态。

① 三种状态

a. 正常。它是指正常的、连续的施工生产过程。

b. 异常。它是指生产施工中的开工、停工、检修等情况。

c. 紧急。它是指发生火灾、事故、洪水等需要立即采取应急措施的情况。

② 三种时态

a. 过去。它是指过去曾经进行过的活动或使用过的设备、材料有可能遗留的危险源，如废弃的仍残留有部分汽油的汽油桶。

b. 现在。它是指生产现场现有的危险因素，如正在使用的乙炔气瓶。

c. 将来。它是指目前不存在，在规划中的活动（如技术改造）、将来潜在的法律法规要求下有可能存在的危险因素，如设备的大修工作中存在的危险源。

2. 风险评价

经过危险源辨识，形成的危险因素清单可能有很多项内容，这些危险因素发生的概率和后果的严重程度会存在很大的差异。因此，在安全生产管理中还需要采用一定的方法，对识别出的危险源进行系统的评价，以确定风险因素的不同等级，并进一步根据不同等级的危险因素采取不同的控制措施。常见的风险因素评价方法有风险评价指数矩阵法和LEC评价法。

在项目的现场管理工作中，消防管理、现场临时用电管理、治安管理、卫生防疫管理等几个方面的工作实际上都应当在职业健康安全管理体系所覆盖的范围之内，但由于职责划分和工作习惯的问题，很多项目部仍然把这些工作单独进行管理。在项目管理工作中，项目管理人员应结合职业健康安全管理体系标准的要求，将危险源识别评价管理的工作与习惯上使用的消防安全管理制度、卫生管理制度等进行有机结合，以达到系统安全的目的。

8.4.2 建筑施工项目现场消防管理

建筑施工现场产生火灾的危险性大，稍有疏忽，就有可能发生火灾事故。因此，现场消防管理一直以来都是现场安全管理中的工作重点。

1. 施工现场的火灾隐患

1）石灰受潮发热起火。工地储存的生石灰，在遇水和受潮后，便会在熟化的过程中达到800℃左右的温度，遇到可燃烧的材料后便会引火燃烧。

2）木屑自燃起火。大量木屑堆积时，就会发热，积蓄热量增多后，再吸收氧气，便可能自燃起火。

3）仓库内的易燃物触及明火就会燃烧起火。这些易燃物有塑料、油类、木材、酒精、油漆、燃料、防护用品等。

4）焊接作业时火星溅到易燃物上起火。

5）电气设备短路或漏电，冬期施工用电热法养护不慎起火。

6）乱扔烟头，遇易燃物起火。

7）烟囱、炉灶、火炕、冬季炉火取暖或养护，管理不善起火。

8）雷击起火。

9）生活用房不慎起火，蔓延至施工现场。

10）春节期间燃放烟花爆竹，火星溅到易燃物上起火等。

2. 施工现场防火的特点

1）建筑工地易燃建筑物多，且场地狭小，缺乏应有的安全距离。因此，一旦起火，容易蔓延成灾。

2）建筑工地易燃材料多，如木材、木模板、脚手架木、沥青、油漆、乙炔发生器、保温材料、油毡等。

3）建筑工地临时用电线路多，容易漏电起火。

4）施工现场人员流动性大，交叉作业多，管理不便，火灾隐患不易发现。

5）施工现场消防水源和消防道路均系临时设置，消防条件差，一旦起火，灭火困难。

3. 现场消防管理基本要求

施工单位应当严格依照《中华人民共和国消防法》《建设工程施工现场消防安全技术规范》（GB 50720—2011）的规定，在施工现场建立和执行防火管理制度，设置符合消防要求的消防设施，并保持完好的备用状态。在容易发生火灾的地区施工或者储存、使用易燃易爆器材时，施工单位应当采取特殊的消防安全措施。

施工现场必须安排消防车出入口和消防道路、紧急疏散通道等，并应有明显标志或指示牌。有高度限制的地点应有限高标志。室外消防道路的宽度不得少于3.5m，净空高度应不低于4m。消防车道尽可能环形布置，不能环行的，应在适当地点修建车辆回转场地。

施工现场进水干管直径不应小于100mm。现场消火栓的位置应在施工总平面图中做规划。消火栓处要设有明显标志，配备足够的水龙带，其周围3m内，不准存放任何物品。高度超过24m的工程应设置消防竖管，管径不得小于65mm，并随楼层的升高每隔一层设一处消火栓口，配备水龙带。消防竖管位置应在施工立体组织设计中确定。

临时建筑距易燃易爆危险物品仓库等危险源的距离不应小于16m。每100m^{2}临时建筑应当至少配备2具灭火等级不低于3A的灭火器，厨房等用火场所应当适当增加灭火器的配备数量。

建筑施工所造成的火灾因素包括明火作业、吸烟、不按规定使用电热器具等因素。现场严禁吸烟，必要时可设吸烟室。进行电焊作业时，应安排专人看火并负责熄灭火星，防止电焊火星落入木屑或其他易燃材料中，逐渐蔓延起火。现场应采用密目网作围护，严禁使用易燃的彩条布进行现场维护。施工现场必须设有保证施工安全要求的夜间及施工必需的照明。高层建筑应设置楼梯照明和应急照明。

对于大多数的建筑施工项目，除了一般的消防管理制度外，项目经理部还应当事先编制火灾应急预案，明确应急管理机构和职责，制定应急响应措施，做好火灾发生后的应急准备工作，争取在火灾发生后将损失降至最低。有可能的话，应组织现场火灾应急演练，以确认应急预案的合理性。在预案制订后，还要特别注意就应急预案措施内容对相关工作人员进行教育，特别是对不同工作地点的人员进行一旦火灾发生后逃生路线、灭火器的使用方法及分布位置的教育。例如，某粮库筒仓施工项目，由于电焊火花引起地面着火，发现火情后，向屋顶逃生的人员全部获救，而向下逆火势逃生的人员因窒息而全部死亡，造成多人死亡事故。

8.4.3 建筑施工项目现场临时用电管理

建筑施工工地的环境较为复杂，风吹日晒、尘土飞扬以及季节性的阴雨潮湿，很容易使工地用电设备的绝缘性能下降。同时，现场用电作业人员素质参差不齐，一些项目现场临时用电设施、设备的安装、设置和使用不符合有关规范、规程和标准的要求；部分项目安全用电制度及管理制度不健全或不完善。以上这些原因造成不少工程临时用电存在各种电气安全隐患，很容易引起触电事故。触电和高处坠落、物体打击、坍塌一起被称为建筑行业的“四大伤害”。因此，在建筑工程的施工中，安装及维护好施工现场的临时用电是一项非常关键的工作，是工程安全文明施工、工程建设顺利进行的前提。

施工现场临时用电需要注意以下几个方面：

（1）临时用电管理　按照《施工现场临时用电安全技术规范》（JGJ 46—2005）的要求，施工现场临时用电设备在5台及以上或设备总容量在50kW及以上者，应编制专项临时用电组织设计。施工现场临时用电设备在5台以下和设备总容量在50kW以下者，应制定安全用电和电气防火措施。专项临时用电施工组织设计和措施均需要由电气专业技术人员进行编制，并经单位技术负责人审核、审批后方可施工。临时用电工程图样应单独绘制，临时用电工程应按图施工。

临时用电系统在施工完成后要经过编制人、项目经理、审批人及专职电工共同验收合格后方可投入使用。验收要履行签字手续。

电工必须经过安全技术培训，考试合格并取得特种作业人员操作证，持证上岗工作。其他用电人员必须通过相关安全教育培训和技术交底，考核合格后方可上岗工作。

施工现场应建立完善的用电档案，并设专人管理。其内容主要包括：专项临时用电施工组织设计、接地电阻绝缘电阻遥测记录、电工巡视维修记录、临时用电验收记录等。

（2）外电防护　在现场施工时必须注意以下外电防护事项：

1）在建工程不得在外电架空线路正下方施工、搭设作业棚、建造生活设施或堆放构件、架具、材料及其他杂物等。

2）在建工程（含脚手架）的周边与外电架空线路的边线之间的最小安全操作距离应符合表8-5中的规定。

表8-5　在建工程（含脚手架）的周边与外电架空线路的边线之间的最小安全操作距离

外电线路电压等级/kV	<1	1~10	35~110	220	330~500
最小安全操作距离/m	4.0	6.0	8.0	10	15

注：上、下脚手架的斜道不宜设在有外电线路的一侧。

3）施工现场的机动车道与外电架空线路交叉时，架空线路的最低点与路面的最小垂直距离应符合表8-6中的规定。

表8-6 施工现场的机动车道与外电架空线路交叉时的最小垂直距离

外电线路电压等级/kV	<1	1～10	35
最小垂直距离/m	6.0	7.0	7.0

4）起重机严禁越过无防护设施的外电架空线路作业。在外电架空线路附近吊装时，起重机的任何部位或被吊物边缘在最大偏斜时，与架空线路边线的最小安全距离应符合表8-7中的规定。

表8-7 起重机与外电架空线路边线的最小安全距离

电压/kV	<1	10	35	110	220	330	500
垂直方向安全距离/m	1.5	3.0	4.0	5.0	6.0	7.0	8.5
水平方向安全距离/m	1.5	2.0	3.5	4.0	6.0	7.0	8.5

5）施工现场开挖沟槽边缘与外电埋地电缆沟槽边缘之间的距离不得小于0.5m。

当现场条件达不到上述安全防护距离规定时，必须采取绝缘隔离防护措施，并应悬挂醒目的警告标志。架设防护设施时，必须经有关部门批准，采用线路暂时停电或其他可靠的安全技术措施，并应由电气工程技术人员和专职安全人员监护。

（3）“三级配电、二级漏电保护” 施工现场临时用电应按照规范要求设置独立的三相五线接零保护系统（TN-S），实行“三级配电、二级漏电保护”。“三级配电”是指配电箱应分级设置，即总配电箱下设分配电箱，分配电箱下设开关箱，开关箱用来接设备，形成三级配电。“二级漏电保护”主要针对漏电保护器而言，除在末级开关箱内设置漏电保护器外，还要在上一级分配电箱或总配电箱内再设置一级漏电保护器，形成二级漏电保护。保护零线（PE线）必须由工作接地线、配电室（总配电箱）或总漏电保护器电源侧引出。同一供电系统内不得同时采用接零保护和接地保护两种方式。所有电气设备的金属外壳，配电箱柜的金属框架、门，人体可能接触到的金属支撑、底座、架体，电气保护管及其配件等均应与保护零线做牢固电气连接。

（4）“一机、一闸，一漏、一箱” 施工现场临时用电的配电室设置应符合JGJ 46—2005的有关要求，其耐火等级不低于3级，并配置砂箱和可用于扑灭电气火灾的灭火器；施工现场的总配电箱、分配电箱、开关箱，宜使用专门生产建筑施工临时用电设备厂家的产品，做到“一机、一闸，一漏、一箱”，即每台电气设备必须单独使用各自专用的一个开关电器、一个漏电保护器，严禁一个开关直接控制两台及以上用电设备。箱内开关应贴上标有用电设备编号及名称的标签。箱内接线端子应牢固压接，严禁虚接。配电柜或配电线路停电维修时，应挂接地线，应悬挂“禁止合闸、有人工作”停电标志牌。严禁带电作业，停送电必须由专人负责。

（5）配电线路 施工现场临时用电导线截面选择、架空线路、电缆使用、室内配线等应符合规范JGJ 46—2005中配电线路的有关规定，线路必须具有短路保护和过载保护；严禁临时线路“顺地拖、一把抓、不匹配”。施工现场潮湿、易触及带电体、人防工程、灯具离地面低于2.5m高度等特殊场所必须使用安全电压。

(6) 电动建筑机械和手持式电动工具的使用　施工现场电动建筑机械和手持式电动工具的安全装置应符合国家现行有关强制性标准的规定，实行专人专机负责制，并定期检查和维修保养。特别加强对施工现场电焊机械安全管理，电焊机械开关箱必须按照要求装设漏电保护器，交流弧焊机变压器的一次侧电源线长度不应大于5m，进线处必须设置防护罩，电焊机械的二次线应采用防水橡皮护套铜芯软电缆，电缆长度不应大于30m，严禁采用金属构件或结构钢筋代替二次线的地线，交流电焊机应装配防二次侧触电保护器。电焊作业人员应按照规定经特种作业资格培训考核合格后，持证上岗工作，作业时必须穿戴防护用品，严禁露天冒雨进行电焊作业。

总之，电是现代施工生产的主要动力来源，现场施工处处都离不开电，临时用电安全对现场文明施工影响重大。因此，在现场管理中，项目管理人员需要加大对现场作业人员用电安全的教育，普及用电安全知识和触电急救知识；施工中严格遵守临时用电安全规范的要求，配置和使用符合要求的产品；作业生产过程中，严格遵守有关的安全操作规程要求；必要时进一步制订、完善工程触电安全事故应急救援预案，并根据预案针对性开展触电事故演练，尽一切可能杜绝建筑施工触电事故的发生。

8.4.4　建筑施工项目现场保安管理

保安管理的目的是做好施工现场安全保卫工作，采取必要的措施，防止无关人员进入，防止施工材料设备被盗窃，防止施工产品被破坏。

现场应设立专职门卫，24小时值班，并且根据需要设置流动警卫，随时对现场进行巡视。非施工人员不得擅自进入施工现场。由于建筑现场人员众多，入口处设置进场登记的方法很难达到控制无关人员进入的目的。因此，提倡采用施工现场工作人员佩戴证明其身份的证卡，并以不同的证卡标志各种人员。有条件时可采用进退场人员磁卡管理。在磁卡上记有所属单位、姓名、工作期限等信息。人员进退场时必须通过入口处划卡。这种方式除了防止无关人员进场外，还可起到随时统计在场人员的作用。

保安工作从施工进驻现场开始直至撤离现场应贯彻始终。尤其是施工进入装修阶段后，现场工作单位多、人员多，使用材料易燃性强，保安管理除了担负日常的防盗和保卫功能外，同时还常常担负着现场防火检查的重任，而且此时成品保护的任务也非常重。此时的保安管理由于责任重大，仅控制入场人员已不能满足要求。这时，可采用分区设岗卡，并发放不同颜色的胸卡，以区别工作人员的工作区域和允许入场期限的方式。现场人员凭胸卡进入有关区域工作，防止由于不同专业工作队交叉造成相互干扰以及后续施工过程对已完成施工过程产品的破坏。

8.4.5　建筑施工项目现场卫生防疫管理

卫生防疫是涉及现场人员身体健康和生命安全的大事。要防止传染病和食物中毒事故发生，提高文明施工水平。

(1) 卫生管理　施工现场不宜设置职工宿舍，必须设置时应尽量和建筑现场分开。对医疗急救的要求是现场应开展卫生防病宣传教育，准备必要的医疗设施，配备经过培训的急救人员，有必要的急救器材和保健医药箱。在办公室内显著地点张贴急救车和有关医院电话号码，根据需要制定防暑降温措施，进行消毒、防病工作。

（2）防疫管理　防疫管理的重点是食堂管理和现场卫生。

食堂管理应当从施工组织策划时开始安排食堂的位置，根据用餐人数配备必要的设施和操作间。食堂卫生条件应符合《中华人民共和国食品安全法》和当地其他卫生管理规定的要求。炊事人员应定期进行体检。炊具应严格消毒，生、熟食应分开。原料及半成品应经检验合格，方可使用。现场人员在工作时间严禁饮用酒精饮料。要确保现场饮水的充足供应，炎热季节要供应防暑饮料。

一般要求食堂与厕所和垃圾站等污染源的距离不宜小于15m，且不应设在污染源的下风向。食堂还应设置独立的操作间，且操作间应设置冲洗池、清洗池、消毒池、隔油池，地面应做硬化和防滑处理。食堂还应配备机械排风和消毒设施。

对于现场食堂，有的地区有自己规定的要求，有的地区要求现场食堂必须通过考核评定，颁发卫生许可证后方准工作。项目经理部在组织施工准备工作时，应了解当地的有关要求并遵照执行。例如，在北京施工就需要遵守北京市地方标准《建设工程施工现场安全防护、场容卫生及消防保卫标准》（DB 11/945—2012）的有关规定。

施工现场应设置水冲式或移动式厕所，厕所地面硬化，门窗应齐全并通风良好。侧位宜设置门及隔板，高度不应小于0.9m。厕所面积应根据施工人员数量设置。厕所应设专人负责，定期清扫、消毒，化粪池应及时清掏。高层建筑施工超过8层时，宜每隔4层设置临时厕所。

思考与练习题

1. 建筑施工项目现场管理的主要内容有哪些？
2. 什么是5S管理？
3. 什么是“五牌一图”？
4. 应当如何对施工现场的环境因素进行识别？
5. 建筑施工现场的主要环境因素有哪些？
6. 应当如何辨识建筑施工项目现场的危险源？
7. 简述施工现场防火的特点。
8. 施工现场临时用电管理的基本规定有哪些？
9. 施工现场外电防护的要求有哪些？
10. 什么是“一机、一闸，一漏、一箱”？

第9章 建筑施工项目生产要素管理

本章导读

项目生产要素是形成生产力的各种要素，即投入到项目中的劳动力、材料、机械设备和技术等诸要素的总称。科学技术是第一生产力，先进的生产技术一旦被劳动者掌握，并借助于劳动工具作用于劳动对象，便形成相当科学技术水平的生产力。人是生产力中最具有能动性的因素，人推动着科学技术的进步，制造劳动工具并作用于劳动对象，从而最终形成生产力。机械设备、劳动工具、仪器仪表、周转材料通常是必要的生产工具；各种材料和半成品则构成劳动对象。资金是设备和物资等的货币表现，材料、设备、劳动力等都必须在支付一定的资金后才能取得。项目生产要素管理就是要解决项目需要哪些生产要素、应如何配置、如何使用等问题，从而实现生产要素的优化配置和动态管理，以有效地形成生产力，经济合理地实现项目目标。

9.1 建筑施工项目生产要素管理概述

9.1.1 建筑施工项目生产要素管理的概念

生产要素是指人们创造出产品所必需的各种因素，即形成生产力的各种要素。建筑施工项目的生产要素是指生产力作用于建筑施工项目的有关因素，即投入到建筑施工项目的劳动力、材料、机械设备、技术和资金等诸要素。

建筑施工项目生产要素管理就是对项目生产活动所需的各种生产要素进行科学计划，优化配置和动态控制，使所投放的生产要素数量适当、比例协调，高效节约地生产出合格的建筑产品。

生产要素的优化配置就是按照优化的原则安排各生产要素在时间和空间上的位置，满足生产经营活动的需要，在数量上合理、比例上协调，从而实现最佳的经济效益。对建筑施工项目各种生产要素的优化配置是建筑施工项目能够连续均衡施工的重要物质保证。做好项目资源的优化配置，一方面可以保证进度计划得以顺利实施，另一方面可以使人力、机械、材料、资金等生产要素得到充分利用，大大降低成本。例如，数量合适的机械设备的投入，能够满足施工进度的要求；比例协调的人机组合、主导施工机械和辅助施工机械的组合，又会使施工生产过程连续均衡，最大限度地发挥各个生产要素的作用，避免窝工、等待等现象发生。

生产要素的动态控制是指在建筑施工项目管理的过程中需要不断根据变化的项目工作需求，及时调整各种要素的配置和组合，最大限度地使用好有限的人、财、物去完成项目施工任务；合理安排好项目在空间上的分布和项目对各种生产要素需求在时间上的衔接；始终保持各要素的最优组合。项目的实施过程是一个不断变化的过程，随着项目的施工进展，各种资源的数量与比例需求也在变化。在项目施工中，某一阶段、某一时期的最优生产组合并不适用于其他阶段或时期。例如，在主体施工阶段投入的水电工人的数量就不能满足装饰装修施工阶段水电安装工作的需要。因此，必须在建筑施工项目管理的过程中对生产要素实现动态控制，以免由于各种因素的变化导致生产能力不足或空闲，影响项目目标的实现。

总的来说，建筑施工项目生产要素管理最终的目的是最大限度地发挥各生产要素的生产能力，以尽可能低的施工成本完成既定的施工生产任务。

9.1.2　建筑施工项目生产要素管理的基本内容

（1）人力资源管理　人力资源一般是指能够从事生产活动的体力和脑力劳动者。与其他资源相比，人力资源是一种特殊的资源，是有创造力的活性资源。恰当地使用人力资源，激发其潜力，能在某种程度上弥补其他资源的不足。人力资源是一种战略性的资源，它具有增值性和可开发性，是企业利润的源泉。在建筑施工项目管理中，合理配置和正确使用人力资源，对于调动劳动者积极性、发挥潜能、提高劳动效率起着重要的作用。

（2）材料管理　建筑施工项目材料管理就是对项目施工过程中所需的各种材料、半成品、构配件的采购、加工、包装、运输、储存、发放、验收和使用所进行的一系列组织和管理工作。对于很多建筑施工项目，建筑材料购置成本大概能占到施工成本的三分之二左右，因此，抓好材料管理，合理使用，节约材料，对降低工程施工成本有着非常大的影响。

（3）机械设备管理　建筑施工项目机械设备管理是指项目经理部根据所承担建筑施工项目的具体情况，科学、优化地选择和配备施工机械，并在生产过程中合理使用、维修保养等所进行的各项管理工作。按照机械设备的规模，可将其分为大、中、小型机械设备。目前，企业的大、中型机械设备，一般都采取内部租赁制的办法管理。项目所需机械设备应尽量从企业自有机械设备中选用，自有机械设备无法满足项目需要时，企业可按照项目经理部所报的机械设备使用计划，从市场上租赁或购买来提供给项目经理部，小型机械设备可由项目经理部根据需要灵活购置。机械设备管理的重点是尽量提高施工机械设备的使用效率和完好率。

（4）技术管理　建筑施工项目技术管理是项目经理部在项目施工过程中，对各项技术活动过程和技术工作的各种要素进行科学管理的总称。建筑业企业的技术要素包括：技术人才、技术装备、技术规程、技术信息、技术资料、技术档案等。技术活动过程包括：技术计划、技术学习、技术运用、技术开发、技术试验、技术改造、技术处理、技术评价等。

（5）资金管理　建筑施工项目资金管理是指项目经理部根据建筑施工项目施工过程中资金运动的规律，进行资金收支预测、编制资金计划、筹集投入资金、资金使用、资金核算与分析等一系列资金管理工作。项目的资金管理要以保证收入、节约支出、防范风险和提高经济效益为目的。

9.1.3　建筑施工项目生产要素管理的基本过程

按照PDCA（计划、执行、检查、行动）循环管理原理，可将建筑施工项目生产要素管理的过程分为计划、供应、使用、检查、分析和改进等环节。

（1）编制生产要素计划　按照业主需要和合同工期要求，编制生产要素的优化配置计划，确定各种生产要素的投入数量、投入时间，以满足建筑施工项目实施进度的需要。

（2）生产要素的供应　根据工程施工进度的需要，按照所编制的生产要素供应计划，组织各种生产要素的供应工作，满足施工生产活动的需要，以保证合同工期的实现。

(3) 合理使用　合理使用是指根据每种资源的特性，进行动态配置和组合，协调投入，合理使用，科学地确定各生产要素的使用消耗定额或标准，尽可能减少施工过程中的资源浪费，以求经济高效地实现项目管理目标。

(4) 生产要素检查　生产要素检查是指不断地对施工生产要素计划编制、组织供应、使用及产出等各环节的工作成果与质量进行检查，及时发现存在的问题，以便持续改进。

(5) 分析和改进　分析和改进是指定期对资源的投入、使用情况进行核算分析，就检查中发现的问题进行改进，以得到更好的经济效益和社会信誉。这一环节工作的意义有两个方面：一方面是对管理效果的总结，总结经验提升管理水平；另一方面就是找出问题，为管理提供储备和反馈信息，以指导下一管理周期的工作。

9.2 建筑施工项目人力资源管理

9.2.1 建筑施工项目人力资源管理的基本概念

人力资源又称劳动力资源或劳动力，是指能够推动整个经济和社会发展，具有劳动能力的劳动者。人力资源最基本的方面，包括体力和智力。如果从现实的应用形态来看，则包括体质、智力、知识和技能四个方面。人是生产力中最活跃的因素，人力资源具有能动性、再生性、社会性、消耗性，人一旦掌握生产技术，运用劳动手段，作用于劳动对象，就会形成生产力。

项目人力资源管理是指项目组织对该项目的人力资源所进行的科学的计划、适当的培训、合理的配置、准确的评估和有效的激励等方面的一系列管理工作。建筑施工项目的人力资源主要包括各个层次的管理人员和参与生产活动的各种工人。与项目的特点相适应，项目人力资源管理具有以下特点：

(1) 临时性　由于项目的一次性，项目组织往往也是一次性的组织，项目的人员随着项目的需要而到来，随着项目的结束而离去。

(2) 团队性　与等级分明的企业组织不同，项目组织是以项目经理为首的一种团队组织，项目组织在工作中更强调成员之间相互协调与配合的团队精神，而不是行政的管理手段。

(3) 动态性　在项目的不同生命周期阶段，对人力资源的需要各有不同，尤其是对各专业工种技术工人和技术人员的需求往往与项目生命周期存在着密切的相关关系，如在主体施工阶段需要大量的模板工和钢筋工，而到了装修阶段则不再需要这些工人。

9.2.2 人力资源管理的基本过程

项目团队由为完成项目而承担不同角色与职责的人员组成。随着项目的进展，项目团队成员的类型和数量可能频繁变化。项目团队成员各有不同的角色和职责，如何增强他们对项目的责任感，让他们全身心地参与到项目的实施工作中来，贡献自己的专业技能，是项目人力资源管理的关键所在。

项目人力资源管理包括组织、管理与领导项目团队的各个过程，具体如下：

(1) 制订人力资源计划　制订人力资源计划是指识别和记录项目角色、职责、所需技能以及报告关系，并编制人员配备管理计划的过程。项目人力资源计划的结果包括项目管理人员角色和责任分配以及人员配备计划、综合劳动力和主要工种劳动力需求的确定。

（2）组建项目团队　组建项目团队是指确认所需人力资源并组建项目所需团队的过程，包括项目经理部的组建和对劳务人员的优化配置。项目经理部的工作人员可以实行动态配置，劳务人员应根据承包项目的施工进度计划需要和工种需要数量进行灵活配置。一般情况下，在整个项目进行的过程中，项目经理是固定不变的。由于实行项目经理负责制，项目经理必须自始至终负责项目的全过程活动，直至项目竣工，项目经理部解散。

（3）建设项目团队　建设项目团队是指提高成员工作能力，促进团队互动和改善团队氛围，以提高项目绩效的过程。这一过程的工作主要包括对员工进行培训，建立并完善项目的各项管理制度，培养并形成良好的项目团队氛围，建立项目成员之间的相互信任和团结。

（4）管理项目团队　管理项目团队是指跟踪团队成员的表现，提供反馈，解决问题并管理变更，以优化项目绩效的过程。这一过程的工作主要包括对项目团队成员的表现进行跟踪和评价，发现问题及时进行调整；当项目发生变更时，及时调整人力资源以适应变更的要求，随时保持项目团队的精简高效，以经济的人力资源成本实现项目目标。

9.2.3　劳务分包管理

与相对固定的项目经理部不同，在建筑施工项目中，劳务层具有很大的流动性，劳务分包队伍的资质和能力对建筑施工项目质量的保证、进度计划的实现和工程成本的降低有着重要的影响。因此，为确保项目管理目标的实现，必须要加强对劳务分包的管理。

1. 建筑施工项目劳动力的主要来源

目前，建筑业企业的劳动用工主要有两种情况：一种是由企业自有固定工人再加上合同制工人和临时工人形成劳务层；另一种就是直接将施工任务发包给具有专业劳务分包资质的建筑劳务企业。随着我国建筑业改革的逐渐深入，建筑业企业实行管理层和劳务层“两层分离”已经得到了建筑业企业的普遍认同，企业自有劳务工人越来越少，越来越多的企业采用外包劳务的方式。原有的企业工人要么走向管理岗位，要么组建成劳务公司，形成企业内部劳务市场，在企业内部进行灵活配置，以最大限度地发挥和使用劳动力资源的生产能力。在这样的企业中，大部分劳动力由内部劳务市场按项目经理部的劳动力计划提供，当任务需要时，项目经理部与企业内部劳务市场管理部门签订合同，任务完成后，解除合同，劳动力退归劳务市场。对于没有劳务层的企业或一些特殊的劳动力，经企业法人代表授权，可由项目经理部自行招募，项目经理享有劳动用工自主权，自主决定用工的时间、条件、方式和数量，自主决定用工形式，并自主决定解除劳动合同，辞退劳务人员等，从社会劳务市场解决用工问题。

2. 劳动力的配置方法

项目经理部应根据施工进度计划、劳动力需求计划和工种需要量计划进行合理配置。配置时应考虑以下因素：

1）尽量使劳动力需求计划全面准确，防止漏配。

2）尽量使作业层劳动力和劳动组织保持稳定，防止频繁调动。

3）尽可能在满足劳动力需求的条件下，节约用工。

4）尽可能使各工种组合及技工与普工搭配比例协调，保证施工作业连续高效。

5）尽可能使劳动力的配置有利于激励工人的劳动热情和积极性。

6）尽量使劳动力均衡配置，便于加强管理。

3. 劳动力的动态管理

（1）劳动力动态管理的原则

1）以劳务合同和各建筑施工项目的进度计划为依据。

2）始终以企业内部市场为依托，允许劳动力在市场内充分、合理的流动。

3）以企业内部劳务的动态平衡和日常的调度为手段。

4）以企业达到劳动力优化组合和作业人员的积极性得到充分调动为目的。

（2）项目经理部劳动力动态管理的责任　项目经理部是项目施工范围内劳动力动态管理的直接责任者。其责任如下：

1）按项目劳动力需求计划向企业劳务管理部门申请派遣劳务人员，并签订劳务合同。

2）按项目计划在项目中分配劳务人员，并下达施工任务单或承包任务书。

3）在项目施工中不断进行劳动力平衡、调整，解决施工要求与劳动力数量、工种、技术能力等在相互配合中出现的矛盾。

9.3　建筑施工项目材料管理

9.3.1　建筑施工项目材料采购

建筑材料从使用性质上可分为主要材料、辅助材料和周转材料。对各种材料的规格、数量、质量以及使用时间的准确确定是材料管理的首要环节，项目经理部需要首先编制各种材料的需求计划，并以此为依据编制采购和供应计划。

（1）材料需求确定　项目经理部对建筑施工项目所需主要材料、辅助材料和周转材料均应编制材料需求计划，然后由相关物资部门组织进行材料的采购和供应。材料需求计划一般包括以下内容：

1）单位工程材料需求计划。即根据施工组织设计和施工图预算，于工程开工前进行工料分析，提出各种材料的需求计划，作为整个工程施工材料准备的依据。

2）工程材料需求计划。根据施工预算、生产进度及现场条件，按工期提出，作为阶段性施工生产备料的依据。材料需求计划表应包括：使用单位、品名、规格、计量单位、数量、交货地点、材料的技术标准等，必要时还应提供图样和实样。材料需求计划表见表9-1。

表9-1　材料需求计划表

序号	材料名称	规格	需要量		需要时间									备　注
			单位	数量	×月			×月			×月			
					Ⅰ	Ⅱ	Ⅲ	Ⅰ	Ⅱ	Ⅲ	Ⅰ	Ⅱ	Ⅲ	

（2）材料的采购与供应　建筑施工项目需要的主要材料和大宗材料一般由业主或施工企业的物资部门集中采购，然后按照各项目的材料需求计划组织供应，这样既可获得较优惠的采购价格，材料的质量也容易保证；建筑施工项目所需的辅助材料和周转材料通常可授权由项目经理部进行采购，这样可以增加材料采购的灵活性，也有利于材料的节约使用。

在具体的材料采购和供应环节中，对于采购批量、安全存储量及订购点等的决策不同，材料的采购成本、仓库面积和资金需求数量等也会不同。因此，在采购工作中，应采用ABC分类法、存储理论和价值工程等方法，对材料的采购和供应进行系统优化，在不影响材料使用功能的情况下，降低材料采购和供应成本。

9.3.2　材料现场管理

工程所需的各种材料自进入施工现场起，至项目施工结束退出现场止，整个过程均属于项目经理部材料管理的范围，项目经理部应明确材料管理各个工作环节的责任部门和责任人，明确岗位职责，对进入施工现场的材料进行全面管理。材料现场管理主要包括以下环节：

1. 材料进场验收

为了把住材料的质量和数量关，在材料进场时根据进料计划、送料凭证、质量保证书或产品合格证，进行材料的数量和质量验收。验收工作按质量验收规范和计量检测规定进行，验收内容包括品种、规格、型号、质量、数量、证件等。验收要做好记录、办理验收手续，对不符合计划要求或质量不合格的材料应拒绝签收。

（1）验收准备　在材料进场前，根据平面布置图进行存料场地及设施的准备。场地应平整、夯实，并按需要建棚、建库。对进场露天存放的材料，需苫垫、围挡的，应准备好充足的苫垫、围挡物品。

办理验收材料前，应认真核对进料凭证，经核对确认是应收的料具后，方能办理质量验收和数量验收。

（2）质量验收　一般材料外观检验，主要检验料具的规格、型号、尺寸、色彩、方正及完整。专用、特殊加工制品外观检验，应依据加工合同、图样及翻样资料，由合同技术部门进行质量验收。内在质量验收，由专业技术人员负责，按规定比例抽样后，送专业检验部门检测力学性能、工艺性能、化学成分等技术指标。以上各种形式的检验，均应做好进场材料质量验收记录。

（3）数量验收

1）对砂石料、砖、砌块等大堆材料，实行砖落地点验，砂石按计量换算验收，抽查率不得低于10%。

2）对水泥、石膏粉等袋装材料，应按袋点数，同时对袋重抽查率不得低于10%。对散装材料除采取措施卸净外，还应按磅单抽查。

3）对预制梁、预制板和预制柱等预制构件实行点件、点根、点数和检尺的验收方法。

4）对有包装的材料，除按包装件数实行全数验收外，属于重要的、专用的、易燃易爆的、有毒的物品应逐项逐件点数、验尺和过磅。属于一般通用物品的，可进行抽查，抽查率不得低于10%。

2. 材料的存储与保管

进库的材料验收入库，建立台账。现场的材料必须防火、防盗、防雨、防变质、防损坏。施工现场材料的放置要按平面布置图实施，做到位置正确、保管得当、标识清楚，符合堆放保管制度，要日清、月结、定期盘点、账物相符。

大型构件和大模板存放场地应夯实、平整，有排水措施，必要时应设存放台座。

水泥应存放在库内，按规格码放整齐，垛高不超过12袋，按品种、名称、规格、厂家、出场日期、实验状态标识清楚，使用时实行先进先出，库内保持整洁干燥。如确需在室外存放，必须做好防雨、防潮工作，上苫下垫，下垫高度不小于40cm，并有排水措施。

钢筋运至现场后，必须严格按批分等级、牌号、直径、长度等挂牌存放，并注明数量，不得混淆。应堆放整齐，避免锈蚀和污染，堆放钢筋的下面要加垫木，离地一定距离，并做到一头齐；有条件时，尽量堆入仓库或料棚内。

砖成丁、成行码放，码放高度不得超过1.5m，砌块码放高度不得超过1.8m。

砂石应成堆，不混不串，并按实验状态标识清楚。有条件时可设高度0.5m的围挡，将不同的散装材料分别存放。

3. 材料的发放及领用

材料的发放及领用，是现场材料管理的中心环节，标志着料具从生产储备转向生产消耗。必须严格执行领发手续，明确领发责任，采取不同的发放和领取形式。

凡有定额的工程用料，都应实行限额领料。限额领料是指生产班组在完成施工生产任务中，所使用的材料品种、数量应与其所承担的生产任务相符。它包括限额领料单的签发、下达、领料与发料、检查验收与结算、考核与奖罚等环节。

施工用料前由材料管理人员根据生产计划及时签发和下达限额领料单。施工生产班组持领料单到仓库领取限定的品种、规格、数量，双方办理出料手续并签字，发料员做好记录。材料领出后，由班组负责保管并合理使用，材料员按保管要求对施工班组进行监督，负责月末库存盘点和退料手续。如出现超耗，则施工班组需填写限额领料单，附超耗原因，经项目经理部材料主管审批后领料。材料管理人员根据验收和工程量计算班组实际应用量和实际耗用量，并对结算结果进行节超分析。当月完成的完一项结一项，跨月完成的，完多少预结多少，全部完成后总结算。

实行限额领料的品种可根据本企业的管理水平确定。一般为基础、结构部位的水泥、砌块等，装修部位的水泥、瓷砖、大理石等，钢筋可与班组签订承包协议。不能执行限额领料的材料，应在项目经理部主管材料负责人审批后，由材料员发放。

4. 材料使用监督

现场材料管理责任者应对现场材料的使用进行分工监督。监督的内容包括：是否按材料计划合理用料，是否严格执行配合比，是否认真执行领发料手续，是否做到“谁用谁清、随领随用、工完料退场地清”，是否按规定进行用料交底和作业交接，是否做到按规定堆放材料，是否按要求保护材料等。

检查是监督的手段，对材料使用情况的检查要做到问题有记录、原因有分析、责任有落实、处理有结果。

5. 材料回收

施工班组生产的余料必须收回，及时办理退料手续，并在限额领料单中登记扣除，余料要填表上报，按项目有关规定办理调拨和退料。施工临时设施用料、包装物及容器，在使用周期结束后也应立即组织回收，建立回收台账，处理好经济关系。

9.3.3 周转材料的管理

周转材料是指企业能够多次使用、逐渐转移其价值但仍保持原有形态且不确认为固定资产的材料，如钢模板、木模板、钢架杆、扣件等。周转材料按自然属性可分为钢制品和木制品两类；按使用对象可分为混凝土工程用周转材料、结构装饰工程用周转材料和安全防护用周转材料三类。

周转材料种类规格繁多，用量较大，价值较低，使用期短，收发频繁，易于损耗，在施工过程中起着劳动手段的作用，能多次使用而逐渐转移其价值。在建筑施工生产过程中应当对周转材料的采购、租赁和使用进行合理的计划与安排，以降低相应的施工成本。

(1) 周转材料的取得 周转材料的取得有两种基本方式，一种是购置，另一种是租赁。一般情况下，很多建筑公司都有自己的周转材料，并由专门的职能部门负责统一管理，当项目施工需要时，向公司物资部门提出需求计划，与公司签订内部租赁协议，从而取得所需的周转材料。这样的配置方式可以在公司的各项目间形成资源共享，有利于降低使用成本。当项目远离公司或公司没有所需的周转材料时，通常就需要在购置还是从外部租赁之间进行比较选择。这时通常需要考虑以下因素：

1）使用的时间长短或周转的频次以及材料的规格。使用和适用范围比较广泛、需要长期使用或周转频繁的最好自己购买。

2）公司货币资金的使用情况。当公司的资金较充裕时可以考虑自购，如果比较紧张，则通常考虑租赁方式。

3）材料的存放和保养。当这些材料在项目经理部暂时不使用时，公司是否有空余的场地堆放这些材料，存放期间的保养费用是否经济。

4）综合使用成本。

(2) 周转材料的进场保管与使用 周转材料进场后，项目经理部相关责任人员应按规格、品种、数量登记入账。周转材料的码放应注意以下几点：

1）大模板应集中码放，做好防倾斜等安全措施，设置区域围护并标识。

2）组合钢模板、竹木模板应分规格码放，便于清点和发放，一般码十字交叉垛，高度应控制在1.8m以下，并标识。

3）钢脚手架管、钢支柱等，应分规格顺向码放，周围用围栏固定，减少滚动，便于管理，并标识。

4）周转材料零配件应集中存放、装箱、装袋，做好转移时的保护工作，减少散失并标识。

在使用时，应采用实物量承包管理，对施工班组核定配备周转材料的数量，由班组承包使用，实行节奖超罚的管理。领用时，由相应的负责人员认真盘点数量，材料员办理相应的出库手续，并由施工班组负责人员在出库手续上签字确认。当工程结算后，应要求施工班组把周转材料堆放整齐，以便统计数量；如果归还数量小于应归还数量，则要对其做出相应的处罚措施。

周转材料如连续使用的，每次使用完都应在及时清理、除污后，涂刷保护剂，分类码放，以备再用；如不再使用的，应及时回收、整理和退场，并办理退租手续。

9.4 建筑施工项目机械设备管理

施工机械设备是物化的科学技术，是施工企业的主要生产力，是保持企业在市场经济中稳定协调发展的重要物质基础。随着工程施工机械化程度的不断提高，机械设备在施工生产中的作用越来越重要。

建筑施工项目施工机械设备管理是指为了解决好人、机械设备和施工生产对象的关系，充分发挥机械设备的生产效率，获得最佳的经济效益，根据项目施工生产的需要和机械设备的特点，对其进行的组织、计划、指挥、监督和调节等工作。

机械设备管理包括技术性管理和经济性管理。所谓技术性管理，是指对机械的选择、验收、安装、调试、使用、保养、检修、改造、报废等技术因素进行的管理，其目的是使机械保持最佳安全技术状况，发挥最大的机械性能和效率。所谓经济性管理，是指根据机械设备的价值运动形态而对机械设备的购置投入、使用成本控制、有形损耗（保养、维修、大修、保管）、无形损耗（技术落后、改造）、报废残值、变价处理、更新投入、效益分析等方面的经济因素进行的管理。其目的是追求机械设备的最佳经济生命周期，做到费用最低、效益最大化。

9.4.1 建筑施工项目机械设备选择

机械设备选择是机械设备管理的一个重要环节。机械设备选择的基本原则是技术上先进、经济上合理。在一般情况下，技术先进和经济合理是统一的，但是由于购置成本、使用条件、运输成本等原因，两者会经常出现一定的矛盾，先进的机械设备在一定条件下，不一定经济合理。因此，在选择机械设备时，必须全面考虑技术和经济的要求，综合多方面因素进行分析比较。选择机械设备时应考虑以下因素：

（1）经济性　选用设备时应挖掘企业的潜力，尽可能地在企业现有机械设备中选用，或对现有设备进行更新改造以满足生产要求，不要盲目购置新设备。

（2）适用性　选择的机械设备在技术上要适用于工作对象和工作环境，工作效率能够满足施工进度要求。工程量大而集中时，应采用大型专用机械设备，工程量小而分散时，应采用一专多用或移动灵活的中小型机械设备。

（3）协调性　各种施工生产机械之间应当成龙配套，装备合理，品种数量要比例适当。根据工程量、施工方法、进度要求和工程特点，先确定主导设备的机种和规格，而后确定辅助机械的种类和数量。例如，隧道施工中，其动力、掘进、装碴、出碴及衬砌等设备之间必须要协调配套，否则就可能出现“短板效应”，使得整个生产线的产能下降。

（4）可维修性　选购机械设备时，要考虑配件来源和维修方便，同类设备型号应尽可能统一，以增强机械备品备件的通用性。

（5）其他　例如，机械设备的耐用性、安全性、灵活性等。

从施工机械设备的来源看，建筑施工项目所需用的施工机械设备可由下列四种方式提供：

1）从本企业专业机械租赁公司租用施工机械设备。

2）从社会上的建筑机械设备租赁市场上租用设备。

3）使用进入施工现场的分包工程施工队伍自带的施工机械设备。

4）使用企业新购买的施工机械设备。

不管是哪种来源渠道，提供给项目施工使用的机械设备必须满足施工生产技术性能方面的相关要求。

从本企业专业机械租赁公司租用的施工机械设备和从社会上的建筑机械租赁市场租用的施工机械设备，除应满足技术性能方面的要求外，还必须符合相关资质要求（特别是大型起重设备和特种设备），如出租设备企业的营业执照、租赁资质、机械设备安装资质、安全使用许可证、设备安全技术定期检定证明、机型机种在本地区注册备案资料、机械操作人员作业证及地区注册资料等。对资料齐全、质量可靠的施工机械设备，租用双方应签订租赁协议或合同，明确双方对施工机械设备的管理责任和义务后，方可组织施工机械进场。

对于工程分包施工队伍自带设备进入施工现场的，应对其机械设备的质量合格证、安全使用许可证、设备安全技术定期检定证明等进行检查，确保设备的适用性和生产效率。

对于需要新购置的大型机械及特殊设备，应在充分调研的基础上，进行经济技术可行性分析，经企业有关领导和专业管理部门审批后，方可购买。

9.4.2 建筑施工项目机械设备使用管理

为了管理好、使用好机械设备，项目管理人员必须懂得并遵守机械设备使用的技术规定，合理组织，科学使用。在机械设备使用上主要应注意以下几方面：

（1）技术试验的规定　对新购置或经过大修改装的机械设备，在使用前，必须进行技术试验，以测定其技术性能、工作性能和安全性能，确认合格后才能验收，投入生产使用，这是正确使用机械设备的必要措施。技术试验包括：试验前检查和保养，无负荷试验，负荷试验，试验后技术鉴定。

（2）走合期的规定　对新购置或经过大修的机械设备，在初期使用时，都要进行一段时期的试用，工作负荷或行驶速度要逐渐由小到大，使机械设备各部分的配合达到完善的磨合状态。如果不经过这段走合期的磨合，一下就进行满负荷作业，就会使机械设备过度磨损。因此，为了提高机械设备的使用寿命，就必须遵守机械设备走合期的规定。其内容应按机械设备使用说明书中的规定和有关规定执行。

（3）机械设备防冻的规定　施工机械设备多数都是在露天作业，冬季因寒冷低温，风大雪多，给机械设备使用带来很多麻烦，如果防冻措施不当，不仅会因不能保证正常运转而影响了施工生产任务，而且还会冻坏机械，影响使用寿命。因此，必须按有关冬季机械设备使用规定使用，入冬前对设备的防寒措施、工作制度进行一次全面检查，加强对操作人员及保修工的防寒知识教育，采取得力措施，改善防寒条件，做好设备的防寒工作。

（4）机械设备保养的规定　设备保养是保证其正常运转，减少故障，杜绝事故的发生，最大限度地发挥设备效能，延长设备使用寿命的一项极其重要的工作。设备保养按保养目的和作用不同，可分为日常例行保养、定期保养、停放保养、走合期保养、换季保养以及工地转移前保养（退场设备整修）等几种情况，施工单位应按照“养修并重，预防为主”的原则，依照不同机型所规定的周期和作业范围，科学地制订机械设备保养计划，明确设备的保养责任，确保设备保养任务的完成。

（5）机械设备的运转监视　在设备的使用过程中，操作人员应结合仪表，随时注意设备的温度、振动、声音、气味、烟色和排烟、工作压力、输出动力情况及操作感觉，发现不正常现象或听到异响（异常感觉）应立即停机检查，予以排除，并记入交接记录。如有严重故障，应及时报告，严禁机械设备带"病"作业。

（6）机械设备的使用安排

1）考虑机械设备特点，合理安排施工顺序，避免二次返工。

2）编制生产计划时，考虑机械设备的维修保养时间。

3）布置好机械施工工作面及运行路线，排除妨碍机械施工的障碍物。

4）夜间施工要安排照明设备。

5）制定安全施工措施，按机械设备技术性能合理使用，不许超负荷作业，并与机械设备操作人员进行详细技术交流。

6）避免低载、低负荷使用，即"大马拉小车"；同样也要避免超载、超负荷使用，即"小马拉大车"。

9.4.3　机械操作人员管理

机械设备需要靠人去掌握和使用，如果操作者能合理使用机械设备，就能充分发挥机械设备的效率，保证项目施工顺利进行，从而显示出机械化施工的优越性。反之，有可能会使机械设备生产率降低，过度磨损，使用寿命缩短，故障增多。所以，必须对机械操作人员进行有效管理，充分发挥人的主观作用，达到人与机械设备有机组合，才能充分发挥机械设备的应有效率。在机械设备的管理工作中，通常应遵守以下要求：

（1）机械操作人员岗位责任制

1）使用机械必须实行"两定三包"（即定人、定机，包使用、包保管、包养修）责任制，操作人员要相对稳定。凡使用设备均应由专人负责保管，多人操作的大型设备应实行机长负责制，小型设备可设专人兼管数台。

2）设备操作人员必须坚守岗位，确保设备正常运行。做到班前检查机况、班后擦拭机体，使设备外观整洁，达到"三无"（即无污垢、无碰伤、无锈蚀）和"四不漏"（即不漏水、不漏油、不漏气、不漏电）的要求。

3）操作人员要力争做到三懂（即懂构造、懂原理、懂性能）和四会（即会使用、会保养、会检查、会排除故障），从而达到正确使用设备，按规定保养，按要求定质、定量、定点、定时加油，定期换油，保证油路畅通，保证设备运转经常处于良好状态下，严格执行安全技术操作规程的要求。

（2）持证上岗制度　机械操作人员必须持证上岗，即通过专业培训考核合格后，经有关部门注册发给设备操作证，设备操作证年审合格，在有效期范围内，且所操作的机种与所持证上允许操作机种相吻合，才能进行相应的操作，严禁无证操作。

（3）交接班制度　交接班制度是保证设备正常运转的基本制度，必须严格执行。交接班制度由值班机长执行，多人操作的单机或机组除执行岗位交接外，值班负责人或机长应进行全面交接并填写机械运转、交接记录。设备交接时，要全面检查，不漏项目，交代清楚，并认真填写设备运转交接记录。

（4）巡回检查制度　加强设备维修保养，消除隐患，保持设备良好的技术状态，必须坚持巡回检查制度。设备使用前后，办理交接班时，均应由操作人员按规定路线对该台设备的各个部分进行一次详细、全面的巡回检查；正在使用的设备，也应利用休息停机间隙进行巡回检查。检查中发现问题，应立即采取有效措施予以纠正，并记入运转记录中，重大问题要向上级及时报告。

施工单位机械主管工程师（或机械总工程师）应在现场对所管辖的设备有重点地进行巡视检查，对操作人员填写的运转记录和交接班记录进行复核确认。

9.5　建筑施工项目技术管理

9.5.1　建筑施工项目技术管理的概念

建筑施工企业运用系统的观点、理论、方法，对建筑施工项目的技术要素与技术活动过程进行的计划、组织、监督、控制、协调等全过程、全方位的管理称为建筑施工项目技术管理。建筑业企业的技术要素包括：技术人才、技术装备、技术规程、技术信息、技术资料、技术档案等。技术活动过程包括：技术计划、技术学习、技术运用、技术开发、技术试验、技术改造、技术处理、技术评价等。

9.5.2　建筑施工项目技术管理的工作内容

建筑施工企业的技术管理工作一般可以分成以下两部分：

（1）企业技术管理工作　这部分工作是企业的经常性工作和基础性工作，只要企业存在生产经营活动，这些工作就存在。例如，项目管理规划大纲管理、技术信息及专利管理、科研与新技术推广管理、材料与施工试验管理、技术质量问题处理管理、技术档案管理、技术改造管理、技术经济分析与评价管理等，这些管理工作一般由企业职能部门负责，项目经理部配合。

（2）项目技术管理工作　项目经理部在施工过程中的基本技术管理工作是阶段性工作，只有当项目经理部存在，有施工生产活动时，这部分工作才会发生。例如，勘测设计资料管理，图样会审管理，工程洽商及设计变更管理，项目管理实施规划与季节性施工方案管理，计量与测量管理，翻样及加工品订货管理，原材料、成品、半成品检验与施工试验管理，技术交底与工艺管理，隐、预检工作管理，技术信息与技术资料管理，技术措施与成品保护管理，新工种技术培训管理，技术质量问题处理管理等，这些工作一般由项目技术人员完成。

9.5.3　建筑施工项目技术管理制度

建筑施工项目技术管理制度是项目经理部运用系统的观点、理论和方法，对建筑施工项目的技术要素和技术活动过程进行计划、组织、监督、控制等全过程、全方位的管理，要求项目经理部相关人员共同遵守的办事规程。项目管理者应将涉及技术管理范畴的技术要素和技术活动过程一一明确，并将管理职能逐一分配到人。一般情况下，施工项目经理部至少应建立以下几方面的项目技术管理制度：

（1）施工项目部技术责任制　明确项目技术负责人为责任人，落实各职能人员的职责、权利和义务，明确工作流程和各职能人员之间的配合关系。

（2）施工图样、勘测、设计文件管理制度　文件管理制度应明确文件的收发份数、标识、保存及无效文件回收的流程，保证文件完备无缺，使每一位应持有文件的相关人员能及时、如数，持有有效文件并记录。

（3）图样会审制度　在施工活动开始之前，项目技术责任人应组织进行图样会审，确认设计文件是否合法并符合规程、规范和标准要求，构造是否合理、方便施工，专业工种有无漏项，建筑、结构、专业有无矛盾，材料、设备、工艺要求和质量标准是否明确，标高、尺寸有无差错等，并及时形成会审记录，以便能够提前发现设计中存在的问题，及时改正。

（4）工程洽商和设计变更管理制度　建筑施工项目在实施过程中难免会出现施工环境条件的变化，项目管理者需要建立起相应的工程洽商和设计变更管理制度。工程洽商、设计变更内容涉及技术、经济、工期等诸多方面，施工企业和项目经理部应实行分级管理，明确哪些技术洽商可以由项目经理部各专业负责人签证。涉及影响原规划及公用、消防部门已审定的项目，如改变使用功能，增、减建筑高度、面积，改变建筑外廓形态及色彩等项目，应明确其变更需具备哪些条件，由哪一级签证。签证人员应是授权签证人，并确保每一位应持有有效文件的人员能及时得到变更文件。

（5）建筑施工项目实施规划与季节性施工方案管理制度　建筑施工项目实施规划和季节性施工方案是项目施工的重要指导性文件，项目管理者应当制定必要的管理制度，明确参与编制的人员、审批工作流程、当施工环境发生变化时的动态调整方法等，以确保项目管理工作能按照计划科学有序地进行施工，避免盲目赶工。

（6）计量、测量工作管理制度　此项管理制度要明确计量和测量的职责范围，仪表、器具的使用、运输、保管有明确要求，建立台账定期检测制度，确保所有仪表、器具的精度、检测周期和使用状态符合要求。记录和成果符合规定，确保成果、记录、台账、设备的安全、有效、完整。

（7）原材料、成品、半成品检验和施工试验制度　此管理制度需要明确原材料、成品、半成品检验和施工试验的项目，制订试验计划。复试、见证取样试验和施工检验、试验的试件数量应符合规定。试块制作、养护、运输、标识应符合要求。确保资料、记录、台账、试件的安全、完整、有效。试验工作和试验记录单流程应符合程序要求。

（8）工艺管理和技术交底制度　工艺管理是管理者在施工过程中检查操作者是否按图样要求、操作工艺要求进行操作，能否达到质量标准，操作工艺有无不适合客观条件需要改进的方面。技术交底是管理者就某项工程的构造、材料要求、使用的机具、操作工艺、质量标准、检验方法及安全、劳动保护、环境保护要求，在施工前对操作者所做的系统说明。技术交底、工艺管理宜实行分级、分专业管理。属于全场性的技术交底，如建筑施工项目实施规划，宜由项目技术负责人交底，一般分部分项工程可由施工员交底。交底应有文字记录，交底人和接受交底人均应签字确认，做到技术要求符合图样、图集要求，总体安排符合建筑施工项目实施规划，工艺要求符合规范、规程、工艺标准，不发生指导性错误，过程有控制，工艺有改进，资料完整具有可追溯性。

（9）隐、预检工作管理制度　对隐蔽工程和质量预检应实行统一领导，分专业管理。各专业应明确责任人，管理制度要明确隐、预检的项目和工程程序，参加的人员按建筑施工项目实施规划所划分的单位工程、分部工程和流水段的情况制订分栋、分层、分段的检查计划。确保质量验收及时、真实、准确、系统，资料完整具有可追溯性。

（10）技术信息和技术资料管理制度　技术信息和技术资料由通用信息、资料和本工程专项技术信息资料两大部分组成，前者是指导性、参考性资料，后者是工程归档资料。项目管理者应建立相应的管理制度，对技术信息和技术资料分专业统筹管理。资料收集做到及时、准确、完整，分类正确，传递及时，保证施工生产所需，避免发生规范、图集的错用和误用。

（11）其他　除了以上的技术管理制度外，项目管理者还应当根据项目管理的需要建立、健全其他的技术管理制度和方法，如特殊施工方案的评审制度，新技术、新材料、新产品、新工艺使用的评审制度、施工作业指导书的编制与管理制度等。

9.5.4 建筑施工项目技术管理责任

建筑施工项目技术负责人从其在项目经理部的位置而言，是项目经理在技术工作领域里的助手，是项目的技术负责人；从技术管理体系而言，是项目一切技术工作的责任人。也就是说，从行政上讲技术负责人是项目经理部的技术责任人，从业务上讲是技术决策人。项目技术负责人的职责应包括以下几个方面：

1）在项目经理的领导下负责贯彻国家、地方、企业制定的有关科技进步方针、技术政策和法规，组织工程技术人员和广大职工推进科技进步，加强施工过程管理，不断提高工程质量和施工技术水平，使项目经理部取得良好的经济效益和社会效益。

2）负责组织编制本项目经理部的技术开发、新技术推广计划，在项目经理及企业批准后负责实施工作。

3）协助项目经理建立、健全项目管理实施规划管理制度，审定本项目的技术管理实施规划，并组织报批工作。

4）协助项目经理建立项目质量保证体系，组织项目开展质量管理工作，负责解决工程质量中的技术问题。

5）负责建立、健全建筑施工项目技术管理体系，组织编制项目技术责任制，贯彻企业的施工技术规章、制度。负责审定和管理项目经理部的技术文件，解决施工生产中的技术问题。

9.6 建筑施工项目资金管理

9.6.1 建筑施工项目资金管理的目的

建筑施工项目资金管理应以保证收入、控制好资金支出、防范资金风险和节约资金成本为目的。

（1）保证收入　建筑施工项目生产活动的正常进行需要一定的资金保证，施工项目经理部的资金来源包括公司拨付资金、向发包人收取的工程款和备料款，以及通过公司获取的银行贷款等。其中，收取的工程款和备料款是项目资金的主要来源，也是项目资金管理的重点。

（2）控制好资金支出　施工生产中各种生产要素的取得都需要耗费大量资金，精心计划节省使用资金，保证项目经理部始终具有足够的资金支付能力是项目能够连续施工的重要保证。资金支出控制的重点是工、料、机的消耗控制，应加强资金支出的计划控制，制定各种工、料、机的实际消耗定额和现场管理费开支标准，严格执行，避免资金支出超限。

（3）防范资金风险　项目管理者应提前制订资金的收入与支出计划，实施中密切关注资金的实际收入与支出情况，防止出现周转资金短缺、过度垫资、进度款无法回收等情况，防范有可能出现的资金风险，为项目的顺利施工提供资金保障。

（4）节约资金成本　在项目实施过程中，合理地使用资金可以有效降低财务费用，节约资金成本。例如，及时回笼资金，降低应收账款比例，要求分包商和材料供应商垫付资金，合理使用银行的结算方式等，都在某种程度上可以确保资金及时回笼，加速资金流通，增加企业利润。

9.6.2　建筑施工项目资金收入预测

一般情况下，项目管理者可根据项目进度计划和工程承包合同中工程价款的结算方法，对建筑施工项目的资金收入进行提前预测。预测过程如图9-1所示。根据资金收入预测的结果，可进一步绘制出资金按月收入图（见图9-2）和资金累计收入曲线（见图9-3）。

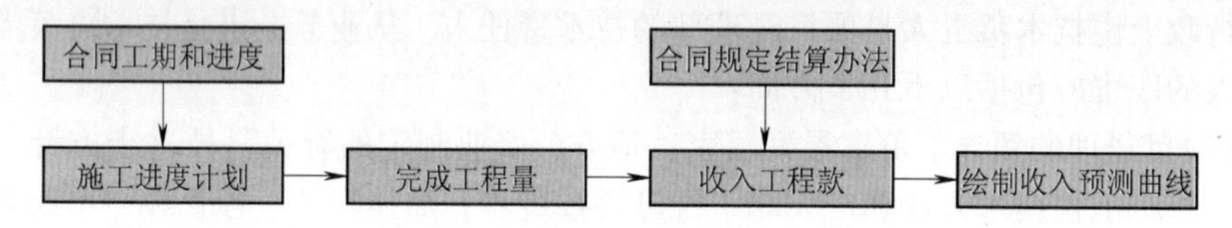

图9-1　资金收入预测过程

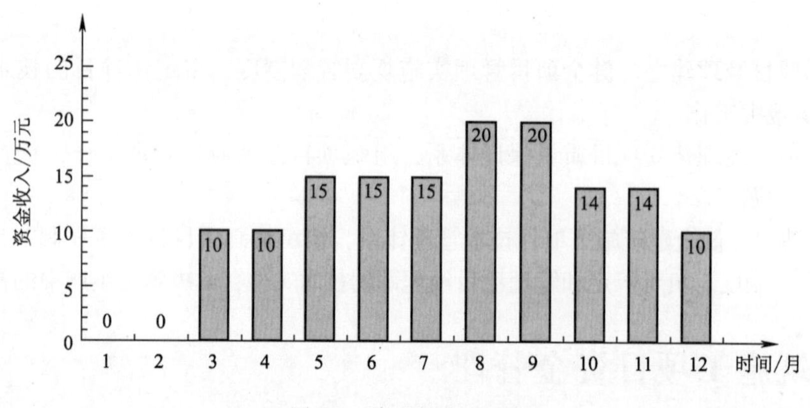

图9-2　资金按月收入图

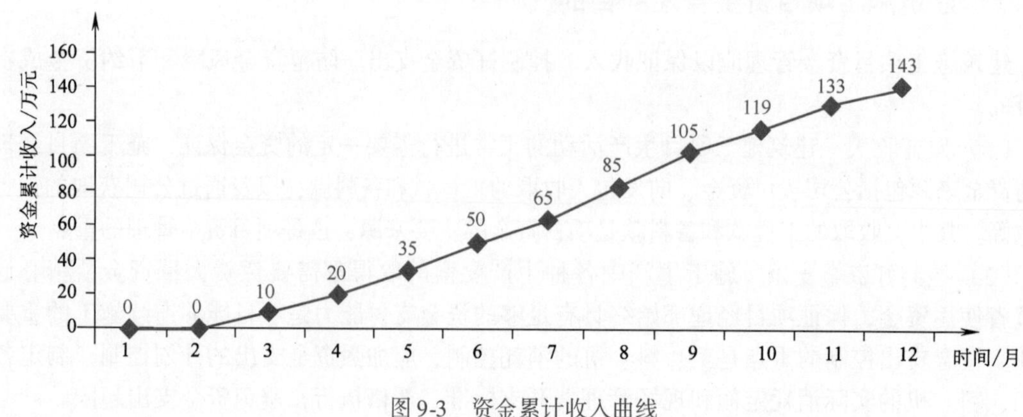

图9-3　资金累计收入曲线

进行资金收入测算时应注意以下几个问题：

1）按照预定的施工进度计划施工，确保按照进度要求完成施工任务是取得预期资金的前提。

2）工程施工时应及时收集并整理结算工程价款所需的有关资料，如质量验收记录、实验报告和批准的设计变更等，尽量缩短结算至收款的时间，力争按期收到价款。

3）严格按照合同规定的结算方法测算每月实际收到的工程进度款数据，并要考虑资金的时间价值。

4）如果合同规定收取的价款是由多种货币组成的，在测算每月的收入时要按货币种类分别进行计算，及时进行货币兑换，以避免汇兑风险损失。

5）在项目实施过程中，当工程施工的内容范围或实际进度发生变化时，应及时对资金收入的情况重新测算调整，为项目资金决策提供最新依据。

通过对资金收入的测算，可帮助项目管理者形成资金收入在时间上、数量上的总体概念，为项目资金筹措、加快资金周转、合理使用资金提供科学的依据。

9.6.3 建筑施工项目资金支出预测

随着工程施工的进展，施工单位要不断支出人工费、材料费、机械使用费、临时设施费和间接费等各种费用，对这些费用的支出，必须做到事前估算预测，这样才能为筹措资金、管理资金提供科学的依据。工程中标后，项目管理者应认真考察项目周边环境，仔细研究施工图样，进行施工组织设计，然后根据分包合同、材料采购合同的付款条件、工程预计进度及人、机、料的投入预测各个环节资金的预计流出。

项目资金支出预测应注意以下问题：

1）资金支出预测前，应复核相关计划的合理性和可行性，消除不确定因素。

2）资金支出的测算是从筹措资金和合理安排资金使用的角度考虑的，因此，在资金支出预测时必须反映资金的支出时间，并考虑资金的时间价值。

3）在签订合同时，对拟采用第三国的劳工工资、原材料进口国的物价指数和汇率的变化趋势应进行深入分析，确定上述因素的变化对承包商是否有利，使承包商免遭由于物价变化和汇率变动而造成的损失。

4）对不同货币的资金要分别做出支出测算，根据资金使用计划提前确定持有各币种的具体金额，减少不必要的汇兑损失。

9.6.4 建筑施工项目资金收支对比分析

将项目的收入、支出曲线绘制在同一图内，如图9-4所示，可以一目了然地看出它们的关系，进而分析出资金的需求数额，从而可以帮助项目管理者合理确定项目资金的管理计划。

从图9-4可以看出，两条曲线的交点即为资金收支平衡点，在平衡点前两条曲线反映收入与支出的资金差额，表示该项目经营的资金需要量，平衡点后反映项目的收入大于支出的水平，这又为该项目的借款期限确定、贷款偿还计划制订等提供了可靠的依据。

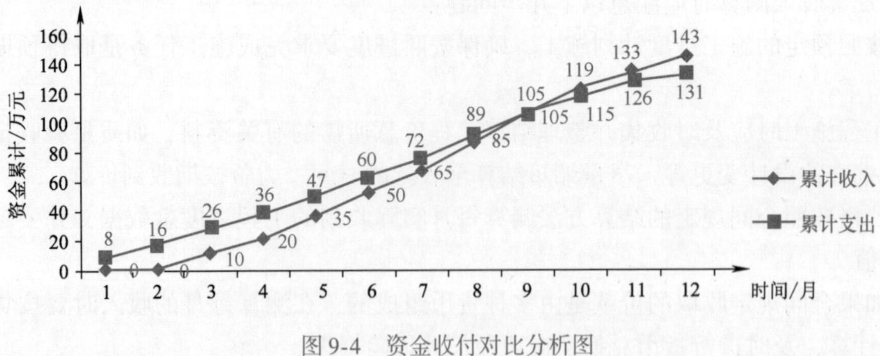

图 9-4　资金收付对比分析图

思考与练习题

1. 简述建筑施工项目生产要素的基本概念。
2. 建筑施工项目生产要素管理的主要目的是什么？
3. 建筑施工项目生产要素管理的基本内容有哪些？
4. 简述建筑施工项目人力资源管理的基本过程。
5. 机械设备选择时应考虑的因素有哪些？
6. 施工机械设备使用管理应注意哪些方面？
7. 建筑施工项目技术管理常见的制度有哪些？
8. 建筑施工项目资金管理的目的是什么？

第10章 建筑施工项目信息管理

本章导读

项目管理信息化一直伴随着信息技术的发展而发展，项目管理信息化可以减少项目信息沟通费用，提高沟通效率。

例如，耗时17年，国家投入近两千亿元的三峡工程，是世界水利史上少有的项目，项目建设中参与单位众多。中国长江三峡集团公司与加拿大AMI公司合作，在该公司工程管理信息系统（MPMS）的基础上，开发出具有三峡工程自身特色的工程信息管理系统（TGPMS）。TGPMS为参建各方提供了高质量的信息资源库，大大提高了工作效率。现在TGPMS已经成为先进的大型基本建设项目管理工具典范，并在新疆的吉林台水电站、贵州的洪家渡水电站、湖北的水布垭水电站、国家游泳中心等越来越多的工程建设项目中推广使用。

本章主要介绍建筑施工项目信息管理中的基本概念、基本原则和方法，并介绍了P6等常用的建筑施工项目信息化管理软件。

10.1 建筑施工项目信息管理基础

10.1.1 数据与信息

1. 数据

数据是客观实体属性的反映，是一组表示数量、行为和目标，可以记录下来加以鉴别的符号。

数据的特征包括两个方面——客观性和可鉴别性。客观性主要是指数据的产生源于对某一客观事实属性的描述。例如，某建筑施工项目，用文字和数字记录下来的反映各类建筑材料的消耗的事实；在反映某个建筑工程质量时，人们把设计、施工单位的资质、人员、施工设备、使用的材料、构配件、施工方法、工程地质、天气、水文等各个角度的数据搜集汇总起来，就很好地反映了该工程的总体质量。这里，各个角度的数据，就是建筑工程这个实体的各种属性的反映。可鉴别性是指数据的表现形式可鉴别。数据的类型不仅仅包括文字和数字，还包括字符、图形、图表、声音和颜色等可鉴别的表现形式。例如，建筑施工项目中的施工图样、管理人员发出的指令、施工进度的网络图、管理的直方图、月报表等都是数据。这些表现形式是可以由计算机识别的，这为以后使用计算机对数据进行处理提供了可能。

同一数据，每个人都可以有不同的解释。决策者利用经过处理的数据做出决策，可能取得成功，也可能得到相反的结果，关键在于对数据的解释是否正确，因为不同的解释往往来自不同的背景和目的。

2. 信息

信息是经过加工的有效数据的集合，它能影响行动、支持决策。

信息来源于拉丁语“Informationem”一词，原是“陈述”“解释”的意思，后来泛指消息、音信、情报、新闻、信号等，它们都是人和外部世界以及人与人之间交换、传递的内容。信息是无所不在的，人们在各种社会活动中，都将面临大量的信息。信息是需要被记载、加工和处理的，是需要被交流和使用的。为了记载信息，人们使用各种各样的物理符号及它们的组合来表示信息，这些符号及其组合就是数据。

信息的载体通常有：

1）纸张，如各种图样、各种说明书、合同、信件、表格等。

2）软盘、磁带以及其他电子文件的载体。

3）其他，如照片、微型胶片、X 光片等。

信息具备如下属性：

(1) 真实性　信息最重要的属性是真实性。不真实的信息不仅没有价值，而且会导致决策者的错误决策，在经济管理活动中可能会造成重大的经济损失。真实、准确地把握好信息是人们处理数据的最终目的。

(2) 可传播性　信息可以通过各种渠道和手段传播，人们可以利用各种通信手段将信息传向全球各地。信息传输的形式很多，包括数字、文字、图形、图像和声音等。信息的传播加速了信息资源的交流和共享，促进了社会的发展与进步，但同时也可能造成信息的泛滥和贬值。

(3) 层次性　不同的决策、不同的管理需要不同的信息，因此针对不同的需求必须分类提供相应的信息。管理信息的层次性与企业管理系统的层次性相对应，通常分为战略级信息、战术级信息和作业级信息三个层级。战术级信息是建立在作业级信息基础上的信息，战略级信息则主要来自组织的外部环境信息。不同层级的信息在内容、来源、精度、使用时间、使用频度上是不同的。

(4) 共享性　信息在一定的时间内可以多次被多方面的客户所使用，而本身并不消耗，这种性质称为信息的共享性。例如，企业中的劳动定额既可以用来制订生产计划，又可以用来计算工资或成本。从某种意义上讲，信息只有实现了共享才能成为企业的资源。

(5) 系统性　信息是系统的组成部分之一，只有从系统的观点来对待各种信息，才能避免片面性。在工程实际中，不能片面地处理数据，片面地产生、使用信息。信息本来就需要全面地掌握各方面的数据后才能得到。建筑施工项目管理工作要求人们全面掌握投资、进度、质量、合同等各个角度的信息，才能做好工作。

(6) 时效性　信息本身有强烈的时效性。由于信息在工程实际中是动态、不断变化、不断产生的，这就要求人们要及时处理数据，及时得到信息，才能做好决策和工程管理工作，避免事故的发生，真正做到事前管理。把握信息的时效性，及时应用信息，才能发挥信息的最大价值。

3. 数据和信息的关系

在不产生歧义的情况下，数据和信息这两个名词可以通用、互换。但必须注意到，数据和信息之间是有差别的。两者之间的关系表现如下：

(1) 信息是人们对数据加工后的产物，是一种经过选择、分析、综合的数据　数据是客观的，来源于客观的现实世界，是对现实世界的一种描述，不具备主观性。数据本身无特定意义，只是记录事物的性质、形态、数量特征的抽象符号，是中性的概念。而信息则是被赋予一定含义的，经过加工处理以后产生的数据，如报表、账册和图样等都是经过对数据加工处理后产生的信息。它使用户可以更清楚地了解正在发生什么事，反映了事物（事件）的客观规律。因此，数据是原材料，信息是产品，信息是数据的内在含义。不同信息的产生取决于不同人进行不同决策的主观需要，它会对人们的决策行动产生影响，是决策和管理的依据。

（2）数据和信息是相对的　数据和信息的相对性表现在一些数据对于某些人是信息，而对于另外一些人则只可能是数据。人们常说，并非信息越多越好，因为不同的人由于工作的不同，所需的信息是不同的。在企业的运作与管理中，每个员工都是信息的需求者，同时也是信息的提供者。因此，作为信息的提供者，应该为信息的需求者提供的是信息，而不是数据。

（3）信息受数据加工方法影响　信息是加工了的数据，采用什么模型（即公式）、多长的信息间隔时间来加工数据，是受人对客观事物变化规律的认识制约的，即由人确定的。因此，信息在揭示数据内在含义上，是因人而异的。

图10-1所示的是数据与信息的关系。客观对象需要记录下的数据是通过一定的表达、识别和检测转换过来的，相对应的是数据管理，一般仅从技术层进行数据的存储、传输、显示等处理过程；数据由于经过一定的加工后对决策者有一定的影响，从而产生增值，转化为信息，相对应的是信息管理，一般从管理层与技术层相结合的角度进行信息管理。

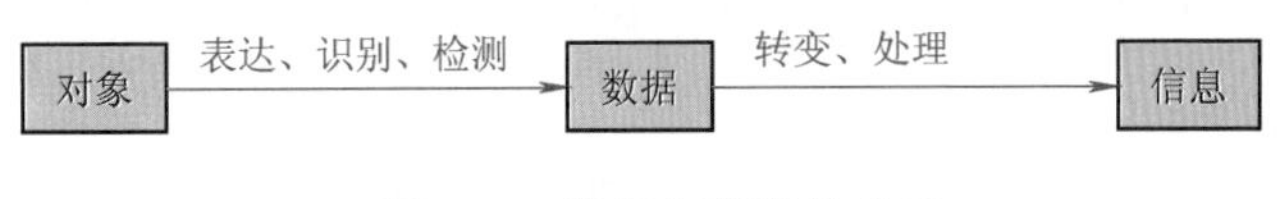

图10-1　数据与信息的关系

10.1.2　信息的分类

信息的分类方法有很多，从不同角度，信息通常可分为以下几类：

（1）按信息的特征划分　信息按其特征可分为自然信息和社会信息。自然信息是反映自然事物的，由自然界产生的信息，如遗传信息、气象信息等；社会信息是反映人类社会的有关信息，如市场信息、经济信息、政治和科技信息等。自然信息与社会信息的本质区别在于社会信息可以由人类进行各种加工处理，成为改造世界和能够不断发明创造的有用知识。

（2）按信息的加工程度划分　信息按其加工程度可分为原始信息和综合信息。从信息源直接收集的信息称为原始信息；在原始信息的基础上，经过信息系统的综合、加工产生出来的新的数据称为综合信息。产生原始信息的信息源往往分布广且较分散，收集的工作量一般很大，而综合信息对管理决策更有用。

（3）按信息的来源划分　信息按其来源可分为内部信息和外部信息。凡是在系统内部产生的信息称为内部信息；在系统外部产生的信息称为外部信息（或称为环境信息）。对管理而言，一个组织系统的内、外部信息都有用。

（4）按管理的层次划分　信息按照管理的层次可分为战略级信息、战术级信息和作业（执行）级信息。战略级信息关系到企业长远发展战略，是高层管理人员制定企业发展战略方针等重要决策的信息。例如，企业新产品的引入、企业的扩展、工程完工后的市场前景、未来经济状况的预测信息等。战略级信息对企业未来发展有重要影响，需要更多的外部信息和深度加工的内部信息。战术级信息是关于企业资源利用情况的信息，利用战术级信息可以了解企业要达到的预定目标，以便采取相应的措施，如人力、财力资源的配置等，是中层管理人员监督和控制业务活动所需的信息。战术级信息需要较多的内部数据和信息，如工程材料、进度、成本、质量、安全、合同执行等的信息。作业级信息是具体执行人员需要的各种业务信息，是反映组织具体业务状况的信息。对建筑施工项目来说，需要掌握工程各个分部分项、每时每刻实际产生的数据和信息，这部分信息数据加工量大、精度高、时效性强，如土方开挖量、混凝土浇筑量、浇筑质量等具体事物的数据。

(5) 按信息稳定性划分　信息按其稳定性可分为固定信息和流动信息。固定信息是指在一定时期内具有相对稳定性，且可以重复利用的信息，如各种定额、标准、工艺流程、规章制度、国家政策法规等；而流动信息是指在生产经营活动中不断产生和变化的信息，它的时效性很强，如反映企业人、财、物、产、供、销状态及其他相关环境状况的各种原始记录、单据、报表、情报等。

此外，还可按照应用领域分为管理信息、社会信息、科技信息等；按照加工顺序分为一次信息、二次信息和三次信息等；按照反映形式分为数字信息、图像信息和声音信息等。

10.1.3　建筑施工项目的基本信息

建筑施工项目的信息包括建筑施工项目在实施过程中产生的信息以及其他与项目建设相关的信息。建筑施工项目中的基本信息可以分为以下几类：

1. 工程准备信息

1）立项文件由建设单位在建设工程建设前期形成并收集汇编。包括项目建议书、项目建议书审批意见及前期工作通知书、可行性研究报告及其附件、可行性研究报告审批意见、与立项有关的会议纪要、主管部门下达文件、专家建议文件、调查资料及项目评估研究等资料。

2）建设用地、征地、拆迁文件由建设单位在工程建设前期形成并收集汇编。包括选址申请及选址规划意见通知书，用地申请报告及县级以上人民政府城乡建设用地批准书，拆迁安置意见、协议、方案，建设用地规划许可证及其附件，划拨建设用地文件，国有土地使用证等资料。

3）勘察、测绘、设计文件由建设单位委托勘察、测绘、设计有关单位完成，建设单位统一收集汇编。包括工程地质勘察报告、水文地质勘探报告、自然条件、地震调查、建设用地钉桩通知单、地形测量和拨地测量成果报告、申报的规划设计条件和规划设计条件通知书、初步设计图样和说明、技术设计图样和说明、审定设计方案通知书及审查意见、有关行政主管部门批准文件或取得的有关协议、施工图及其说明、设计计算书、政府有关部门对施工图设计文件的审批意见。

4）由建设单位收集汇总其与勘察设计单位、承包单位、监理单位及其他单位签订的合同及有关招投标文件，包括勘察、设计、施工、采购、监理、项目管理和咨询等。

5）开工审批文件由建设单位在工程前期形成并收集汇编。包括建设项目列入年度计划的申报文件、建设项目列入年度计划的批复文件或年度计划项目表、规划审批申报表及报送的文件和图样、建设工程规划许可证及其附件、建设工程开工审查表、建设工程施工许可证、投资许可证、审计证明、缴纳绿化建设费等证明、工程质量监督手续。

6）财务文件由建设单位自己或委托设计、监理、咨询服务有关单位完成，在建设工程前期形成并收集汇编。包括工程投资估算材料、工程设计概算材料、施工图预算材料、施工预算等。

7）建设、设计、施工、监理机构及负责人信息由建设单位在工程建设前期形成并收集汇编。包括建设单位建筑施工项目管理部、设计部、建筑施工项目监理部、工程施工项目经理部的主要成员及各自负责人的情况。

2. 项目管理信息

1）项目管理规划。由项目经理部在工程施工前期形成并收集汇编，包括项目管理大纲、项目管理规划、管理实施细则、项目管理总控制计划等。

2）管理信息。在项目管理的全过程中形成，汇集了管理月报、有关的例会和专题会议记录中的所有信息等。

3）进度控制信息。在建设项目管理的全过程中形成，包括工程开工、复工报审表，工程延期报审与批复，工程暂停令等。

4）质量控制信息。在建设项目管理的全过程中形成，包括施工组织设计（方案），工程质量检验报告，工程材料、构配件、设备审批表，工程竣工验收单，不合格项目处置记录，质量事故报告及处理结果等。

5）环境和安全管理信息。包括环境和安全的监测记录、政府有关职能部门对环境和安全的指示和通知、施工单位的环境和安全控制措施及实施情况等。

6）造价控制信息。包括材料费用、设备费用、人工费用支付计划，工程款到款记录，工程变更费用报审与签认等。

7）工程分包资质信息。在工程施工期中形成，包括分包单位资质报审表、供货单位资质材料、试验等单位资质材料。

8）通知、信函及回复。包括在建设项目管理各方之间有关进度控制的，有关质量控制的，有关造价控制的通知、信函及回复等。

9）合同及其他事项管理。在建设全过程中形成，包括费用索赔报告及审批、工程及合同变更、合同争议、违约报告及处理意见等。

10）工作总结。包括专题总结、月报总结、工程竣工总结、质量评估报告等。

3. 工程施工信息

工程施工信息主要包括：施工技术准备，施工现场准备，工程变更、洽商记录，原材料、成品、半成品、构配件设备出厂质量合格证及试验报告，施工试验记录，施工记录，预检记录，隐蔽工程检查（验收）记录，工程质量检查验收记录，功能性试验记录，质量事故及处理记录，竣工测量资料等信息文件。

4. 竣工图

竣工图包括建筑安装工程竣工图和市政基础设施工程竣工图两类。建筑安装工程竣工图包括综合竣工图和专业竣工图两类。市政基础设施工程竣工图包括道路、桥梁、广场、隧道、铁路、公路、航空、水运、地下铁道等轨道交通，地下人防，水利防灾，排水、供水、供热、供气、电力、电信等地下管线，高压架空输电线，污水、垃圾处理，场、厂、站工程等文件。

5. 竣工验收信息

竣工验收信息包括工程竣工总结，竣工验收记录，财务文件，声像、缩微、电子档案。

1）工程竣工总结。包括工程概况表和工程总结。

2）竣工验收记录。建筑安装工程有：单位（子单位）工程质量竣工验收记录、竣工验收证明书、竣工验收报告、竣工验收备案表（包括各专项验收认可文件）、工程质量保修书；市政基础设施工程有：单位工程质量评定表及报验单、竣工验收证明书、竣工验收报告、竣工验收备案表（包括各专项验收认可文件）、工程质量保修书。

3）财务文件。包括决算文件、交付使用财产总表和财产明细表。

4）声像、微缩、电子档案。包括工程照片，录音、录像材料，微缩品，光盘，软盘等。

10.1.4 建筑施工项目的信息分类

项目中的信息很多，一个大的项目结束后，作为信息载体的资料就汗牛充栋，许多项目管理人员更是整天与纸张和电子文件打交道。建筑施工项目中的信息可以按照以下方法进行分类：

1. 按管理的目标划分

（1）投资管理信息　投资管理信息是指与投资管理直接有关的信息，如各种投资估算指标、物价指数、合同价、工程款支付单、施工估算、结算、建筑材料价格等信息，以及项目的成本计划、工程概预算、施工任务单、限额领料单、对外分包经济合同、成本统计报表、机械设备台班费、人工费、运杂费等。

（2）质量管理信息　质量管理信息是指与建筑施工项目质量管理控制直接有关的信息。如国家或地方部门颁布的有关质量政策、法规和标准、强制性条文等，项目的施工质量规划、质量管理措施、质量目标、质量控制的工作流程和工作制度、质量保证体系的组成、质量抽样检查结果、各种材料和设备的合格证、质量证明书、检测报告，质量事故记录和处理报告等。

（3）进度管理信息　进度管理信息是指与工程进度管理直接有关的信息。如建筑施工项目总进度计划、施工定额、进度目标分解情况、进度控制的工作流程和工作制度、材料和设备的到货计划、各分部分项工程进度计划、进度记录等。

（4）环境及安全管理信息　环境及安全管理信息是指与工程环境及安全管理直接有关的信息。如国家有关环境保护的法律、法规、标准，环境监测情况，项目的安全责任，安全措施，项目安全检查结果、安全隐患处理、安全应急预案和事故处理等。

（5）合同管理信息　合同管理信息是指与工程合同管理直接相关的信息。如合同结构图、勘察设计合同、监理合同、咨询合同、采购合同、招标文件以及投标书、中标通知书、施工合同和合同变更协议等。

2. 按信息的来源划分

（1）内部信息　内部信息取自建筑施工项目本身的信息，如工程概况，设计文件，施工方案，工程合同和协议，项目的规划，项目的成本、质量、进度等的目标和措施，施工进度，项目各项技术经济指标、资料、管理制度、项目经理部的组织等。

（2）外部信息　来自建筑施工项目外部环境的信息称为外部信息。如国家有关的政策及法规、自然条件、技术经济条件、市场信息、监理通知、设计变更、类似工程有关信息、投标单位实力、投标单位信誉等。

3. 按信息的层次划分

（1）决策型信息　决策型信息是指该项目建设过程中的战略决策所需的信息。如工程概况、项目投资总额、项目总工期、项目分包单位概况、其他决策层信息等。

（2）管理型信息　管理型信息是指项目经理部日常管理所需的信息。如项目年度进度计划、项目年度财务计划、项目年度材料计划、项目施工总体方案、项目三大目标控制计划、其他管理层信息等。

（3）作业型信息　作业型信息是指各业务部门的日常信息，这类信息比较具体，精度也比较高。如分部分项工程作业计划、分部分项工程施工方案、分部分项工程成本控制措施、分部分项工程进度控制措施、分部分项工程质量控制措施、分部分项工程质量检测数据、分部分项工程材料消耗量计划、分部分项工程材料实际消耗量、其他作业层信息等。

4. 按建设项目进展阶段划分

（1）决策阶段信息　如工程概况、项目投资总额、项目总工期、国家有关的政策及法规、自然条件、技术经济条件、市场信息、类似工程信息等。

（2）设计阶段信息　如可行性研究报告、设计任务书、工程地质报告、周边基础设施情况等。

（3）招标阶段信息　如施工图及有关技术资料。

（4）施工阶段信息　如施工承包合同、施工组织设计、技术方案、工程质量检查验收报告、国家及地方建设法律法规等。

（5）验收备案阶段信息　如验收资料、建设档案和备案资料等。

10.2　建筑施工项目信息管理理论

10.2.1　建筑施工项目信息管理的任务

信息管理是指对信息的收集、整理、处理、存储、传递与应用等一系列工作的总称。建筑施工项目信息管理的目的是通过有组织的信息流通，使项目管理人员及时掌握完整、准确的信息，为进行科学的决策提供可靠依据。

现代建筑施工项目因使用大量的新概念、新结构、新工艺、新材料，其技术构成日益复杂，技术的发展使参与项目建设的设计、施工承包商越来越多，他们工作之间的衔接也日趋复杂。项目管理者对项目的管理过程实质上已转变为项目信息管理的过程，即建筑施工项目管理机构（项目管理人员）在明确项目信息流程的基础上对工程建设信息进行收集、加工、存储、传递、分析和应用的过程。

建筑施工项目信息管理的任务主要包括以下几个方面：

1）组织项目基本情况的信息，并系统化编制项目手册。项目管理的任务之一是按照项目的任务、项目的实施要求，设计项目实施和项目管理中的信息和信息流，确定它们的基本要求和特征，并保证在实施过程中信息流通畅。

2）项目报告及各种资料的规定，如资料的格式、内容、数据结构要求。

3）按照项目实施、项目组织、项目管理工作过程建立项目管理信息系统流程，在实际工作中保证这个系统正常运行，并控制信息流。

4）项目档案管理工作。有效的项目管理需要更多地依靠信息系统的结构和维护。信息管理影响组织和整个项目管理系统的运行效率，是项目管理人员沟通的桥梁。

10.2.2 建筑施工项目信息管理的基本原则

建筑施工项目所产生的信息量巨大，种类繁多，为了便于信息的搜集、处理、储存、传递和利用，也为了能够全面、及时、准确地向项目管理人员提供有关信息，在建筑施工项目信息管理实践中应遵循以下基本原则：

（1）标准化原则　要求在项目的实施过程中统一信息分类，规范信息流程，产生控制报表则力求做到格式化和标准化，通过建立、健全信息管理制度，从组织上保证信息生产过程的效率。

（2）时效性原则　考虑建筑施工项目决策过程的时效性，建设工程的成果也应具有相应的时效性。建设工程的信息都有一定的生产周期，如月报表、季度报表、年度报表等，这都是为了保证信息产品能够及时服务于决策。

（3）有效性原则　项目管理者针对不同管理层提供不同要求和浓缩程度的信息。例如，对于项目的高层管理者而言，提供的决策信息应力求精练、直观，尽量采用形象的图表来表达，以满足其战略决策的信息需要。这一原则是为了保证信息产品对于决策支持的有效性。

（4）定量化原则　建设工程产生的信息不应该是项目实施过程中产生数据的简单记录，而应该是经过信息处理人员比较与分析的结果。

（5）高效处理原则　通过采用高性能的信息处理工具（建筑施工项目信息管理系统），尽量缩短信息在处理过程中的延迟，项目管理者的主要精力应放在对处理结果的分析和控制措施的制定上。

（6）可预见原则　建设工程产生的信息作为项目实施的历史数据，可以用于预测未来的情况，项目管理者应通过采用先进的方法和工具为决策者制定未来目标和行动规划提供必要的信息。例如，通过对以往进度执行情况的分析，对未来可能发生的工期情况进行预测，作为采取事先控制措施的依据，这在建筑施工项目管理中是十分重要的。

10.2.3 建筑施工项目信息管理的基本内容

建筑施工项目信息管理的基本内容包括建立信息的分类编码系统、明确信息流程和进行信息处理。

1. 建立信息的分类编码系统

（1）信息分类编码的原则与方法　在信息分类的基础上，可以对项目信息进行编码。信息编码是将事物或概念（编码对象）赋予一定规律性的、易于计算机和人识别与处理的符号。它具有标识、分类、排序等基本功能。项目信息编码是项目信息分类体系的体现。

对项目信息进行编码的基本原则包括：

1）唯一性。它是指虽然一个编码对象可有多个名称，也可按不同方式进行描述，但是，在一个分类编码标准中，每个编码对象仅有一个代码，每一个代码唯一表示一个编码对象。

2）合理性。它是指项目信息编码结构应与项目信息分类体系相适应。

3）可扩充性。它是指项目信息编码必须留有适当的后备容量，以便适应不断扩充的需要。

4）简单性。它是指项目信息编码结构应尽量简单，长度尽量短，以提高信息处理的效率。

5）适用性。它是指项目信息编码应能反映项目信息对象的特点，便于记忆和使用。

6）规范性。它是指在同一项目的信息编码标准中，代码的类型、结构及编写格式都必须统一。

（2）项目信息编码的方法　项目信息编码有如下方法：

1）顺序编码法。顺序编码法是一种按对象出现的顺序进行编码的方法，就是从001（或0001、00001等）开始依次排下去，直至最后。

2）分组编码法。这种方法也是从头开始，依次为数据编号。但在每批同类型数据之后留有一定余量，以备添加新的数据。这种方法是在顺序编码基础上的改动，也存在逻辑意义不清的问题。

3）多面编码法。一个事物可能具有多个属性，如果在编码的结构中能为这些属性各规定一个位置，就形成了多面码。该方法的优点是逻辑性能好，便于扩充。但代码位数较长，会有较多的空码。

4）十进制编码法。该方法是先把编码对象分成若干大类，编以若干位十进制代码，然后将每一大类再分成若干小类，编以若干位十进制代码，依次下去，直至不再分类为止。例如，图10-2所示的建筑材料编码体系所采用的就是这种方法。

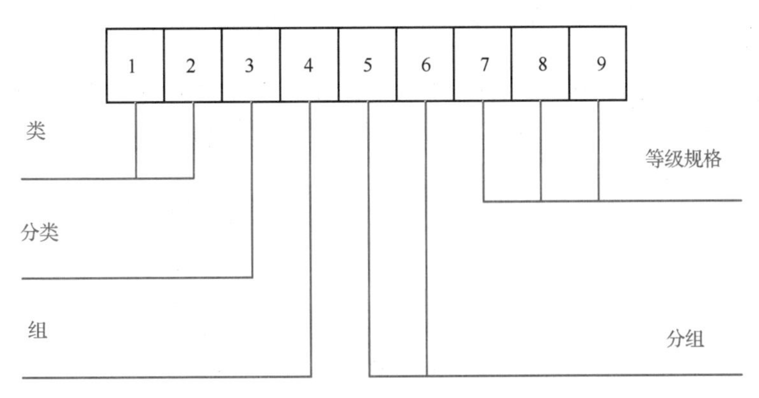

图10-2　建筑材料编码体系

采用十进制编码法，编码、分类比较简单，直观性强，可以无限扩充下去。但代码位数较多，空码也较多。

5）文字编码法。这种方法是用文字表明对象的属性，其文字一般用英文编写或用汉语拼音的字头。这种编码的直观性较好，记忆、使用也都方便。但当数据过多时，单靠字头很容易使含义模糊，造成错误的理解。

上述几种编码方法，各有其优缺点，在实际工作中可以针对具体情况而选用适当的方法，有时甚至可以将它们组合起来应用。

（3）建筑施工项目信息编码举例　建筑施工项目中常用的编码有项目结构编码、项目管理组织结构编码、项目的政府主管部门和各参与单位编码（组织编码）、项目实施的工作项编码（项目实施的工作过程的编码）、项目的投资项编码（业主方）、项目的成本项编码（施工方）、项目的进度项（进度计划的工作项）编码、项目进展报告和各类报表编码、合同编码、函件编码、工程档案编码等。这些编码的基础是项目结构图和项目结构编码。

在建筑施工项目中常采用树状形式表示整个编码结构，如图 10-3 所示，第一级代码代表整个工程成本，第二级代码代表单位工程成本，第三级代码代表该单位工程下的分部工程成本，第四级代表各分项工程成本，第五级将分项工程成本进一步细分为人工费、材料费、机械费等费用条目。

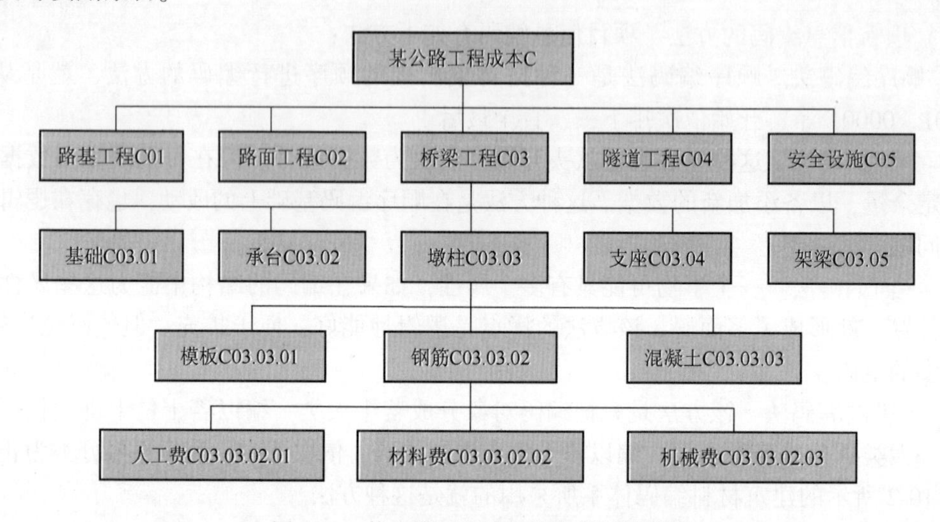

图 10-3　某公路工程成本信息编码示意图

图 10-4 是某国际会展中心进度计划的一个工作项的综合编码，由五个部分（五段）组成，其中第 3 段有 4 个字符（C1、C2、C3、C4）是项目结构编码。一个工作项的综合编码由以下 13 个字符构成：

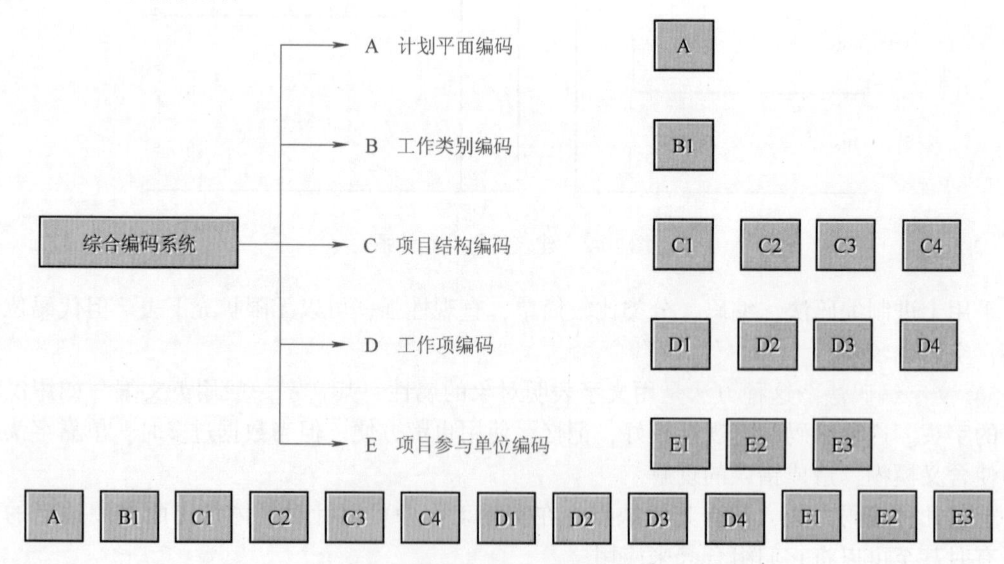

图 10-4　某国际会展中心进度计划的工作项综合编码

1）计划平面编码1个字符。如A表示总进度计划平面的工作。

2）工作类别编码1个字符。如B1表示设计工作。

3）项目结构编码4个字符。

4）工作项编码4个字符。

5）项目参与单位编码3个字符。如E1表示甲设计单位，E2表示乙设计单位，E3表示丁施工单位等。

2. 明确信息流程

（1）建筑施工项目信息流程　信息流程反映了建筑施工项目上各有关单位及人员之间的关系。显然，信息流程畅通，将给建筑施工项目信息管理工作带来很大的方便和好处。相反，如果信息流程混乱，则信息管理工作是无法进行的。为了保证建筑施工项目管理工作的顺利进行，必须使信息在施工管理的上下级之间、有关单位之间和外部环境之间流动，这称为“信息流”。需要指出的是，信息流不是信息，而是信息流通的渠道。建筑施工项目的信息流程结构图如图10-5所示，它反映了建筑施工项目各参与单位之间的关系。

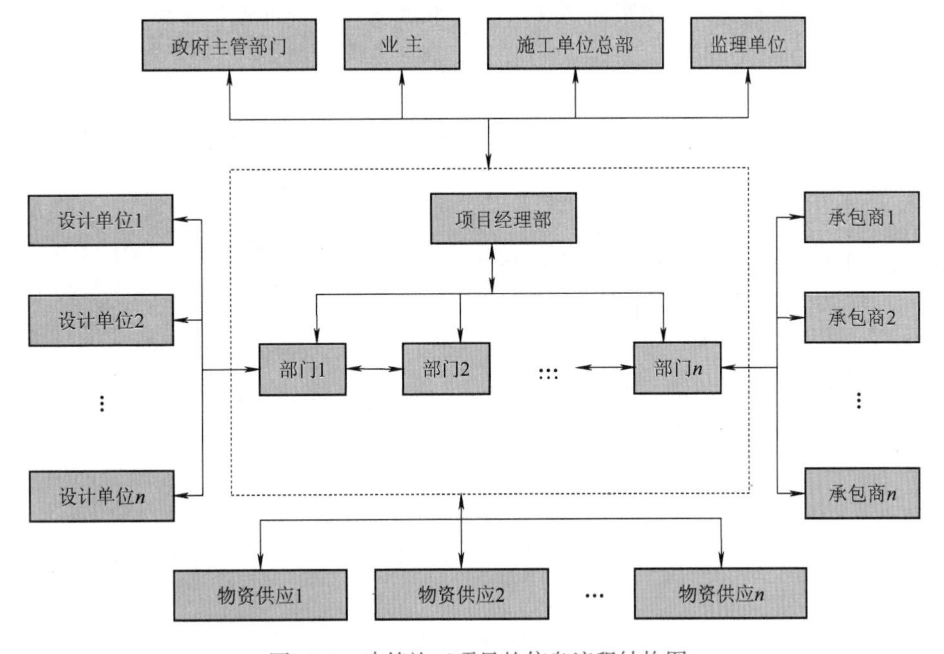

图10-5　建筑施工项目的信息流程结构图

在建筑施工项目管理中，通常接触到的信息流有以下几种：

1）管理系统的纵向信息流。包括由上层下达到基层，或由基层反映到上层的各种信息关系。其中自上而下的信息流是指自主管单位、主管部门、业主以及项目经理开始，流向项目工程师、检查员乃至个人、班组的信息，或在分级管理中，每一个中间层次的机构向下级逐级流动的信息，主要是命令、指示、办法、规定、业务指导意见、通知等。自下而上的信息流通常是指各种实际工程的情况信息，由下逐级向上传递，这个传递不是一般的叠合（装订），而是经过归纳整理形成的逐渐浓缩的报告，可以是报表、原始记录数据、统计资料和情况报告等。

2）管理系统的横向信息流。包括同一层次、各工作部门之间的信息关系。这种信息是由于分工不同而各自产生的，但为了共同目标又需要相互协作、互通有无或相互补充，有了横向信息，各部门之间就能做到分工协作，共同完成目标。许多事例表明，在建筑施工项目管理中往往由于横向信息不通畅而造成进度拖延。例如，材料供应部门不了解工程部门的安排，造成供应工作与施工需要脱节，因此加强横向信息交流十分重要。

3）外部系统的信息流。包括同建筑施工项目其他有关单位及外部环境之间的信息关系。它分为由外界输入的信息，如环境信息、物价变动信息、市场状况信息以及系统（如企业、政府机构等）给项目的指令、对项目的干预等；以及由项目向外界输出的信息，如项目状况的报告、请示、要求等。

上述三种信息流都应有明晰的流线，并都要保持畅通。否则，建筑施工项目管理人员将无法得到需要的信息，从而失去控制的基础、决策的依据和协调的媒介。

（2）建筑施工项目信息报告系统

1）报告的作用

① 作为决策的依据。通过报告可以使人们对项目计划和实施状况、目标完成程度十分清楚，这样可以预见未来，使决策简单化，提高准确度。报告首先是为决策服务的，特别是上层的决策。但报告的内容仅反映过去的情况，信息滞后。

② 用来评价项目，评价过去的工作以及阶段成果。

③ 总结经验，分析项目中的问题，特别在每个项目结束时都应有一个内容详细的分析报告。

④ 通过报告去激励各参与者，让大家了解项目成就。

⑤ 提出问题，解决问题，安排后期的计划。

⑥ 预测将来情况，提供预警信息。

⑦ 作为证据和工程资料。报告便于保存，因而能提供工程的永久记录。

不同的参与者需要不同的信息内容、频率、描述、浓缩程度，所以必须确定报告的形式、结构、内容及采撷处理过程。

2）报告的要求。为了达到项目组织间顺利沟通的目的，发挥作用，报告必须符合如下要求：

① 与目标一致。报告的内容和描述必须与项目目标一致，主要说明目标的完成程度和围绕目标存在的问题。

② 符合特定的要求。这里包括各个层次的管理人员对项目信息需要了解的程度，以及各个职能人员对专业技术工作和管理工作的需要。

③ 规范化、系统化，即在管理信息系统中应完整地定义报告系统结构和内容，对报告的格式、数据结构进行标准化。在项目中要求各参与者采用统一形式的报告。

④ 处理简单化，内容清楚，各种人都能理解，避免造成理解和传输过程中的错误。

⑤ 报告的侧重点要求。报告通常包括概况说明和重大的差异说明，主要的活动和事件的说明，而不是面面俱到的。它的内容较多地考虑实际效用，而较少地考虑信息的完整性。

3）建筑施工项目中报告的种类。在工程中报告的形式和内容丰富多彩，它是人们沟通的主要工具。报告的种类很多，如：

① 按时间划分的报告，如日报、周报、月报、年报。

② 针对项目结构的报告，如工作包报告、单位工程报告、单项工程报告、整个项目

报告。

③ 专门内容的报告，如质量报告、成本报告、工期报告。

④ 特殊情况的报告，如风险分析报告、总结报告、特别事件报告等。

4）报告系统。在项目初期，建立项目管理系统时必须包括项目的报告系统。这主要解决以下两个问题：

① 罗列项目过程中应有的各种报告，并系统化。

② 确定各种报告的形式、结构、内容、数据、采撷和处理方式，并标准化。

设计报告，应先给各层次（包括上层系统组织和环境组织）的人们列表提问：需要什么信息？应从何处来？怎样传递？怎样标识它的内容？最终，建立报告目录表。

在编制工程计划时，就应当考虑需要的各种报告及其性质、范围和频次，可以在合同或项目手册中确定。原始资料应一次性收集，以保证相同的信息、相同的来源。资料在纳入报告前应进行可信度检查，并将计划值引入以便对比。原则上，报告从最底层开始，它的资料最基础的来源是工程活动，包括工程活动的完成程度、工期、质量、人力、材料消耗、费用等情况的记录，以及试验、验收、检查记录。上层的报告应在此基础上，按照项目结构和组织结构层层归纳、浓缩，做出分析和比较得到，形成金字塔形的报告系统，如图 10-6 所示。

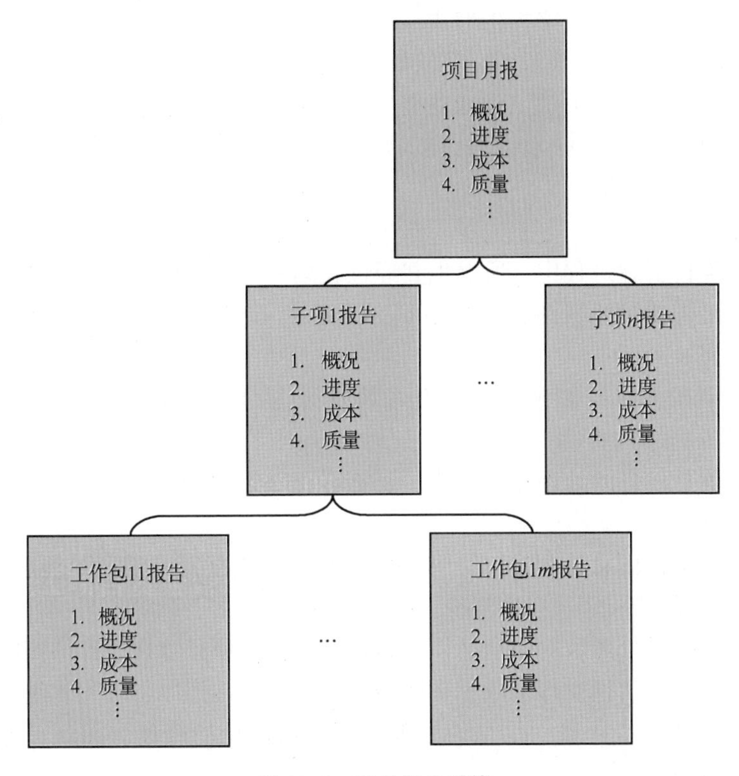

图 10-6　项目报告系统

这些报告在内容上是由下而上不断浓缩的。

（3）项目月报　项目月报是最重要的项目总体情况报告，它的形式可以按要求设计，但内容比较固定。通常包括以下内容：

1）概况。概况部分包括以下内容：

① 简要说明。在本报告期中项目及主要活动的状况，如设计工作、批准过程、招标、施工、验收状况；计划与实际工期的对比，一般可以用不同颜色和图例对比，或采用前锋线方法；总的趋向分析；成本状况和成本曲线，包括整个项目总结报告、各专业范围或各合同、各主要部门。

② 分项说明。原预算成本、工程量调整的结算成本、预计最终总成本、偏差原因及责任、工程量完成状况、支出（可以采用对比分析表、柱形图、直方图、累计曲线等形式）；项目形象进度，用图描述建筑和安装的进度；对质量问题、工程量偏差、成本偏差、工期偏差的主要原因做说明；下一报告期的关键活动；下一报告期必须完成的工作包；工程状况照片等。

2）项目进度详细说明。它需要说明以下问题：

① 按分部工程列出成本状况、实际和计划进度曲线的对比。同样采用对比分析表、柱形图、直方图、累计曲线等表达形式。

② 按每个单项工程列出以下内容：控制性工期实际和计划对比，可采用横道图的形式，其中关键性活动的实际和计划工期对比、实际和计划成本状况对比可采用对比分析表、柱形图、直方图、累计曲线等表达形式，工程状态、各种界面的状态、目前关键问题及解决的建议、特别事件说明等可采用文字报告形式。

3）预计工期计划。它需要说明：下阶段控制性工期计划，下阶段关键活动范围内详细的工期计划，以后几个月内关键工程活动表。

4）按分部工程罗列出各个负责的施工单位。

5）项目组织状况说明。

3. 进行信息处理

在建筑施工项目实施过程中，所发生并经过收集和整理的信息、资料的内容和数量相当多，同时可能随时需要使用其中的某些资料，为了便于管理和使用，必须对所收集到的信息、资料进行处理。

（1）信息处理的要求　要使信息能有效地发挥作用，在处理过程中就必须做到及时、准确、适用、经济。

所谓及时，就是信息的处理速度要快，要能够及时处理完对建筑施工项目进行动态管理所需要的大量信息。

所谓准确，就是在信息处理的过程中，必须做到去伪存真，使经处理后的信息能客观、如实地反映实际情况。

所谓适用，就是经处理后的信息必须能满足建筑施工项目管理工作的实际需要。

所谓经济，就是指信息处理采取什么样的方式，才能达到取得最大的经济效果的目的。

（2）信息处理的基本环节　信息的处理一般包括信息的收集、加工、传递、存储、分发和检索六个基本环节。

1）收集。收集就是收集建筑施工项目上与管理有关的各种原始信息，这是一项很重要的基础工作，信息处理的质量好坏，在很大程度上取决于原始数据的全面性和可靠性。因此，建立一套完善的信息收集制度是极其必要的。一般而言，信息收集制度中应包括信息来源，要收集的信息内容、标准、时间要求、传递途径、反馈的范围，责任人员的工作职责、工作程序等有关内容。

2）加工。加工就是把工程建设得到的数据和信息进行鉴别、选择、核对、合并排序、更新、计算、汇总、转储，生成满足不同需要的数据和信息，给各类管理人员使用。

3）传递。传递就是指信息借助于一定的载体（如纸张、胶片、磁带、软盘、光盘、计算机网络等），在参与项目管理工作的各部门、各单位之间进行传播。通过传递，形成各种信息流，畅通的信息流会不断地将有关信息传送到项目管理人员的手中，成为他们开展工作的依据。

4）存储。存储是指对处理后的信息的存储。处理后的信息，有的并非立即使用，有的虽然立即使用，但日后还需使用或作参考，因此就需要将它们存储起来，建立档案，妥善保管。

信息的存储一般需要建立统一的数据库，各类数据以文件的形式组织在一起，组织的方法一般由单位自定，但要考虑规范化。根据建设工程实际，可以按照下列方式组织：

① 按照工程进行组织，同一工程按照投资、进度、质量、合同的角度组织，各类进一步按照具体情况细化。

② 文件名规范化，以一定长度的字符串作为文件名。例如，按照“类别（3）工程代号（拼音或数字）（2）开工年月（4）”组成文件名，合同以HT开头，该合同为分包合同F，工程为2015年10月开工，工程代号为03，则该合同文件名可以用HT：F031510表示。

③ 各建设方协调统一存储方式，国家技术标准中有统一的代码时尽量采用统一代码。

④ 有条件时可以通过网络数据库形式存储数据，使各建设方数据共享，减少数据冗余，保证数据的唯一性。

5）信息的分发和检索。在对收集的数据进行分类加工处理产生信息后，要及时提供给需要使用数据和信息的部门。信息和数据的分发要根据需要来分发，信息和数据的检索则要建立必要的分级管理制度，一般由使用软件来保证实现数据和信息的分发、检索，关键是要决定分发和检索的原则。分发和检索的原则是：需要的部门和使用人，有权在需要的第一时间，方便地得到所需要的、以规定形式提供的一切信息和数据，而保证不向不该知道的部门（人）提供任何信息和数据。

（3）信息处理的方式　信息处理的方式一般有手工处理和计算机处理两种。

1）手工处理方式。手工处理方式是一种最为简单和原始的信息处理方式。它单纯依靠人力对信息进行手工处理。例如，在信息收集上，是依靠人的填写来收集原始数据；在信息的存储上，靠人通过档案来保存和存储资料；在信息的输出上，靠人来编制报表、文件，并靠人用电话、信函等发出通知、报表和文件。

手工处理方式对于一般工程量不大、建筑施工项目管理内容比较单一、信息量较少、固定信息较多的场合是可以适用的。

2）计算机处理方式。计算机处理方式是利用电子计算机进行信息处理的方式。电子计算机不仅可以接收、存储大量的信息资料，而且可以按照人们事先编制好的程序（如电子表格软件、项目管理软件等），自动、快速地对信息进行深度处理和综合加工，并能够输出多种满足不同管理层次需要的处理结果，同时也可以根据需要对信息进行快速检索和传输。

在建筑施工项目管理中，特别是进行建筑施工项目目标控制时，需要对工程上发生的大量动态信息及时进行快速、准确的处理，此时，仅靠手工处理方式将无法满足管理工作的要求。因此，要做好建筑施工项目管理工作中的信息处理工作，必须借助电子计算机这一现代化工具来完成。

10.3 建筑施工项目信息化管理软件

10.3.1 项目管理的发展与项目管理信息化

1. 项目管理的发展

项目管理从经验走向科学的过程，经历了漫长的历程。原始潜意识的项目管理萌芽经过大量的项目实践之后才逐渐形成了现代项目管理的理念，这一发展过程大致经历了如下几个阶段：

（1）传统项目管理阶段 这一阶段从20世纪30年代初期到20世纪50年代初期。本阶段的特征是用横道图进行项目的规划和控制。该方法直观而有效，便于监督和控制项目的进展状况，时至今日仍是管理项目尤其是建筑施工项目的常用方法。与此同时，在规模较大的建筑施工项目和军事项目中广泛采用了里程碑系统。里程碑系统的应用虽未从根本上解决复杂项目的计划和控制问题，但却为网络概念的产生充当了重要的媒介。在这一阶段，虽然人们对如何管理项目进行着广泛的研究和实践，但还没有明确提出项目管理的概念。

（2）项目管理的传播和形成阶段 这一阶段从20世纪50年代初期到20世纪70年代末期。本阶段的重要特征是开发和推广应用网络计划技术。

网络计划技术克服了横道图的种种缺陷，能够反映项目进展中各工作间的逻辑关系，能够描述各工作环节和工作单位之间的接口界面以及项目的进展情况，并可以事先进行科学安排，因而给管理人员对项目实行有效的管理带来极大的方便。网络计划技术的开端是关键线路法和计划评审技术的产生和推广应用。美国建筑业普遍认为“没有一种管理技术像网络计划技术一样，对建筑业产生那样大的影响”。日本、英国、法国、加拿大等发达国家应用网络计划技术都卓有成效。发达国家的经验表明，应用网络计划技术可节约投资10%~15%，能缩短工期15%~20%，而编制网络计划所需要的费用仅为总费用的0.1%。

早在20世纪60年代初期，我国就引进和推广了网络计划技术。华罗庚教授结合我国“统筹兼顾，全面安排”的指导思想，将这一技术称为“统筹法”，并组织小分队深入重点工程进行推广应用，取得了良好的经济效益。1965年6月6日的《人民日报》发表了华罗庚教授的《统筹方法平话》，推动了网络计划技术在全国的推广应用。

此时，项目管理有了科学的系统方法，但当时主要应用在国防和建筑业，项目管理的任务主要是强调项目的执行。

（3）现代项目管理的发展阶段 这一阶段是从20世纪70年代末至今。这一阶段的特点表现为项目管理范围的扩大，以及与其他学科的交叉渗透和相互促进。其主要特征是信息技术在项目管理中的大量应用。

进入20世纪70年代以后，项目管理的应用范围从最初的航空、航天、国防、化工、建筑等部门，广泛普及到了医药、矿山、石油等领域。计算机技术、价值工程和行为科学在项目管理中的应用，极大地丰富和推动了项目管理的发展。在这一阶段，项目管理在理论和方法上得到了更加全面、深入的探讨，逐步把最初的计划和控制技术与系统论、组织理论、经济学、管理学、行为科学、心理学、价值工程、计算机技术以及项目管理的实际结合起来，并吸收了控制论、信息论及其他学科的研究成果，发展成为一个较完整的独立学科体系。

在这个阶段，项目管理应用的领域进一步扩大，尤其在新兴产业中得到了迅速发展，如电信、软件、信息、金融、医药等。现代项目管理的任务也不仅仅是执行项目，而且还要开发、经营项目和项目完成后形成的设施或其他成果。

进入20世纪90年代，随着信息时代的来临和高新技术产业的飞速发展及成为支柱产业，项目的特点也发生了巨大变化。管理人员发现许多在工业经济时代下建立的管理方法，到了信息经济时代已经不再适用。工业经济环境下，强调的是预测能力和重复性活动，管理的重点很大程度上在于制造过程的合理性和标准化；而在信息经济环境里，事物的独特性取代了重复性过程，信息本身也是动态的、不断变化的。灵活性成了新秩序的代名词。管理人员很快发现实行项目管理恰恰是实现灵活性的关键手段。他们还发现项目管理在运作方式上最大限度地利用了内外资源，从根本上改善了中层管理人员的工作效率，于是纷纷采用这一管理模式，并将其作为企业重要的管理手段。

伴随信息技术的迅猛发展，计算机网络技术在项目管理中的应用越来越广泛，为提高项目管理效率做出了巨大的贡献。目前，如何利用信息技术建立项目信息管理系统，实现项目管理信息化已成为项目管理的发展趋势。

2. 项目管理信息化

1）项目管理信息化的含义。项目管理信息化是指在项目管理的各个活动环节，充分利用现代信息技术、信息资源和环境，建立信息网络系统，使项目的信息流、资金流、物流和工作流集成并综合，实现资源的优化配置，不断提高项目管理的效率和水平，进而提高企业经济效益和竞争能力的过程。简单地说，项目管理信息化是项目管理信息资源的开发和利用，以及信息技术在项目管理中的开发和利用。它包括信息技术在项目决策阶段的开发管理、实施阶段的项目管理和使用阶段的设施管理中的开发和应用。其功能包括：系统管理、信息交流、报表管理、软件数据交互、组织及用户管理、局域网通信、互联网传输等功能模块。

项目管理信息化属于领域信息化的范畴，和企业信息化也有联系。我国建筑业和基本建设领域应用信息技术与发达国家相比，尚存在较大的差距，反映在信息技术在建筑施工项目管理中应用的观念上，也反映在有关的知识管理上，还反映在有关技术应用方面。

2）项目管理信息化的发展趋势。项目管理信息化一直伴随着信息技术的发展而发展，自20世纪70年代开始，信息技术经历了一个迅速发展的过程，信息技术在项目管理中的应用也经历了如下的发展过程：

① 20世纪70年代，单项程序的应用，如工程网络计划时间参数的计算程序、施工图预算程序等。

② 20世纪80年代，程序系统的应用，如项目管理信息系统（PMIS）、设施管理信息系统等。其主要特征是蕴含项目管理的理念和方法，是业务层的项目管理标准平台。这一时期，计算机广泛应用于建筑业领域，涉及计算机辅助设计（CAD）、投资控制、进度控制等。

③ 20世纪90年代，程序系统的集成，它是随着建设项目管理的集成而发展的，如项目总控信息系统（PCIS）。其主要特征是基于挣值的管理理念和方法，是管理层的项目管理监控系统。

④ 20 世纪 90 年代末期至今，基于网络平台的建设项目管理，其中项目信息门户（PIP）、建设项目全生命周期管理是重要内容。这也是项目管理信息化的发展方向，主要特征是基于沟通管理的理念和方法，是所有项目利益相关者的工作门户。项目信息门户是一个基于 Internet（因特网）的在线协同作业平台。概括来说，其主要功能包括四个方面，即项目资料完整信息的存储中心、项目成员协同作业的沟通平台、项目进展动态跟踪的检查手段和版本控制浏览批注的实施工具。它为项目管理者提供服务，主要用于项目管理过程中的信息交流、文档管理和工作协调。

3）项目管理信息化的意义。项目管理信息化有助于减少浪费，提高生产率。随着信息及通信技术在各个行业中的应用，各个行业的生产效率大幅度的提高，但建筑业依然固守着传统的生产方式和管理方式，由于建筑施工项目管理工作方式和工作手段的落后给建筑业带来了很多浪费，降低了建筑业的生产效率。根据美国《经济学家》杂志 2000 年刊登的有关资料表明：一个典型的 1 亿美元的建设项目在实施过程中会产生 15 万份左右独立的文档或资料（包括设计文件、合同文件、采购文件、资金申请单、进度计划等）；联邦快递公司每年约 5 亿美元的运输收入来自在美国国内运送工程图表及相关文件；项目建设成本仅有 1% ~2% 是与打印、复印和传真等有关的办公费用。

项目管理信息化可以减少项目信息沟通费用，提高沟通效率。由于很多建设项目地域跨度越来越大，项目参与单位分布越来越广，项目信息呈指数级增长，信息交流问题成为影响建设项目实施的主要问题。目前，信息交流手段还较为落后，使用纸质文档、电话、传真、邮政快递、项目协调会等方式作为信息交换的手段，不仅容易造成信息沟通的延迟，而且大大增加了信息沟通的费用。据国际有关文献资料介绍，建筑施工项目实施过程中存在的诸多问题，其中三分之二与信息交流（信息沟通）的问题有关；建筑施工项目 10% ~33% 的费用增加与信息交流存在的问题有关；在大型建筑施工项目中，信息交流的问题导致工程变更和工程实施的错误约占工程总成本的 3% ~5%。

信息技术在建筑施工项目管理中开发和应用的意义在于：①“信息存储数字化和存储相对集中”有利于项目信息的检索和查询，有利于数据和文件版本的统一，并有利于建筑施工项目的文档管理。②“信息处理和变换的程序化”有利于提高数据处理的准确性，并可提高数据处理的效率。③“信息传输的数字化和电子化”可提高数据传输的抗干扰能力，使数据传输不受距离限制并可提高数据传输的保真度和保密性。④“信息获取便捷”“信息透明度提高”以及“信息流扁平化”有利于建筑施工项目参与方之间的信息交流和协同工作。

在建筑施工项目管理中，许多有价值的组织类信息、管理类信息、经济类信息、技术类信息和法规类信息将有助于项目决策期多种可能方案的选择，有利于建筑施工项目实施期的项目目标控制，也有利于项目建成后的运行。因此，在建筑施工项目管理信息资源的开发和利用过程中，要充分注重知识管理，吸取类似建筑施工项目正反两方面的经验和教训。

10.3.2 P6 项目管理软件简介

1. P6 项目管理软件的发展历程

P6 项目管理软件的前身为 P3（Primavera Project Planner），它是由美国 Primavera 公司所开发的项目管理商业软件，主要用于工程计划管理。该软件比较切合工程实际，功能完备，可用于对项目进度计划、资源、成本进行动态管理和控制，以实现既定的项目管理目标。而且，它在计划制订、成本控制、资源处理、任务跟踪、图表输出等方面都有很强大的功能。2008年10月，Oracle（甲骨文）公司收购了Primavera，将该产品重新命名为Oracle Primavera，并在2009年升级为一系列项目管理软件产品，主要包括：Oracle's Primavera P6专业项目管理软件（Oracle's Primavera P6 Professional Project Management，Oracle P6 PPM）、Oracle Primavera P6企业级项目组合管理软件（Primavera P6 Enterprise Project Portfolio Management，Oracle P6 EPPM）等。

2. P6项目管理软件的应用现状

Primavera公司成立于1983年，具有20多年的专业项目管理经验，是世界上企业项目管理软件重要的供应商。目前在全世界已有约75 000家用户，遍布在全世界范围内的建设、咨询、制造、设计、金融服务、政府部门、高科技（通信）、石化、软件开发和公共设施等行业，形成了以柏克德公司（世界知名的工程总包商）、波音公司、英特尔公司、国际电报电话公司、惠普公司、信安金融集团、美国国防部、强生公司、中国长江三峡集团公司、科威特国家石油公司等为典型的客户群。目前市场上的主要产品为Oracle's Primavera P6系列软件。

在我国，P6软件也得到了相当程度的推广应用，尤其是在一些重大建筑施工项目和大型工程企业中得到了使用。用户中包括水电方面的三峡工程、小浪底等国家重点水利水电建设工程，石油化工方面的大庆乙烯、辽阳化纤、齐鲁45万t乙烯、燕化扩建改造和扬子乙烯等国家石油化工重点建设项目，交通方面的秦皇岛港煤码头四期、北仑港三期、江阴长江大桥和京沪高速公路（河北段）等国家重点交通工程，油田方面的大庆油田、胜利油田和塔里木油气田等国家重点石油天然气项目，火电方面的扬州第二电厂二期、珠海电厂一期扩建等国家重点火电建设项目，这些工程中许多是业主、监理和承包商统一配备了Primavera项目管理系列软件。

3. P6项目管理软件的组成模块及主要功能

（1）P6软件组成模块　P6软件基本组成模块如图10-7所示。

其中，桌面客户端可以安装的模块包括：Project Manager（PM）、Methodology Management（MM），浏览器客户端可以安装的模块包括Timesheets或者P6 web模块；服务器可以选择安装的模块包括PM、MM模块。

（2）P6软件的主要功能　P6支持多用户在同一时间内集中存取所有项目的信息，是一个集成化的解决方案，包括了基于web、C/S结构的不同模块，以满足不同角色的项目管理人员的使用需求。提供基于角色的视图来保证每个项目成员能在恰当的时间获得正确的信息并且做出正确的决策，通过这种“所见即所需”的方式来克服项目团队成员不能在重要的项目问题上通力合作的问题，确保项目目标的实现。其主要功能包括：

1）多项目管理

① 支持多项目、多用户。

② 通过企业项目结构（EPS）使得企业可按多重属性对项目进行随意层次化的组织，使得企业可基于EPS层次化结构的任一点进行项目执行情况的分析。

③ 客户/服务器结构。

④ 支持Oracle/SQL Server数据库。

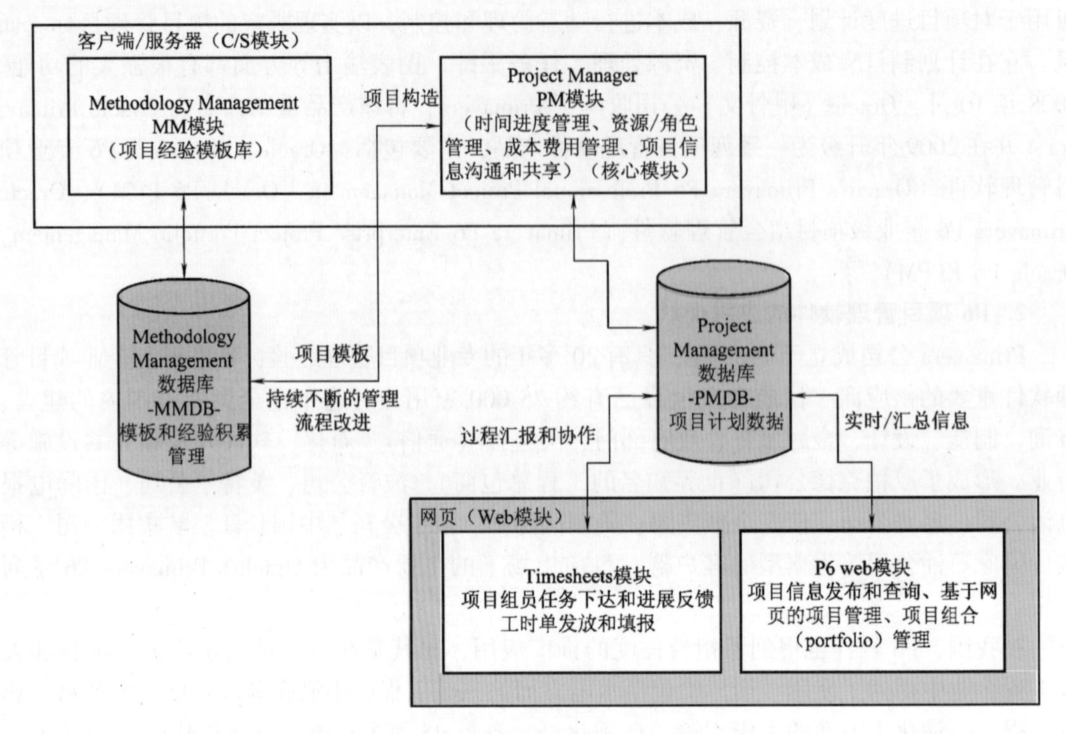

图 10-7　P6 软件基本组成模块

⑤ 整个企业资源可集中调配管理。

⑥ 个性化的基于 web 的管理模块，适用于项目管理层、项目执行层、项目经理和项目干系人之间良好的协作。

⑦ 基于 web 的报告和综合分析。

⑧ 支持“自上而下”预算分摊方式，而且这种分摊可基于 EPS 和 WBS 的任一层次。

⑨ 支持项目权重、里程碑权重、工序步骤及其权重，这些设置连同多样化的挣值技术使得进度价值的计算方法拟人化而又符合建筑施工项目管理的应用。

⑩ 进度、费用和挣值分析。

⑪ 资源需求预测和分析。

2）实现基于 web 的团队协作

① 基于 Internet 的工时单任务分发和进度采集，项目执行层可以接收来自多个项目经理分配的任务。

② 可随任务分发文档模板，执行规范说明、工作时间和工作步骤。

③ 项目管理层可以接收来自项目执行层的任务状态反馈及需要提交的“工作产品”以及 web 发布向导，可以方便快捷地建立项目网站，其中可包含工程详细信息、报告和图形。

④ 支持从企业的标准经验知识库中快速进行项目计划的初始化。

3）强大的企业资源管理

① 跨项目的资源层次分级体系。

② 图形化的资源分配及负荷分析（资源剖析表与资源直方图）。

③ 跨项目的资源调配与平衡。

④ 可基于项目角色需求进行项目团队组建。

⑤ 利用费用科目和费用类别对项目人力资源费用和非人力资源费用进行分类统计分析。

4）项目知识管理

① 利用项目构造功能快速进行项目初始化。

② 可重复利用的企业的项目模板。

③ 可进行项目经验和项目流程的提炼。

④ 对已完成的项目进行经验总结，实现企业的“最佳实践”。

5）What-if 分析与问题管理。通过工期、费用变化临界值设置和监控，对项目中出现的问题自动报警，使项目中的各种潜在“问题”被及时发现并得到解决。

6）与其他项目管理软件的数据转换

① P6 与 Microsoft Project 间的导入与导出。利用 PM 模块中的“导入与导出”选项实现在 PM 模块与 Microsoft Project 间进行数据传输。利用 PM 的“导入”“导出”功能可以导入与导出的 Microsoft Project 文件格式包括 MPP、MPX、MPD、MDB 和 MPT 等。

② 与 Microsoft Excet 的数据转换。P6 可以与 Excel 格式的文件进行项目数据的交换，即可以导出与导入 Excel 格式的数据文件，这样不仅大大方便了不同系统的数据交换，而且为历史数据的导入也提供了一种简便的方法。

（3）P6 的角色化设计模块及其功能　为了提高项目管理效率，必须让不同的管理人员使用不同的管理工具，为此 P6 采用了项目管理角色模块化的设计思路。P6 主要由 5 个相互独立又相互依存的角色模块组成，如图 10-8 所示。它们分别是：Methodology Management（简称 MM，基于 C/S 结构的组件）模块、Project Manager（简称 PM，基于 C/S 结构的组件）模块、Project Analyst（简称 PA，基于 C/S 结构的组件）模块、Progress Report（简称 PR，基于 web 的组件）模块和 My Primavera（简称 PV，基于 web 的组件）模块。

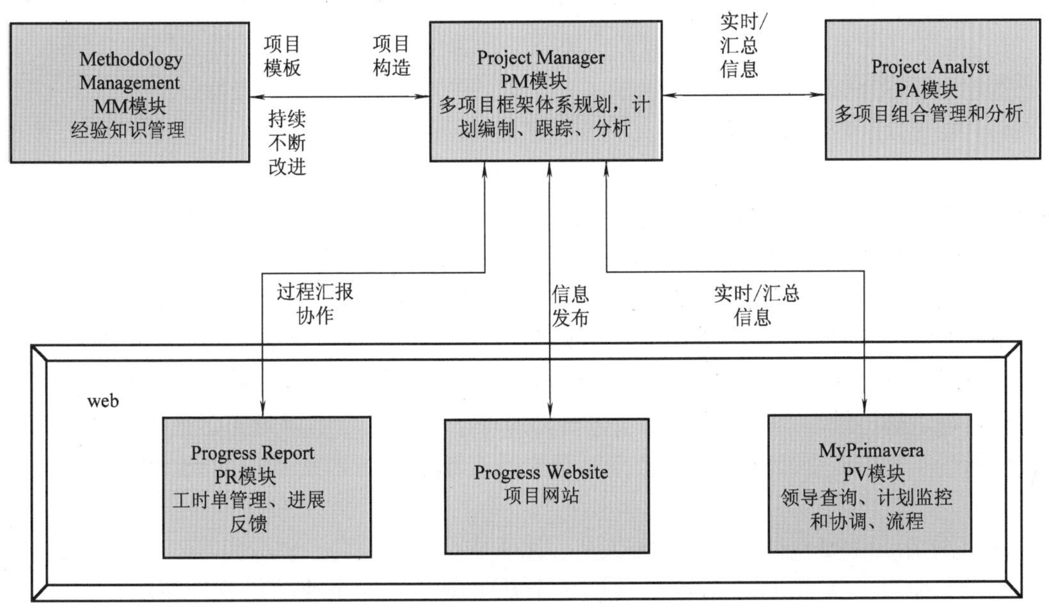

图 10-8　P6 软件角色化设计模块构成图

1）MM 模块。MM 模块用来生成和储存项目经验知识库或者参照项目。项目管理者可以选择、合并或修改项目经验知识库来创建项目计划，参照项目通过项目构造向导导入 PM 模块。通过这种方式企业可以持续实现项目或作业方法与知识的积累，不断提升企业的项目管理水平和项目计划制订的效率。

在 PM 中创建新项目时，可以运行项目构造，直接调用 MM 参照项目来创建。这样做可以将标准的经验方法进行反复的使用和提炼，提高企业的知识管理水平，加快项目计划的创建步伐。

MM 主要使用人员包括：企业标准化人员和计划控制工程师等。

2）PM 模块。PM 模块使用户能够跟踪和分析项目的绩效。它具备开展多用户、多项目、多层级的进度与资源管理的能力，根据角色和技术特征来安排资源，对项目实际数据进行记录，可以生成多样化的视图，还可以使用用户自定义数据项。这一模块适用于同时管理多个项目，需要多用户介入的跨部门、跨组织的项目组织使用。该模块同时提供集约化的资源管理功能。PM 的主要功能有以下几个方面：

① 企业级功能。包括企业级数据库的建立，全局数据的分配，用户对所有数据的存取权限的配置以及部分 P6 产品模块的使用权限的配置。

② 项目级功能。在项目层次上利用 PM 模块可以实现的功能包括项目级数据项的建立与分配，项目计划的制订、计划的跟踪分析以及计划的更新与维护等。

PM 的主要使用对象为：专职计划控制工程师、项目经理、专职费用控制工程师、费用控制经理、资源经理和部门经理等。

3）PA 模块。该模块是一个对企业内所有项目进行组合分析与报告的工具。PA 使用的数据全部来自于 PM 使用的数据（PA 和 PM 使用的是同一个数据库），在分析时可以选择是使用汇总数据还是即时数据，前者是在 PM 中进行汇总后形成的，而后者则是即时读取 PM 中项目的数据，但在即时汇总时会占用机器的系统资源。

其主要使用人员包括：项目群总监、项目群经理、项目经理、专职计划控制工程师、专职成本控制工程师和资源经理等。

4）PR 模块。PR 模块主要包括工时单（Timesheets）。

Timesheets 是 Primavera 公司提供的基于 web 的项目交流与任务跟踪系统。使用者为项目参与者即项目组员。工时单帮助项目组员将注意力集中于即将到来的工作，工时单由有权限的项目管理人员在 PM 模块中进行设置，工时单用户通过填写作业的实际开始日期、实际完成日期和期望完成日期等体现作业执行情况的数据供有审批权限的管理人员进行审批。批准工时单的通常为有相应权限的资源经理或项目经理，项目经理或资源经理在审核其组员提交的工时单时，可以在 PM 的审批工时单的窗口中查看到所有归其负责的工时单及相关信息，并可以进行审核、批准、驳回和与组员进行沟通等工作。一旦本期的工时单审批全部完成，就可以执行本期进度更新的操作，将工时单中的资源实际工时更新应用到 PM 的项目计划中去。

PR 的使用者主要包括：项目实施人员、团队成员、承包商、供应商等。

5）PV 模块。PV 是 Primavera 公司的一个基于浏览器的企业项目管理模块，它可以在 web 下实现项目的启动与创建、项目纲要计划的编制、项目资源的分配、文档管理、沟通与协作管理、企业资源需求分析、作业完成情况反馈、项目组合管理与分析、项目执行情况与挣值分析以及项目问题的报告与发布等。每一位 PV 用户均能够定制自己的个人工作区域页面，通过定制个性化的工作区域便于用户对与他们角色相关的特定项目或特定类别的项目进行分析。

主要使用对象为：项目群总监、资源经理、项目群经理以及团队领导等。

4. P6 中的项目管理内容和方法

P6 系统业务设计的理论及方法基础是《项目管理知识体系指南 PMBOK》，因此应用实施 P6 项目管理系统，成为企业提高项目管理效率与国际项目管理方法接轨的捷径。

P6 的项目管理内容涵盖了《项目管理知识体系指南 PMBOK》中的十大知识领域和五大过程组，可以基于用户的项目信息和不同管理角色任意定制软件界面。如项目管理与企业领导层的界面设计、项目管理用户界面定制等，通过界面定制便于管理项目立项、授权、进度计划编制等。

P6 采用《项目管理知识体系指南 PMBOK》中的项目管理工具和技术，以项目静态目标计划为管理基线，通过对项目六大制约因素：范围、进度、资源、成本、质量、风险的管理，对计划实际执行状态进行偏差控制，实现项目目标，如图 10-9 所示。

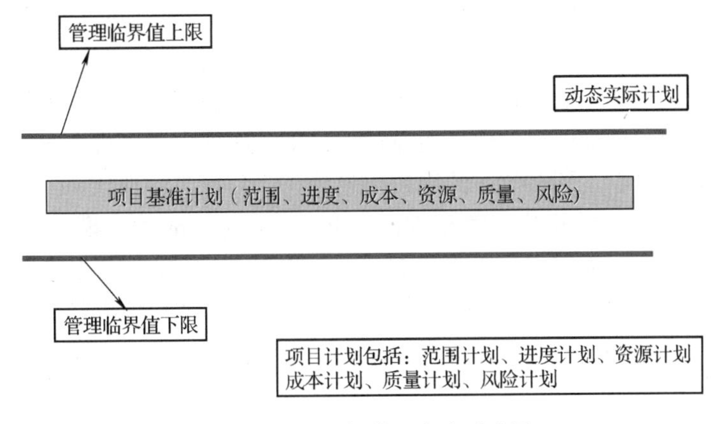

图 10-9　P6 目标管理方法示意图

10.3.3　Project 软件简介

1. Project 软件的发展历程

Microsoft Project（或 MSP，简称 Project）项目管理软件是由微软公司开发的。

早在 80 年代中期，微软公司就研究开发出了项目管理软件 Project 的 DOS 版本。

1990 年，微软公司推出了世界上第一个基于 Windows 操作系统下的 Project 1.0 for Windows 版本，开创了一个新篇章。此后，大约每两年就有一个新版本，功能逐版增强，操作越来越简化容易。

1992 年 4 月，Project 3.0 for Windows 问世，当年在美国《PC Magazine》杂志组织的评比内容多达 280 余项的 8 个项目管理软件评比中，被编辑部推荐为最佳软件。

1994 年 4 月，微软公司推出 Project 4.0 for Windows，世界上很多大公司（如波音公司）争先选用它做项目管理。这个版本当时没有中文版。为在我国广泛推广与应用，中国科学院计算技术研究所开发了“中文伴侣”，使这个版本中文化，因此在建筑、航空、航天等领域有数百家单位应用，收到了很显著的效果。

在 Windows 95 问世后，适应这个操作系统的 Project 4.1 于 1995 年 7 月进入项目管理领域，该版本增强了在计算机网络通信方面的功能，为大型工程的现代化管理奠定了基础。

1997 年 10 月，微软公司推出了 Project 98 英文版，当年 12 月又推出了中文版。这个最新的版本为适应市场经济发展的形势，采用了许多新的项目管理思想，在机制上有重大的改进，特别是增加了在 Internet 上交流的功能，使项目管理的水平能够提高到一个新的台阶。

2000 年 4 月 3 日，微软公司宣布，Project 2000 及其配套软件—— 基于 web 的 Microsoft Project Central 的零售开始。2000 年 7 月 19 日，微软（中国）有限公司正式发布了面向项目管理的软件 Project 2000 中文版。它为知识性工作者提供更有弹性的协同计划与项目追踪的能力，并将项目的任何资讯自动、有效地传递给与项目有关的人员。Project 2000 中的新功能—— Microsoft Project Central 是一个基于 web 的协同作业工具，它让每一个与项目有关的使用者都可以进行多向沟通并存取项目资料，使得项目管理的环境更适合企业进行大型项目管理，满足多人环境下的使用。

2002 年 9 月 6 日，Project 2002 中文版正式上市。Project 2002 包括了 Microsoft Project Standard 2002（标准版）、Microsoft Project Professional 2002（专业版）以及 Microsoft Project Server 2002（服务器版）三个版本。标准版和专业版适合所有项目管理人员和项目成员使用，能协助企业经理人动态管理日程与资源、沟通项目状态，以及分析项目信息。服务器版特别为企业集中管理和分享项目的信息而设计，是第一次推出，可将企业内部标准化的项目与资源信息集中储存，以达到有效率的项目信息分享、分析与管理能力。

2003 年 10 月 21 日，微软公司宣布 Microsoft Office System 大规模投放市场。微软（中国）有限公司同时宣布，简体中文版将于 2003 年 11 月 13 日在北京正式发布。Project 2003 作为 Microsoft Office System 的集成组件出现，它包括面向单个管理人员的项目程序 Microsoft Project Standard 2003 和 Microsoft Project Professional 2003 以及 Microsoft Office 企业项目管理（EPM）解决方案。

此后，微软公司先后发布 Microsoft Office 2007 版、2010 版、2013 版和 2016 版。

鉴于 Project 2016 还未在企业大量投入使用，因此本书主要介绍 Project 2013。

2. Project 2013 的主要功能

Project 2013 分为标准版、专业版和服务器版本，分别针对不同的用户需要而设计，以满足不同用户规模和项目复杂度的要求。Microsoft Office Project Standard 2013 和 Microsoft Office Project Professional 2013 适用于需要与企业中其他人协同工作，以通过连接到 Microsoft Office Project Server 2013 来共享日程和资源的项目经理而设计；Microsoft Office Project Server 2013 适用于项目管理办公室和高管人员。另外 Project 2013 还包含了适用于团队成员的精简版，但精简版不是独立产品，仅可在通过 Microsoft Office Project Server 2013 进行管理的项目上使用。通过几个系列产品可以轻而易举地实现单项目管理、团队项目管理、企业项目管理和项目组合管理。Project 2013 主要具有以下功能：

（1）项目计划的创建与制订

1）项目日历、任务日历、资源日历、日历共享。

2）工作结构分解（WBS）的实现和规则。

3）与 Visio 配合制作树状 WBS 周期性任务。

4）从 Excel 导入任务。

5）设置任务工期、计划评审技术（PERT）、弹性工期，建立任务关联性。

6）任务信息汇总、任务层次划分。

7）里程碑计划的实现、识别关键路线、压缩工期的策略和方法。

（2）项目资源分配

1）资源库的分类和建立。

2）从 Outlook 中导入资源信息的分配策略。

3）资源工作表。

4）资源使用状况。

5）共享资源库资源使用效率及分配冲突分析和解决办法。

（3）项目成本管理

1）项目成本划分。

2）资源成本管理体系与任务成本管理体系。

3）成本信息计算，成本公式自定义。

4）现金流量成本盈余分析、BCWS、BCWP、ACWP 等指标。

5）项目 S 曲线的绘制与分析。

（4）项目的跟踪与控制

1）设置项目比较基准。

2）任务执行、进度跟踪。

3）项目的动态跟踪。

4）采集任务完成的实际数据、成本跟踪。

5）项目控制机制、项目执行状况分析。

6）项目计划调整、项目风险分析。

（5）通过视图和报表管理项目

1）横道图、网络图、跟踪图、日历图、任务及资源的分配状况图。

2）视图自定义、筛选器和分组技术的应用、项目报表制作。

（6）多重项目管理

1）项目文件合并，主（子）项目管理。

2）多项目工作环境保存。

3）项目之间关联设置、项目间共享资源。

4）群体项目管理，多项目信息汇总、分析，项目状态报告管理。

5）实现沟通管理和文档管理。

6）实现项目沟通管理的各种途径。

7）项目中心管理及项目计划、工作分配的发布。

8）项目进度及实际数据的更新、资源任务汇报、项目经理确认项目进度。

9）结合 Microsoft Office Project Server 实现基于 web 方式的项目沟通管理。

10）项目的状态报告、项目文档和问题管理。

3. Project 2013 的功能特点

Project 2013 将可用性、功能性和灵活性完美地融合在一起，提供了一些可靠的项目管理工具，以便可以更加经济有效地管理项目。通过与熟悉的 Microsoft Office System 程序、强大的报表、引导的计划以及灵活的工具进行集成，使用者可以对所有信息了如指掌，控制项目的工时、日程和财务，与项目工作组保持密切合作，同时提高工作效率。

（1）有效地管理和了解项目日程　使用 Microsoft Office Project Standard 2013 设置对项目工作组管理和客户的现实期望，以制定日程、分配资源和管理预算。通过各种功能了解日程。

（2）快速提高工作效率　项目向导是一种逐步交互式计划辅助工具，通过它可以快速掌握项目管理流程。该工具可以根据不同的用途进行自定义，它能够引导完成创建项目、分配任务和资源、跟踪和分析数据以及报告结果等操作。直观的工具栏、菜单和其他功能使用户可以快速掌握项目管理的基本知识。

（3）利用现有数据　Microsoft Office Project Standard 2013 可以与其他 Microsoft Office System 程序顺利集成。通过将 Excel 和 Outlook 中的现有任务列表转换到项目计划中，只需几次键击操作即可创建项目。可以将资源从 Microsoft Active Directory 或 Microsoft Exchange Server 通讯簿添加到项目中。

（4）构建专业的图表和图示　“报表”引擎可以基于 Project 中的数据生成 Visio 图表和 Excel 图表的模板，也可以使用该引擎通过专业的报表和图表来分析和报告 Project 中的数据。可以与其他用户共享创建的模板，也可以从可自定义的现成报表模板列表中进行选择。

（5）有效地交流信息　根据负责人的需要，轻松地以各种格式显示信息。可以设置一项日程或其他报表的格式并进行打印。使用“将图片复制到 Office 向导”，可以顺畅地将 Project 中的数据导出到 Word 中以用于正式文档，导出到 Excel 中以用于自定义图表或电子表格，或者导出到 PowerPoint 中以用于清晰演示文稿。

（6）进一步控制资源和财务　使用 Microsoft Office Project Standard 2013，可以轻松地为任务分配资源，还可以调整资源的分配情况以解决分配冲突。通过为项目和计划分配预算，可控制财务状况。通过“成本资源”，可改进成本估算。

（7）快速访问所需信息　可以按任何预定义字段或自定义字段对 Project 中的数据进行分组，这样会合并数据，使人们可以快速查找和分析特定信息，从而节约了时间。可以轻松标识项目不同版本之间的更改，可以有效地跟踪日程和范围的更改。

（8）根据需要跟踪项目　可以使用一组丰富的预定义或自定义衡量标准来帮助跟踪所需的相关数据（完成百分比、预算与实际成本、盈余分析等）。可以通过在基准（最多 11 个）中保存项目快照来跟踪项目进行期间的项目性能情况。

（9）根据需要自定义 Project 2013　可以专门针对项目调整 Microsoft Office Project Standard 2013，可以选择与项目日程集成的自定义显示字段，还可以修改工具栏、公式、图形指示符和报表。

思考与练习题

1. 什么是数据？什么是信息？两者关系如何？
2. 信息有哪些分类和属性？
3. 建筑施工项目的基本信息有哪些？

4. 建筑施工项目的信息可以分为哪几类？
5. 建筑施工项目信息管理的原则有哪些？
6. 建筑施工项目信息编码的原则与方法有哪些？
7. 建筑施工项目信息流有哪几种？
8. 建筑施工项目信息报告系统的要求有哪些？主要的建筑施工项目报告有哪些？
9. 建筑施工项目信息处理的基本环节有哪几个？
10. 简述建筑施工项目信息化的含义及其发展历程。
11. 简述 P6 软件的主要功能和构成模块。
12. 简述 Project 软件的主要功能及其特点。

第11章 建筑施工项目沟通管理

本章导读

在现代建筑施工项目中，有众多的单位参与项目建设，几十家、几百家甚至上千家，形成了非常复杂的项目组织系统。由于各单位都具有不同的任务、目标和利益，因而在项目实施过程中，都会干预项目的实施以获取自身利益的最大化，最终可能会造成各单位利益相互冲突的混乱局面。

项目管理者必须对此进行全过程、全方位有效的沟通与协调，采用适当的方法和手段，解决其不一致和矛盾，使系统结构均衡，项目顺利运行和实施。沟通与协调是有效解决各方面矛盾的重要手段，本章在论述有关项目沟通管理基本知识的基础上，特别对工程管理中沟通与协调的内容与方式、沟通计划的编制与实施、沟通障碍与冲突管理等内容进行详细的阐述。

11.1　沟通管理概述

11.1.1　沟通的概念

沟通就是信息的交流。沟通可以是通过通信工具进行的信息交流，如电报、电话、传真等；也可以是人与机器之间的交流；还可以是人与人之间的交流。项目需要有效的沟通以确保正确的项目信息能在适当的时间，以低代价的方式被合适的人所获得。

1. 沟通的基本模型

沟通的基本模型如图11-1所示，它表明了两方（发送方和接收方）之间信息的发送和接收过程。

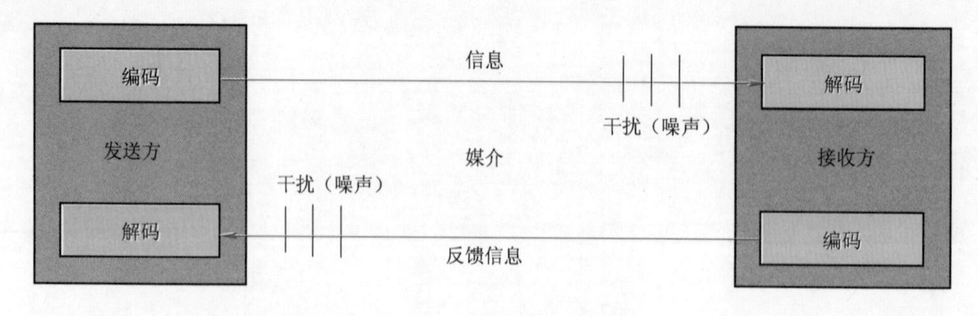

图11-1　沟通的基本模型

该沟通模型的关键组件包括：

（1）编码　将思想或概念转化为人们可以理解的语言。具体来讲，编码（Encoding）

是指信息发送方根据信息接收方的个性、知识水平和理解能力等因素，努力找出和使用信息接收方能理解的语言和编码方式将信息或想法进行编码处理。只有在完成了编码工作以后，信息发送方才能够把自己的信息或思想发送或传递给信息接收方。

（2）信息　编码过程的成果。

（3）媒介　传达信息的方法。具体有三种媒介，包括信息网络、书信文件和当面交谈。电子型信息的传递依靠各种信息网络，书面型信息的传递依靠书信文件，思想型信息的传递多数是依靠当事人的面谈。

（4）干扰　影响、干扰信息传输和理解的任何东西（如距离因素）。任何一个沟通过程都会存在干扰，这些干扰或是由于各种噪声造成的，或是由于某种环境因素造成的。如果要保证信息沟通的连续性和有效性就必须开展消除干扰的工作，所以消除干扰也是信息沟通过程中的一个十分重要的环节。

（5）解码　将信息再次转化为有意义的思想或概念。解码（Decoding）是指信息接收方对已经接收的信息编码进行形式转化和内容翻译的过程，即将接收的编码转化为可理解形式代码的信息加工工作，如将机器编码转化成自然语言，将外语翻译成中文等均属于解码的过程。

图 11-1 所示模型中内在的一项内容是确认信息的收讫。确认信息的收讫系指接收方表示收到信息，但是，并不一定表示同意信息。另外一项内容是，对信息的回应，即接收方已经将信息解码，理解了信息并就信息做出回复。

2. 沟通的主要含义

从沟通管理的角度看，沟通主要包含以下四个方面的含义：

（1）沟通要有信息的发送者和接收者　沟通是双方的行为，是一方将信息传给另一方，其目的是为了引起改变。其中，信息的发送者是改变者，而接收者是被改变者。这种改变可能包括简单的信息储存的增加、被改变者情绪的变化，甚至被改变者行为的变化。

（2）沟通要有信息　沟通过程开始于信息，但这种信息不像有形物品一样由发送者直接传递给接收者，而是必须被转换成“代码”，如语言、身体动作、面部表情和符号语言等。沟通是通过信息的传递完成的，而信息的传递则是通过一系列符号实现的。

（3）沟通要有渠道　口头沟通的渠道主要是面对面的交谈、面对大众的演讲、打电话等；而书面沟通的渠道则是通知、信函、报告书、邮件、传真等。

（4）沟通要有效　信息发送者把信息转换成代码传送出去，经过一定的沟通渠道传至接收者。如果信息没有被传递到对方，则意味着沟通没有发生；如果信息在被传递之后被接收者充分地理解，才是真正的沟通。只有当接收者感知到的信息与发送者发出的信息完全一致时，这才是一个有效的沟通过程。

11.1.2　沟通的作用

沟通是计划、组织、领导、控制等管理职能有效性的保证。有效的沟通是良好决策的必要前提，是项目活动顺利实施的重要保证，对项目的发展以及人际关系的处理、改善都存在着制约作用。

在项目管理中，通过有效沟通可以达到以下作用：

（1）使项目的目标明确，有利于项目的参与者对项目目标达成共识　通过有效的沟通可以使项目团队成员对项目目标的认识达成一致，化解成员之间的矛盾和争执，使在行动上协调一致，共同完成项目目标。

（2）建立和保持良好的团队精神　沟通使各方面、各种人互相理解，使项目组织成员不致因目标不同而产生矛盾和障碍，从而使各方面的行为一致，减少摩擦、对抗，化解矛盾，建立良好的团队组织，达到较高的组织效率。

（3）保持项目的目标、计划和实施过程的透明性和时效性　项目实施过程中面对出现的问题、困难，通过沟通可使成员有信心有准备，并能在第一时间掌握变化，提出有效的解决方案，顺利执行新的变动。

（4）体现良好的社会责任形象　推行内外的沟通和交流可以使社会的不同层次都能理解和认同组织履行社会责任的业绩，树立组织在社会责任方面的市场形象，更好地改善项目的各种管理业绩，全面提升组织的整体管理水平。

11.1.3　沟通的原则

（1）准确性原则　当信息沟通所用的语言和传递方式能被接收者理解时，这个沟通才具有价值。沟通的目的是要使发送的信息准确地被接收者理解。这看起来似乎很简单，但在实际工作中，常会出现接收者对发送者发送的非常严谨的信息缺乏足够的理解。信息发送者的责任是将信息加以综合，无论是笔录还是口述，都要求用容易理解的方式表达。这要求发送者有较强的语言或文字表达能力，并熟悉下级、同级和上级所用的语言。这样，才能克服沟通过程中的各种障碍。当然，信息接收者的精力是否集中、理解能力是否足够等因素，对信息的正确理解也会起到重要作用。

（2）完整性原则　沟通的完整性原则强调的是管理沟通过程的完整无缺。项目在确立沟通模式时，必须注意使每一个管理沟通行为过程要素齐全、环节齐全，尤其是不能缺少必要的反馈过程。只有管理沟通的过程完整无缺，管理信息的流动才能畅通无阻，管理沟通的职能才能充分实现。如果管理沟通过程本身不完整，如没有信息发送者或信息发送者不明、没有传递的沟通渠道、接收者不明、缺乏必要的反馈等，则管理沟通必然受阻。

（3）及时性原则　在沟通的过程中，不论是项目经理向下级沟通信息，还是下级主管人员或员工向项目经理沟通信息，除注意到准确性、完整性原则外，还应注意及时性原则。这样可以使组织新近制定的政策、组织目标以及人员配备等情况尽快得到下级主管人员或员工的理解和支持，同时可以使项目经理及时掌握下属的思想、情感和态度，从而提高管理水平。在实际工作中，信息沟通常因发送者不及时传递或接收者的理解、重视程度不够，而出现事后信息，或从其他渠道了解信息，使沟通渠道起不到正常作用。当然，信息的发送者出于某种意图，而对信息交流进行控制也是可行的，但在达到控制的目的后应及时进行信息的传递。

11.1.4　项目沟通管理的概念

项目沟通管理就是为了确保项目信息合理收集和传输，以及最终处理所需实施的一系列过程。它包括为了确保项目信息及时适当地产生、收集、传播、保存和最终配置所必需的过程。

项目的沟通管理，具有系统性和复杂性两大特性。

（1）系统性　项目的沟通管理是一种系统化的过程。沟通管理的目的是要保证项目信息及时、准确地提取、收集、分发、存储、处理，保证项目组织内外信息的畅通。在项目组织内，沟通是自上而下或者自下而上的一种信息传递过程。这个过程关系到项目组织团队的目标、功能和组织机构各个方面。同样，与外部的沟通也很重要。项目的沟通管理在参与项目的人员与信息之间建立了联系，成为项目各方面管理的纽带，对取得项目成功是必不可少的。

（2）复杂性　现代建筑施工项目规模大，参加单位多，各参与者（如发包人、承包人、项目经理、技术人员等）有不同的利益、动机和兴趣，且有不同的出发点，对项目也有不同的期望和要求，对目标和目的性的认识更不相同，因此项目目标与他们的关联性各不相同，从而造成行为动机的不一致，这决定了项目外部关系的复杂性。

11.2　建筑施工项目沟通的对象、内容和方式

11.2.1　建筑施工项目沟通的对象

项目沟通与协调的对象应是与项目有关的内、外部的组织和个人。

项目内部组织是指项目内部各部门、项目经理部、企业和班组。项目内部个人是指项目组织成员、企业管理人员、职能部门成员和班组人员。

项目外部组织和个人是指建设单位及有关人员、勘察设计单位及有关人员、监理单位及有关人员、咨询服务单位及有关人员、政府监督管理部门及有关人员等。

项目组织应通过与各相关方的有效沟通与协调，取得各方的认同、配合和支持，达到解决问题、排除障碍、形成合力、确保建设工程项目管理目标实现的目的。

11.2.2　建筑施工项目沟通的内容

在整个项目实施过程中，应注重项目内、外部组织和个人的沟通与协调。从建设项目管理单位和施工单位的角度，建筑施工项目管理沟通和协调的内容包括：

1. 建筑施工项目管理单位的沟通内容

（1）与地方政府部门的沟通　地方政府及其职能部门与所在地建设项目管理单位的关系是行业上管理与被管理、协调与被协调的关系。在项目管理中，建设项目管理单位要特别注意处理好与有关的地方政府及其职能部门的协调沟通。无论是什么项目，都离不开地方政府或一些企事业单位的支持与配合，如建委、规划、环保、消防、防疫、土地、工商、税务、财政、审计、电业、邮电、水利、交通、银行、商业、公安等。在处理与地方政府及其职能部门等单位的关系中，应遵循以下原则：

1）主动依靠地方政府，尊重地方有关部门。建设项目管理单位不应等出现问题以后，才想到地方政府，应在项目建设的前期，主动将项目概况及对地方发展的作用，向各级政府及有关部门做详细汇报，求得理解和支持，并主动接受地方政府的管理。

2）主动征求地方政府意见，树立为地方服务思想。项目的建设离不开地方政府的支持，同时项目建设还应当考虑能够为地方经济发展带来的贡献与作用。因此，建设项目管理单位在向地方政府寻求支持、照顾的同时，还应当树立为地方服务思想，主动征求地方政府

的意见，承担企业应尽的社会责任。

3）熟悉地方规定，搞好地方关系。建设项目管理单位人员不仅要掌握工程建设业务知识，还应熟悉地方有关部门和企业的有关规定，特别是一些地方法规、办事程序、各种收费标准以及有关办事人员的情况，做到心中有数。

（2）与投资方有关单位的沟通　在建设项目管理上，投资方与建设项目管理单位的关系是委托管理与被委托管理的关系。在这个过程中，项目管理单位应对投资方委派或委托的工作认真负责，无论是国家投资的项目，还是企业投资的项目或者是联合投资的项目，都应管好投资，用好投资，发挥投资效益，对投资方负责。

此外，建设项目管理单位还应加强与投资方相关部门的联系。目前建设项目立项、规模标准、概算审查、定额取费标准、筹资等职能分别由不同的部门负责，建设项目管理单位应加强与上述单位的协调沟通，不仅要争取立项，争足投资，还要想方设法列入年度投资计划，使资金按季、按月到位，保证建设项目资金需要。

（3）与设计单位的沟通　设计单位是工程建设的重要参与方，设计方案和施工图是施工生产活动展开的依据。建筑物的使用功能是否齐全、外形是否美观、结构是否合理、造价能否控制，在很大程度上取决于设计单位。建设单位应运用自己的技术和工程实践经验帮助设计单位优化设计方案。需要指出的是，设计方案的优化往往是仁者见仁，智者见智，每个设计者都有自己的设计思路和习惯性思维，建设单位人员应与设计人员经常沟通，不符合《工程建设强制性条文》之处的必须推倒重来，其余的问题则可在尊重设计思路的基础上认真切磋，寻求最佳方案。

（4）与施工单位的沟通　施工单位是建设工程的实施者，最终产品是经他们的手创造出来的，施工单位又是建设单位的主要工作对象，应该列为沟通的主要目标。建设单位沟通管理人员要通过与施工单位的沟通，让对方领会建设单位的建设意图，理解设计单位的设计思路；帮助施工单位根据工程特点，发挥自己企业的优势，有针对性地做好施工组织设计和重点部位、重点工序的施工方案，合理组织劳动力、材料、设备，组建好内部的质量保证体系和安全生产保证体系，圆满完成施工任务。

（5）与质量监督、建设监理的沟通　建设项目管理单位，除应加强自身管理外，还应主动接受质量监督和工程审计，并充分发挥建设监理的作用。

质量监督是现阶段适合我国国情的一种强制性的质量控制手段，是代表政府监督工程质量的一项制度。项目管理单位对所管工程（包括已办理委托监理的工程）要主动地办理工程质量监督委托手续。委托质量监督以后，项目管理单位亦应加强质量检查工作，共同把好质量关。

建设监理是市场经济的产物，是国际通用的有效的管理手段。现阶段国内侧重实施阶段建设监理。项目管理单位应主动择优委托或采用招标方式选择建设监理并积极支持建设监理的工作，不仅让监理人员控制工程质量，还应让监理人员控制投资、控制工期，充分发挥建设监理作用。

2. 建筑施工项目施工单位的沟通内容

（1）项目经理部的内部沟通　项目经理所领导的项目经理部是项目组织的核心。通常，项目经理部直接控制资源并由职能人员具体实施控制。项目经理和职能人员之间及各职能人员之间存在着共同的责任。他们之间应该具有良好的工作关系，应当经常进行沟通和协调。

在项目经理部内部的沟通中，项目经理起着核心作用。如何进行沟通以协调各职能工作、激励项目经理部成员，是项目经理的重要课题。项目经理应该从心理学、行为学等角度激励各个成员的积极性。虽然项目经理没有给项目成员提升的权力，但是通过有效的沟通，采取一系列的有效措施，同样可以使项目成员的积极性得到提高。

（2）项目经理与职能部门的沟通　项目经理与组织职能部门经理之间的沟通与协调十分重要。职能部门对项目提供持续的资源和管理工作支持，因此，项目经理应该与向项目提供资源和服务的关键职能部门经理，就项目的执行计划进行沟通，交换意见，以获得这些关键职能部门经理的支持，保证项目的顺利实施。而如果当项目经理与职能部门经理沟通协调不及时、产生矛盾后，项目经理将矛盾上交，到企业的高层处寻求解决，这样常常更会激化两个经理之间的矛盾，使以后的沟通更加困难，会影响到项目的实施。

（3）项目经理部与发包人的沟通　项目经理部与发包人的沟通即与业主的沟通。业主代表项目的所有者，对项目具有特殊的权利，项目经理部必须服从业主的决策、指令和对工程项目的干预。要取得项目的成功，必须获得业主的支持和理解。很多情况下，建筑施工项目管理单位多由业主组建或委托，承担大部分发包人的职责。两者有时重叠。

项目经理必须认真研究业主的需求、研究项目目标和任务范围，只有项目经理理解了业主的意图和目标，项目才有可能取得成功。如果项目经理对目标及任务认识不完整甚至出现偏差，则会给项目实施造成很大困难。因此，应多向业主解释说明，使业主理解项目实施的过程。在业主做决策时，项目经理要向他提供充分的信息，使其了解项目的全貌，项目实施状况、方案的利弊得失及对目标的影响。此外，还要充分尊重业主，随时通报情况并及早通知业主应由其完成的工作。业主和项目管理者双方理解得越深，对对方的期望越清楚，则争执就越少。

（4）项目经理部与监理单位的沟通　在我国现有的管理体制下，监理单位受业主的委托，对施工单位的生产活动进行监督与管理。从理论上讲，业主、监理单位和施工单位三方的总体目标是一致的。建筑施工项目的实施中，监理单位一般会要求总承包单位在工程质量、进度、效益等方面制定具体目标。因此，项目经理首先应积极地与其沟通，取得监理的支持与理解；其次，在尊重监理意见的同时，充分利用自己团队技术力量全面、施工和现场管理经验丰富的优势，制订各种具体的、合理的实施方案，取得他们的认可，正确处理好项目施工时局部目标与整体目标的关系。项目经理与监理沟通的质量，对项目的成败和各项目标的实现起着十分关键的作用。

（5）项目经理部与设计单位的沟通　项目经理部与设计单位关系的协调准则是使施工活动取得设计单位的理解和支持，特别是在设计交底、图样会审、设计变更、地基处理、隐蔽工程验收和竣工验收等环节应与设计单位密切配合，尽量避免冲突和矛盾，如果出现问题应及时协商或接受业主和监理单位的协调。

11.2.3　建筑施工项目沟通的分类

1. 按沟通方式分类

沟通按沟通方式的不同，可分为语言沟通与非语言沟通。

（1）语言沟通　语言沟通主要包括口头沟通和书面沟通两种方式。

1）口头沟通。沟通中绝大部分信息是通过口头传递的。口头沟通是所有沟通形式中最直接的方式。口头沟通的方式灵活多样，既可以是两人间的娓娓交谈，也可以是群体辩论；既可以是正式的磋商，也可以是非正式的聊天。一般而言，口头沟通最常见的方式是说话、听话、交谈和演讲。

口头沟通的优点很多：

① 快速传递和及时反馈。

② 感染力强。

③ 增强沟通效果等。

当然，口头沟通也存在缺点：

① 信息在传递过程中存在失真的可能，这是由于环境噪声的程度以及接收者的过滤系统不同，而使接收者接收的信息与发送者传递的信息可能存在偏差。

② 交谈内容松散，有时可能变成闲聊，浪费时间。

③ 大多数的口头沟通没有书面记录，不利于信息的储存和查阅。

④ 口头沟通可能打断沟通者的工作，有时候不太方便。

2）书面沟通。书面沟通是指一切以阅读和写作为基础的传递、接收书面文字或符号的沟通形式。在项目管理中，书面沟通方式主要包括便函、报告、建议书、布告牌、工作说明、海报、员工手册、电子布告栏、实时通信等。书面沟通由于两个或多个沟通者互相看不见，不能立即得到反馈，所以是非直接性的。

书面沟通的优点主要体现在：

① 提供永久记录。

② 沟通形式更加正式。

③ 传递的信息量大。

④ 比较方便，能使沟通者在一个彼此都不太紧张的情况下进行，而且信息发送者不必约束自己的情绪。

书面沟通也有其自身的缺陷，主要表现在：

① 沟通的信息需要特别仔细准确，其措辞需要认真斟酌，以避免沟通失败或效果不佳。

② 沟通的信息有案可查，有时会令人尴尬。

③ 书面沟通要求沟通者具备很好的写作技能。

表 11-1 将口头沟通与书面沟通进行了对比，可以为沟通者选择不同的沟通形式或将两者结合起来运用提供帮助。

表 11-1　口头沟通与书面沟通的对比

口头沟通	书面沟通
灵活	正规、严肃
快速传递	传递慢
反馈及时	反馈不及时
时效性差	时效性强，可长久存档
口语化	逻辑性强，条理清楚，措辞严谨
简单的句子	复杂的句子或详细的技术信息描述
情绪化，感染力强	正式化
大多没有记录	有据可查
信息失真	信息保全
直接性	间接性

（2）非语言沟通　非语言沟通是相对于语言沟通而言的一种沟通形式，它通过某些媒介而不是通过讲话或文字来传递信息。

据有关资料显示，在口头沟通中来自语言的沟通不超过 35%，65% 的沟通是以非语言形式来传达的。非语言沟通的内涵十分丰富，根据动作、表情、姿态等体态语言方式的不同可分为身体语言沟通、副语言沟通和物体操纵沟通等多种形式。

1）身体语言沟通。身体语言沟通是通过目光、面部表情、手势等身体动作语言或者静态无声的身体姿势、衣着打扮等方式来传达诸如愉快、愤怒、傲慢、腼腆、恐惧、攻击等情绪或意图，实现沟通的一种沟通形式。

2）副语言沟通。心理学家称非词汇的声音信号为副语言，最新的研究成果表明，副语言在沟通过程中起着十分重要的作用。副语言沟通是通过非词汇的声音，如说话的语调、重音、哭、笑、停顿等实现沟通的一种沟通形式。书面沟通中的副语言是通过字体变换（斜体字、黑体字等）、标点符号的特殊运用（特别需要强调的字加着重号）及印刷艺术的运用来实现的。

3）物体操纵沟通。除了运用身体语言之外，人们也能通过物体的运用、环境布置等手段进行非语言的沟通。其中，颜色就能够代表颜色以外的东西。例如，在我国，人们用红色的纸做包装代表吉祥。

2. 按信息流动方向分类

沟通按信息流动方向的不同，可分为上行沟通、下行沟通与平行沟通。

（1）上行沟通　上行沟通是指下级的意见向上级反映，即自下而上的沟通。项目应鼓励下级积极向上级反映情况，只有上行沟通渠道畅通，项目经理才能掌握全面情况，做出符合实际的决策。上行沟通有两种形式：一是层层传递，即根据一定的组织原则和组织程序逐级向上反映；二是越级反映，它指的是减少中间层次，让项目最高决策者与一般员工直接沟通。

（2）下行沟通　下行沟通是指领导者对员工进行的自上而下的信息沟通。如将项目目标、计划方案等传达给基层员工，发布组织新闻消息，对组织面临的一些具体问题提出处理意见等。这种沟通形式是领导者向被领导者发布命令和指示的过程。这种沟通方式可以实现以下五个目的：

1）明确组织的目标。

2）有关工作方面的指示。

3）提醒对于工作及其任务的关系的了解。

4）对下属提供关于程序和实务的资料。

5）对下属反馈其本身工作的绩效。

（3）平行沟通　平行沟通是指组织中各平行部门之间的信息交流。在项目实施过程中，经常可以看到各部门之间发生矛盾和冲突。除其他因素外，部门之间互不通气是发生矛盾和冲突的重要原因之一。保证平行部门之间沟通渠道畅通，是减少部门之间冲突的一项重要措施。

3. 按基本结构分类

沟通按基本结构的不同，可分为正式沟通与非正式沟通。

（1）正式沟通　沟通的结构形式关系着信息交流的效率，正式沟通网络主要有链式、轮式、Y 式、环式、全通道式等渠道，如图 11-2 所示。

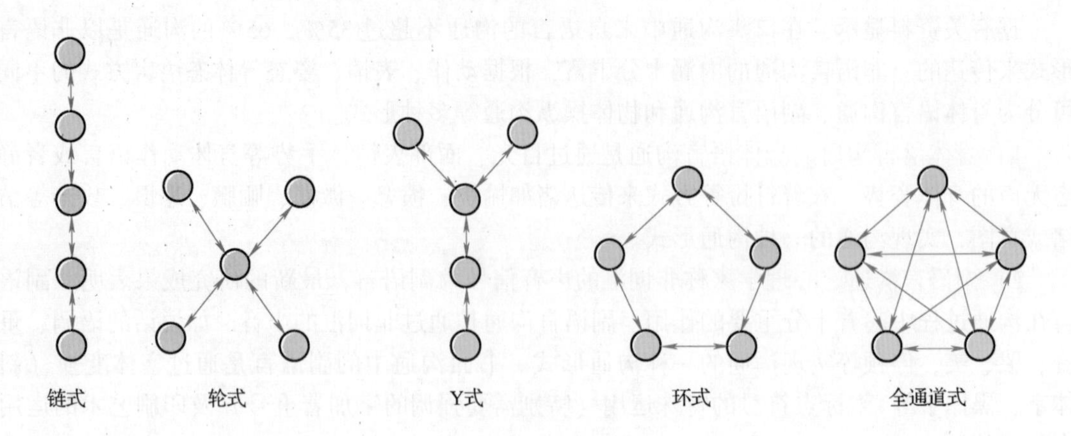

图 11-2　五种沟通渠道

图 11-2 中每一个圈可看成是一个成员或组织的同等物，每一种网络形式相当于一定的组织结构形式和一定的信息沟通渠道，箭头表示信息传递的方向。

1）链式沟通渠道。在一个组织系统中，它相当于一个纵向沟通渠道。在链式网络中，信息按高低层次逐级传递，可以自上而下或自下而上地交流。在这个模式中，有五级层次，居于两端的传递者只能与里面的一个传递者相联系，居中的则可以分别与上下两个传递者互通信息。各个信息传递者所接收的信息差异较大。该渠道的最大优点是信息传递速度快。它适用于班子庞大、实行分层授权控制的项目信息传递及沟通。

2）轮式沟通渠道。在这一渠道中，主管人员分别同下属部门发生联系，成为个别信息的汇集点和传递中心。在项目中，这种渠道大体类似于一个主管领导直接管理若干部门和权威控制系统。只有处于领导地位的主管人员了解全面情况，并由他向下属发出指令，而下级部门和基层公众之间没有沟通联系，他们只分别掌握本部门的情况。轮式沟通是加强控制、争时间、抢速度的一个有效方法和沟通渠道。

3）Y 式沟通渠道。这是一个组织内部的纵向沟通渠道，其中只有一个成员位于沟通活动中心，成为中间媒介与中间环节。

4）环式（或圆周式）沟通渠道。这种组织内部的信息沟通是指不同成员之间依次联络沟通。这种渠道结构可能产生于一个多层次的组织系统之中。第一级主管人员对第二级主管人员建立纵向联系，第二级主管人员与底层建立联系，基层工作人员之间与基层主管人员之间建立横向的沟通联系。该种沟通渠道能提高全体成员的士气，即大家都感到满意。

5）全通道式沟通渠道。这种渠道是一个开放式的信息沟通系统，其中每一个成员之间都有一定的联系，彼此十分了解。民主气氛浓厚、合作精神很强的组织一般采取这种沟通渠道模式。

巴维拉斯（Bavelas）曾对五种沟通渠道进行了实验比较，并分析了各种沟通渠道的优缺点，以及不同的沟通网络如何影响个体和团体的行为。其主要研究结果见表 11-2。

表11-2　各种沟通渠道的比较

指标＼沟通渠道	链　式	轮　式	Y　式	环　式	全通道式
解决问题的速度	适中	快	适中	慢	快
正确性	高	高	高	低	适中
领导者的突出性	相当显著	非常显著	非常显著	不发生	不发生
士气	适中	低	适中	高	高

(2) 非正式沟通　在非正式沟通中，信息常常通过社会关系从一个成员传递给另一个成员，如团队成员之间私下的交谈、小道消息等。关于非正式沟通方式对信息交流效率的影响，戴维斯（Keith Davis）曾在一家公司对67名管理人员采取顺藤摸瓜的方法，对小道消息的传播进行了研究，发现有四种传播方式，如图11-3所示。

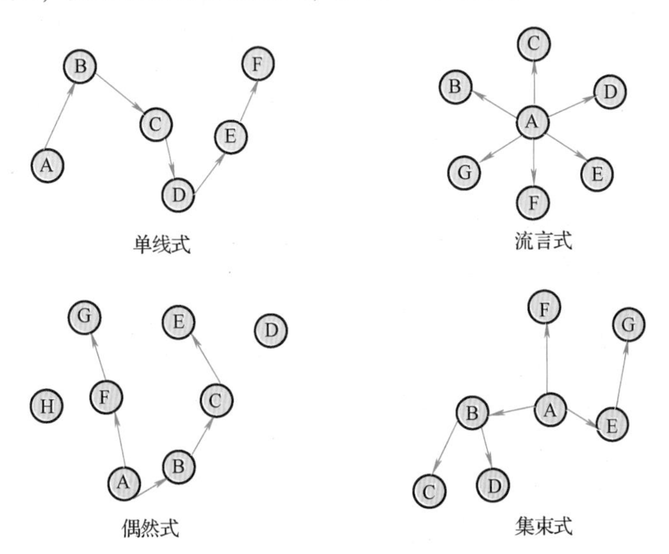

图11-3　四种非正式沟通传播方式

1）单线式。消息由A通过一连串的人传播给最终的接收者。

2）流言式。又称闲谈传播式，是由A一个人主动地把小道消息传播给其他人，如在小组会上传播小道消息。

3）偶然式。又称机遇传播式，消息由A按偶然的机会传播给他人，他人又按偶然的机会传播，并无一定的路线。

4）集束式。又称群集传播式。它是将信息由A有选择地告诉自己的朋友或有关的人，使有关的人也照此办理的信息传播方式，这种传播方式最为普遍。

11.2.4　建筑施工项目沟通方式的选择

进行项目沟通的方式有很多，选用何种沟通的方式能够达到有效、迅速、快捷的传递信息的目的，取决于下列因素：

(1) 对信息要求的紧迫程度　如果项目对信息传递要求较紧急，可以通过口头沟通的方式，相反则可以采用定期发布的书面报告的形式。

（2）技术的取得性　例如，项目的需求是否有理由要求扩大或缩小已有的系统。

（3）预期的项目环境　对于已经建立的沟通信息系统，是否适合项目成员经验的交流和专业特长的发挥。能不能使所有的成员都能从沟通中获得想要的信息。

（4）制约因素和假设　制约因素和假设是限制项目管理人员选择的因素，项目沟通管理者应对其他知识领域各过程的结果进行评价，找出可能影响项目沟通的因素，并采取措施。

针对建筑施工项目项目内部沟通。项目内部项目经理部与组织管理层、项目经理部内部的各部门和相关成员之间的沟通与协调可采用委派、授权、会议、文件、培训、检查、项目进展报告、思想教育、考核与激励及电子媒体等方式进行。包括：

1）项目经理部与组织管理层之间的沟通与协调。

2）项目经理部与内部作业层之间的沟通与协调。

3）项目经理部各职能部门之间的沟通与协调，重点解决业务环节之间的矛盾，应按照各自的职责和分工，顾全大局、统筹考虑、相互支持、协调工作。特别是对人力资源、技术、材料、设备、资金等重大问题，可通过工程例会的方式研究解决。

4）项目经理部人员之间的沟通与协调，通过做好思想政治工作，召开党小组会和职工大会，加强教育培训，提高整体素质来实现。

针对建筑施工项目项目外部沟通。项目外部组织与项目相关方之间的沟通与协调可采用电话、传真、交底会、协商会、协调会、例会、联合检查、宣传媒体和项目进展报告等方式进行。包括：

（1）施工准备阶段　项目经理部应要求建设单位按规定时间履行合同约定的责任，并配合做好征地拆迁等工作，为工程顺利开工创造条件；要求设计单位提供设计图样、进行设计交底，并搞好图样会审；引入竞争机制，采取招标的方式，选择施工分包和材料设备供应商，签订合同。

（2）施工阶段　项目经理部应按时向建设、设计、监理等单位报送施工计划、统计报表和工程事故报告等资料，接受其检查、监督和管理；对拨付工程款、设计变更、隐蔽工程签证等关键问题，应取得相关方的认同，并完善相应手续和资料。对施工单位应按月下达施工计划，定期进行检查、评比。对材料供应单位严格按合同办事，根据施工进度协商调整材料供应数量。

（3）竣工验收阶段　按照建设工程竣工验收的有关规范和要求，积极配合相关单位做好工程验收工作，及时提交有关资料，确保工程顺利移交。

11.3　建筑施工项目沟通计划及其实施

11.3.1　沟通计划的内容

项目的沟通计划主要是指项目的沟通管理计划，它是项目管理工作中各组织和人员之间关系能否顺利协调、管理目标能否顺利实现的关键。组织应重视计划和编制工作，沟通管理计划包含在项目管理计划内或作为项目管理计划的从属计划，应包括以下内容：

1）信息沟通方式和途径。主要说明在项目的不同实施阶段，针对不同的项目相关组织及不同的沟通要求，拟采用的信息沟通方式和沟通渠道。即说明信息（包括状态报告、数据、进度计划、技术文件等）流向何人、将采用什么方法（包括口头、书面报告、会议等）分发不同类别的信息。

2）信息收集归档格式。用于详细说明收集和储存不同类别信息的方法。应包括对以前收集和分发材料、信息的更新和纠正。

3）信息的发布和使用权限。

4）发布信息说明。包括格式、内容、详细程度以及应采用的准则和定义。

5）信息发布时间。即用于说明每一类沟通将发生的时间，确定提供信息更新依据或修改程序，以及确定在每一类沟通之前应该提供的现时信息。

6）更新修改沟通管理计划的方法。

7）约束条件和假设。

另外，项目沟通管理计划应与项目管理的组织计划相协调。如应与施工进度、质量、安全、成本、资金、环保、设计变更、索赔、材料供应、设备使用、人力资源、文明工地建设、思想政治工作等组织计划相协调。

在沟通计划中还要确定利害关系者的信息与沟通需求，也就是说谁需要何种信息、何时需要以及如何向他们传递信息。因此，项目的沟通计划要认清利害关系者的信息需求，确定满足这些需求的恰当手段。同时，虽然项目的沟通计划是在项目早期阶段进行的，但在项目的整个过程中都应该对其结果进行定期的检查，并根据需要进行修改，以保证其继续适用性。

11.3.2　沟通计划的编制依据

编制建筑施工项目沟通管理计划包括确定项目关系人的信息和沟通需求，主要依据以下资料：

1）建设、设计、监理单位等组织的沟通要求和规定。

2）签订的合同文件。

3）项目管理企业的相关制度，国家的法律、法规和当地政府的有关规定。

4）工程的具体情况。

5）项目采用的组织结构。

6）与沟通方案相适应的沟通技术约束条件和假设前提。

11.3.3　信息分发

信息分发就是把所需要的信息及时地分发给项目利害关系者。它包括实施沟通计划，以及对不曾预料的信息索取要求做出反应。

1. 信息分发的内容

要进行信息的分发，首先应该确定将哪些内容进行信息的分发。

（1）项目计划的工作结果　项目组织应该收集工作成果的资料，作为项目计划执行的一部分。

（2）沟通管理计划　应该根据项目早期阶段所制订的沟通管理计划进行实施，并在实际操作中不断修改和完善，以适应项目发展过程。

（3）项目计划　项目计划是在项目的招投标过程中，经过科学论证并得到批准的正式文件，对此，项目组织应该及时分阶段地将项目信息分发出去。

2. 信息分发的工具与技术

（1）沟通技巧　沟通技巧用于交换信息。信息的发送者保证信息的内容清晰明确、完整无缺、不模棱两可，以便让接收者能够正确接收，并确认理解无误。接收者的责任在于保证信息接收完整、信息理解无误。在沟通过程中有多种方式，也就是常说的书面沟通与口头沟通，正式沟通与非正式沟通，上行沟通、下行沟通与平行沟通等。

（2）项目管理信息系统　项目管理信息系统是用于收集、综合、散发及其他过程结果的工具和技术的总和。通过项目管理信息系统，能够快速查处和处理纷繁复杂的事件，系统信息使管理者通过各种方法共享。

该系统主要包含了信息检索系统和信息分发系统。信息通过信息检索系统由项目班子成员与利害关系者通过多种方式共享，包括手工归档系统，电子数据库，项目管理软件以及可调用工程图样、设计要求、实验计划等技术文件的系统。项目信息通过信息分发系统以多种方式分发，包括项目会议、硬拷贝文件分发、联网电子数据库调用共享、传真、电子邮件、电话信箱留言、可视电话会议以及项目内联网等。

（3）沟通信息的传递　项目沟通的信息要以管理信息系统为载体，根据不同的重要程度实施不同的传递方式。特殊沟通信息应按照特殊途径进行传递；重要沟通信息应按照高等级的方式进行传递；一般沟通信息应按照普通的方式进行传递，以此确保信息在规定的条件下及时、有效、快捷、安全地到达既定的部门。

3. 信息发布的成果

（1）经验教训记录　包括问题的起因、所采取纠正措施的原因和依据，以及有关信息发布的其他各种经验教训。记录下来的经验教训可成为本项目和实施组织的历史数据库的组成部分。

（2）项目记录　项目记录可包括函件、备忘录以及项目描述文件。这些信息应尽可能地以适当方式有条理地加以保存。项目团队成员也往往在项目笔记本中保留个人记录。建立项目记录，在项目进行期间交流的信息应当尽可能地以各种方式收集起来，并保管得井井有条，为以后的索赔、仲裁等提供有力的证据。特别是对来往单据的管理更应重视，防止发生丢失、短缺以及不能按时清理、提货和发运等现象。

（3）项目报告　项目报告多数是根据项目记录整理而成的有关项目实际情况或特殊问题的说明文件，它也是项目沟通计划实施过程中使用最多的项目沟通方式和文件，同时也是项目沟通中最为重要的信息传递和沟通的方法。项目报告包括很多种，主要有项目绩效报告、项目总结报告、项目预测报告等。

项目报告可以是正式的报告，也可以是非正式的报告。前者一般是根据项目沟通计划按照一定的周期生成和呈报的，后者则是根据项目实施中的某些特殊需要生成或呈报的。正式和非正式项目报告详细说明项目状态，其中包括经验教训、问题记录单、项目收尾报告和其他知识领域的成果。

（4）项目演示介绍　项目团队正式或非正式地向任何或所有项目利害关系者提供信息。这些信息要切合听众需要，介绍演示的方法要恰当。

（5）利害关系者的反馈及通知　可就解决的问题、审定的变更和一般项目状态问题向利害关系者通报，并可以发布从利害关系者收集的有关项目的反馈信息，并根据该信息改进或修改项目的未来绩效。

11.3.4　绩效报告

绩效报告是指搜集所有基准数据并向利害关系者提供绩效信息。一般来说，绩效信息包括为实现项目目标而输入的资源的使用情况。绩效报告一般应包括范围、进度、成本和质量方面的信息。许多项目也要求在绩效报告中加入风险和采购信息。报告可草拟为综合报告，或者特殊情况的专题报告。

1. 工作绩效信息

收集有关可交付成果完成情况及有关已完工工作的绩效信息是项目执行过程的一部分，这些信息通过绩效报告统计并汇总发布。

工作绩效信息可包括以下内容：

1）配备、培训并分派到本项目上的项目团队成员。

2）项目招标投标工作信息。

3）项目取得、管理并使用的资源，包括材料、工具、设备与设施信息。

4）计划实施情况。

5）项目可交付成果情况。

6）风险管理活动。

7）变更管理活动。

8）费用、进度、技术与质量进展情况。

2. 绩效报告的基本内容和表达形式

绩效报告是在整个项目实现过程中按一定报告期给出的项目各方面工作实际进展情况的报告。这既包括项目团队成员向项目经理或项目管理者的报告，也包括项目经理向项目业主（客户）的报告或项目经理向项目组织的上层管理者的报告。这种报告通常有一定的报告期，这种报告期可以是一周、一个月或一个季度等。项目绩效报告的主要内容包括：自上次绩效以来的项目绩效成果、项目计划实施完成情况、项目前一期遗留问题的解决情况、项目本期新发生的问题、项目下一步计划采取的措施、项目下一报告期要实现的目标等。

项目绩效报告除了上述内容外，报告中使用的表述方法应该包括文字说明、报表文件、各种曲线图、各种表格等。在项目绩效报告的生成过程中，需要运用这些图表和数据并使用相应的分析方法和技术做出项目绩效的分析和评价。挣值法（或称偏差分析法）是最常用的技术，该方法用三个基本指标来控制、衡量费用的使用。在软件中可以根据管理的要求制作相应的报表图表，定期打印报表视图即可形成绩效衡量书面记录。这些报表视图根据需要均可发布成网页，供更多的管理人员从项目网站获取项目进展信息。某工程案例见表11-3。

表11-3　工程计划进度与实际进度表　　（单位：万元）

费用数据 / 项目	计划进度与实际进度/周											
	1	2	3	4	5	6	7	8	9	10	11	12
每周拟完工程计划费用	5	9	9	13	13	18	14	8	8	3		
拟完工程计划费用累计	5	14	23	36	49	67	81	89	97	100		
每周已完工程实际费用	5	5	9	4	4	12	15	11	11	8	3	3
已完工程实际费用累计	5	10	19	23	27	39	54	65	76	84	87	90
每周已完工程计划费用	5	5	9	4	4	13	18	14	14	8	3	3
已完工程计划费用累计	5	10	19	23	27	40	58	72	86	94	97	100

根据表 11-3 中的数据绘出三种费用曲线，即 S 曲线，如图 11-4 所示。费用偏差（CV）等于已完工程实际费用累计与已完工程计划费用累计的差值（10），显示成本节约，未超支；进度偏差（SV）等于拟完工程计划费用累计与已完工程计划费用累计的差值（-6），显示进度滞后。

在执行过程中，最理想的状态是三条线靠得很近，平稳上升，表示项目按预定计划目标前进。如果三条曲线离散程度不断增加，则预示可能发生关系到项目成败的重大问题，应采取相应补救措施。

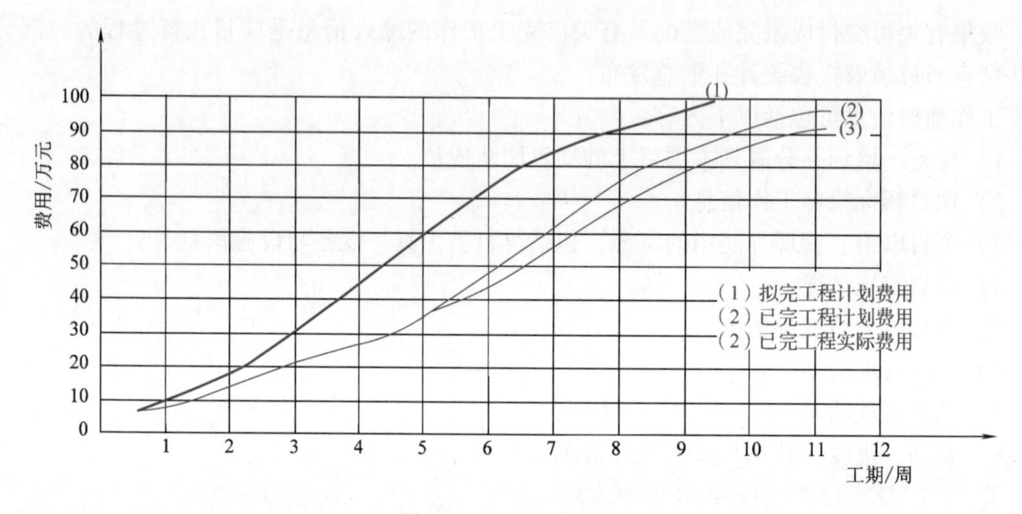

图 11-4　三种费用曲线

11.4　建筑施工项目的沟通障碍与冲突管理

11.4.1　建筑施工项目的沟通障碍

1. 沟通障碍的表现

在项目实施过程中，由于沟通不力或者沟通工作做得不到位，常常使得组织工作出现混乱，影响整个项目的实施效果。主要是存在语义理解、知识经验水平的限制、心理因素的影响、伦理道德的影响、组织结构的影响、沟通渠道的选择、信息量过大等障碍。

1）项目组织或项目经理部中出现混乱，总体目标不明，不同部门和单位的兴趣与目标不同，各人有各人的打算和做法，甚至尖锐对立，而项目经理无法调解或无法解释。

2）项目经理部经常讨论不重要的非事务性主题，所召开的会议常常被一些职能部门领导打断、干扰或偏离了主题。

3）信息未能在正确的时间内，以正确的内容和详细程度传达到正确的位置，人们抱怨信息不够或太多、不及时、不得要领。

4）项目经理部中没有产生应有的争执，但是在潜意识中是存在的，人们不敢或者不习惯将争执提出来公开讨论，从而转入地下。

5）项目经理部中存在或者散布着不安全、气愤、绝望、不信任等气氛，特别是在项目遇到危机、上层系统准备对项目做重大变更、项目可能不再进行、对项目组织做调整或项目即将结束时更加明显和突出。

6）实施中出现混乱，人们对合同、指令、责任书理解不一致或者不能理解，特别是在国际工程及国际合作项目中，由于不同语言的翻译造成理解的混乱。

7）项目得不到组织职能部门的支持，无法获得资源和管理服务，项目经理花大量的时间和精力周旋于职能部门之间，与外界不能进行正常的信息沟通。

2. 沟通障碍产生的原因

1）项目开始时或当某些参与者介入项目组织时，缺少对目标、责任、组织规则和过程统一的认识和理解。在项目制订计划方案、做决策时未能听取基层实施者的意见，项目经理自认为经验丰富，武断决策，不了解实施者的具体能力和情况等，致使计划不符合实际。在制订计划时以及制订计划后，项目经理没有和相关职能部门进行必要的沟通，就指令技术人员执行。

此外，项目经理与发包人之间缺乏了解，对目标和项目任务有不完整的甚至无效的理解。

项目前期沟通太少，如在招标阶段给承包商编制投标文件的时间太短。

2）目标之间存在矛盾或表达上有矛盾，而各参与者又从自己的利益出发解释，导致混乱。项目管理者没能及时做出统一解释，使目标透明。

项目存在许多投资者，他们进行非程序干预，形成实质上的多业主状况。

参与者来自不同的专业领域、不同的部门，有不同的习惯、不同的概念和理解，而在项目初期没有统一解释文本。

3）缺乏对项目组织成员工作进行明确的结构划分和定义，人们不清楚他们的职责范围。项目经理部内部工作含混不清，职责冲突，缺乏授权。

在企业中，同期的项目之间优先等级不明确，导致项目之间的资源争执。

4）管理信息系统设计功能不全，信息渠道、信息处理有故障，没有按层次、分级、分专业进行信息优化和浓缩。

5）项目经理的领导风格和项目组织的运行风气不正。发包人或项目经理独裁，不允许提出不同意见和批评，内部言路堵塞；由于信息封锁、不畅，上层或职能部门人员故弄玄虚或存在幕后问题；项目经理部中有强烈的人际关系冲突，项目经理和职能经理之间互不信任，互不接受；不愿意向上司汇报坏消息，不愿意听那些与自己事先形成的观点不同的意见，采用封锁的办法处理争执和问题，相信问题会自行解决；项目成员兴趣转移，不愿承担义务；将项目管理看作是办公室的工作，做计划和决策仅依靠报表和数据，不注重与实施者直接面对面的沟通；经常以领导者的居高临下的姿态出现在成员面前，不愿多做说明和解释，习惯强迫命令，对承包商常常动用合同处罚或者以合同处罚相威胁。

6）召开的沟通协调会议主题不明，项目经理权威性不强，或不能正确引导；与会者不守纪律，使正式的沟通会议成为聊天会议；有些职能部门领导过强或个性放纵，存在不守纪律、没有组织观念的现象，甚至拒绝任何批评和干预，而项目经理无力指责和干预。

7）有人滥用分权和计划的灵活性原则，下层单位或子项目随意扩大它的自由处置权，过于注重发挥自己的创造性，这些均违背或不符合总体目标，并与其他同级部门造成摩擦，与上级领导产生权力争执。

8）使用矩阵式组织，但人们并没有从直线式组织的运作方式上转变过来。由于组织运作规则设计得不好，项目经理与组织职能经理的权力、责任界限不明确。一个新的项目经理要很长时间才能被企业、管理部门和项目组织接受及认可。

9）项目经理缺乏管理技能、技术判断力或缺少与项目相应的经验，没有威信。

10）发包人或组织经理不断改变项目的范围、目标、资源条件和项目的优先等级。

3. 沟通障碍的处理

为了消除沟通障碍，沟通中可以采用下列方法：

1）重视双向沟通方法，尽量保持多种沟通渠道的利用，正确运用文字语言等。

2）信息沟通后必须同时设法取得反馈，以弄清沟通双方是否已经了解、是否愿意遵循并采取相应的行动等。

3）项目经理部应当自觉以法律、法规和社会公德约束自身行为，在出现矛盾和问题时，首先应取得政府部门的支持、社会各界的理解，按程序沟通解决；必要时借助社会中介组织的力量，调解矛盾、解决问题。

4）为了消除沟通障碍，应该熟悉各种沟通方式的特点，以便在进行沟通时能够采用恰当的方式进行交流。

4. 有效沟通的技巧

（1）首先要明确沟通的目的　对于沟通的目的，经理人员必须弄清楚，进行沟通的真正目的是什么？需要沟通的人理解什么？确定好沟通的目标后，沟通的内容就容易进行了。

（2）实施沟通前先澄清概念　项目经理事先要系统地考虑、分析和明确所要进行沟通的信息，并将接收者可能受到的影响进行估计。

（3）只对必要的信息进行沟通　在沟通过程中，经理人员应该对大量的信息进行筛选，只把那些与所进行沟通人员工作密切相关的信息提供给他们，避免过重的信息使沟通无法达到原有的目的。

（4）考虑沟通时的环境情况　环境情况，不仅仅包括沟通的背景、社会环境，还包括人的环境以及过去沟通的情况，以便沟通的信息能够很好地配合环境情况。

（5）尽可能地听取他人意见　这样在与他人进行商议的过程中，既可以获得更深入的看法，又易于获得他人的支持。

（6）注意沟通的表达　要使用精确的表达，把沟通人员的想法和意见用语言和非语言精确地表达出来，而且要使接收者从沟通的语言和非语言中得出所期望的理解。

（7）进行信息的反馈　在信息沟通后有必要进行信息的追踪与反馈，弄清楚接收者是否真正了解了所接收的信息，是否愿意遵循，并且是否采取了相应的行动。

（8）言行一致　项目经理人员应该以自己的实际行动来支持自己的说法，行重于言，做到言行一致的沟通。

（9）从整体角度进行沟通　沟通时不仅仅要着眼于现在，还应该着眼于未来。多数的沟通是为了当前形势发展的需要。但是，沟通更要与项目长远的目标相一致，不能与项目的总体目标产生矛盾。

（10）学会聆听　项目经理人员在沟通的过程中听取他人的陈述时应该专心，从对方的表述中找到沟通的重点。项目经理人员接触的人员众多，而且并不是所有的人都善于与人交流，只有学会聆听，才能够从各种沟通者的言语交流中直接抓住实质，确定沟通的重点。

11.4.2 建筑施工项目的冲突管理

1. 冲突的产生

在所有的项目中都存在冲突，冲突是项目组织的必然产物。冲突就是两个或两个以上的项目决策者在某个问题上的纠纷。

冲突的产生有几个重要的来源，认清这几个重要因素，对于预防冲突，降低项目损失有重要意义。这些因素包括：

1）人力资源。由于项目团队中的成员来自不同的职能部门，关于用人问题，会产生冲突。当人员的支配权在职能部门领导手中时，双方会在如何合理分配成员的任务上产生矛盾。

2）成本费用。项目经理分配给各个职能部门的资金总被认为是不够的，因而会在成本费用如何分配上产生冲突。

3）技术冲突。在面向技术的项目中，在技术质量、技术性能要求、技术权衡以及实现性能的手段上都会发生冲突。

4）管理程序。许多冲突来源于项目应如何管理，也就是项目经理的报告关系定义、责任定义、界面关系、项目工作范围、运行要求、实施的计划、与其他组织的协商工作。

5）项目优先权。项目参与者经常对实现项目目标应该执行的工作活动和任务的次序关系有不同的看法。优先权冲突不仅仅发生在项目组织与其他职能部门之间，在项目组织内部也会发生。

6）项目进度的冲突。围绕项目工作任务的时间确定次序安排和进度计划会产生冲突。

7）项目成员个性。不同的人，会有不同的价值观、判断事物的标准等，因而常常在项目团队中存在“以自我为中心”的思想，造成了项目组织中的冲突。

2. 冲突的解决

对待冲突，不同的人有不同的观念。传统的观点认为，冲突是不好的，害怕冲突，力争避免冲突。现代的观点认为，冲突是不可避免的，只要存在需要决策的地方，就存在冲突。冲突本身并不可怕，可怕的是对冲突处理力式的不当将会引发更大的矛盾，甚至可能造成混乱，影响或危及组织的发展。

解决冲突，可以采用协商、让步、缓和、强制和退出等方法。

（1）协商　协商是争论双方在一定程度上都能得到满意结果的方法。在这一方法中，冲突双方寻求一个调和的折中方案。但这种方法只适用于双方势均力敌的情况，并非永远可行。

（2）让步　让步是让冲突双方中的其中一方从冲突的状态中撤离出来，从而避免发生实质的或潜在的争端。有时这并不是一种有效的解决方式，如在技术方案上产生不同意见时，争论对项目的顺利实施反而有利。

（3）缓和　缓和通常的做法是忽视差异，在冲突中找到一致的地方，即求同存异。这种方法认为组织团队之间的关系比解决问题更为重要。尽管这一方式能够避免某些矛盾，但是对于问题的彻底解决没有帮助。

（4）强制　强制的实质是指“非赢即输”。这种方法认为在冲突中获胜比保持人际关系更为重要。这是积极解决冲突的方法，但是应该看到采用这种方法解决问题的极端性。强制性的解决冲突对于项目团队的积极性可能会有打击。

(5) 退出　退出更是一种消极的解决冲突的方法，不但无助于解决冲突，对于引起冲突的问题的解决也没有实质性的帮助。

除此之外，为了解决各方可能的冲突，应使项目的相关方了解项目计划，明确项目目标。还要搞好建筑施工项目实施过程中的变更管理等等。

对项目实施各阶段出现的冲突，项目经理部应根据沟通的进展情况和结果，按程序要求通过各种方式及时将信息反馈给相关各方，实现共享，提高沟通与协调效果，以便及早解决冲突。

思考与练习题

1. 简述沟通的基本模型和关键组件。
2. 简述建筑施工项目沟通与协调的主要对象。
3. 简述建筑施工项目施工单位的沟通与协调包括哪些内容。
4. 简述建筑施工项目管理单位的沟通与协调包括哪些内容。
5. 简述建筑施工项目沟通与协调的常见方式。
6. 简述建筑施工项目沟通计划编制的主要依据。
7. 简述建筑施工项目中可能出现的沟通障碍有哪些。如何排除沟通障碍？
8. 简述建筑施工项目冲突来源有哪些。解决冲突的方法有哪些？

第12章 建筑施工项目风险管理

本章导读

项目风险源于任何项目中都存在的不确定性。有研究表明，成功的项目不到30%，其余的项目要么是预算超支，要么是工程延期。例如，美国科罗拉多州在修建丹佛国际机场时，由于技术问题使得工期一拖再拖，最后延期16个月，总共超支20多亿美元。所有的建筑施工项目都有风险，通过有效的风险管理不仅可以避免不可预见的灾难，而且可以获得更加可靠的利润。本章在论述有关项目风险管理的基本知识基础上，特别对工程管理中的风险识别、评估和控制等内容进行了详细的阐述。

12.1　风险管理概述

12.1.1　风险的概念

1. 风险的定义

文献中对风险的定义有很多且不统一，本书采用《项目管理知识体系指南》（PMBOK Guide 2012）中对风险的定义：项目风险是一种不确定的事件或条件，一旦发生，就会对一个或多个项目目标造成积极或消极的影响，如范围、进度、成本或质量。

风险既是机会又是威胁。人们从事经济社会活动既有可能获得预期的利益，也有可能蒙受意想不到的损失或损害。正是风险蕴含的机会引诱人们从事包括项目在内的各种活动；而风险蕴含的威胁，则唤醒人们的警觉，设法回避、减轻、转移或分散。机会和威胁是项目活动的一对孪生兄弟，是项目管理人员必须正确处理的一对矛盾。承认项目有风险，就是承认项目既蕴含机会又蕴含威胁。本章的内容，除非特别强调，所指风险大多指风险蕴含的威胁。

2. 风险源与风险事件

（1）风险源　给项目带来机会、造成损失或损害、人员伤亡的风险因素，就是风险源。风险源是风险事件发生的潜在原因，是造成损失或损害的内在或外部原因。如果消除了所有风险源，则损失或损害就不会发生。对于建筑施工项目，不合格的材料、漏洞百出的合同条件、松散的管理、不完全的设计文件、变化无常的建材市场都是风险源。

（2）转化条件和触发条件　风险是潜在的，只有具备了一定条件时，才有可能发生风险事件，这一定的条件称为转化条件。即使具备了转化条件，风险也不一定演变成风险事件。只有具备了另外一些条件时，风险事件才会真的发生，这后面的条件称为触发条件。了解风险由潜在转变为现实的转化条件、触发条件及其过程，对于控制风险非常重要。控制风险，实际上就是控制风险事件的转化条件和触发条件。当风险事件只能造成损失和损害时，应设法消除转化条件和触发条件；当风险事件可以带来机会时，则应努力创造转化条件和触发条件，促使其实现。

(3) 风险事件　活动或事件的主体未曾预料到，或虽然预料到其发生，但却未预料到其后果的事件称为风险事件。要避免损失或损害，就要把握导致风险事件发生的风险源和转化其触发条件，减少风险事件的发生。

风险源（因素）、风险事件和风险损失这三者的关系可以通过风险的作用链条表示，如图 12-1 所示。

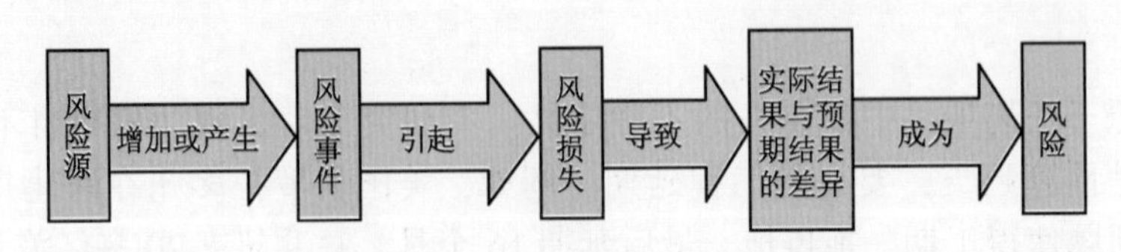

图 12-1　风险的作用链条

12.1.2　风险的分类

风险可以从不同的角度，根据不同的标准进行分类。

1. 按风险来源划分

风险根据其产生的根源可分为政治风险、经济风险、金融风险、管理风险、自然风险和社会风险等。

(1) 政治风险　政治风险是指因政治方面的各种事件和原因而导致项目蒙受意外损失。

(2) 经济风险　经济风险是指在经济领域潜在或出现的各种可导致项目的经营损失的事件。

(3) 金融风险　金融风险是指在财政金融方面内在的或因主客观因素而导致的各种风险。

(4) 管理风险　管理风险通常是指人们在经营过程中，因不能适应客观形势的变化或因主观判断失误或对已发生的事件处理欠妥而构成的威胁。

(5) 自然风险　自然风险是指因自然环境如气候、地理位置等构成的障碍或不利条件。

(6) 社会风险　社会风险包括企业所处的社会背景、秩序、宗教信仰、风俗习惯及人际关系等形成的影响企业经营的各种束缚或不便。

2. 按风险后果划分

风险按其后果可分为纯粹风险和投机风险。

(1) 纯粹风险　不能带来机会、没有获得利益可能的风险，称为纯粹风险。纯粹风险只有两种可能的后果：造成损失和不造成损失。纯粹风险造成的损失是绝对的损失。建筑施工项目蒙受损失，全社会也会跟着受损失。例如，某建筑施工项目发生火灾所造成的损失不但是这个建筑施工项目的损失，也是全社会的损失，没有人从中获得好处。纯粹风险总是与威胁、损失和不幸相联系。

(2) 投机风险　极可能带来机会、获得利益，又隐含威胁、造成损失的风险，称为投机风险。投机风险有三种可能的后果：造成损失、不造成损失和获得利益。对于投机风险，如果建筑施工项目蒙受了损失，则全社会不一定也跟着受损失；相反，其他人有可能因此而获得利益。例如，私人投资的房地产开发项目如果失败，投资者就要蒙受损失，而发放贷款的银行却可将抵押的土地和房屋收回，等待时机，高价卖出，不但可收回贷款，而且还有可能获得高额利润，当然也可能面临亏损。

纯粹风险和投机风险在一定条件下可以互相转化。项目管理人员必须避免投机风险转化为纯粹风险。

3. 按风险是否可控划分

风险按其是否可控可分为可控风险和不可控风险。可控风险是指可以预测，并可采取措施进行控制的风险；反之，则为不可控风险。风险是否可控，取决于能否消除风险的不确定性以及活动主体的管理水平。要消除风险的不确定性，就必须掌握有关的数据、资料等信息。随着科学技术的发展与信息的不断增加以及管理水平的提高，有些不可控风险可以变成可控风险。

4. 按风险影响范围划分

风险按影响范围可分为局部风险和总体风险。局部风险影响小，总体风险影响大，项目管理人员要特别注意总体风险。例如，项目所有的活动都有拖延的风险，而处在关键线路上的活动一旦延误，就要推迟整个项目的完成时间，形成总体风险。

5. 按风险的预测性划分

按照风险的预测性，风险可以分为已知风险、可预测风险和不可测风险。已知风险就是在认真、严格地分析项目及其计划之后就能够明确哪些是经常发生的，而且其后果亦可预见的风险。可预测风险就是根据经验，可以预见其发生，但不可预见其后果的风险。不可测风险是指有可能发生，但其发生的可能性即使是最有经验的人亦不能预见的风险。

6. 按风险后果的承担者划分

项目风险，若按其后果的承担者来划分，则有项目业主风险、政府风险、承包方风险、投资方风险、设计单位风险、监理单位风险、供应商风险、担保方风险和保险公司风险等。这样划分有助于合理分配风险，提高项目的风险承受能力。

12.1.3　项目风险管理的基本过程

在现代建筑施工项目中，风险和机会同在。通常只有风险大的项目才能有较高的盈利机会，所以风险又是对管理者的挑战。风险管理能获得非常高的经济效益，同时有助于组织竞争能力、素质和管理水平的提高。因此，在现代项目管理中，风险管理问题已成为研究的热点之一。

项目风险管理的目标在于提高项目积极事件的概率和影响，降低项目消极事件的概率和影响。项目风险管理的过程主要包括风险识别、风险评估、风险应对和风险控制等工作过程。

（1）风险识别　确定可能影响项目的风险的种类，即可能有哪些风险发生，并将这些风险的特性整理成文档，决定如何计划一个项目的风险管理活动。

（2）风险评估　对项目风险发生的条件、概率及风险事件对项目的影响进行分析，并评估它们对项目目标的影响，按它们对项目目标的影响顺序排列。

（3）风险应对　即编制风险应对计划，制定一些程序和技术手段，用来提高实现项目目标的概率和减少风险的威胁。

(4) 风险控制　在项目的整个生命周期阶段进行风险监控，在风险发生的情况下，实施降低风险计划，保证对策措施的应用和有效性，监控残余风险，识别新的风险，更新风险计划，以及评估这些工作的有效性等。

12.2　建筑施工项目的风险识别

12.2.1　风险识别的定义

风险识别是指项目管理者在对项目系统风险认识的基础上，系统分析并预测项目实施过程中潜在的危险因素及其可能造成的危害的过程。风险识别是风险管理的首要环节，是进一步进行风险评估和选择风险对策的基础。风险识别包括确定风险源、风险产生的条件，描述其风险特征和确定哪些风险事件有可能影响本项目，并将其记录在案。风险识别不是一次就可以完成的事，应当在项目生命周期全过程中定期进行。

对项目风险因素的识别应尽可能鼓励所有的项目人员参与，并且应尽可能系统全面，涵盖项目的所有工作阶段、所有工作场所、所有人员活动。参加风险识别的人员通常可包括以下人员：项目经理、项目团队成员、项目团队之外的相关领域专家、顾客、最终用户、其他项目经理、利害关系者和风险管理专家。

12.2.2　风险识别的程序

组织识别项目风险应遵循下列程序：

(1) 收集与项目风险有关的信息　收集与项目风险有关的信息是指调查、收集与建筑工程项目各类风险有关的信息。

(2) 确定风险因素　在收集与项目风险有关信息的基础上，对工程、工程环境、其他各类微观和宏观环境、已建类似工程等，通过调查、研究、座谈、查阅资料等手段进行分析，列出风险因素一览表。在风险因素一览表草表的基础上，通过甄别、选择、确认，把重要的风险因素筛选出来加以确认，列出正式风险清单。

(3) 编制项目风险识别报告　编制项目风险识别报告是在风险清单的基础上，补充文字说明，作为风险管理的基础。

12.2.3　风险识别的方法与工具

项目风险识别的方法有很多，常用的方法主要有：系统分解法、核对表法、信息收集技术、图解技术等。

1. 系统分解法

系统分解法就是利用系统分解的原理，将一个项目所面临的风险按照过程或结构逐层分解，然后分别进行风险识别和汇总的方法。例如，一个建设项目所面临的风险可以首先按照建设过程分为决策阶段的风险、设计和计划阶段的风险、工程施工阶段的风险和竣工验收阶段的风险等，而决策阶段的风险又可以按照风险的性质分为项目环境风险和项目技术系统的风险等。

2. 核对表法

风险识别所用的核对表可根据历史资料、以往类似项目所积累的知识以及其他信息来源着手编制。风险分解结构的最低层可用作风险核对表。使用核对表的优点之一是风险识别过程迅速简便。其缺点之一是所编制的核对表不可能包罗万象。应该注意探讨标准核对表上未列出的事项。在项目收尾过程中，应对风险核对表进行审查、改进，以供将来的项目使用。

3. 信息收集技术

风险识别中可采用的信息收集技术包括以下几种：

（1）头脑风暴法　头脑风暴法的目的是取得一份综合的风险清单，一般通过会议的形式进行，该会议通常由项目团队主持，也可邀请多个学科的专家来实施此项技术。在一位主持人的推动下，与会人员就项目的风险进行集思广益。可以以风险分解结构作为基础框架，然后再对风险进行深入讨论，并进一步对其定义加以明确。

（2）德尔菲法　德尔菲法是专家就某一专题达成一致意见的一种方法。项目风险管理专家以匿名方式参与此项活动。主持人用问卷征询有关重要项目风险的见解。问卷的答案交回并汇总后，随即在专家之间传阅，请他们进一步发表意见。此项过程进行若干轮之后，就不难得出关于主要项目风险的一致看法。德尔菲法有助于减少数据中的偏倚，防止个体偏差对结果不适当地产生过大的影响。

（3）访谈　通过访问有经验的项目参与者、利害关系者或某项问题的专家，可以识别风险。访谈是收集风险识别数据的主要方法之一。根本原因识别是指对项目风险的根本原因进行调查。通过识别根本原因来完善风险定义并按照成因对风险进行分类。通过考虑风险根本原因，制定有效的风险应对措施。

（4）优势（Strengths）、劣势（Weaknesses）、机会（Opportunities）与威胁（Threats）分析（SWOT分析）　这种分析方法，可以保证从项目面临的内部和外部态势的不同角度进行审议，扩大风险考虑的广度。通过对项目优势和外部机会的分析，可以抓住机会创造效益；通过项目劣势和外部威胁的分析，可以识别出潜在的风险，制定对策予以预防。

4. 图解技术

在风险识别中常用的图解技术包括因果图法、系统图（过程流程图）法以及影响图法等。

（1）因果图法　又被称为石川图或鱼骨图法，可用于识别风险的成因。例如，某水利工程倒虹吸管身的“八字”部位钢筋密集且设有两道止水，振捣困难，容易发生混凝土质量问题，为保证浇筑质量不影响过流水头损失，在正式施工前，项目经理召集相关的部门及班组人员召开质量细节控制分析会，运用“头脑风暴法”让大家畅所欲言，积极讨论、查找所有可能导致质量问题发生的原因，将可能影响结果的原因从小骨到中骨、从中骨到大骨（主要原因）进行系统整理归类，最后绘制了鱼骨图，如图12-2所示。

（2）系统图（过程流程图）法　该技术可以显示系统的各要素之间如何相互联系以及因果传导机制。针对过程流程图的每个环节可以识别不同阶段、不同环节可能存在的风险。例如，工程勘测过程的风险分析，可以参照图12-3。

（3）影响图法　影响图法是一种显示因果影响、按时间顺序排列的事件，以及变量与结果之间的其他关系的图解表示法。例如，土石坝枢纽工程截流是一个复杂的项目，影响其施工进度的不确定性因素很多，其施工进度风险影响图如图12-4所示。

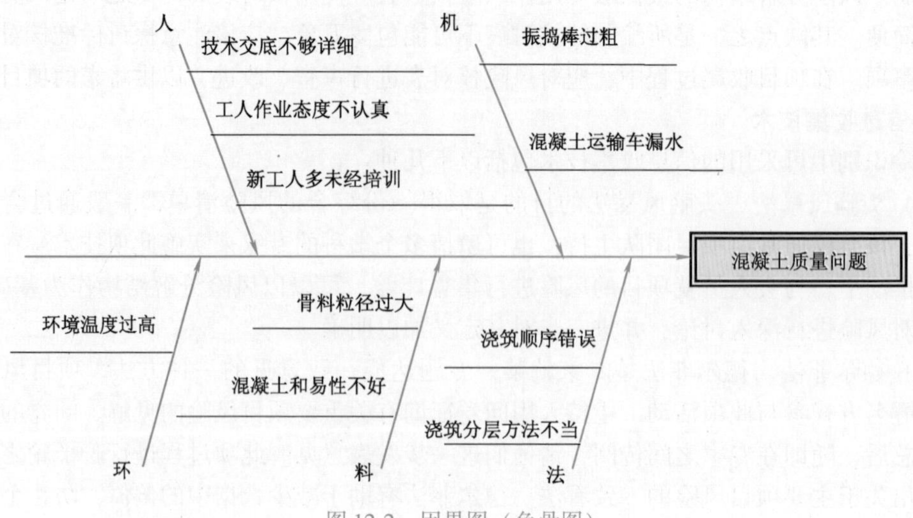

图 12-2　因果图（鱼骨图）

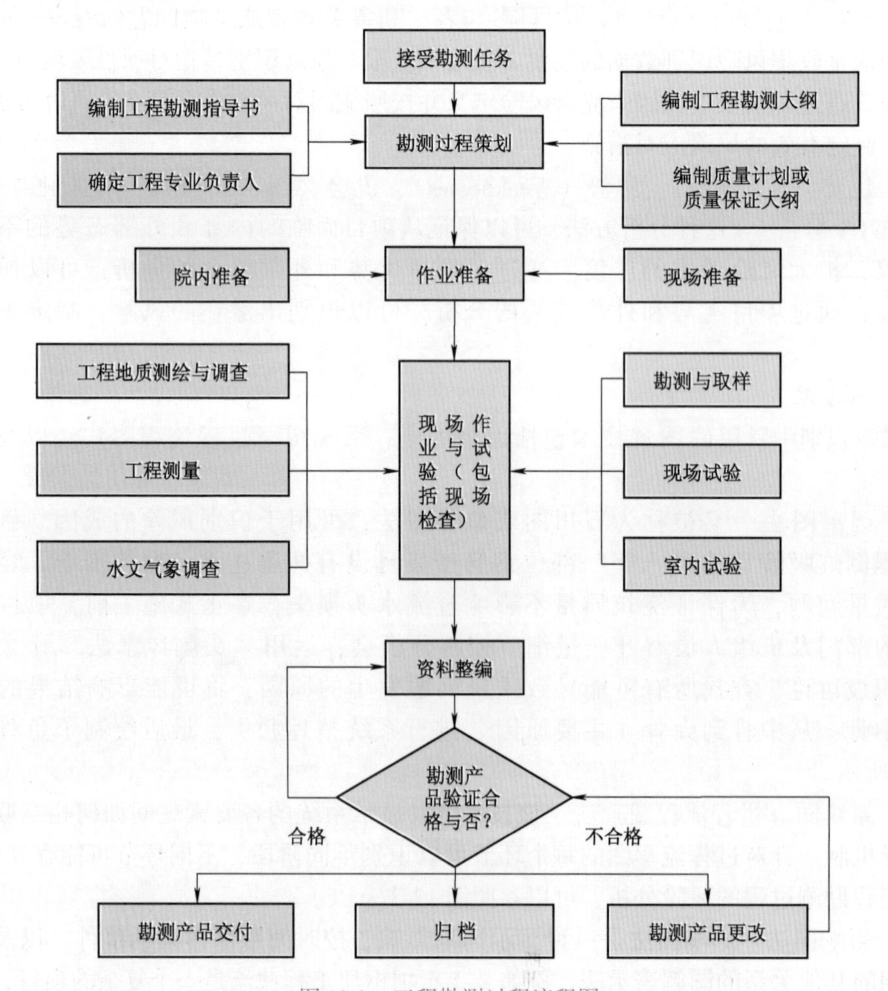

图 12-3　工程勘测过程流程图

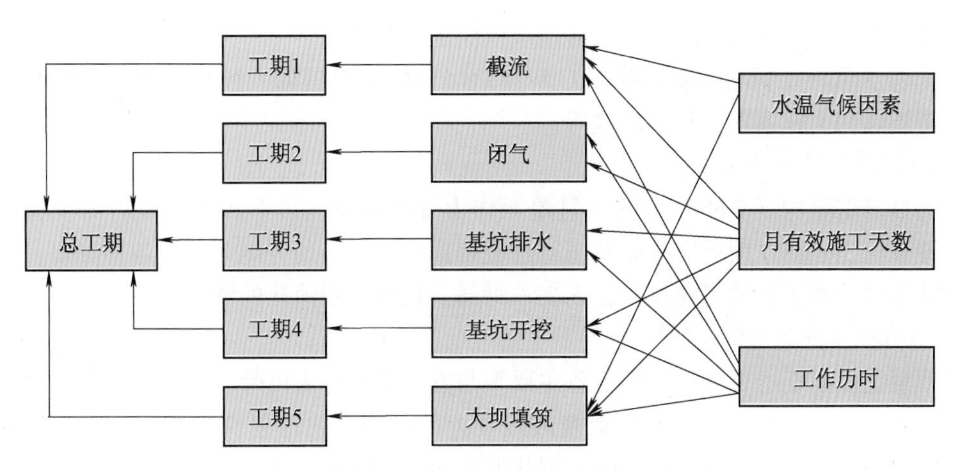

图 12-4　施工进度风险影响图

12. 2. 4　风险识别的结果

风险识别过程的主要结果就是形成项目管理计划中的风险因素清单。利用此清单可对已识别风险进行系统描述，包括其根本原因、不确定的项目假设等。风险因素清单的基本形式见表 12-1。

表 12-1　风险因素清单

序　号	过程（阶段）	活　动	风　险　源	可能导致的风险事件	时　态
1	设计阶段	土建设计	未考虑安全防护	安全生产事故	
2	施工阶段	采购钢材	市场价格波动	采购成本增加	
⋮					

12. 2. 5　建筑施工项目常见风险

对建筑施工项目风险的识别可从不同的角度按照系统分解结构的方法进行。

1. 项目环境风险

建筑施工项目在实施的过程中很大的不确定性是来自外部环境，这些环境风险因素通常包括以下内容：

（1）政治风险　如政局的不稳定性，战争状态、动乱、政变的可能性，国家的对外关系，政府信用和政府廉洁程度，政策及政策的稳定性，经济的开放程度或排外性，国有化的可能性，国内的民族矛盾，保护主义倾向等。

（2）法律风险　如法律不健全，有法不依、执法不严，相关法律内容的变化，法律对项目的干预，可能对相关法律未能全面、正确理解，工程中可能有触犯法律的行为等。

（3）经济风险　国家经济政策的变化，产业结构的调整，银根紧缩，项目产品的市场变化，工程承包市场、材料供应市场、劳动力市场的变动，工资的提高，物价上涨，通货膨胀速度加快，原材料进口风险、金融风险，外汇汇率的变化等。

（4）自然灾害和意外事故风险　如地震，风暴，特殊的未预测到的地质条件像泥石流、流砂、地下暗河、泉眼等，恶劣的雨、雪天气，冰冻天气，建筑施工项目的建设可能造成对自然环境的破坏，不良的运输条件可能造成供应的中断等。

（5）社会风险　社会风险包括项目所在地居民的宗教信仰、社会治安、民族的风俗及禁忌、劳动者的文化素质、社会风气等。

2. 项目自身系统结构风险

以项目分解结构（WBS）上的项目单元作为分析对象，自下而上逐层对每个项目单元进行风险分析，预测在项目实施以及运行过程中这些工程活动可能遇到的各种障碍、异常情况，如新技术、新工艺的潜在风险，人工、材料、机械费用消耗的增加等。

3. 项目相关行为主体的风险

从项目组织角度进行分析，揭示各主要参与方的潜在行为风险，主要包括以下内容：

（1）业主或投资方风险　来自业主或投资方的风险往往是建筑施工项目风险管理的重点。这方面潜在的风险包括：业主的经营状况恶化，支付能力差；资信不好，不及时支付工程款；改变投资方向，改变项目目标；不能履行合同责任，不及时交付场地等；违背建设程序，违法干预建筑施工项目实施活动等。

（2）承包商风险　承包商是建筑施工项目活动的主要承担者，其自身的能力、决策和实施行为活动对项目成败的影响非常直接。来自承包商的行为风险通常包括：项目实施计划缺陷、方案选择错误、分包商能力不足、错误理解业主意图和设计要求等。

（3）设计方风险　来自设计方的风险主要包括勘察设计与地质情况不符、方案缺陷、设计差错、施工的不便利性等。

（4）监理方风险　监理方受业主委托对施工单位的生产活动进行监督管理，其行为也会对建筑施工项目的进度、质量、成本等产生一系列的影响。来自监理方的风险主要包括：监理工程师的业务能力、职业道德、工作效率等。

（5）其他　除了以上主要的项目参与方之外，还有许多项目干系人的行为会对建筑施工项目的生产活动产生影响，对于来自这些相关方的风险也应当逐一识别，如地方建设行政主管部门、质量监督部门、城市公共供应部门（水、电等部门）、项目周边或涉及的居民和单位等。

4. 项目目标风险

按照特定风险事件对项目目标系统的影响作用结果进行风险分析，这些风险通常包括以下内容：

（1）工期风险　即造成局部的（工程活动、分项工程）或整个工程的工期延长，不能及时投入使用的潜在风险因素。

（2）费用风险　即造成建造成本超支、投资增加、使用成本增加等后果的潜在风险因素。

（3）质量风险　即造成工程产品质量不合格的潜在风险因素。

（4）安全健康风险　即造成职工健康受损、身体疾病、残疾甚至死亡等后果的潜在风险因素。

（5）环境风险　即可能对自然环境和生态系统造成破坏的潜在风险因素。

（6）其他　除了以上几个方面之外，企业还有可能设定了其他的一些项目管理目标，如企业的社会形象树立、与业主的客户关系建立等，这些可根据具体情况进行分析。

12.3　建筑施工项目的风险评估

12.3.1　风险评估的定义

风险评估就是对已识别出的风险因素进行研究和分析，考虑特定风险事件发生的可能性及其影响程度，定性或定量地进行比较，从而对已识别的风险进行优先排序，并为后续分析或控制活动提供基础的过程。

12.3.2　风险评估的内容

风险评估的内容主要包括以下三个方面：

1. 风险发生的可能性分析

风险发生的可能性有其自身的规律性，通常可用概率表示。风险事件是一种典型的随机事件，它介于必然事件（概率 =1）和不可能事件（概率 =0）之间，它的发生既有一定的规律性，同时也有不确定性。项目风险事件发生的可能性，即发生的概率，可采用数据资料分析统计、主观测验、专家估计等方法估算。对特定风险事件发生的概率可以定性描述，如“根本不可能”“不太可能”“可能”“很可能”“一定”；也可以定量地进行表示，如0.1、0.3、0.5、0.7、0.9或0.05、0.1、0.2、0.4、0.8等。

2. 风险的损失或影响程度分析

风险的损失或影响程度分析是个非常复杂的问题，有的风险造成的损失较小，有的风险造成的损失很大，可能引起整个工程的中断甚至报废；有的风险影响范围较小，有的风险影响范围则很大。风险之间常常是有联系的，某个工程活动受到干扰而拖延，则可能影响它后面的许多活动。例如，经济形势的恶化不但会造成物价上涨，而且可能会引起业主支付能力的变化；通货膨胀引起物价上涨，会影响后期的采购、人工工资及各种费用支出，进而影响整个后期的工程费用。再如，由于设计图样提供不及时，不仅会造成工期拖延，而且会造成费用提高（如人工和设备闲置、管理费开支），还可能在原来本可以避开的冬、雨季施工，造成更大的拖延和费用增加。

对建筑施工项目特定风险事件的损失量估计一般应包括下列内容：

1）工期损失的估计。一般分为风险事件对工程局部工期影响的估计和对整个工程工期影响的估计。

2）费用损失的估计。费用损失估计需要估计风险事件带来的一次性最大损失和对项目产生的总损失，也可按照直接经济损失和间接经济损失分别估计。

3）对工程的质量、功能、使用效果等方面的影响。

4）其他影响。可能造成人身安全、健康、环境、法律责任、企业信誉等方面的影响。

对风险损失可以进行定量描述，即计算准确的损失金额或者时间损失，也可以进行定性描述，即反映某项风险发生后对每个项目目标影响的重要程度，如按照影响程度从低到高可以分配数值0.1、0.3、0.5、0.7、0.9，也可以简单描述为“很低”“低”“中等”“高”“很高”。

3. 风险等级分析

组织应根据风险因素发生的概率和损失量，确定风险量，并进行分级。在《建设工程项目管理规范》(GB/T 50326—2006)的条文说明中所列风险等级评估见表 12-2。

表 12-2 风险等级评估表

后果 / 风险等级 / 可能性	轻度损失	中度损失	重大损失
很大	Ⅲ	Ⅳ	Ⅴ
中等	Ⅱ	Ⅲ	Ⅳ
极小	Ⅰ	Ⅱ	Ⅲ

注:Ⅰ——可忽略风险;Ⅱ——可容许风险;Ⅲ——中度风险;Ⅳ——重大风险;Ⅴ——不容许风险。

在风险概率分析、风险损失量分析和风险分级的基础上,加以系统整理和综合说明形成项目的风险评估报告。

12.3.3 风险评估的基本方法

风险评估主要包括定性风险评估和定量风险评估两类方法。

1. 定性风险评估

定性风险评估是指为了采取进一步定量风险分析或风险应对规划行动,对已识别风险进行优先排序的方法。组织可通过关注高优先级风险,有效改善项目绩效。定性风险分析主要通过考虑风险发生的概率、风险发生后对项目目标的影响和其他因素(如对费用、进度、范围和质量的风险承受度水平),对已识别风险的优先级进行评估。定性风险评估的方法包括专家判断法、概率影响矩阵、风险紧迫性分析等。

(1)专家判断法 专家判断法是各种定性风险分析工具应用的基础,即选择熟悉相应风险类别的人员,对他们进行访谈或召开会议,来对项目的风险进行评估。评估的人员中应包括项目团队成员,也可包括项目外部经验丰富的人员。风险评估的内容主要包括特定风险事件的发生概率以及影响程度。评估的结果通常是根据风险事件发生的概率和影响程度进行风险分级。

(2)概率影响矩阵 风险的大小可以用风险评价矩阵,也称概率影响矩阵来表示,它以风险因素发生的概率为横坐标,以风险因素发生后对项目的影响大小为纵坐标,如图 12-5 所示。使用概率影响矩阵可以对风险事件进行风险等级划分,见表 12-3。

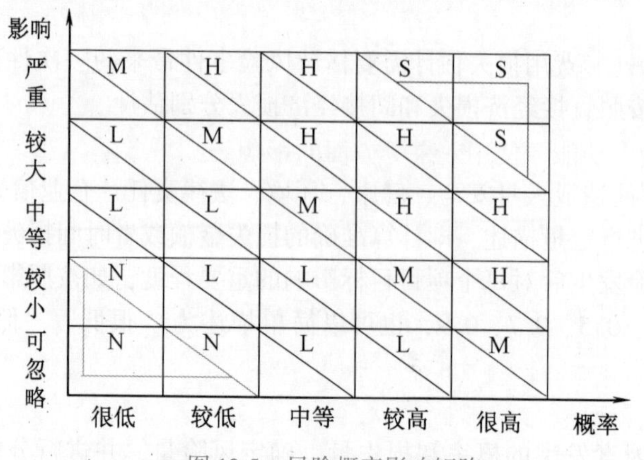

图 12-5 风险概率影响矩阵

表12-3　风险等级划分

风险等级	发生的可能性和后果	表示
重大风险	可能性大，损失大，项目由可行转变为不可行，需要采取积极有效的防范措施	S
较大风险	可能性较大，或者损失较大，损失是项目可以承受的，必须采取一定的防范措施	H
一般风险	可能性不大，或者损失不大，一般不影响项目的可行性，应采取一定的防范措施	M
较小风险	可能性较小，或者损失较小，不影响项目的可行性	L
微小风险	可能性很小，且损失较小，对项目的影响很小	N

（3）风险紧迫性分析　可把近期就需要应对的风险作为更紧急的风险。风险应对的时间要求、风险征兆、预警信号以及风险等级等，都是确定风险优先级应考虑的指标。在一些定性分析中，综合考虑风险的紧迫性和从概率影响矩阵中得到的风险等级，从而最终确定风险严重性级别可能更加合理。

2. 定量风险评估

定量风险评估是就已识别风险对项目整体目标的影响进行定量分析的过程。实施定量风险分析的对象通常是在定性风险分析过程中被认为对项目的竞争性需求存在潜在重大影响的风险。定量风险评估方法包括预期货币价值分析、决策树分析、敏感性分析和蒙特卡罗模拟技术等。

（1）预期货币价值分析　预期货币价值分析是指当某些情况在未来可能发生，也可能不发生时，计算平均结果的一种统计方法。机会的EMV（预期货币价值）通常表示为正值，而风险的EMV通常表示为负值。EMV是建立在风险中立的假设之上的，既不避险也不冒险。把每个可能的结果的数值与其发生的概率相乘，再把所有乘积相加，就可以计算出项目的EMV。

【例12-1】　假设项目估算是100 000元，已经识别出有A和B两个风险，且这两个风险是彼此统计独立的。如果风险A发生，将损失10 000元，A发生的概率是35%。如果风险B发生，结果是节省32 000元，B发生的概率是25%。那么，此项目的预算应该是多少？

【解】　A的EMV = [35% × (−10 000) + 65% × 0]元 = −3 500元

B的EMV = (25% × 32 000 + 75% × 0)元 = 8 000元

因此：

如果A发生：项目成本是103 500元

如果B发生：项目成本是92 000元

如果A和B都发生：项目成本是95 500元

如果A和B都不发生：项目成本是100 000元

最差情况是项目成本为103 500元，这意味着，如果要想确保项目的成功，充足的预算成本应为103 500元。

（2）决策树分析　决策树是对所考虑的决策所面临的多种解决方案可能产生的后果进行定量分析的一种图解方法。它综合了每种可选方案的费用和概率，以及每条事件逻辑路径的收益。当所有收益和后续决策全部量化之后，决策树的求解过程就可以得出每个备选方案的预期货币价值。

【例12-2】　某种产品市场预测，在10年中销路好的概率为0.7，销路不好的概率为0.3。工厂的建设有两个方案：

（1）方案A：新建大厂需投入5 000万元，如果销路好每年可获得利润1 600万元；如果销路不好，则每年亏损500万元。

(2) 方案B：原厂扩建需投入2 000万元，如果销路好每年可获得600万元的利润；如果销路不好，则每年只可获得300万元的利润。试对该项目绘制决策树进行决策。

【解】 针对该项目情况绘制决策树如图12-6所示。

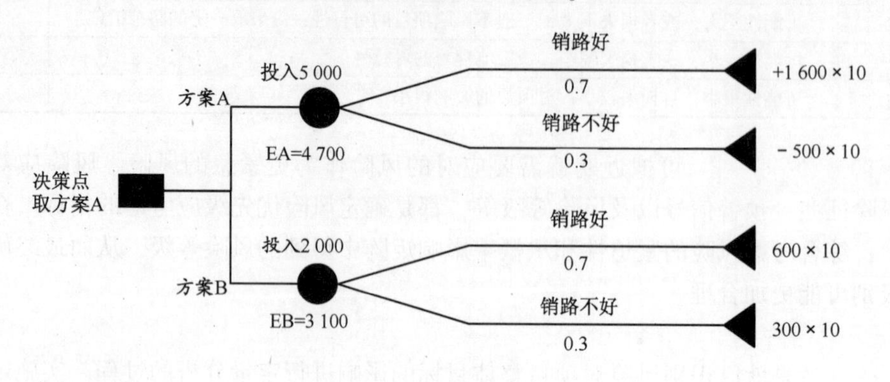

图12-6 决策树（单位：万元）

对A方案的收益期望（EA）为：

EA = [1 600 × 10 × 0.7 + (−500) × 10 × 0.3 − 5 000]万元 = 4 700万元

对B方案的收益期望（EB）为：

EB = [600 × 10 × 0.7 + 300 × 10 × 0.3 − 2 000]万元 = 3 100万元

由于A方案的收益期望比B高，所以最终决策取A方案。

(3) 敏感性分析 敏感性分析有助于确定哪些风险对项目具有最大的潜在影响。它把所有其他不确定因素都固定在基准值，再来考察每个因素的变化会对目标产生多大程度的影响。

【例12-3】 某公司准备开发一个住宅，预计开发面积为10 000m^2，开发固定成本为120万元，变动成本为600元/m^2，预计售价为1 000元/m^2，销售税率为5%，计算该项目的预期利润并进行敏感性分析。

【解】 按盈亏平衡分析公式

$$PX = C(F) + UX + E(x) \tag{12-1}$$

式中 P——单价；

X——销售量或生产量；

$C(F)$——固定成本；

U——单位变动成本；

$E(x)$——预期利润。

该开发项目的预期利润 $E(x) = PX(1-5\%) - UX - C(F)$

$= (1\ 000 \times 1 \times 95\% - 1 \times 600 - 120)$万元 $= 230$万元

按题意，要对盈亏平衡分析中的预期利润指标进行敏感性分析，分析有关参数发生多大变化会使盈利转为亏损、各参数变化时对预期利润变化的影响程度等。作为投资者，希望通过对敏感因素的控制，事先知道哪个参数对预期利润影响大、哪个参数影响小，从而使投资过程经常处于最有利的状态下。

1) 有关参数发生多大变化可使盈利转为亏损。单价、单位变动成本、固定成本等各因素的变化都会影响预期利润的高低，并且当变化达到一定程度，就会使项目利润消失，进入盈亏临界状态，使企业经营状况发生质变。通过敏感性分析，可以提供能引起预期利润发生质变时的各个参数变化的界限。

① 单价的最小值。当开发利润为0元时，利用公式（12-1）可得

$$P \times 1 \times (1-5\%) - 600 \times 1 - 120 = 0$$

$$P = 757.89 \text{元/m}^2$$

当售价降至757.89元，即单价降低24.21%时，项目由盈利转为盈亏平衡，如果进一步降低，则会出现亏损。

② 单方变动成本的最大值。单方变动成本上升会使项目利润下降并逐渐趋近于0元，此时的单方变动成本是该项目能忍受的最大值。

$$1\,000 \times 1 \times (1-5\%) - U \times 1 - 120 = 0$$

$$U = 830 \text{元/m}^2$$

单方变动成本上升到830元，即单方变动成本上升38.33%时，该项目利润降至0元。

③ 固定成本的最大值。固定成本上升也会使项目利润下降，并逐步趋于0元。

$$1\,000 \times 1 \times (1-5\%) - 600 \times 1 - C(F) = 0$$

$$C(F) = 350 \text{万元}$$

固定成本增至350万元，即固定成本增加191.67%时，该项目利润降为0元。

2）各参数变化时对利润变化的影响程度。各参数变化都会引起利润的变动，但其影响程度各不相同，有的参数发生微小变化，就会使利润发生很大的变化，说明利润对这些参数的变化十分敏感，人们称其为敏感因素。与此相反，有些参数发生变化后，利润的变动并不大，反应较迟钝，人们称其为不敏感因素。

反映敏感程度的指标是敏感系数，计算公式为

$$\text{敏感系数} = \text{目标值变动百分比} \div \text{参量值变动百分比} \tag{12-2}$$

① 单价的敏感程度。

设单价增长20%，则 $P = [1\,000 \times (1+20\%)]$元 $= 1\,200$元

按1 200元计算，利润 $= [1\,200 \times (1-5\%) \times 1 - 600 \times 1 - 120]$万元 $= 420$万元

利润原为230万元，其变动百分比 $= (420-230)$万元/230万元 $\times 100\% = 82.61\%$

单价的敏感系数 $= 82.61\%/20\% = 4.13$

计算结果表明，单价对项目利润的影响很大，从百分率来看，利润是以4.13倍的速率随单价变动的。因此，提高单价是提高项目盈利最有效的手段，价格下跌也将是实现利润的最大威胁，因为单价每降低1%，项目就将失去4.13%的利润。所以投资者必须对单价予以格外关注，不到万不得已，不能轻言降价销售。

② 单方变动成本的敏感程度。

设单方变动成本增长20%，则 $U = [600 \times (1+20\%)]$元 $= 720$元

按720元单方变动成本计算：

利润 $= [1\,000 \times 1 \times (1-5\%) - 720 \times 1 - 120]$万元 $= 110$万元

利润原为230万元，其变动百分比 $= (110-230)$万元/230万元 $\times 100\% = -52.17\%$

单方变动成本的敏感系数 $= -52.17\%/20\% = -2.61$

计算结果表明，单方变动成本对利润的影响程度要比单价小，单方变动成本每上升

1%，利润将减少 2.61%。虽然单方变动成本对利润的影响程度较单价小，但敏感系数的绝对值大于 1，说明单方变动成本的变化会造成利润更大的变化，仍属于敏感因素。

③ 固定成本的敏感程度。

设固定成本增长 20%，则 $C(F)=[120\times(1+20\%)]$ 万元 $=144$ 万元

按此固定成本计算

利润 $=[1\,000\times1\times(1-5\%)-600\times1-144]$ 万元 $=206$ 万元

利润原为 230 万元，其变动百分比 $=(206-230)$ 万元/230 万元 $\times100\%=-10.43\%$

固定成本的敏感系数 $=-10.43\%/20\%=-0.52$

计算结果表明，固定成本对利润的影响程度很小，固定成本每增加 1%，利润将减少 0.52%，敏感系数的绝对值小于 1，属于不敏感因素。

通过上述计算，表明影响公司预期利润的诸多因素中，最敏感的是单价，其次是单方变动成本，第三是固定成本。其中敏感系数为正值，表明它与利润同向增减；敏感系数为负值，表明它与利润反向增减。

（4）蒙特卡罗模拟技术　蒙特卡罗模拟技术又称随机抽样技巧或统计试验方法，它是估计经济风险和工程风险常用的一种方法。在一般研究不确定因素问题的决策中，通常只考虑最好、最坏和最可能三种估计。如果这些不确定因素有很多，则只考虑这三种估计便会使决策发生偏差或失误。例如，一个保守的决策者，他若使用所有因素中的最坏（即最保守的）估计，所得出的决策便可能过于保守，会失去不应失去的机会；同理，如果一个乐观的决策者，他若使用所有因素中的最好（即最乐观的）估计，便可能得出过于乐观的估计，他所冒的风险就要比他原来所估计的大得多，也会造成决策的失误或偏差。而蒙特卡罗模拟技术的应用就可以避免这些情况的发生，使在复杂情况下的决策更为合理和准确。通过模拟技术可以得到项目总风险的概率分布曲线。从曲线中可以看出项目总风险的变化规律，据此确定应急费的大小。

【例 12-4】　表 12-4 给出了各项工作以三点估算法得到的三点估算费用，对此项目的总费用采用蒙特卡罗模拟技术进行模拟。

表 12-4　风险访谈所得到的费用估算与值域　（单位：万元）

WBS 组成要素	低	可能性最大	高
设计	4	6	10
施工	16	20	35
试验	11	15	23
整个项目	31	41	68

通过风险访谈可以确定每个 WBS 组成要素的三点估计值，即最乐观情况下的低成本值、最悲观情况下的高成本值以及最可能的成本值。通过计算机软件进行模拟分析，可以得知在传统估算值 41 万元之内完成项目的概率很低，模拟成果如图 12-7 所示。

这一累计可能性分布反映了表 12-4 中的数据符合三角分布的情况下超过费用估算的风险。它表明，该项目在 41 万元内完成项目的可能性仅有 12%。如果一个保守的组织想达到 75% 的成功可能性，则至少需要预算 51 万元。

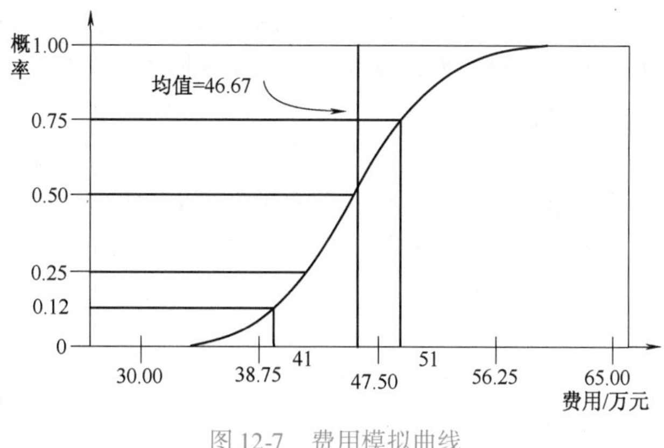

图 12-7　费用模拟曲线

12.4　建筑施工项目的风险应对

12.4.1　风险的分配

合理的风险分配是高质量风险管理的前提。一方面，业主希望承包人在自己能够接受的价格条件下保质保量地完成工程，所以在分担风险前，应综合考虑自身条件及尽可能对工程风险做出准确的判断，而不是认为只需将风险在合同中简单地转嫁给承包人。另一方面，只要承包人认为能获得相应的风险费，他就可能愿意承担相应的风险。事实上，许多有实力的承包人更愿意去承担风险较大而潜在利润也较大的工程。因此，可以认为，风险的划分是可以根据工程具体条件及双方承担风险的态度来进行，这样才更有利于风险的管理及整个工程实施过程中的管理。

风险分配的原则是，任何一种风险都应由最适宜承担该风险或最有能力进行损失制约的一方承担。具体如下：

（1）归责原则　如果风险事件的发生完全是由一方的行为错误或失误造成的，那么其应当承担该引起的风险所造成的损失。例如，施工单位应当对其施工质量不合格承担相应的责任。虽然在这种情况下，合同的另一方并不需要承担责任，但是，此类风险造成的工期延长或费用增加等后果将不可避免地使另一方遭受间接损失。因此，为了工程利益最大化，合同双方应当相互监督，尽量避免发生此类情况。

（2）风险收益对等原则　当一个主体在承担风险的同时，它也应当有权利享有风险变化所带来的收益，并且该主体所承担的风险的程度应与其收益相匹配。正常情况下，没有任何一方愿意只承受风险而不享有收益。

（3）有效控制原则　应将工程风险分配至能够最佳管理风险和减少风险的一方，即风险在该方控制之内或该方可以通过某种方式转移该风险。

（4）风险管理成本最低原则　风险应当划分给该风险发生后承担其代价或成本最小的一方来承担。代价和成本最低应当是针对整个建筑施工项目而言的，如果业主为了降低自身的风险而将不应由承包商承担的风险强加给承包商，承包商势必会通过抬高报价或降低工程质量来平衡该风险可能造成的损失，其结果可能会给业主造成更大的损失。

（5）可预见风险原则　根据风险的预见和认知能力，如果一方能更好地预见和避免该风险的发生，则该风险应由此方承担。例如，工程施工过程中可能遇到的各种技术问题潜在的风险，承包商应当比业主更有经验来预见和避免此类风险事件的发生。

12.4.2 风险应对策略

在完成项目风险评估工作后，项目管理者需要根据不同的风险等级以及自身应对风险的能力制定不同的风险应对策略。常见的建筑施工项目风险应对策略主要包括：风险回避、风险转移、风险减轻和风险自留。

1. 风险回避

风险回避是指当项目风险潜在威胁发生的可能性太大，不利后果也很严重，又无其他策略来减轻时，主动放弃项目或改变项目目标与行动方案，从而消除风险或产生风险的条件，达到回避风险的一种策略。风险回避措施是最彻底的消除风险影响的方法，特别是对整体项目风险的规避。例如，对于风险较大的项目，决定放弃投标，从而回避风险，但是这也失去了获得利润的机会。

2. 风险转移

风险转移是将风险的结果与对应的权利转移给第三方。转移风险只是将管理风险的责任转移给另一方，它不能消除风险，也不能降低风险发生的概率和不利后果的大小。在建筑施工项目管理中风险转移的方式有多种，概括起来，主要有出售、发包、合同责任开脱条款、工程担保与保险等方式。

（1）出售　即通过合同将风险转移给其他单位。这种方法在出售项目所有权的同时也就把与之有关的风险转移给了其他单位。出售与风险回避的区别之处在于风险有了新的承担者。例如，BOT（基础设施特许权）模式就是国家将建筑施工项目的所有权和经营权转让给有实力的公司；公司出售股权也是通过出售方式将风险转移给大家共同承担；几个单位组成联营体共同投标，大家利益共享、风险共担，每个单位的风险就减轻了。

（2）发包　发包就是通过从项目组织外部获取货物、工程或服务，同时把风险转移出去。例如，对于一般的施工单位而言，深基坑施工的风险较大，利用分包合同能够将深基坑施工的任务交给专业的基础施工单位，从而将风险和责任转移给其他单位。

（3）合同责任开脱条款　合同条款规定了业主和承包商的责任和义务，通过合同责任开脱条款能够免除合同参与方的部分责任。例如，业主在合同中规定，合同单价不予调整，就是让承包商承担价格上涨风险、汇率风险。但是，这种责任开脱的免责条款要符合国际工程惯例或法律规定，否则，这些责任开脱条款的规定可能是无效的。

（4）工程担保与保险　在建筑施工项目管理中，工程担保是银行、保险公司或其他非银行金融机构为项目风险承担间接责任的一种承诺。例如，业主要求承包商提供银行履约保函，承诺按时、按质量完成工程，不会出现违约或失误情况，否则银行将承担间接责任，对业主予以赔偿。这样，业主就可以将承包商方面的不确定性所带来的风险转移给银行。工程保险也是一种通过转移风险来应对风险的方法。在建筑施工项目中，业主不但自己对项目的风险向保险公司投保，而且还要求承包商也向保险公司投保。

需要注意的是，风险转移并不是将风险转移给对方，使对方受到损失，而是把风险转移给更具有控制力的一方。因为风险是相对的，对有的单位来说是造成风险损失的事件，对其他单位则可能是获得利润的事件。

3. 风险减轻

风险减轻是设法将某一个负面风险事件的概率或后果降低到可以承受的限度。相对于风险回避而言，风险减轻措施是一种积极的风险处理手段。风险减轻要达到什么目的、将风险减轻到什么程度，这与风险管理规划中列明的风险标准或风险承受度有关。所以，在制定风险减轻措施之前，必须将风险减轻的程度具体化，即要确定风险减轻后的可接受水平，如风险发生的概率控制在多大的范围以内、风险损失应控制在什么范围以内。风险减轻的途径有以下几种：

（1）降低风险发生的可能性　例如，建筑施工项目施工的分包商技术、资金、信誉不够，构成较大的分包风险，则可以放弃分包计划或选择其他分包商；如果拟采用的最新施工方法还不成熟，则需要选择成熟的施工方；挑选技术水平更高的施工人员；选择更可靠的材料；对施工管理人员加强安全教育等。

（2）控制风险事件发生后的可能损失　在风险损失不可避免地要发生的情况下，通过各种措施来防止损失的扩大。例如，在台风影响的过程中，采用技术措施减少工程损失；高空作业设置安全网，以规避风险带来的损失等。

4. 风险自留

风险自留也称风险接受，是一种由项目团队自行承担风险后果的应对策略。这意味着项目团队决定以不变的项目计划去应对项目的某些风险，或项目团队不能找到合适的风险应对策略，或者出于经济方面考虑，其他的应对措施成本大于风险的期望损失，所以自留风险。风险自留有以下两种类型。

（1）主动风险自留　主动风险自留也称计划性风险自留，是指项目管理者在识别和衡量风险的基础上，对各种可能的风险处理方式进行比较，从而决定将风险留在内部组织，即由项目团队自己承担风险损失的全部或部分。主动风险自留一般是项目管理者认为该风险程度小，不超过风险的承受能力，或者是风险程度虽然大，但是收益可观，也可以采取该措施。该方式要求在风险管理规划阶段对风险做出充分的准备，当风险事件发生时马上可以执行应急计划。所以，主动风险自留是一种有周密计划、有充分准备的风险处理方式。主动风险自留可以采取将损失摊入经营成本、建立风险基金等措施。

（2）被动风险自留　被动风险自留也称非计划性风险自留，是指项目管理者没有充分识别风险及其损失的最坏后果，没有考虑到其他处置风险的措施，或发生原先没有识别出来的风险事件的条件下，不得不由自己承担损失后果的风险处置方式。一般是在风险事件造成的损失数额不大，不影响项目大局时，项目管理者将损失列为项目的一种费用。现实生活中，被动风险自留大量存在，似乎不可避免。有时项目管理者虽然已经完全认识到了现存的风险，但是由于低估了潜在损失，也会产生一种被动风险自留。

主动风险自留的风险在发生后，一般要实施应急计划，并动用应急储备。因为应急储备包含在项目计划中，所以不会对项目造成很大影响。而被动风险自留的风险发生，则会对项目计划造成影响。

风险自留是最经常使用的风险应对策略，因为风险表现为一种不确定性，其发生不确定，对项目造成的损失也不确定，所以很多人总是存在侥幸心理，对一些较大的风险也不采取积极的风险应对措施，造成大量的非计划性风险自留，严重影响项目目标的实现。所以，风险自留必须要充分掌握该风险事件的信息，并做出详细的风险应对方案，否则风险自留将会面临更大的风险。

12.5 建筑施工项目的风险监控

风险监控是建筑施工项目风险管理的一项重要工作，贯穿于项目的全过程。风险监测是在采取风险应对措施后，对风险和风险因素的发展变化的观察和把握；风险控制则是在风险监测的基础上，采取的技术、作业或管理措施。在项目风险管理过程中，风险监测和控制交替进行，即发现风险后经常需要马上采取控制措施，或风险因素消失后立即调整风险应对措施。因此，常将风险监测和控制整合起来考虑。

12.5.1 风险预警

建筑施工项目进行中会遇到各种风险，要做好风险管理，就要建立完善的项目风险预警系统，通过跟踪项目风险因素的变动趋势，测评风险所处状态，尽早地发出预警信号，及时向业主、项目监管方和施工方发出警报，为决策者掌握和控制风险争取更多的时间，尽早采取有效措施防范和化解项目风险。

在工程中需要不断地收集和分析各种信息。捕捉风险前奏的信号，可通过以下几条途径进行：

1）天气预测警报。

2）股票信息。

3）各种市场行情、价格动态。

4）政治形势和外交动态。

5）各投资者企业状况报告。

6）在工程中通过工期和进度的跟踪、成本的跟踪分析、合同监督、各种质量监控报告、现场情况报告等手段，了解工程风险。

7）在工程的实施状况报告中应包括风险状况报告。

12.5.2 风险监控

在项目推进过程中，各种风险在性质和数量上都是在不断变化的，有可能会增大或者衰退。因此，在项目整个生命周期中，需要时刻监控风险的发展与变化情况，并确定随着某些风险的消失而带来的新的风险。

1. 风险监控的目的

风险监控的目的有以下三个：

1）监视风险的状况，如风险是已经发生、仍然存在还是已经消失。

2）检查风险的对策是否有效、监控机制是否在运行。

3）不断识别新的风险并制定对策。

2. 建筑施工项目风险监控的内容

建筑施工项目风险监控不能仅停留在关注风险的大小上，还要分析影响风险事件因素的发展和变化，具体风险监控的内容包括以下几方面：

1）风险应对措施是否按计划正在实施。

2）风险应对措施是否如预期的那样有效，收到显著的效果，或者是否需要制订新的应对方案。

3）对建筑施工项目建设环境的预期分析，以及对项目整体目标实现可能性的预期分析是否仍然成立。

4）风险的发生情况与预期的状态相比是否发生了变化，并对风险的发展变化做出分析、判断。

5）已识别出的风险哪些已发生、哪些正在发生、哪些有可能在后面发生。

6）是否出现了新的风险因素和新的风险事件，它们的发展变化趋势又是如何等。

3. 风险监控的方法

风险监控常用的方法有以下三种：

（1）风险审计　专人检查监控机制是否得到执行，并定期做风险审核。例如，在大的阶段点重新识别风险并进行分析，对没有预计到的风险制订新的应对计划。

（2）偏差分析　与基准计划比较，分析成本和时间上的偏差。例如，未能按期完工、超出预算等都是潜在的问题。

（3）技术指标　比较原定技术指标和实际技术指标的差异。例如，测试未能达到性能要求、缺陷数大大超过预期等。

12.5.3　风险应急响应

1）风险一旦发生就应积极地采取措施，及时控制风险的影响范围和影响量，降低损失，防止风险的蔓延，以减少项目的损失。

2）在风险发生时，执行风险应急计划，保证工程的顺利实施，包括：控制工程施工，保证完成预定目标，防止工程中断和成本超支；迅速恢复生产，按原计划执行。

3）风险发生并应急响应以后，应该及时进行调查，对风险有关的原因进行分析，找出其中的问题。尽可能修改计划、修改设计，考虑工程中出现的新的状态，对风险计划进行调整。

争取获得风险的赔偿，如向业主、保险单位、风险责任者提出索赔等。由于风险是不确定的，预先分析、应对计划常常也不是很适用，所以在工程中风险的应对措施常常还主要靠即兴发挥，靠管理者的应变能力、经验、掌握工程和环境状况的信息量和对专业问题的理解程度。当然还有其他必要的补救措施。

在项目实施过程中，组织应通过各种途径及时收集和分析与项目风险相关的动态信息，将上述风险中的预警信息在风险控制措施、演习或模拟应急计划中得到体现，做好预警的准备工作，并将相关实施动态纳入项目进展报告。

思考与练习题

1. 何谓工程项目风险？它有哪些基本要素？
2. 简述建筑施工项目风险管理的过程。
3. 简述建筑施工项目常见风险。
4. 简述建筑施工项目风险评估的基本方法有哪些。
5. 简述常用的风险应对策略。
6. 简述如何对建筑施工项目进行风险监控。

参考文献

[1] 中国国家标准化管理委员会. GB/T 19016—2005 质量管理体系　项目质量管理指南 [S]. 北京：中国标准出版社，2005.
[2] 彭尚银，王继才. 工程项目管理 [M]. 北京：中国建筑工业出版社，2005.
[3] 邓铁军. 工程建设项目管理 [M]. 3版. 武汉：武汉理工大学出版社，2013.
[4]《建设工程项目管理规范》编写委员会. 建设工程项目管理规范实施手册 [M]. 2版. 北京：中国建筑工业出版社，2006.
[5] 安德锋，王晶. 建设工程信息管理 [M]. 2版. 北京：北京理工大学出版社，2014.
[6] 曹德成. 工程管理信息系统 [M]. 武汉：华中科技大学出版社，2008.
[7] 唐中印. Project项目管理实用宝典 [M]. 北京：清华大学出版社，2014.
[8] 齐国友. P3e/c工程项目管理应用 [M]. 北京：机械工业出版社，2007.
[9] 卢朋，刘新社，李炜，等. 建筑工程项目管理 [M]. 北京：中国铁道出版社，2004.
[10] 何俊德. 工程项目管理 [M]. 武汉：华中科技大学出版社，2008.
[11] 荀伯让，李寓. 工程项目管理 [M]. 北京：机械工业出版社，2008.
[12] 赖一飞，夏滨，张清. 工程项目管理学 [M]. 武汉：武汉大学出版社，2006.
[13] 王有志，张滇军，郝红漫，等. 现代工程项目管理 [M]. 北京：中国水利水电出版社，2009.
[14] 石振武，宋建民，赖应良，等. 建设项目管理 [M]. 2版. 北京：科学出版社，2015.
[15] 王有志. 现代工程项目风险管理理论与实践 [M]. 北京：中国水利水电出版社，2009.
[16] 邓铁军. 工程风险管理 [M]. 北京：人民交通出版社，2004.
[17] 陈赟，卢有杰. 工程风险管理 [M]. 北京：人民交通出版社，2008.
[18] 张欣莉. 项目风险管理 [M]. 北京：机械工业出版社，2008.
[19] 邱菀华. 现代项目风险管理方法与实践 [M]. 北京：科学出版社，2003.
[20]《建设工程项目合同与风险管理》编委会. 建设工程项目合同与风险管理 [M]. 北京：中国计划出版社，2007.
[21] 王卓甫，谈飞，张云宁，等. 工程项目管理：理论、方法与应用 [M]. 北京：中国水利水电出版社，2007.
[22] 雷胜强. 国际工程风险管理与保险 [M]. 北京：中国建筑工业出版社，2002.
[23] 姜兴国，张尚. 工程合同风险管理理论与实务 [M]. 北京：中国建筑工业出版社，2009.
[24] 王卓甫. 工程项目管理：风险及其应对 [M]. 北京：中国水利水电出版社，2005.
[25] 王祖和，等. 现代工程项目管理 [M]. 北京：电子工业出版社，2007.
[26] Eugenio P, Victor Y, et al. Construction Management [M]. Oxford: Wiley Blackwell, 2014.
[27] S Keoki Sears, Glenn A Sears, Rechard H Clough, et al. Construction Project Management [M]. 6th ed. Oxford: Wiley, 2014.
[28] Clifford J Schexnayder, Richard E Mayo. Construction Management Fundamentals [M]. New York: McGraw Hill, 2004.